2017年贵州省科技创新评价报告

贵州省科学技术情报研究所　著
（贵州省科学技术发展战略研究院）

科学技术文献出版社
·北京·

图书在版编目（CIP）数据

2017年贵州省科技创新评价报告 / 贵州省科学技术情报研究所（贵州省科学技术发展战略研究院）著. —北京：科学技术文献出版社，2020.5
ISBN 978-7-5189-6349-2

Ⅰ.①2… Ⅱ.①贵… Ⅲ.①技术进步—研究报告—贵州—2017 Ⅳ.① G322.773

中国版本图书馆 CIP 数据核字（2019）第 281845 号

2017年贵州省科技创新评价报告

| 策划编辑：李 蕊 | 责任编辑：张 红 | 责任校对：王瑞瑞 | 责任出版：张志平 |

出 版 者　科学技术文献出版社
地　　址　北京市复兴路15号　邮编　100038
编 务 部　（010）58882938，58882087（传真）
发 行 部　（010）58882868，58882870（传真）
邮 购 部　（010）58882873
官方网址　www.stdp.com.cn
发 行 者　科学技术文献出版社发行　全国各地新华书店经销
印 刷 者　北京虎彩文化传播有限公司
版　　次　2020年5月第1版　2020年5月第1次印刷
开　　本　889×1194　1/16
字　　数　483千
印　　张　22.75
书　　号　ISBN 978-7-5189-6349-2
定　　价　88.00元

版权所有　违法必究

购买本社图书，凡字迹不清、缺页、倒页、脱页者，本社发行部负责调换

《2017年贵州省科技创新评价报告》编委会

主　　　　　　　编　范　勇　田晓琴

市 县 分 篇 主 编　王　淼　许大英

高校科研院所分篇主编　何昀昆　张卓婧

产业园区企业分篇主编　陈金良　石庆义

编 撰 人（排名不分先后）

　　王　淼　石庆义　许大英　何昀昆　张卓婧

　　陈金良　田晓琴　范　勇　张彦红　郝　芳

　　朱　磊　周　黎　冯雄利

Preface 序 言

党的十九大报告指出，创新是引领发展的第一动力，是建设现代化经济体系的战略支撑，必须摆在国家发展全局的核心位置。贵州省深入实施创新驱动发展战略，聚焦同步小康、聚焦重大需求、聚焦国民经济主战场，坚持制度创新和科技创新双轮驱动，释放创新活力，汇聚创新资源，强化科技创新和经济社会发展深度融合，探索走出了一条不同于东部，有别于西部其他省份的差异化创新路子。

开展创新能力监测、制定创新调查制度、建立创新调查监测与评价体系，是创新科技管理的必要手段，也是深化创新驱动发展战略的重要实践。贵州省委省政府高度重视科技创新能力监测评价工作。自2011年起，贵州省率先在全国开展全口径年度科技进步评价工作，形成了全面性、综合性和连续性系列研究成果。《2017年贵州省科技创新评价报告》（以下简称《评价报告》）与科技部《建立国家创新调查制度工作方案》相衔接，充分借鉴《中国区域科技创新评价报告》《中国区域创新能力评价报告》《中国企业创新能力评价报告》等系列国家创新调查制度报告，结合贵州省区域创新发展重点和难点，从科技进步环境、科技投入、科技产出和科技进步促进经济社会发展等方面，全面、客观、动态地展示了区域及各监测主体的创新水平、发展态势和薄弱环节，为各级政府及科技管理部门摸清科技创新家底，全面推进贵州特色科技强省建设提供了决策参考和政策依据。

《评价报告》选取全省9个市（州）、88个县（市、区、特区）、18所高校、47所科研院所、109家产业园区、288家重点企业作为评价对象，尽可能选择和使用质量可靠、来源清楚、标准规范的统计数据进行监测评价，最终形成市（州）、县（市、区、特区）、高等院校、科研院所、产业园区、重点企业6个部分的科技创新评价报告。

贵州省深入推进以科技创新为核心的全面创新，不同评价主体创新的重点不尽相同，整体评价工作较为复杂，另因时间紧迫，经验有限，虽数易其稿，仍会存在一些不尽如人意之处，在此恳请读者提出宝贵意见。

《2017年贵州省科技创新评价报告》编委会

2020年3月

Contents 目 录

第一部分 市（州）科技创新评价报告 ... 001

一、市（州）科技进步一级指标评价 ... 002
（一）科技进步环境和基础 ... 002
（二）科技投入 ... 003
（三）科技产出 ... 004
（四）科技促进经济社会发展 ... 005

二、市（州）科技进步水平评价 ... 006
（一）贵阳市 ... 006
（二）六盘水市 ... 008
（三）遵义市 ... 010
（四）安顺市 ... 012
（五）毕节市 ... 014
（六）铜仁市 ... 016
（七）黔西南州 ... 019
（八）黔东南州 ... 021
（九）黔南州 ... 023

第二部分 县（市、区、特区）科技创新评价报告 ... 025

一、县（市、区、特区）科技进步一级指标评价 ... 027
（一）科技进步环境及基础 ... 027
（二）科技投入 ... 028
（三）科技进步 ... 029

二、县（市、区、特区）科技进步水平评价　　030
- （一）贵阳市　　030
- （二）六盘水市　　038
- （三）遵义市　　041
- （四）安顺市　　053
- （五）毕节市　　058
- （六）铜仁市　　065
- （七）黔西南州　　074
- （八）黔东南州　　080
- （九）黔南州　　094

三、分类评价　　104
- （一）城区方阵　　104
- （二）县域第一方阵　　105
- （三）县域第二方阵　　106
- （四）第三方阵甲类　　107
- （五）第三方阵乙类　　108

第三部分　高等院校科技创新评价报告　　109

一、高等院校科技创新一级指标评价　　110
- （一）科技创新环境和基础　　110
- （二）科技投入　　111
- （三）科技产出　　112
- （四）创新绩效　　114

二、高等院校科技创新水平评价　　115
- （一）贵州大学　　115
- （二）贵州师范大学　　117
- （三）贵州医科大学　　119
- （四）遵义医学院　　120
- （五）贵阳中医学院　　122
- （六）贵州民族大学　　124
- （七）贵州财经大学　　126
- （八）遵义师范学院　　128

（九）贵州师范学院　　129
（十）贵州工程应用技术学院　　131
（十一）贵阳学院　　133
（十二）凯里学院　　135
（十三）铜仁学院　　137
（十四）黔南民族师范学院　　139
（十五）安顺学院　　140
（十六）六盘水师范学院　　142
（十七）贵州理工学院　　144
（十八）兴义民族师范学院　　146

第四部分　科研院所科技创新评价报告　　148

一、公益类科研院所综合科技创新水平评价　　148
二、公益类科研院所科技创新一级指标评价　　150
（一）科技创新环境和基础　　150
（二）科技投入　　151
（三）科技产出　　153
（四）创新绩效　　155
三、公益类科研院所科技创新水平评价　　156
（一）贵州省环境科学研究设计院　　156
（二）贵州省复合改性聚合物材料工程技术研究中心　　158
（三）贵州省中科院天然产物化学重点实验室　　160
（四）贵州省草业研究所　　161
（五）贵州省油菜研究所　　163
（六）贵州省旱粮研究所　　165
（七）贵州省畜牧兽医研究所　　167
（八）贵州省林业科学研究院　　168
（九）贵州省山地资源研究所　　170
（十）贵州省园艺研究所　　172
（十一）贵州省生物技术研究所　　174
（十二）贵州省果树科学研究所　　175
（十三）贵州省分析测试研究院　　177

（十四）贵州省水稻研究所	179
（十五）贵州省植物保护研究所	181
（十六）贵州省油料研究所	182
（十七）贵州省生物研究所	184
（十八）贵州省水产研究所	186
（十九）贵州省植物园	188
（二十）贵州省科学技术情报研究所	189
（二十一）贵州省蚕业（辣椒）研究所	191
（二十二）贵州省茶叶研究所	193
（二十三）贵州省劳动保护科学技术研究院	194
（二十四）贵州省农作物品种资源研究所	196
（二十五）贵州省水利科学研究院	198
（二十六）贵州省农业科技信息研究所	199
（二十七）贵州省山地农业机械研究所	201
（二十八）贵州省亚热带作物研究所	203
（二十九）贵州省土壤肥料研究所	204
（三十）贵州省现代农业发展研究所	206
（三十一）贵州省科技信息中心	207
（三十二）贵州省粮油科研设计所	209
（三十三）贵州省冶金科学研究室	211
四、开发类科研院所综合科技创新水平评价	212
五、开发类科研院所科技创新一级指标评价	214
（一）科技创新环境和基础	214
（二）科技投入	215
（三）科技产出	216
（四）创新绩效	217
六、开发类科研院所科技创新水平评价	219
（一）贵州省化工研究院	219
（二）贵州省矿山安全科学研究院	220
（三）贵州省冶金设计研究院	222
（四）贵州省生物技术研究开发基地	224
（五）贵州省交通科学研究院	226

（六）贵州省建筑材料科学研究设计院	227
（七）贵州省冶金化工研究所	229
（八）贵州省新材料研究开发基地	231
（九）贵州省工艺美术研究所	232
（十）贵州省机电研究设计院	234
（十一）贵州省轻工业科学研究所	235
（十二）贵州省新技术研究所	237
（十三）贵州省电子工业研究所	239
（十四）贵州省商业科学研究所	240

第五部分 产业园区科技创新评价报告   243

一、产业园区综合科技进步水平   243
二、产业园区科技进步一级指标评价   244
  （一）科技创新环境   244
  （二）科技投入   245
  （三）创新产出   246
  （四）创新绩效   246
三、产业园区科技进步统计监测指数排位   247
  （一）产业园区综合科技进步水平指数排位   247
  （二）产业园区科技进步统计监测一级指数排位   252

第六部分 重点企业科技创新评价报告   275

一、重点企业综合科技进步水平评价   275
二、重点企业科技进步一级指标评价   276
  （一）科技进步条件及基础   276
  （二）创新产出   276
  （三）创新效益   277
  （四）科技投入   278
三、重点企业科技进步统计监测指数排位   278
  （一）重点企业综合科技进步水平指数排位   278
  （二）重点企业科技进步统计监测一级指数排位   288

附录A	科技进步统计监测指标体系	336
附录B	监测方法	341
附录C	主要指标解释	342

第一部分　市（州）科技创新评价报告

根据综合科技创新水平指数，可将全省 9 个市（州）划分为 3 类[①]。

第一类：综合科技进步水平指数高于 70.00% 的地区，为贵阳市和遵义市；

第二类：综合科技进步水平指数低于 70.00% 但高于 50.00% 的地区为黔南州、黔西南州、黔东南州和安顺市；

第三类：综合科技进步水平指数低于 50% 的地区为铜仁市、毕节市和六盘水市。

2017 年，贵阳市、遵义市仍居前 2 位；黔南州较上年上升 2 位，由上年的第 5 位上升至第 3 位；黔西南州较上年上升 3 位，由上年的第 7 位上升至第 4 位；毕节市较上年上升 1 位，由上年的第 9 位上升至第 8 位；铜仁市较上年上升 1 位，由上年的第 8 位上升至第 7 位；安顺市较上年下降 2 位，由上年的第 4 位下降至第 6 位；黔东南州较上年下降 2 位，由上年的第 3 位下降至第 5 位；六盘水市较上年下降 3 位，由上年的第 6 位下降至第 9 位（图 1-1）。

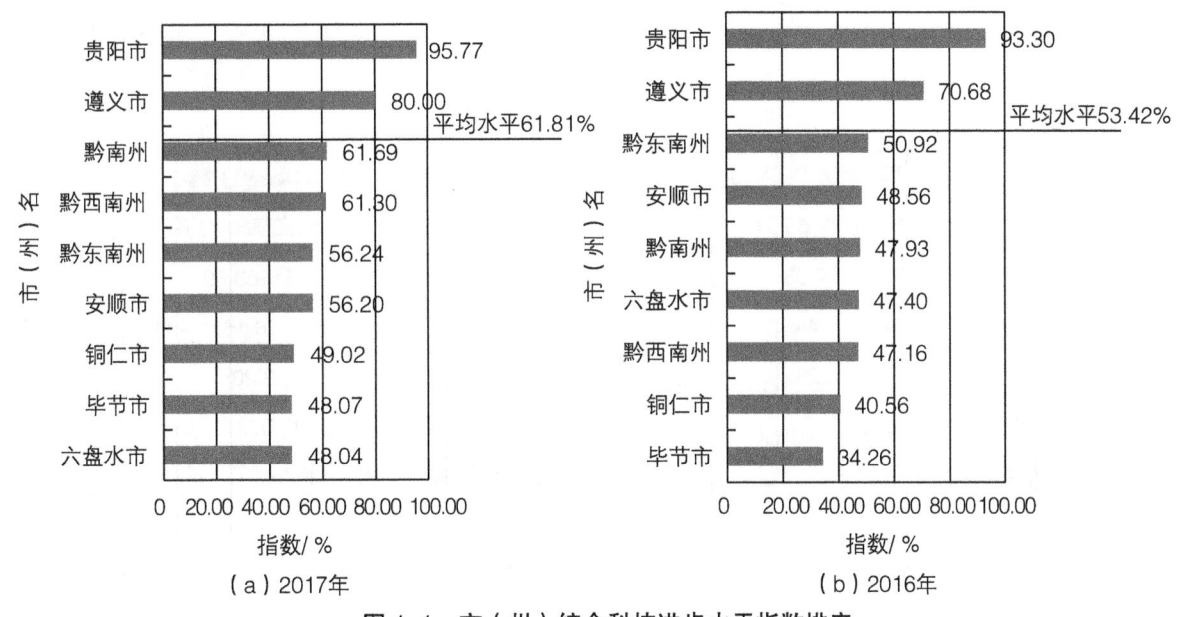

图 1-1　市（州）综合科技进步水平指数排序

---

① 该综合科技进步水平指数为 2017 年正式监测结果，基础数据均采用 2017 年全年数据。故该结果与省经济测评小组公布的 2017 年预报数、2018 年上半年监测结果有所区别。

2017年与2016年监测结果比较，9个市（州）综合科技进步水平指数平均水平较上年提高8.40个百分点（图1-2）。其中，科技进步环境和基础指数较上年下降了7.55个百分点，科技投入指数较上年提高了3.68个百分点，科技产出指数较上年提高了24.51个百分点，科技促进经济社会发展指数较上年提高了4.44个百分点。

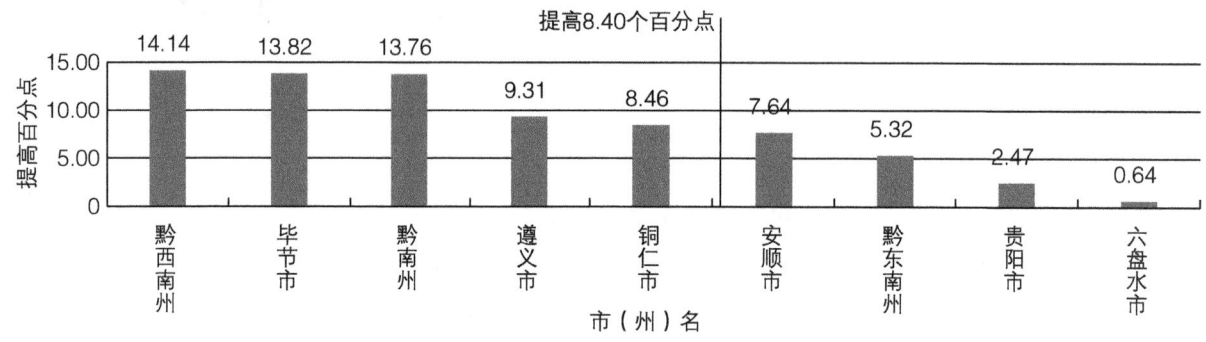

图1-2　市（州）综合科技进步水平指数提高百分点排序

一、市（州）科技进步一级指标评价

（一）科技进步环境和基础

科技进步环境和基础指数高于60.00%的市（州）有2个，即贵阳市和遵义市，占全部市（州）的22.22%；低于60.00%但高于全省平均水平（47.53%）的市（州）有3个，即黔东南州、黔南州和黔西南州，占全部市（州）的33.33%；其余4个市（州）均低于全省平均水平，占全部市（州）的44.44%（图1-3）。

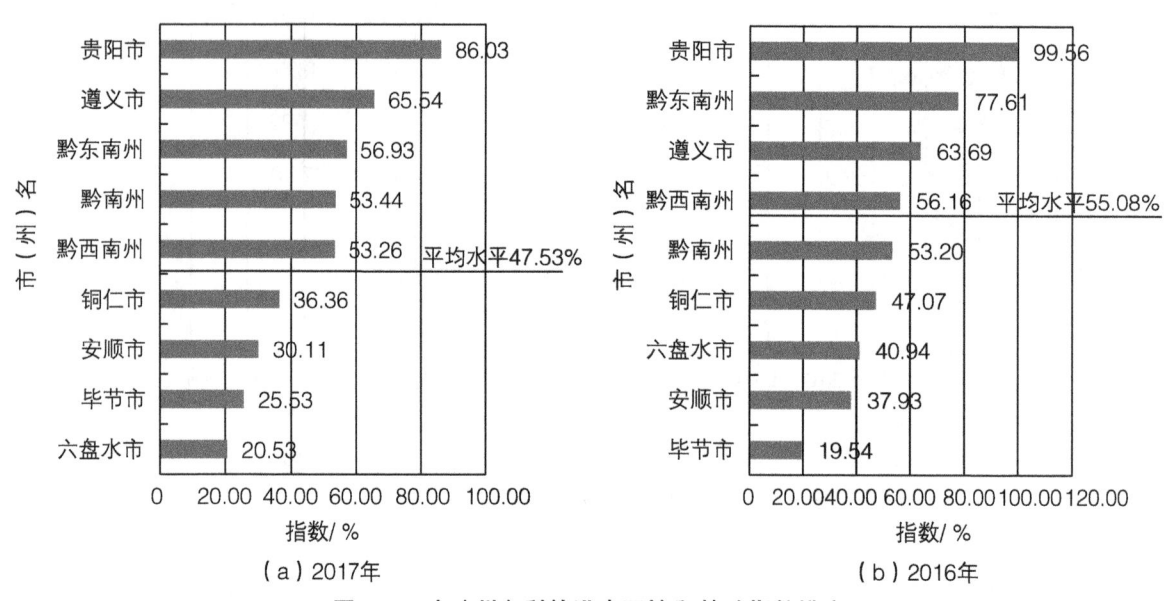

（a）2017年　　　　　　　　　　　（b）2016年

图1-3　市（州）科技进步环境和基础指数排序

2017年与2016年监测结果相比,科技进步环境和基础指数平均水平较上年下降7.55个百分点,9个市(州)中黔西南州、安顺市、贵阳市、铜仁市、黔东南州、六盘水市均低于上年水平,其中黔东南州的降幅最大(图1-4)。

参照2016年科技进步环境和基础指数排序,遵义市、黔南州、安顺市和毕节市位次较上年有所上升,均上升1位;黔东南州、黔西南州、六盘水市位次下降,其中六盘水市位次下降最快(下降2位);贵阳市、铜仁市位次不变。

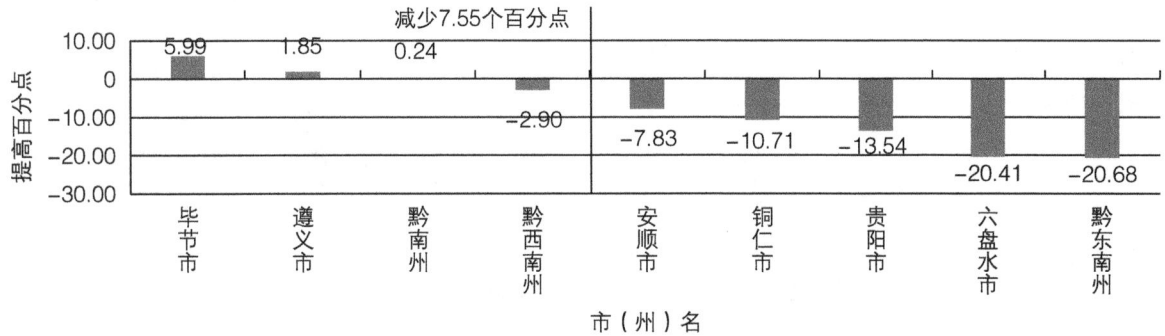

图1-4 市(州)科技进步环境和基础指数提高百分点排序

(二)科技投入

科技投入指数高于70.00%的市(州)有3个,即贵阳市、黔西南州和遵义市,占全部市(州)的33.33%;低于70.00%但高于全省平均水平(62.77%)的市(州)为0;其余6个市(州)均低于全省平均水平,占全部市(州)的66.67%(图1-5)。

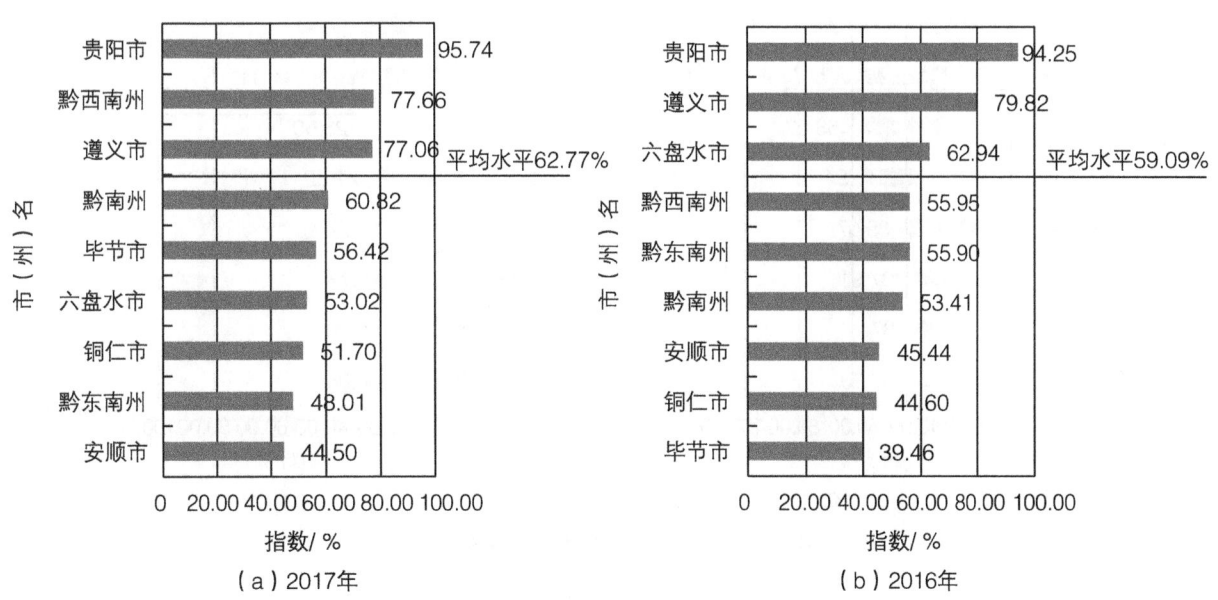

图1-5 市(州)科技投入指数排序

2017年与2016年监测结果相比较,科技投入指数平均水平较上年上升了3.68个百分点,安顺市、遵义市、黔东南州和六盘水市低于上年水平，其余市（州）均高于上年水平，其中黔西南州增幅最大，其次是毕节市（图1-6）。

参照2016年科技投入指数排序，黔西南州、黔南州、铜仁市和毕节市位次较上年有所上升，其中毕节市位次上升最快（上升4位）；遵义市、六盘水市、黔东南州、安顺市位次下降，其中黔东南州、六盘水市位次下降较快（下降3位）；贵阳市位次不变。

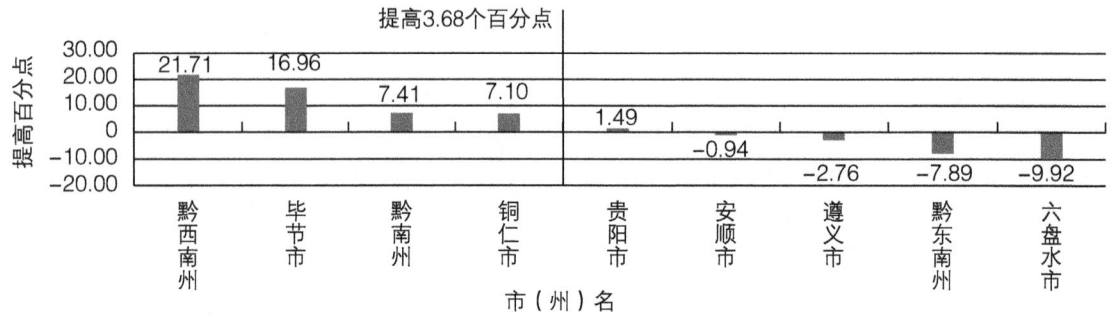

图1-6 市（州）科技投入指数提高百分点排序

（三）科技产出

科技产出指数高于70.00%的市（州）有3个，即贵阳市、遵义市、安顺市，占全部市（州）的33.33%；低于70.00%但高于全省平均水平（58.42%）的市（州）为0；其余6个市（州）均低于全省平均水平，占全部市（州）的66.67%（图1-7）。

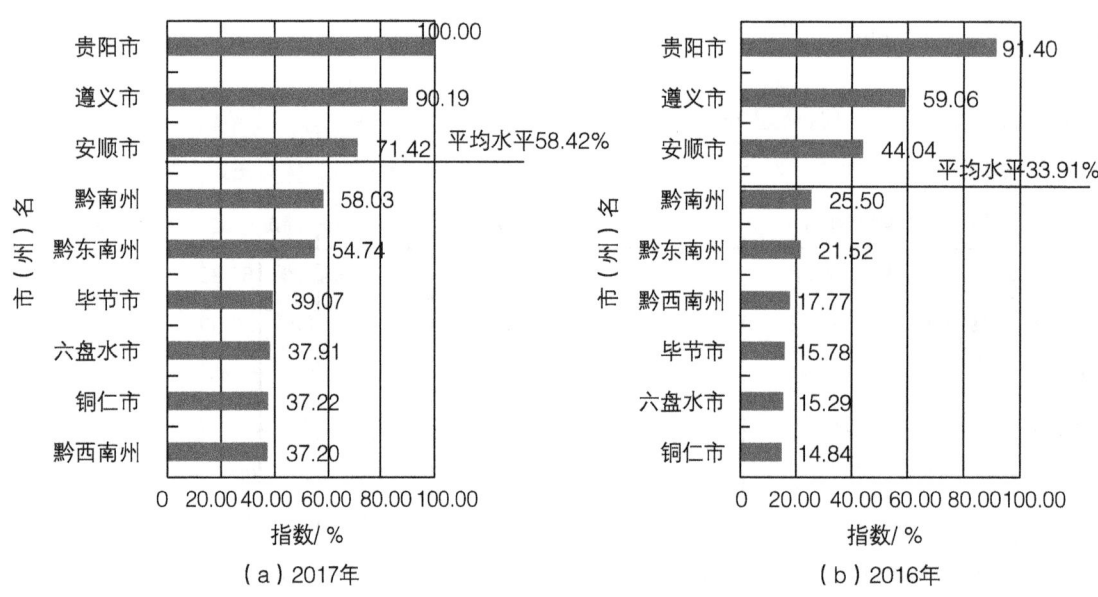

图1-7 市（州）科技产出指数排序

2017年与2016年监测结果相比，科技产出指数平均水平较上年上升24.51个百分点，9个市（州）均高于上年水平，其中黔东南州增幅最大，其次是黔南州和遵义市（图1-8）。

参照 2016 年科技产出指数排序,毕节市、铜仁市和六盘水市位次较上年有所上升,均上升 1 位;黔西南州位次下降,下降 3 位;贵阳市、遵义市、安顺市、黔南州、黔东南州位次不变。

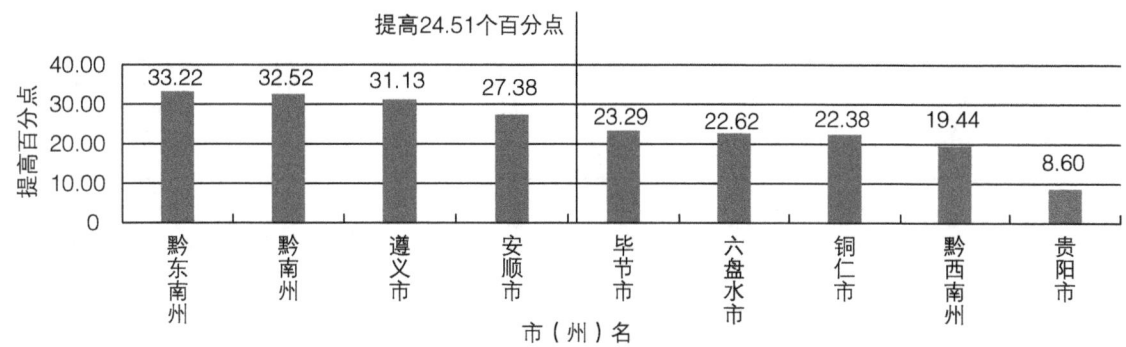

图 1-8　市(州)科技产出指数提高百分点排序

(四)科技促进经济社会发展

科技促进经济社会发展指数高于全省平均水平(75.95%)的市(州)有 2 个,即贵阳市和遵义市,占全部市(州)的 22.22%;其余 7 个市(州)均低于全省平均水平,占全部市(州)的 77.78%(图 1-9)。

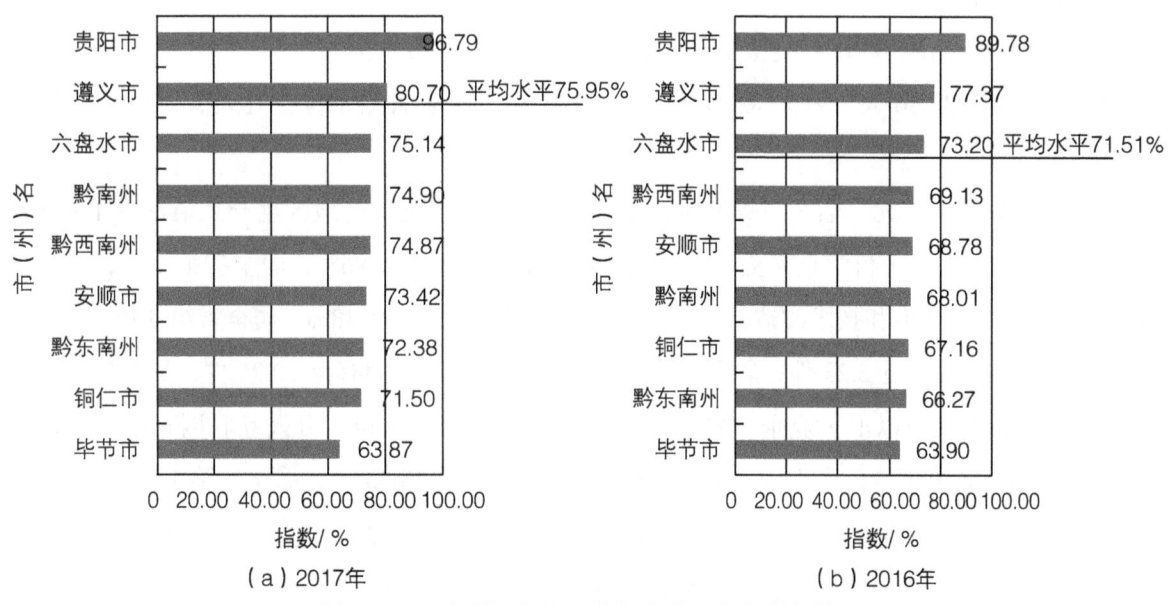

图 1-9　市(州)科技促进经济社会发展指数排序

2017 年与 2016 年监测结果相比,科技促进经济社会发展指数平均水平较上年上升 4.44 个百分点。除毕节市外,其余市(州)均较上年上升,其中贵阳市增幅最大,其次是黔南州和黔东南州(图 1-10)。

参照 2016 年科技促进经济社会发展指数排序,黔南州、黔东南州位次较上年有所上升,分别上升 2 位和 1 位；黔西南州、安顺市和铜仁市位次下降，均下降 1 位；贵阳市、遵义市、六盘水市和毕节市位次不变。

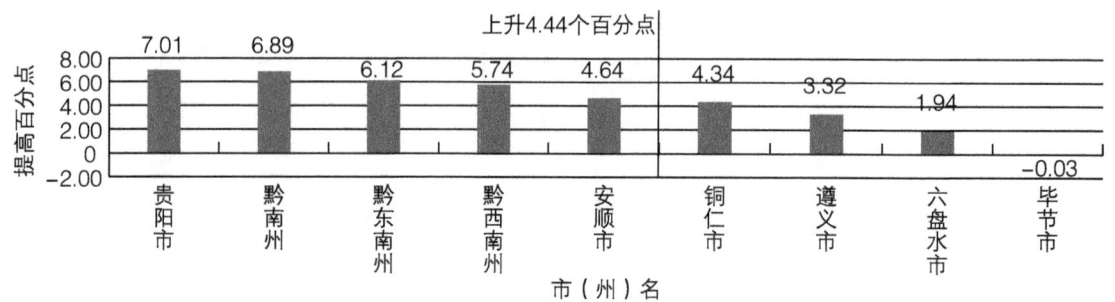

图 1-10 科技促进经济社会发展指数提高百分点排序

二、市（州）科技进步水平评价

（一）贵阳市

年末常住人口 480.20 万人；地区生产总值 3537.96 亿元，居全省第 1 位；人均 GDP 7.37 万元，居全省第 1 位。全社会劳动生产率 12.97 万元/人，居全省第 1 位；综合能耗产出率 1.58 万元/吨标准煤，居全省第 2 位；新增科技型企业备案 565 个，居全省第 2 位。

R&D 人员数 23 556 人，万人 R&D 人员数 49.05 人，居全省第 1 位；万人大专以上学历人数 1587.57 人，居全省第 1 位。

人均科普投入 5.54 元，居全省第 9 位；全社会 R&D 经费支出占地区生产总值比重 1.34%，居全省第 1 位；财政支出中科学技术支出占公共财政预算支出比重 2.86%，居全省第 1 位；规模以上工业企业 R&D 经费支出和技术改造经费支出占主营业务收入比重 1.38%，居全省第 3 位。

万人发明专利授权量 2.23 件，居全省第 1 位；万人发明专利拥有量 10.95 件，居全省第 1 位；高新技术企业数占规模以上工业企业数比重 58.24%，居全省第 1 位；万人互联网宽带接入用户数 3032.07 户，居全省第 1 位；百人固定电话和移动电话用户数 173.43 户，居全省第 1 位。

贵阳市综合科技进步水平指数为 95.77%，居全省第 1 位，位次不变；高于全省平均水平 33.96 个百分点，较上年上升 2.47 个百分点，增幅排第 5 位。一级指数中，科技进步环境和基础指数为 86.03%，高于全省平均水平 38.50 个百分点，居全省第 1 位，较上年下降 13.53 个百分点，位次不变；科技投入指数为 95.74%，高于全省平均水平 32.97 个百分点，居全省第 1 位，较上年上升 1.49 个百分点，位次不变；科技产出指数为 100.00%，高于全省平均水平 41.58 个百分点，居全省第 1 位，较上年上升 8.6 个百分点，位次不变；科技促进经济社会发展指数为 96.79%，高于全省平均水平 20.84 个百分点，居全省第 1 位，较上年上升 7.01 个百分点，位次不变（表 1-1）。

表 1-1 贵阳市各级监测指标和位次与上年比较

指标名称	三级指标值		位次	
	2017 年	2016 年	2017 年	2016 年
综合科技进步水平指数 /%	95.77	93.3	1	1
科技进步环境和基础 /%	86.03	99.56	1	1
科技意识 /%	97.67	100	1	1
新增科技型企业备案数 / 个	565	750	2	1
万人发明专利申请量 / 件	9.89	8.41	1	1
科技创新条件及载体 /%	78.27	99.38	1	1
万名就业人员拥有的创新机构数 / 个	0.22	0.23	1	1
规模以上工业企业办科研机构数占规模以上工业企业数的比重 /%	14.46	14.78	3	3
创新园区系数	3.10	2.93	3	2
科技投入 /%	95.74	94.25	1	1
人力投入 /%	100.00	100.00	1	1
万人大专以上学历人数 / 人	1587.57	1181.26	1	1
万人 R&D 人员数 / 人	49.05	43.84	1	1
财力投入 /%	91.49	91.16	1	1
人均科普投入 / 元	5.54	6.02	9	6
全社会 R&D 经费支出占地区生产总值比重 /%	1.34	1.14	1	1
规模以上工业企业 R&D 经费支出和技术改造经费支出占主营业务收入比重 /%	1.38	1.58	3	2
财政支出中科学技术占公共财政支出比重 /%	2.86	3.29	1	1
科技产出 /%	100.00	91.40	1	1
创新成果 /%	100.00	100.00	1	1
获上级部门科技奖励系数	7.93	7.75	1	1
万人发明专利授权量 / 件	2.23	2.63	1	1
万人发明专利拥有量 / 件	10.95	9.88	1	1
品牌建设 /%	100.00	100.00	1	1
品牌建设系数	1860.16	1023.93	1	1
高新技术产业化 /%	100.00	82.79	1	1
高新技术产业产值占工业总产值比重 /%	44.90	35.85	2	2
规模以上工业企业新产品销售收入占主营业务收入比重 /%	9.07	9.63	1	1
高新技术企业数占规模以上工业企业数比重 /%	58.24	41.32	1	1

续表

指标名称	三级指标值		位次	
	2017年	2016年	2017年	2016年
科技促进经济社会发展 /%	96.79	89.78	1	1
经济发展方式转变 /%	95.01	98.49	1	1
全社会劳动生产率 /（万元/人）	12.97	12.05	1	1
综合能耗产出率 /（万元/吨标准煤）	1.58	1.44	2	2
环境改善 /%	91.45	68.21	4	6
环境质量指数 /%	85.93	87.58	7	7
环境污染治理指数 /%	95.12	55.30	5	7
社会生活信息化 /%	100.00	100.00	1	1
人均电信业务总量 /元	4004.58	3964.40	1	1
万人互联网宽带接入用户数 /户	3032.07	2633.71	1	1
百人固定电话和移动电话用户数 /户	173.43	158.28	1	1

（二）六盘水市

年末常住人口292.41万人；地区生产总值1461.71亿元，居全省第4位；人均GDP 5.00万元，居全省第2位；全社会劳动生产率8.85万元/人，居全省第2位；综合能耗产出率0.89万元/吨标准煤，居全省第9位；新增科技型企业备案143个，居全省第8位。

R&D人员数2735人，万人R&D人员数9.35人，居全省第5位；万人大专以上学历人数522.88人，居全省第8位。

人均科普投入77.03元，居全省第1位；全社会R&D经费支出占地区生产总值比重0.30%，居全省第8位；财政支出中科学技术支出占公共财政预算支出比重2.10%，居全省第3位；规模以上工业企业R&D经费支出和技术改造经费支出占主营业务收入比重1.12%，居全省第5位。

万人发明专利授权量0.16件，居全省第7位；万人发明专利拥有量0.59件，居全省第8位；高新技术企业数占规模以上工业企业数比重2.88%，居全省第6位；万人互联网宽带接入用户数1360.76户，居全省第8位；百人固定电话和移动电话用户数118.73户，居全省第2位。

六盘水市综合科技进步水平指数为48.04%，居全省第9位，位次下降3位；低于全省平均水平13.77个百分点，较上年上升0.64个百分点，增幅排第4位。一级指数中，科技进步环境和基础指数为20.53%，低于全省平均水平27.00个百分点，居全省第9位，较上年下降20.41个百分点，位次下降2位；科技投入指数为53.02%，高于全省平均水平9.75个百分点，居全省第6位，较上年下降9.92个百分点，位次下降3位；科技产出指数为37.91%，低于全省平均水平20.51个百分点，居全省第7位，较上年上升 22.62 个百分点，位次上升 1 位；科技促进经济社会发展指数为 75.14%，低于全省平均水平 0.81 个百分点，居全省第 3 位，较上年上升 1.94 个百分点，位次不变（表 1-2）。

表 1-2　六盘水市各级监测指标和位次与上年比较

指标名称	三级指标值		位次	
	2017 年	2016 年	2017 年	2016 年
综合科技进步水平指数 /%	48.04	47.40	9	6
科技进步环境和基础 /%	20.53	40.94	9	7
科技意识 /%	15.37	13.28	9	8
新增科技型企业备案数 / 个	143	49	8	9
万人发明专利申请量 / 件	0.94	0.64	8	8
科技创新条件及载体 /%	23.98	52.80	8	4
万名就业人员拥有的创新机构数 / 个	0.02	0.04	8	5
规模以上工业企业办科研机构数占规模以上工业企业数的比重 /%	5.53	9.86	5	4
创新园区系数	1.40	1.25	9	9
科技投入 /%	53.02	62.94	6	3
人力投入 /%	45.51	55.72	7	3
万人大专以上学历人数 / 人	522.88	443.56	8	7
万人 R&D 人员数 / 人	9.35	16.80	5	2
财力投入 /%	60.52	66.82	6	3
人均科普投入 / 元	77.03	15.85	1	1
全社会 R&D 经费支出占地区生产总值比重 /%	0.30	0.53	8	3
规模以上工业企业 R&D 经费支出和技术改造经费支出占主营业务收入比重 /%	1.12	0.90	5	4
财政支出中科学技术占公共财政支出比重 /%	2.10	1.72	3	3
科技产出 /%	37.91	15.29	7	8
创新成果 /%	20.27	6.83	7	7
获上级部门科技奖励系数	0	0.13	8	4
万人发明专利授权量 / 件	0.16	0.16	7	6
万人发明专利拥有量 / 件	0.59	0.40	8	8
品牌建设 /%	59.05	34.00	6	4
品牌建设系数	236.20	170.93	6	4
高新技术产业化 /%	40.14	18.28	7	8

续表

指标名称	三级指标值		位次	
	2017年	2016年	2017年	2016年
高新技术产业产值占工业总产值比重 /%	20.17	14.23	7	8
规模以上工业企业新产品销售收入占主营业务收入比重 /%	2.45	1.32	7	7
高新技术企业数占规模以上工业企业数比重 /%	2.88	1.61	6	8
科技促进经济社会发展 /%	75.14	73.20	3	3
经济发展方式转变 /%	72.97	81.99	3	3
全社会劳动生产率 /（万元 / 人）	8.85	8.10	2	2
综合能耗产出率 /（万元 / 吨标准煤）	0.89	0.82	9	9
环境改善 /%	85.53	70.56	9	4
环境质量指数 /%	90.43	91.42	4	4
环境污染治理指数 /%	82.27	56.66	9	5
社会生活信息化 /%	72.29	60.55	5	4
人均电信业务总量 / 元	2024.55	2022.77	6	6
万人互联网宽带接入用户数 / 户	1360.76	1052.67	8	8
百人固定电话和移动电话用户数 / 户	118.73	103.24	2	2

（三）遵义市

年末常住人口624.83万人；地区生产总值2748.59亿元，居全省第2位；人均GDP 4.40万元，居全省第3位；全社会劳动生产率7.59万元 / 人，居全省第3位；综合能耗产出率1.56万元 / 吨标准煤，居全省第3位；新增科技型企业备案382个，居全省第5位。

R&D人员数6894人，万人R&D人员数11.03人，居全省第3位；万人大专以上学历人数719.02人，居全省第3位。

人均科普投入12.16元，居全省第7位；全社会R&D经费支出占地区生产总值比重0.41%，居全省第6位；财政支出中科学技术支出占公共财政预算支出比重1.30%，居全省第7位；规模以上工业企业R&D经费支出和技术改造经费支出占主营业务收入比重0.41%，居全省第9位。

万人发明专利授权量0.56件，居全省第2位；万人发明专利拥有量1.91件，居全省第3位；高新技术企业数占规模以上工业企业数比重11.40%，居全省第2位；万人互联网宽带接入用户数1524.89户，居全省第4位；百人固定电话和移动电话用户数112.70户，居全省第3位。

遵义市综合科技进步水平指数为80.00%，居全省第2位，位次不变；高于全省平均水平18.19个百分点，较上年上升9.32个百分点，增幅排第3位。一级指数中，科技进步环境和基础指数为

65.54%，高于全省平均水平 18.01 个百分点，居全省第 2 位，较上年上升 1.85 个百分点，位次上升 1 位；科技投入指数为 77.06%，高于全省平均水平 14.29 个百分点，居全省第 3 位，较上年下降了 2.76 个百分点，位次下降 1 位；科技产出指数为 90.19%，高于全省平均水平 31.77 个百分点，居全省第 2 位，较上年上升 31.13 个百分点，位次不变；科技促进经济社会发展指数为 80.70%，高于全省平均水平 4.75 个百分点，居全省第 2 位，较上年上升 3.33 个百分点，位次不变（表 1-3）。

表 1-3　遵义市各级监测指标和位次与上年比较

指标名称	三级指标值		位次	
	2017 年	2016 年	2017 年	2016 年
综合科技进步水平指数 /%	80.00	70.68	2	2
科技进步环境和基础 /%	65.54	63.69	2	3
科技意识 /%	81.21	90.04	2	3
新增科技型企业备案数 / 个	382	394	5	4
万人发明专利申请量 / 件	5.16	3.51	2	3
科技创新条件及载体 /%	55.09	52.40	3	5
万名就业人员拥有的创新机构数 / 个	0.04	0.04	3	4
规模以上工业企业办科研机构数占规模以上工业企业数的比重 /%	4.81	5.46	7	6
创新园区系数	4.58	3.43	1	1
科技投入 /%	77.06	79.82	3	2
人力投入 /%	85.04	88.85	2	2
万人大专以上学历人数 / 人	719.02	583.38	3	3
万人 R&D 人员数 / 人	11.03	8.63	3	5
财力投入 /%	69.08	74.96	3	2
人均科普投入 / 元	12.16	8.38	7	5
全社会 R&D 经费支出占地区生产总值比重 /%	0.41	0.37	6	6
规模以上工业企业 R&D 经费支出和技术改造经费支出占主营业务收入比重 /%	0.41	1.70	9	1
财政支出中科学技术占公共财政支出比重 /%	1.30	1.16	7	6
科技产出 /%	90.19	59.06	2	2
创新成果 /%	89.86	43.88	2	2
获上级部门科技奖励系数	1.05	1.13	2	2
万人发明专利授权量 / 件	0.56	0.53	2	3
万人发明专利拥有量 / 件	1.91	1.53	3	3

续表

指标名称	三级指标值		位次	
	2017年	2016年	2017年	2016年
品牌建设 /%	100.00	100.00	1	1
品牌建设系数	1159.32	631.29	2	2
高新技术产业化 /%	84.35	63.02	3	3
高新技术产业产值占工业总产值比重 /%	31.15	25.49	3	3
规模以上工业企业新产品销售收入占主营业务收入比重 /%	6.19	6.12	3	2
高新技术企业数占规模以上工业企业数比重 /%	11.40	9.23	2	2
科技促进经济社会发展 /%	80.70	77.37	2	2
经济发展方式转变 /%	80.19	88.51	2	2
全社会劳动生产率 /（万元/人）	7.59	6.79	3	3
综合能耗产出率 /（万元/吨标准煤）	1.56	1.41	3	3
环境改善 /%	96.30	71.74	1	1
环境质量指数 /%	90.76	92.08	2	2
环境污染治理指数 /%	100.38	58.19	1	1
社会生活信息化 /%	74.76	64.08	3	3
人均电信业务总量 /元	2200.60	2209.24	3	2
万人互联网宽带接入用户数 /户	1524.89	1247.51	4	3
百人固定电话和移动电话用户数 /户	112.70	99.19	3	3

（四）安顺市

年末常住人口234.44万人；地区生产总值802.46亿元，居全省第9位；人均GDP 3.42万元，居全省第6位；全社会劳动生产率5.82万元/人，居全省第7位；综合能耗产出率1.42万元/吨标准煤，居全省第4位；新增科技型企业备案82个，居全省第9位。

R&D人员数2469人，万人R&D人员数10.53人，居全省第4位；万人大专以上学历人数622.37人，居全省第6位。

人均科普投入13.53元，居全省第6位；全社会R&D经费支出占地区生产总值比重0.52%，居全省第3位；财政支出中科学技术支出占公共财政预算支出比重1.03%，居全省第9位；规模以上工业企业R&D经费支出和技术改造经费支出占主营业务收入比重1.20%，居全省第4位。

万人发明专利授权量0.43件，居全省第3位；万人发明专利拥有量2.34件，居全省第2位；高新技术企业数占规模以上工业企业数比重9.21%，居全省第3位；万人互联网宽带接入用户数

1521.07户，居全省第5位；百人固定电话和移动电话用户数103.78户，居全省第7位。

安顺市综合科技进步水平指数为56.20%，居全省第6位，位次下降2位；低于全省平均水平5.61个百分点，较上年上升7.64个百分点，增幅排第3位。一级指数中，科技进步环境和基础指数为30.11%，低于全省平均水平17.42个百分点，居全省第7位，较上年下降7.82个百分点，位次上升1位；科技投入指数为44.50%，低于全省平均水平18.27个百分点，居全省第9位，较上年下降0.94个百分点，位次下降2位；科技产出指数为71.42%，高于全省平均水平13.00个百分点，居全省第3位，较上年上升27.38个百分点，位次不变；科技促进经济社会发展指数为73.42%，低于全省平均水平2.53个百分点，居全省第6位，较上年上升4.64个百分点，位次下降1位（表1-4）。

表1-4　安顺市各级监测指标和位次与上年比较

指标名称	三级指标值		位次	
	2017年	2016年	2017年	2016年
综合科技进步水平指数/%	56.20	48.56	6	4
科技进步环境和基础/%	30.11	37.93	7	8
科技意识/%	28.87	46.46	7	7
新增科技型企业备案数/个	82	85	9	7
万人发明专利申请量/件	4.46	3.22	4	4
科技创新条件及载体/%	30.93	34.28	7	7
万名就业人员拥有的创新机构数/个	0.03	0.03	7	8
规模以上工业企业办科研机构数占规模以上工业企业数的比重/%	4.88	4.24	6	7
创新园区系数	1.83	1.63	7	7
科技投入/%	44.50	45.44	9	7
人力投入/%	44.49	36.18	8	7
万人大专以上学历人数/人	622.37	464.54	6	5
万人R&D人员数/人	10.53	8.79	4	4
财力投入/%	44.52	50.43	9	7
人均科普投入/元	13.53	5.23	6	7
全社会R&D经费支出占地区生产总值比重/%	0.52	0.47	3	4
规模以上工业企业R&D经费支出和技术改造经费支出占主营业务收入比重/%	1.20	0.78	4	5
财政支出中科学技术占公共财政支出比重/%	1.03	0.87	9	8
科技产出/%	71.42	44.04	3	3
创新成果/%	53.67	22.81	3	3

续表

指标名称	三级指标值		位次	
	2017年	2016年	2017年	2016年
获上级部门科技奖励系数	0.08	0.13	6	4
万人发明专利授权量/件	0.43	0.61	3	2
万人发明专利拥有量/件	2.34	1.95	2	2
品牌建设/%	55.63	25.00	7	8
品牌建设系数	222.53	127.07	7	8
高新技术产业化/%	96.93	64.75	2	2
高新技术产业产值占工业总产值比重/%	55.99	38.54	1	1
规模以上工业企业新产品销售收入占主营业务收入比重/%	7.18	5.39	2	3
高新技术企业数占规模以上工业企业数比重/%	9.21	7.63	3	3
科技促进经济社会发展/%	73.42	68.78	6	5
经济发展方式转变/%	66.47	72.35	6	8
全社会劳动生产率/(万元/人)	5.82	5.18	7	7
综合能耗产出率/(万元/吨标准煤)	1.42	1.26	4	5
环境改善/%	90.25	71.60	6	2
环境质量指数/%	90.60	91.92	3	3
环境污染治理指数/%	90.02	58.06	7	2
社会生活信息化/%	70.85	58.98	7	7
人均电信业务总量/元	2077.29	1923.90	5	8
万人互联网宽带接入用户数/户	1521.07	1211.03	5	4
百人固定电话和移动电话用户数/户	103.78	90.78	7	7

（五）毕节市

年末常住人口665.97万人；地区生产总值1841.61亿元，居全省第3位；人均GDP 2.77万元，居全省第8位；全社会劳动生产率5.28万元/人，居全省第8位；综合能耗产出率1.61万元/吨标准煤，居全省第1位；新增科技型企业备案356个，居全省第6位。

R&D人员数2268人，万人R&D人员数3.41人，居全省第9位；万人大专以上学历人数333.73人，居全省第9位。

人均科普投入24.57元，居全省第4位；全社会R&D经费支出占地区生产总值比重0.24%，居全省第9位；财政支出中科学技术支出占公共财政预算支出比重2.02%，居全省第5位；规模以上工业企业 R&D 经费支出和技术改造经费支出占主营业务收入比重 0.52%，居全省第 8 位。

万人发明专利授权量 0.05 件，居全省第 9 位；万人发明专利拥有量 0.26 件，居全省第 9 位；高新技术企业数占规模以上工业企业数比重 1.83%，居全省第 9 位；万人互联网宽带接入用户数 794.63 户，居全省第 9 位；百人固定电话和移动电话用户数 80.40 户，居全省第 9 位。

毕节市综合科技进步水平指数为 48.07%，居全省第 8 位，位次上升 1 位；低于全省平均水平 13.74 个百分点，较上年上升 13.81 个百分点，增幅排第 2 位。一级指数中，科技进步环境和基础指数为 25.53%，低于全省平均水平 22.00 个百分点，居全省第 8 位，较上年上升 5.99 个百分点，位次上升 1 位；科技投入指数为 56.42%，低于全省平均水平 6.35 个百分点，居全省第 5 位，较上年上升 16.96 个百分点，位次上升 4 位；科技产出指数为 39.07%，低于全省平均水平 19.35 个百分点，居全省第 6 位，较上年上升 23.29 个百分点，位次上升 1 位；科技促进经济社会发展指数为 63.87%，低于全省平均水平 12.08 个百分点，居全省第 9 位，较上年下降 0.03 个百分点，位次不变（表 1-5）。

表 1-5　毕节市各级监测指标和位次与上年比较

指标名称	三级指标值		位次	
	2017 年	2016 年	2017 年	2016 年
综合科技进步水平指数 /%	48.07	34.26	8	9
科技进步环境和基础 /%	25.53	19.54	8	9
科技意识 /%	27.91	9.92	8	9
新增科技型企业备案数 / 个	356	55	6	8
万人发明专利申请量 / 件	0.34	0.19	9	9
科技创新条件及载体 /%	23.94	23.66	9	9
万名就业人员拥有的创新机构数 / 个	0.01	0.01	9	9
规模以上工业企业办科研机构数占规模以上工业企业数的比重 /%	4.76	1.95	9	9
创新园区系数	1.93	1.78	6	6
科技投入 /%	56.42	39.46	5	9
人力投入 /%	49.17	35.04	6	8
万人大专以上学历人数 / 人	333.73	282.99	9	9
万人 R&D 人员数 / 人	3.41	1.66	9	9
财力投入 /%	63.67	41.84	4	9
人均科普投入 / 元	24.57	2.67	4	9
全社会 R&D 经费支出占地区生产总值比重 /%	0.24	0.12	9	9
规模以上工业企业 R&D 经费支出和技术改造经费支出占主营业务收入比重 /%	0.52	0.22	8	9

续表

指标名称	三级指标值		位次	
	2017 年	2016 年	2017 年	2016 年
财政支出中科学技术占公共财政支出比重 /%	2.02	0.70	5	9
科技产出 /%	39.07	15.78	6	7
创新成果 /%	13.71	4.27	9	9
获上级部门科技奖励系数	0.13	0.15	4	3
万人发明专利授权量 / 件	0.05	0.04	9	9
万人发明专利拥有量 / 件	0.26	0.21	9	9
品牌建设 /%	77.79	42.00	3	3
品牌建设系数	311.16	208.93	3	3
高新技术产业化 /%	37.06	19.79	8	7
高新技术产业产值占工业总产值比重 /%	29.52	21.60	5	5
规模以上工业企业新产品销售收入占主营业务收入比重 /%	0.18	0.43	9	9
高新技术企业数占规模以上工业企业数比重 /%	1.83	1.37	9	9
科技促进经济社会发展 /%	63.87	63.90	9	9
经济发展方式转变 /%	67.40	74.48	5	4
全社会劳动生产率 /（万元 / 人）	5.28	4.72	8	8
综合能耗产出率 /（万元 / 吨标准煤）	1.61	1.47	1	1
环境改善 /%	90.57	67.22	5	8
环境质量指数 /%	79.86	82.16	8	8
环境污染治理指数 /%	97.71	57.26	2	4
社会生活信息化 /%	51.07	40.87	9	9
人均电信业务总量 / 元	1674.25	1501.10	9	9
万人互联网宽带接入用户数 / 户	794.63	648.92	9	9
百人固定电话和移动电话用户数 / 户	80.40	69.30	9	9

（六）铜仁市

年末常住人 315.69 万人；地区生产总值 969.86 亿元，居全省第 8 位；人均 GDP 3.07 万元，居全省第 7 位；全社会劳动生产率 5.83 万元 / 人，居全省第 6 位；综合能耗产出率 1.41 万元 / 吨标准煤，居全省第 5 位；新增科技型企业备案 200 个，居全省第 7 位。

R&D 人员数 2406 人，万人 R&D 人员数 7.62 人，居全省第 7 位；万人大专以上学历人数 626.27 人，居全省第 5 位。

人均科普投入 44.71 元，居全省第 3 位；全社会 R&D 经费支出占地区生产总值比重 0.48%，居全省第 4 位；财政支出中科学技术支出占公共财政预算支出比重 1.46%，居全省第 6 位；规模以上工业企业 R&D 经费支出和技术改造经费支出占主营业务收入比重 0.58%，居全省第 7 位。

万人发明专利授权量 0.27 件，居全省第 5 位；万人发明专利拥有量 0.78 件，居全省第 5 位；高新技术企业数占规模以上工业企业数比重 2.55%，居全省第 7 位；万人互联网宽带接入用户数 1415.63 户，居全省第 7 位；百人固定电话和移动电话用户数 100.11 户，居全省第 8 位。

铜仁市综合科技进步水平指数为 49.02%，居全省第 7 位，位次上升 1 位；低于全省平均水平 12.79 个百分点，较上年上升 8.46 个百分点，增幅排第 8 位。一级指数中，科技进步环境和基础指数为 36.36%，低于全省平均水平 11.17 个百分点，居全省第 6 位，较上年下降 10.71 个百分点，位次不变；科技投入指数为 51.70%，低于全省平均水平 11.07 个百分点，居全省第 7 位，较上年上升 7.1 个百分点，位次上升 1 位；科技产出指数为 37.22%，低于全省平均水平 21.20 个百分点，居全省第 8 位，较上年上升 22.38 个百分点，位次上升 1 位；科技促进经济社会发展指数为 71.50%，低于全省平均水平 4.45 个百分点，居全省第 8 位，较上年上升 4.34 个百分点，位次下降 1 位（表 1-6）。

表 1-6 铜仁市各级监测指标和位次与上年比较

指标名称	三级指标值		位次	
	2017 年	2016 年	2017 年	2016 年
综合科技进步水平指数 /%	49.02	40.56	7	8
科技进步环境和基础 /%	36.36	47.07	6	6
科技意识 /%	30.20	47.50	6	6
新增科技型企业备案数 / 个	200	141	7	6
万人发明专利申请量 / 件	2.58	2.33	7	6
科技创新条件及载体 /%	40.46	46.88	6	6
万名就业人员拥有的创新机构数 / 个	0.04	0.03	5	6
规模以上工业企业办科研机构数占规模以上工业企业数的比重 /%	8.36	6.02	4	5
创新园区系数	2.43	2.28	5	4
科技投入 /%	51.70	44.60	7	8
人力投入 /%	50.84	34.16	5	9
万人大专以上学历人数 / 人	626.27	444.25	5	6
万人 R&D 人员数 / 人	7.62	5.10	7	8
财力投入 /%	52.55	50.22	8	8

续表

指标名称	三级指标值		位次	
	2017年	2016年	2017年	2016年
人均科普投入/元	44.71	8.60	3	4
全社会R&D经费支出占地区生产总值比重/%	0.48	0.31	4	8
规模以上工业企业R&D经费支出和技术改造经费支出占主营业务收入比重/%	0.58	0.42	7	8
财政支出中科学技术占公共财政支出比重/%	1.46	1.00	6	7
科技产出/%	37.22	14.84	8	9
创新成果/%	33.11	11.19	5	5
获上级部门科技奖励系数	0.38	0.00	3	8
万人发明专利授权量/件	0.27	0.27	5	4
万人发明专利拥有量/件	0.78	0.51	5	5
品牌建设/%	51.10	24.00	8	9
品牌建设系数	204.40	118.07	8	9
高新技术产业化/%	32.15	16.01	9	9
高新技术产业产值占工业总产值比重/%	14.80	9.41	9	9
规模以上工业企业新产品销售收入占主营业务收入比重/%	2.08	1.12	8	8
高新技术企业数占规模以上工业企业数比重/%	2.55	2.12	7	7
科技促进经济社会发展/%	71.50	67.16	8	7
经济发展方式转变/%	66.25	73.22	7	5
全社会劳动生产率/(万元/人)	5.83	5.23	6	6
综合能耗产出率/(万元/吨标准煤)	1.41	1.28	5	4
环境改善/%	88.86	66.53	8	9
环境质量指数/%	79.19	80.17	9	9
环境污染治理指数/%	95.31	57.44	4	3
社会生活信息化/%	67.71	57.01	8	8
人均电信业务总量/元	2001.96	1942.24	7	7
万人互联网宽带接入用户数/户	1415.63	1146.24	7	7
百人固定电话和移动电话用户数/户	100.11	86.73	8	8

（七）黔西南州

年末常住人口 286 万人；地区生产总值 1067.6 亿元，居全省第 6 位；人均 GDP 3.73 万元，居全省第 4 位；全社会劳动生产率 6.26 万元/人，居全省第 4 位；综合能耗产出率 1.40 万元/吨标准煤，居全省第 6 位；新增科技型企业备案 584 个，居全省第 1 位。

R&D 人员数 6203 人，万人 R&D 人员数 21.69 人，居全省第 2 位；万人大专以上学历人数 675.49 人，居全省第 4 位。

人均科普投入 75.21 元，居全省第 2 位；全社会 R&D 经费支出占地区生产总值比重 0.69%，居全省第 2 位；财政支出中科学技术支出占公共财政预算支出比重 2.25%，居全省第 2 位；规模以上工业企业 R&D 经费支出和技术改造经费支出占主营业务收入比重 2.35%，居全省第 1 位。

万人发明专利授权量 0.11 件，居全省第 8 位；万人发明专利拥有量 0.73 件，居全省第 6 位；高新技术企业数占规模以上工业企业数比重 2.22%，居全省第 8 位；万人互联网宽带接入用户数 1533.22 户，居全省第 3 位；百人固定电话和移动电话用户数 107.97 户，居全省第 5 位。

黔西南州综合科技进步水平指数为 61.30%，居全省第 4 位，位次上升 3 位；低于全省平均水平 0.51 个百分点，较上年上升 14.14 个百分点，增幅排第 6 位。一级指数中，科技进步环境和基础指数为 53.26%，高于全省平均水平 5.73 个百分点，居全省第 5 位，较上年下降 2.90 个百分点，位次下降 1 位；科技投入指数为 77.66%，高于全省平均水平 14.89 个百分点，居全省第 2 位，较上年上升 21.71 个百分点，位次上升 2 位；科技产出指数为 37.20%，低于全省平均水平 21.22 个百分点，居全省第 9 位，较上年上升 19.43 个百分点，位次下降 3 位；科技促进经济社会发展指数为 74.87%，低于全省平均水平 1.08 个百分点，居全省第 5 位，较上年上升 5.74 个百分点，位次下降 1 位（表 1-7）。

表 1-7 黔西南州各级监测指标和位次与上年比较

指标名称	三级指标值		位次	
	2017 年	2016 年	2017 年	2016 年
综合科技进步水平指数 /%	61.30	47.16	4	7
科技进步环境和基础 /%	53.26	56.16	5	4
科技意识 /%	56.63	48.69	4	5
新增科技型企业备案数 / 个	584	381	1	5
万人发明专利申请量 / 件	2.91	1.27	6	7
科技创新条件及载体 /%	51.02	59.37	4	3
万名就业人员拥有的创新机构数 / 个	0.05	0.06	2	3
规模以上工业企业办科研机构数占规模以上工业企业数的比重 /%	17.33	19.13	2	2
创新园区系数	1.78	1.45	8	8
科技投入 /%	77.66	55.95	2	4

续表

指标名称	三级指标值		位次	
	2017年	2016年	2017年	2016年
人力投入/%	75.50	51.54	3	4
万人大专以上学历人数/人	675.49	439.68	4	8
万人R&D人员数/人	21.69	13.30	2	3
财力投入/%	79.81	58.32	2	5
人均科普投入/元	75.21	5.05	2	8
全社会R&D经费支出占地区生产总值比重/%	0.69	0.41	2	5
规模以上工业企业R&D经费支出和技术改造经费支出占主营业务收入比重/%	2.35	1.33	1	3
财政支出中科学技术占公共财政支出比重/%	2.25	1.26	2	5
科技产出/%	37.20	17.77	9	6
创新成果/%	17.83	5.16	8	8
获上级部门科技奖励系数	0.08	0.08	6	6
万人发明专利授权量/件	0.11	0.11	8	8
万人发明专利拥有量/件	0.73	0.41	6	7
品牌建设/%	49.60	27.00	9	7
品牌建设系数	198.40	134.21	9	7
高新技术产业化/%	46.40	26.04	6	6
高新技术产业产值占工业总产值比重/%	15.83	17.48	8	6
规模以上工业企业新产品销售收入占主营业务收入比重/%	5.93	2.50	4	6
高新技术企业数占规模以上工业企业数比重/%	2.22	2.30	8	6
科技促进经济社会发展/%	74.87	69.13	5	4
经济发展方式转变/%	68.58	72.75	4	6
全社会劳动生产率/(万元/人)	6.26	5.53	4	4
综合能耗产出率/(万元/吨标准煤)	1.40	1.17	6	7
环境改善/%	94.11	71.29	2	3
环境质量指数/%	94.61	94.45	1	1
环境污染治理指数/%	93.77	55.86	6	6
社会生活信息化/%	70.94	60.01	6	6
人均电信业务总量/元	1979.02	2071.74	8	5
万人互联网宽带接入用户数/户	1533.22	1169.76	3	5
百人固定电话和移动电话用户数/户	107.97	92.70	5	6

（八）黔东南州

年末常住人口352.37万人；地区生产总值972.18亿元，居全省第7位；人均GDP 2.76万元，居全省第9位；全社会劳动生产率4.74万元/人，居全省第9位；综合能耗产出率1.16万元/吨标准煤，居全省第8位；新增科技型企业备案514个，居全省第4位。

R&D人员数1559人，万人R&D人员数4.42人，居全省第8位；万人大专以上学历人数540.46人，居全省第7位。

人均科普投入16.03元，居全省第5位；全社会R&D经费支出占地区生产总值比重0.33%，居全省第7位；财政支出中科学技术支出占公共财政预算支出比重1.14%，居全省第8位；规模以上工业企业R&D经费支出和技术改造经费支出占主营业务收入比重1.93%，居全省第2位。

万人发明专利授权量0.19件，居全省第6位；万人发明专利拥有量0.69件，居全省第7位；高新技术企业数占规模以上工业企业数比重7.42%，居全省第4位；万人互联网宽带接入用户数1651.67户，居全省第2位；百人固定电话和移动电话用户数109.45户，居全省第4位。

黔东南州综合科技进步水平指数为56.24%，居全省第5位，位次下降2位；低于全省平均水平5.57个百分点，较上年上升5.32个百分点，增幅排第1位。一级指数中，科技进步环境和基础指数为56.93%，高于全省平均水平9.40个百分点，居全省第3位，较上年下降20.68个百分点，位次下降1位；科技投入指数为48.01%，低于全省平均水平14.76个百分点，居全省第8位，较上年下降7.89个百分点，位次下降3位；科技产出指数为54.74%，低于全省平均水平3.68个百分点，居全省第5位，较上年上升33.22个百分点，位次不变；科技促进经济社会发展指数为72.38%，低于全省平均水平3.57个百分点，居全省第7位，较上年上升6.11个百分点，位次上升1位（表1-8）。

表1-8 黔东南州各级监测指标和位次与上年比较

指标名称	三级指标值		位次	
	2017年	2016年	2017年	2016年
综合科技进步水平指数/%	56.24	50.92	5	3
科技进步环境和基础/%	56.93	77.61	3	2
科技意识/%	55.60	85.79	5	4
新增科技型企业备案数/个	514	457	4	3
万人发明专利申请量/件	2.99	2.89	5	5
科技创新条件及载体/%	57.82	74.10	2	2
万名就业人员拥有的创新机构数/个	0.04	0.08	6	2
规模以上工业企业办科研机构数占规模以上工业企业数的比重/%	17.67	28.02	1	1
创新园区系数	3.90	2.75	2	3
科技投入/%	48.01	55.90	8	5

续表

指标名称	三级指标值 2017年	三级指标值 2016年	位次 2017年	位次 2016年
人力投入 /%	43.30	45.86	9	5
万人大专以上学历人数 / 人	540.46	544.85	7	4
万人 R&D 人员数 / 人	4.42	6.88	8	6
财力投入 /%	52.72	61.31	7	4
人均科普投入 / 元	16.03	10.99	5	3
全社会 R&D 经费支出占地区生产总值比重 /%	0.33	0.56	7	2
规模以上工业企业 R&D 经费支出和技术改造经费支出占主营业务收入比重 /%	1.93	0.70	2	6
财政支出中科学技术占公共财政支出比重 /%	1.14	1.53	8	4
科技产出 /%	54.74	21.52	5	5
创新成果 /%	27.18	7.09	6	6
获上级部门科技奖励系数	0.13	0.00	4	8
万人发明专利授权量 / 件	0.19	0.13	6	7
万人发明专利拥有量 / 件	0.69	0.50	7	6
品牌建设 /%	67.51	28.00	5	6
品牌建设系数	270.04	138.14	5	6
高新技术产业化 /%	70.87	31.84	4	5
高新技术产业产值占工业总产值比重 /%	24.37	14.31	6	7
规模以上工业企业新产品销售收入占主营业务收入比重 /%	4.98	3.81	5	4
高新技术企业数占规模以上工业企业数比重 /%	7.42	3.62	4	4
科技促进经济社会发展 /%	72.38	66.27	7	8
经济发展方式转变 /%	54.19	65.58	9	9
全社会劳动生产率 /（万元 / 人）	4.74	4.64	9	9
综合能耗产出率 /（万元 / 吨标准煤）	1.16	1.15	8	8
环境改善 /%	92.73	68.44	3	5
环境质量指数 /%	88.48	88.81	6	5
环境污染治理指数 /%	95.56	54.86	3	8
社会生活信息化 /%	75.16	64.91	2	2
人均电信业务总量 / 元	2179.53	2183.95	4	3
万人互联网宽带接入用户数 / 户	1651.67	1368.54	2	2
百人固定电话和移动电话用户数 / 户	109.45	95.77	4	4

（九）黔南州

年末常住人口 328.09 万人；地区生产总值 1160.59 亿元，居全省第 5 位；人均 GDP 3.54 万元，居全省第 5 位；全社会劳动生产率 5.98 万元/人，居全省第 5 位；综合能耗产出率 1.36 万元/吨标准煤，居全省第 7 位；新增科技型企业备案 543 个，居全省第 3 位。

R&D 人员数 2659 人，万人 R&D 人员数 8.10 人，居全省第 6 位；万人大专以上学历人数 740.82 人，居全省第 2 位。

人均科普投入 10.89 元，居全省第 8 位；全社会 R&D 经费支出占地区生产总值比重 0.44%，居全省第 5 位；财政支出中科学技术支出占公共财政预算支出比重 2.06%，居全省第 4 位；规模以上工业企业 R&D 经费支出和技术改造经费支出占主营业务收入比重 1.08%，居全省第 6 位。

万人发明专利授权量 0.28 件，居全省第 4 位；万人发明专利拥有量 1.11 件，居全省第 4 位；高新技术企业数占规模以上工业企业数比重 4.66%，居全省第 5 位；万人互联网宽带接入用户数 1507.82 户，居全省第 6 位；百人固定电话和移动电话用户数 107.84 户，居全省第 6 位。

黔南州综合科技进步水平指数为 61.69%，居全省第 3 位，位次上升 2 位；低于全省平均水平 0.12 个百分点，较上年上升 13.76 个百分点，增幅排第 9 位。一级指数中，科技进步环境和基础指数为 53.44%，高于全省平均水平 5.91 个百分点，居全省第 4 位，较上年上升 0.24 个百分点，位次上升 1 位；科技投入指数为 60.82%，低于全省平均水平 1.95 个百分点，居全省第 4 位，较上年上升 7.41 个百分点，位次上升 2 位；科技产出指数为 58.03%，低于全省平均水平 0.39 个百分点，居全省第 4 位，较上年上升 32.53 个百分点，位次不变；科技促进经济社会发展指数为 74.90%，低于全省平均水平 1.05 个百分点，居全省第 4 位，较上年上升 6.89 个百分点，位次上升 2 位（表 1-9）。

表 1-9　黔南州各级监测指标和位次与上年比较

指标名称	三级指标值		位次	
	2017 年	2016 年	2017 年	2016 年
综合科技进步水平指数 /%	61.69	47.93	3	5
科技进步环境和基础 /%	53.44	53.20	4	5
科技意识 /%	70.37	100.00	3	1
新增科技型企业备案数 / 个	543	511	3	2
万人发明专利申请量 / 件	5.06	5.07	3	2
科技创新条件及载体 /%	42.16	33.15	5	8
万名就业人员拥有的创新机构数 / 个	0.04	0.03	4	7
规模以上工业企业办科研机构数占规模以上工业企业数的比重 /%	4.77	2.99	8	8
创新园区系数	2.95	2.00	4	5
科技投入 /%	60.82	53.41	4	6

续表

指标名称	三级指标值		位次	
	2017年	2016年	2017年	2016年
人力投入 /%	60.19	45.20	4	6
万人大专以上学历人数 / 人	740.82	562.27	2	3
万人R&D人员数 / 人	8.10	5.76	6	7
财力投入 /%	61.45	57.83	5	6
人均科普投入 / 元	10.89	11.31	8	2
全社会R&D经费支出占地区生产总值比重 /%	0.44	0.36	5	7
规模以上工业企业R&D经费支出和技术改造经费支出占主营业务收入比重 /%	1.08	0.53	6	7
财政支出中科学技术占公共财政支出比重 /%	2.06	2.00	4	2
科技产出 /%	58.03	25.50	4	4
创新成果 /%	39.51	12.72	4	4
获上级部门科技奖励系数	0.00	0.08	4	6
万人发明专利授权量 / 件	0.28	0.27	4	5
万人发明专利拥有量 / 件	1.11	0.80	4	4
品牌建设 /%	72.81	34.00	4	5
品牌建设系数	291.24	170.50	4	5
高新技术产业化 /%	65.00	34.01	5	4
高新技术产业产值占工业总产值比重 /%	30.60	25.32	4	4
规模以上工业企业新产品销售收入占主营业务收入比重 /%	4.52	3.11	6	5
高新技术企业数占规模以上工业企业数比重 /%	4.66	2.60	5	5
科技促进经济社会发展 /%	74.90	68.01	4	6
经济发展方式转变 /%	65.99	72.68	8	7
全社会劳动生产率 / (万元 / 人)	5.98	5.34	5	5
综合能耗产出率 / (万元 / 吨标准煤)	1.36	1.22	7	6
环境改善 /%	89.53	67.23	7	7
环境质量指数 /%	88.84	88.35	5	6
环境污染治理指数 /%	90.00	53.15	8	9
社会生活信息化 /%	74.39	60.53	4	5
人均电信业务总量 / 元	2295.10	2128.05	2	4
万人互联网宽带接入用户数 / 户	1507.82	1159.08	6	6
百人固定电话和移动电话用户数 / 户	107.84	93.59	6	5

第二部分　县（市、区、特区）科技创新评价报告

根据综合科技创新水平指数，可将全省 88 个县（市、区、特区）划分为 3 类（图 2-1）。

第一类：综合科技创新水平指数高于全省平均水平（72.26%）的县（市、区、特区）有 42 个，占全部县（市、区、特区）的 47.73%；

第二类：综合科技创新水平指数高于 45.00%，但低于全省平均水平的县（市、区、特区）有 41 个，占全部县（市、区、特区）的 46.59%；

第三类：综合科技创新水平指数低于 45.00% 的县（市、区、特区）有 5 个，占全部县（市、区、特区）的 5.68%。

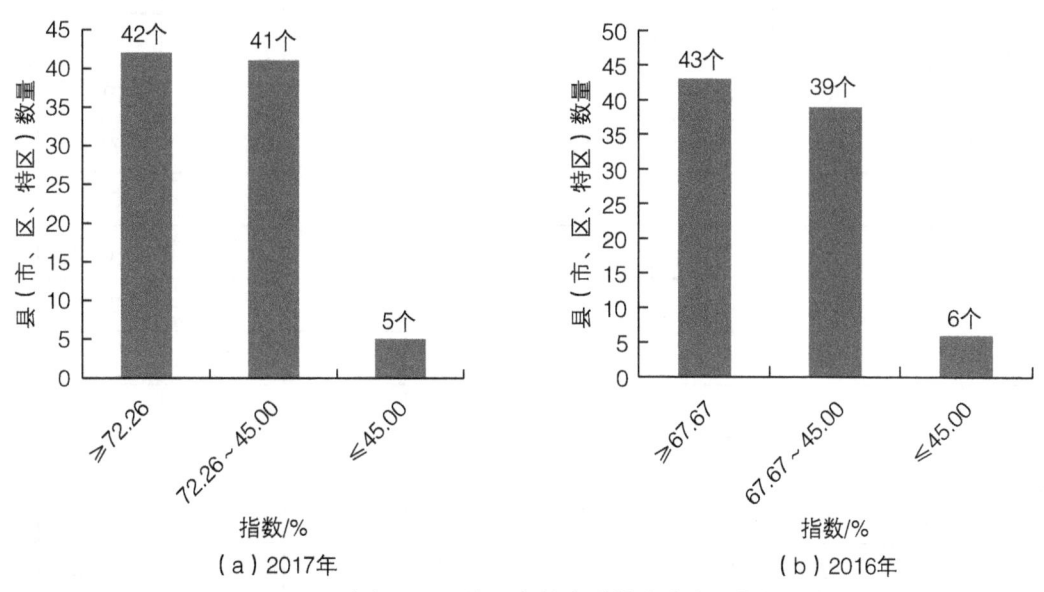

图 2-1　县（市、区、特区）综合科技进步水平指数分布

2017 年与 2016 年监测结果相比，各县（市、区、特区）综合科技创新水平指数平均水平比上年提高了 4.59 个百分点，高于这一增幅的有 47 个县（市、区、特区）。综合科技创新水平指数在 45.00% 以上的县（市、区、特区）共计 83 个，占总数的 94.32%，较上年增加 1 个。

参照2016年综合科技创新水平指数排序，云岩区仍居首位；位次上升10位及以上的县（市、区、特区）有23个，其中普定县和大方县上升最快，较上年上升38位；位次下降10位及以上的县（市、区、特区）有24个，其中仁怀市下降最多，较上年下降42位（表2-1）。

表2-1 县（市、区、特区）综合科技进步水平指数排序

地区	指数/%	位次	增降幅 提高百分点	增降幅 位次	地区	指数/%	位次	增降幅 提高百分点	增降幅 位次
云岩区	99.75	1	0.22	0	清镇市	83.70	27	18.00	20
南明区	98.30	2	-0.03	0	习水县	83.33	28	3.86	-4
花溪区	98.15	3	6.66	2	湄潭县	83.25	29	3.49	-6
观山湖区	96.57	4	5.05	0	金沙县	82.25	30	12.68	9
白云区	96.53	5	8.03	2	罗甸县	80.62	31	15.05	17
都匀市	96.37	6	8.33	3	绥阳县	80.12	32	0.04	-11
凯里市	94.36	7	5.89	1	普定县	78.67	33	25.66	38
乌当区	92.97	8	5.99	3	桐梓县	78.20	34	18.73	25
兴义市	92.93	9	6.43	3	正安县	77.72	35	4.60	-1
播州区	91.26	10	4.95	3	息烽县	77.65	36	2.16	-7
碧江区	91.17	11	5.49	3	贵定县	77.55	37	5.36	-1
瓮安县	90.75	12	7.23	5	惠水县	77.06	38	0.30	-11
西秀区	90.74	13	3.39	-3	镇宁县	76.37	39	19.38	26
汇川区	90.11	14	-3.88	-11	松桃县	76.27	40	7.52	1
七星关区	89.45	15	10.42	10	兴仁县	75.99	41	0.25	-13
龙里县	88.94	16	6.19	2	平坝区	73.57	42	-8.43	-23
红花岗区	88.26	17	-3.08	-11	镇远县	71.23	43	2.23	-3
福泉市	87.15	18	5.62	2	思南县	70.74	44	4.06	1
赤水市	86.44	19	2.92	-3	务川县	70.69	45	2.50	-3
独山县	86.37	20	11.45	10	长顺县	70.44	46	-2.05	-11
玉屏县	85.88	21	14.15	17	大方县	69.89	47	28.31	38
修文县	85.74	22	11.09	10	黔西县	69.61	48	17.55	25
盘县	85.21	23	13.07	14	赫章县	69.28	49	12.47	19
开阳县	84.83	24	4.76	-2	印江县	69.25	50	29.25	36
万山区	84.78	25	22.37	29	水城县	69.19	51	5.94	2
钟山区	84.22	26	5.56	0	六枝特区	68.75	52	10.29	11

续表

地区	指数/%	位次	增降幅		地区	指数/%	位次	增降幅	
			提高百分点	位次				提高百分点	位次
贞丰县	68.30	53	13.09	16	三穗县	56.63	71	-3.44	-13
安龙县	68.07	54	9.87	10	三都县	54.72	72	0.10	-2
威宁县	67.82	55	24.11	29	德江县	54.33	73	7.15	8
石阡县	67.35	56	8.12	4	余庆县	54.24	74	-8.00	-19
仁怀市	67.29	57	-17.80	-42	从江县	52.78	75	-11.83	-26
织金县	67.16	58	2.95	-8	天柱县	52.33	76	-6.46	-14
道真县	66.46	59	28.32	28	晴隆县	51.61	77	-5.24	-10
丹寨县	66.13	60	-0.48	-14	黎平县	51.36	78	-15.52	-34
岑巩县	65.06	61	12.09	11	平塘县	48.09	79	-1.14	0
沿河县	64.53	62	-3.19	-19	册亨县	47.03	80	2.13	3
望谟县	64.00	63	16.09	17	关岭县	46.75	81	-14.15	-25
荔波县	63.75	64	4.59	-3	剑河县	46.28	82	-13.91	-25
黄平县	62.90	65	-10.50	-32	麻江县	45.87	83	0.37	-1
凤冈县	62.46	66	-12.43	-35	江口县	44.73	84	-18.80	-32
纳雍县	61.63	67	11.95	9	紫云县	44.61	85	-4.68	-7
普安县	60.86	68	30.77	20	雷山县	44.25	86	-5.38	-9
台江县	58.67	69	-5.28	-18	锦屏县	43.37	87	-8.60	-13
施秉县	56.87	70	6.95	5	榕江县	41.99	88	-14.91	-22

一、县（市、区、特区）科技进步一级指标评价

（一）科技进步环境及基础

科技进步环境及基础指数高于全省平均水平（74.98%）的县（市、区、特区）有40个，占全部县（市、区、特区）的45.45%；低于全省平均水平但高于45.00%的县（市、区、特区）有45个，占全部县（市、区、特区）的51.14%；低于45.00%的县（市、区、特区）有3个，占全部县（市、区、特区）的3.41%（图2-2）。

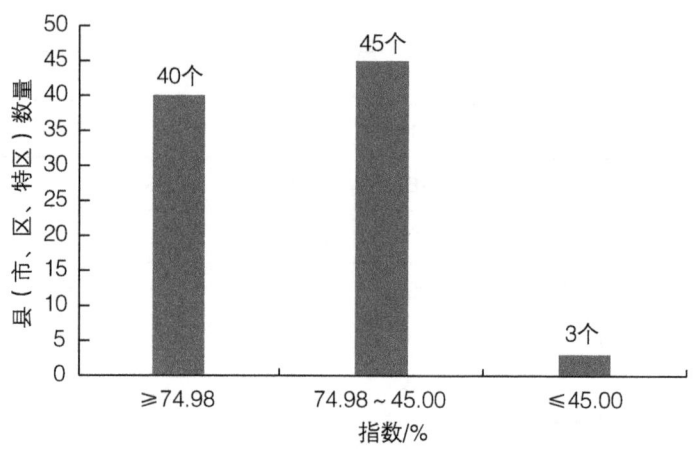

图 2-2　县（市、区、特区）科技进步环境及基础指数分布

2017 年与 2016 年监测结果相比，科技进步环境及基础指数平均水平较上年提高了 20.97 个百分点，有 43 个县（市、区、特区）高于这一增幅，其中镇宁县增幅最大，达到 56.17 个百分点；有 4 个县（市、区、特区）呈现负增长，分别为长顺县、红花岗区、关岭县和平塘县。

参照 2016 年科技进步环境及基础指数排序，位次上升 10 位以上的县（市、区、特区）共计 22 个，其中上升较快的为镇宁县，由上年的第 86 位上升至第 38 位，上升了 48 位；位次下降 10 位以上的县（市、区、特区）共计 25 个，其中下降较多的为长顺县，由上年的第 30 位下降至第 70 位，下降了 40 位。

（二）科技投入

科技投入指数高于全省平均水平（84.80%）的县（市、区、特区）有 61 个，占全部县（市、区、特区）的 69.32%；高于 45.00% 但低于全省平均水平的县（市、区、特区）有 22 个，占全部县（市、区、特区）的 25%；低于 45.00% 的县（市、区、特区）有 5 个，占全部县（市、区、特区）的 5.68%（图 2-3）。

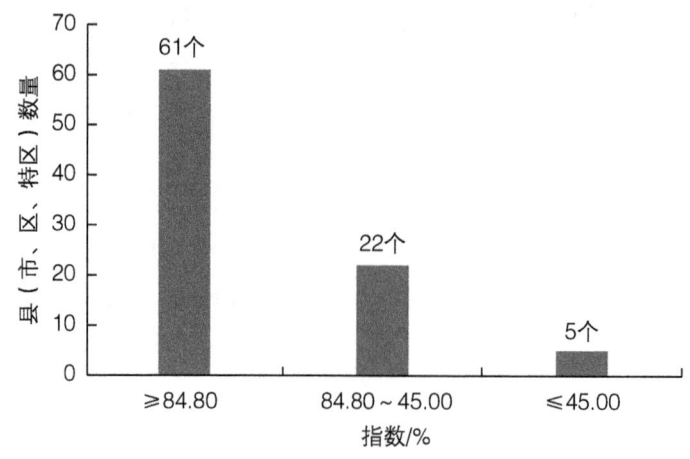

图 2-3　县（市、区、特区）科技投入指数分布

2017年与2016年监测结果相比,科技投入指数平均水平较上年提高了7.84个百分点,有49个县(市、区、特区)高于这一增幅,其中道真县增幅最高,为80.11个百分点;有24个县(市、区、特区)低于上年水平,其中榕江县下降最多,下降了57.34个百分点。

参照2016年科技投入指数排序,位次上升10位及以上的县(市、区、特区)共计25个,其中位次上升较快的为道真县,由上年的第87位上升至第18位,上升69位;位次下降10位以上的县(市、区、特区)共计29个,其中位次下降较多的为仁怀市,由上年的第19位下降至第84位,下降65位。

(三)科技进步

科技进步指数高于全省平均水平(57.39%)的县(市、区、特区)有40个,占全部县(市、区、特区)的45.45%;低于全省平均水平但高于45.00%的县(市、区、特区)有15个,占全部县(市、区、特区)的17.04%;低于45.00%的县(市、区、特区)有33个,占全部县(市、区、特区)的37.50%(图2-4)。

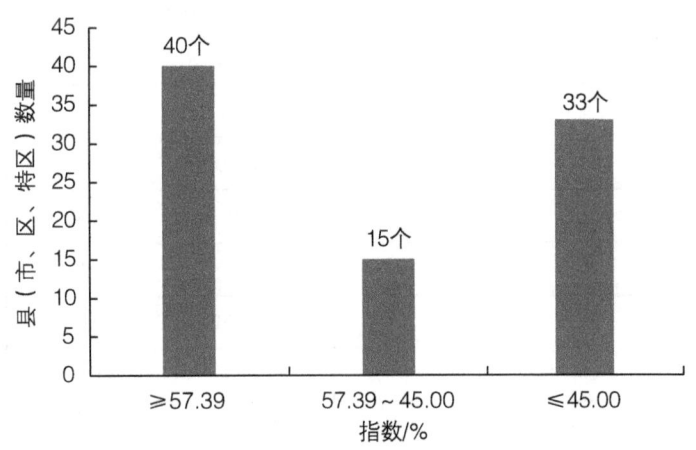

图2-4 县(市、区、特区)科技进步指数分布

2017年与2016年监测结果相比,科技进步指数平均水平较上年下降了12.69个百分点,有45个县(市、区、特区)高于这一增幅,其中有12个县(市、区)实现正增长;76个县(市、区、特区)呈现负增长,江口县较上年相比下降45.93个百分点。

参照2016年科技进步指数排序,位次上升10位及以上的县(市、区、特区)共计22个,其中位次上升较快的为镇宁县,由上年的第55位上升至第16位,上升39位;位次下降10位及以上的县(市、区、特区)共计21个,其中位次下降较多的为江口县,由上年的第31位下降至第72位,下降41位。

二、县（市、区、特区）科技进步水平评价

（一）贵阳市

1. 南明区

新增科技型企业备案 85 个，居全省第 8 位。财政科技支出 15 452 万元，居全省第 6 位，占公共财政支出比重为 2.89%，居全省第 8 位。万人发明专利申请量 7.74 件，居全省第 11 位；万人发明专利授权量 1.94 件，居全省第 7 位；万人发明专利拥有量 10.05 件，居全省第 5 位。

南明区综合科技进步水平指数为 98.30%，居全省第 2 位，与上年相比监测值降低 0.03 个百分点，位次不变。在 3 个一级指标中，科技进步环境及基础指数较上年提高 0.31 个百分点，位次上升 1 位；科技投入指数较上年下降 0.1 个百分点，位次下降 6 位；科技进步指数较上年降低 0.26 个百分点，位次上升 4 位（表 2-2）。

表 2-2　南明区各级监测指标和位次与上年比较

指标名称	二级指标值		位次	
	2017 年	2016 年	2017 年	2016 年
综合科技进步水平指数 /%	98.30	98.33	2	2
科技进步环境及基础 /%	100.00	99.69	1	2
科技创新服务体系系数	2.88	5.35	5	6
新增科技型企业备案数 / 个	85	170	8	2
万人大专以上学历人数 / 人	2300.89	1516.24	2	3
科技投入 /%	99.67	99.77	8	2
万人专业技术人员数 / 人	466.81	476.87	11	7
财政支出中科学技术支出占公共财政支出比重 /%	2.89	2.50	8	13
科技进步 /%	95.47	95.73	3	7
技术市场成交额 / 万元	455 345.34	—	1	—
万人发明专利申请量 / 件	7.74	4.57	11	17
万人发明专利授权量 / 件	1.94	2.02	7	7
万人发明专利拥有量 / 件	10.05	9.45	5	6
环境污染治理指数 /%	77.33	80.33	64	49

注：在测算过程中将部分监测指标的绝对量纳入计算，余同。

2. 云岩区

新增科技型企业备案 108 个，居全省第 2 位。财政科技支出 12 063 万元，居全省第 11 位，占

公共财政支出比重为2.45%，居全省第20位。万人发明专利申请量5.13件，居全省第24位；万人发明专利授权量1.25件，居全省第10位；万人发明专利拥有量10.28件，居全省第4位。

云岩区综合科技进步水平指数为99.75%，居全省第1位，与上年相比，监测值提高0.23个百分点，位次不变。在3个一级指标中，科技进步环境及基础指数和科技投入指数均较上年持平，位次均不变；科技进步指数较上年提高0.64个百分点，位次不变（表2-3）。

表2-3 云岩区各级监测指标和位次与上年比较

指标名称	二级指标值		位次	
	2017年	2016年	2017年	2016年
综合科技进步水平指数 /%	99.75	99.52	1	1
科技进步环境及基础 /%	100.00	100.00	1	1
科技创新服务体系系数	3.00	5.74	4	4
新增科技型企业备案数 / 个	108	85	2	5
万人大专以上学历人数 / 人	1644.50	1626.49	5	2
科技投入 /%	100.00	100.00	1	1
万人专业技术人员数 / 人	641.56	577.08	3	4
财政支出中科学技术支出占公共财政支出比重 /%	2.45	1.90	20	22
科技进步 /%	99.28	98.64	1	1
技术市场成交额 / 万元	161 207.59	—	2	—
万人发明专利申请量 / 件	5.13	7.72	24	11
万人发明专利授权量 / 件	1.25	1.77	10	8
万人发明专利拥有量 / 件	10.28	9.98	4	5
环境污染治理指数 /%	96.41	93.20	10	13

3. 花溪区

新增科技型企业备案51个，居全省第26位。财政科技支出13 287万元，居全省第9位，占公共财政支出比重为1.72%，居全省第48位。万人发明专利申请量26.85件，居全省第1位；万人发明专利授权量4.86件，居全省第2位；万人发明专利拥有量18.83件，居全省第2位。

花溪区综合科技进步水平指数为98.15%，居全省第3位，与上年相比，监测值提高6.66个百分点，位次较上年上升2位。在3个一级指标中，科技进步环境及基础指数较上年提高14.40个百分点，位次不变；科技投入指数较上年提高7.16个百分点，位次下降3位；科技进步指数较上年下降0.47个百分点，位次上升2位（表2-4）。

表 2-4 花溪区各级监测指标和位次与上年比较

指标名称	二级指标值		位次	
	2017 年	2016 年	2017 年	2016 年
综合科技进步水平指数 /%	98.15	91.49	3	5
科技进步环境及基础 /%	97.60	83.20	10	10
科技创新服务体系系数	4.69	6.91	1	2
新增科技型企业备案数 / 个	51	88	26	4
万人大专以上学历人数 / 人	959.68	786.03	13	14
科技投入 /%	99.58	92.42	10	7
万人专业技术人员数 / 人	458.04	408.97	13	18
财政支出中科学技术支出占公共财政支出比重 /%	1.72	2.64	48	8
科技进步 /%	97.20	97.67	2	4
技术市场成交额 / 万元	131 959.87	—	3	—
万人发明专利申请量 / 件	26.85	21.99	1	3
万人发明专利授权量 / 件	4.86	4.36	2	2
万人发明专利拥有量 / 件	18.83	14.61	2	3
环境污染治理指数 /%	86.02	88.33	35	26

4. 乌当区

新增科技型企业备案 28 个，居全省第 48 位。财政科技支出 9515 万元，居全省第 23 位，占公共财政支出比重为 3.19%，居全省第 5 位。万人发明专利申请量 7.44 件，居全省第 13 位；万人发明专利授权量 2.77 件，居全省第 3 位；万人发明专利拥有量 17.81 件，居全省第 3 位。

乌当区综合科技进步水平指数为 92.97%，居全省第 8 位，与上年相比，监测值提高 5.99 个百分点，位次上升 3 位。在 3 个一级指标中，科技进步环境及基础指数较上年上升 20.37 个百分点，位次上升 6 位；科技投入指数较上年提高 15.18 个百分点，位次上升 18 位；科技进步指数较上年下降 15.52 个百分点，位次下降 7 位（表 2-5）。

表 2-5 乌当区各级监测指标和位次与上年比较

指标名称	二级指标值		位次	
	2017 年	2016 年	2017 年	2016 年
综合科技进步水平指数 /%	92.97	86.98	8	11
科技进步环境及基础 /%	98.08	77.71	7	13
科技创新服务体系系数	3.54	7.85	2	1

续表

指标名称	二级指标值		位次	
	2017年	2016年	2017年	2016年
新增科技型企业备案数/个	28	48	48	16
万人大专以上学历人数/人	1087.86	895.07	8	9
科技投入/%	99.31	84.13	13	31
万人专业技术人员数/人	430.67	412.12	17	16
财政支出中科学技术支出占公共财政支出比重/%	3.19	3.06	5	4
科技进步/%	82.26	97.78	10	3
技术市场成交额/万元	65 544.32	—	7	—
万人发明专利申请量/件	7.44	7.60	13	12
万人发明专利授权量/件	2.77	3.49	3	3
万人发明专利拥有量/件	17.81	15.99	3	2
环境污染治理指数/%	45.76	88.88	82	23

5. 白云区

新增科技型企业备案55个，居全省第24位。财政科技支出32 768万元，居全省第1位，占公共财政支出比重为8.17%，居全省第1位。万人发明专利申请量11.16件，居全省第5位；万人发明专利授权量2.10件，居全省第6位；万人发明专利拥有量9.86件，居全省第6位。

白云区综合科技进步水平指数为96.53%，居全省第5位，与上年相比，监测值提高8.03个百分点，位次上升2位。在3个一级指标中，科技进步环境及基础指数和科技投入指数较上年分别提高16.08个和14.51个百分点，位次分别上升6位和21位；科技进步指数较上年下降5.35个百分点，位次上升3位（表2-6）。

表2-6 白云区各级监测指标和位次与上年比较

指标名称	二级指标值		位次	
	2017年	2016年	2017年	2016年
综合科技进步水平指数/%	96.53	88.50	5	7
科技进步环境及基础/%	100.00	83.92	1	7
科技创新服务体系系数	1.92	3.64	7	8
新增科技型企业备案数/个	55	45	24	18
万人大专以上学历人数/人	1784.84	1476.26	3	4
科技投入/%	100.00	85.49	1	22
万人专业技术人员数/人	533.87	433.53	6	11

续表

指标名称	二级指标值		位次	
	2017 年	2016 年	2017 年	2016 年
财政支出中科学技术支出占公共财政支出比重 /%	8.17	11.14	1	1
科技进步 /%	90.09	95.44	6	9
技术市场成交额 / 万元	49 657.00	—	8	—
万人发明专利申请量 / 件	11.16	6.69	5	15
万人发明专利授权量 / 件	2.10	3.49	6	4
万人发明专利拥有量 / 件	9.86	10.04	6	4
环境污染治理指数 /%	70.79	90.70	72	18

6. 观山湖区

新增科技型企业备案 110 个，居全省第 1 位。财政科技支出 24 345 万元，居全省第 2 位，占公共财政支出比重为 4.30%，居全省第 3 位。万人发明专利申请量 22.58 件，居全省第 2 位；万人发明专利授权量 9.63 件，居全省第 1 位；万人发明专利拥有量 39.70 件，居全省第 1 位。

观山湖区综合科技进步水平指数为 96.57%，居全省第 4 位，与上年相比，监测值提高 5.04 个百分点，位次不变。科技进步环境及基础指数较上年提高 12.67 个百分点，位次上升 3 位；科技投入指数较上年提高 8.58 个百分点，位次上升 10 位；科技进步指数较上年降低 5.03 个百分点，位次上升 5 位（表 2-7）。

表 2-7　观山湖区各级监测指标和位次与上年比较

指标名称	二级指标值		位次	
	2017 年	2016 年	2017 年	2016 年
综合科技进步水平指数 /%	96.57	91.53	4	4
科技进步环境及基础 /%	100.00	87.33	1	4
科技创新服务体系系数	3.27	5.35	3	5
新增科技型企业备案数 / 个	110	254	1	1
万人大专以上学历人数 / 人	2770.49	2114.97	1	1
科技投入 /%	100.00	91.42	1	11
万人专业技术人员数 / 人	874.97	853.06	1	1
财政支出中科学技术支出占公共财政支出比重 /%	4.30	3.43	3	2
科技进步 /%	90.21	95.24	5	10
技术市场成交额 / 万元	107 008.78	—	4	—
万人发明专利申请量 / 件	22.58	27.11	2	1

续表

指标名称	二级指标值		位次	
	2017年	2016年	2017年	2016年
万人发明专利授权量/件	9.63	14.49	1	1
万人发明专利拥有量/件	39.70	39.17	1	1
环境污染治理指数/%	51.05	76.18	81	68

7. 清镇市

新增科技型企业备案34个，居全省第36位。财政科技支出4215万元，居全省第58位，占公共财政支出比重为1.17%，居全省第65位。万人发明专利申请量0.75件，居全省第76位；万人发明专利授权量0.12件，居全省第46位；万人发明专利拥有量0.79件，居全省第39位。

清镇市综合科技进步水平指数为83.70%，居全省第27位，与上年相比，监测值提高18.00个百分点，位次上升20位。在3个一级指标中，科技进步环境及基础指数和科技进步指数较上年分别提高46.61个和7.92个百分点，位次分别上升31位和24位；科技投入指数较上年提高3.56个百分点，位次下降40位（表2-8）。

表2-8 清镇市各级监测指标和位次与上年比较

指标名称	二级指标值		位次	
	2017年	2016年	2017年	2016年
综合科技进步水平指数/%	83.70	65.70	27	47
科技进步环境及基础/%	97.57	50.96	11	42
科技创新服务体系系数	0.58	0.85	16	26
新增科技型企业备案数/个	34	5	36	77
万人大专以上学历人数/人	951.79	692.70	15	19
科技投入/%	92.20	88.64	55	15
万人专业技术人员数/人	432.77	399.85	16	20
财政支出中科学技术支出占公共财政支出比重/%	1.17	1.03	65	55
科技进步/%	63.31	55.39	38	62
技术市场成交额/万元	31 298.91	—	14	—
万人发明专利申请量/件	0.75	0.50	76	72
万人发明专利授权量/件	0.12	0.06	46	60
万人发明专利拥有量/件	0.79	0.64	39	35
环境污染治理指数/%	79.47	91.40	59	16

8. 开阳县

新增科技型企业备案60个，居全省第21位。财政科技支出6241万元，居全省第39位，占公共财政支出比重为1.97%，居全省第36位。万人发明专利申请量8.03件，居全省第10位；万人发明专利授权量0.24件，居全省第33位；万人发明专利拥有量1.10件，居全省第33位。

开阳县综合科技进步水平指数为84.83%，居全省第24位，与上年相比，监测值提高4.76个百分点，位次下降2位。在3个一级指标中，科技进步环境及基础指数较上年提高9.77个百分点，位次下降18位；科技投入指数较上年提高15.11个百分点，位次上升8位；科技进步指数较上年下降9.88个百分点，位次上升6位（表2-9）。

表2-9 开阳县各级监测指标和位次与上年比较

指标名称	二级指标值		位次	
	2017年	2016年	2017年	2016年
综合科技进步水平指数/%	84.83	80.07	24	22
科技进步环境及基础/%	74.08	64.31	44	26
科技创新服务体系系数	0.23	0.74	49	36
新增科技型企业备案数/个	60	35	21	27
万人大专以上学历人数/人	431.28	416.77	51	48
科技投入/%	97.79	82.68	32	40
万人专业技术人员数/人	278.71	267.69	63	64
财政支出中科学技术支出占公共财政支出比重/%	1.97	1.34	36	41
科技进步/%	81.10	90.98	12	18
技术市场成交额/万元	23 965.58	—	16	—
万人发明专利申请量/件	8.03	3.50	10	26
万人发明专利授权量/件	0.24	0.13	33	45
万人发明专利拥有量/件	1.10	0.51	33	40
环境污染治理指数/%	94.89	88.04	13	29

9. 息烽县

新增科技型企业备案22个，居全省第59位。财政科技支出4938万元，居全省第50位，占公共财政支出比重为1.90%，居全省第38位。万人发明专利申请量2.67件，居全省第54位；万人发明专利授权量0.67件，居全省第16位；万人发明专利拥有量1.21件，居全省第28位。

息烽县综合科技进步水平指数为77.65%，居全省第36位，与上年相比，监测值提高2.15个百分点，位次下降7位。在3个一级指标中，科技进步环境及基础指数较上年提高10.81个百分点，位次下降24位；科技投入指数较上年提高14.17个百分点，位次上升7位；科技进步指数较上年降低17.27个百分点，位次下降7位（表2-10）。

表2-10 息烽县各级监测指标和位次与上年比较

指标名称	二级指标值		位次	
	2017年	2016年	2017年	2016年
综合科技进步水平指数 /%	77.65	75.50	36	29
科技进步环境及基础 /%	65.52	54.71	62	38
科技创新服务体系系数	0.23	0.80	49	31
新增科技型企业备案数 /个	22	13	59	62
万人大专以上学历人数 /人	380.31	402.29	62	54
科技投入 /%	95.34	81.17	47	54
万人专业技术人员数 /人	290.95	285.79	56	51
财政支出中科学技术支出占公共财政支出比重 /%	1.90	1.03	38	56
科技进步 /%	70.37	87.64	32	25
技术市场成交额 /万元	1106.73	—	79	—
万人发明专利申请量 /件	2.67	2.68	54	39
万人发明专利授权量 /件	0.67	0.39	16	22
万人发明专利拥有量 /件	1.21	0.60	28	36
环境污染治理指数 /%	85.55	85.62	38	33

10. 修文县

新增科技型企业备案7个，居全省第80位。财政科技支出4427万元，居全省第56位，占公共财政支出比重为1.76%，居全省第46位。万人发明专利申请量5.90件，居全省第19位；万人发明专利授权量0.22件，居全省第35位；万人发明专利拥有量2.28件，居全省第15位。

修文县综合科技进步水平指数为85.74%，居全省第22位，与上年相比，监测值提高11.10个百分点，位次上升10位。在3个一级指标中，科技进步环境及基础指数较上年提高23.96个百分点，位次上升2位；科技投入指数较上年提高12.77个百分点，位次上升2位；科技进步指数较上年降低1.60个百分点，位次上升10位（表2-11）。

表2-11 修文县各级监测指标和位次与上年比较

指标名称	二级指标值		位次	
	2017年	2016年	2017年	2016年
综合科技进步水平指数 /%	85.74	74.64	22	32
科技进步环境及基础 /%	80.65	56.69	34	36
科技创新服务体系系数	0.42	1.41	28	15
新增科技型企业备案数 /个	7	5	80	77
万人大专以上学历人数 /人	1699.86	1003.18	4	7

续表

指标名称	二级指标值		位次	
	2017年	2016年	2017年	2016年
科技投入 /%	99.03	86.26	14	16
万人专业技术人员数 / 人	514.72	478.74	7	6
财政支出中科学技术支出占公共财政支出比重 /%	1.76	1.75	46	25
科技进步 /%	76.81	78.41	25	35
技术市场成交额 / 万元	4733.51	—	46	—
万人发明专利申请量 / 件	5.90	0.81	19	64
万人发明专利授权量 / 件	0.22	0.22	35	34
万人发明专利拥有量 / 件	2.28	2.22	15	13
环境污染治理指数 /%	92.04	91.70	19	15

（二）六盘水市

1. 钟山区

新增科技型企业备案94个，居全省第7位。财政科技支出15 971万元，居全省第5位，占公共财政支出比重为4.50%，居全省第2位。万人发明专利申请量2.22件，居全省第62位；万人发明专利授权量0.48件，居全省第19位；万人发明专利拥有量1.55件，居全省第24位。

钟山区综合科技进步水平指数为84.22%，居全省第26位，与上年相比，监测值提高5.57个百分点，位次不变。在3个一级指标中，科技进步环境及基础指数较上年提高9.03个百分点，位次下降22位；科技投入指数较上年提高7.34个百分点，位次不变；科技进步指数较上年提高0.82个百分点，位次上升17位（表2-12）。

表2-12 钟山区各级监测指标和位次与上年比较

指标名称	二级指标值		位次	
	2017年	2016年	2017年	2016年
综合科技进步水平指数 /%	84.22	78.65	26	26
科技进步环境及基础 /%	72.97	63.94	49	27
科技创新服务体系系数	0.19	0.51	59	50
新增科技型企业备案数 / 个	94	23	7	49
万人大专以上学历人数 / 人	956.09	845.48	14	11
科技投入 /%	99.62	92.28	9	9
万人专业技术人员数 / 人	461.61	427.55	12	13

续表

指标名称	二级指标值		位次	
	2017年	2016年	2017年	2016年
财政支出中科学技术支出占公共财政支出比重 /%	4.50	2.56	2	11
科技进步 /%	78.46	77.64	19	36
技术市场成交额 / 万元	7561.92	—	35	—
万人发明专利申请量 / 件	2.22	1.63	62	51
万人发明专利授权量 / 件	0.48	0.35	19	23
万人发明专利拥有量 / 件	1.55	1.13	24	23
环境污染治理指数 /%	85.54	94.13	39	11

2. 六枝特区

新增科技型企业备案22个，居全省第59位。财政科技支出8972万元，居全省第26位，占公共财政支出比重为1.83%，居全省第42位。万人发明专利申请量0.69件，居全省第77位；万人发明专利授权量0.02件，居全省第76位；万人发明专利拥有量0.38件，居全省第51位。

六枝特区综合科技进步水平指数为68.75%，居全省第52位，与上年相比，监测值提高10.29个百分点，位次上升11位。在3个一级指标中，科技进步环境及基础指数较上年提高37.06个百分点，位次上升27位；科技投入指数较上年提高13.28个百分点，位次下降2位；科技进步指数较上年下降15.64个百分点，位次下降1位（表2-13）。

表2-13 六枝特区各级监测指标和位次与上年比较

指标名称	二级指标值		位次	
	2017年	2016年	2017年	2016年
综合科技进步水平指数 /%	68.75	58.46	52	63
科技进步环境及基础 /%	70.64	33.58	52	79
科技创新服务体系系数	0.19	0.35	59	60
新增科技型企业备案数 / 个	22	10	59	69
万人大专以上学历人数 / 人	334.84	322.39	75	74
科技投入 /%	97.94	84.66	28	26
万人专业技术人员数 / 人	293.91	275.33	53	61
财政支出中科学技术支出占公共财政支出比重 /%	1.83	1.56	42	32
科技进步 /%	37.95	53.59	67	66
技术市场成交额 / 万元	180.43	—	88	—

续表

指标名称	二级指标值		位次	
	2017年	2016年	2017年	2016年
万人发明专利申请量/件	0.69	0.30	77	78
万人发明专利授权量/件	0.02	0.04	76	68
万人发明专利拥有量/件	0.38	0.22	51	58
环境污染治理指数/%	88.37	79.69	28	53

3. 盘县

新增科技型企业备案20个，居全省第63位。财政科技支出19 126万元，居全省第4位，占公共财政支出比重为2.03%，居全省第32位。万人发明专利申请量0.66件，居全省第78位；万人发明专利授权量0.14件，居全省第44位；万人发明专利拥有量0.36件，居全省第53位。

盘县综合科技进步水平指数为85.21%，居全省第23位，与上年相比，监测值提高13.06个百分点，位次上升14位。在3个一级指标中，科技进步环境及基础指数较上年提高31.41个百分点，位次上升8位；科技投入指数较上年提高7.43个百分点，位次下降24位；科技进步指数较上年提高2.99个百分点，位次提高16位（表2-14）。

表2-14　盘县各级监测指标和位次与上年比较

指标名称	二级指标值		位次	
	2017年	2016年	2017年	2016年
综合科技进步水平指数/%	85.21	72.15	23	37
科技进步环境及基础/%	89.36	57.95	26	34
科技创新服务体系系数	0.42	0.79	28	33
新增科技型企业备案数/个	20	12	63	64
万人大专以上学历人数/人	404.13	342.96	58	66
科技投入/%	97.50	90.07	37	13
万人专业技术人员数/人	250.00	240.52	76	76
财政支出中科学技术支出占公共财政支出比重/%	2.03	1.68	32	27
科技进步/%	69.37	66.38	34	50
技术市场成交额/万元	23 657.98	—	17	—
万人发明专利申请量/件	0.66	0.43	78	74
万人发明专利授权量/件	0.14	0.12	44	47
万人发明专利拥有量/件	0.36	0.23	53	57
环境污染治理指数/%	82.03	85.16	46	37

4. 水城县

新增科技型企业备案 7 个，居全省第 80 位。财政科技支出 11 706 万元，居全省第 14 位，占公共财政支出比重为 1.83%，居全省第 41 位。万人发明专利申请量 0.49 件，居全省第 80 位；万人发明专利授权量 0.04 件，居全省第 69 位；万人发明专利拥有量 0.28 件，居全省第 61 位。

水城县综合科技进步水平指数为 69.19%，居全省第 51 位，与上年相比，监测值提高 5.94 个百分点，位次上升 2 位。在 3 个一级指标中，科技进步环境及基础指数较上年提高 32.57 个百分点，位次上升 16 位；科技投入指数较上年提高 12.70 个百分点，位次下降 12 位；科技进步指数较上年减少 23.66 个百分点，位次下降 10 位（表 2-15）。

表 2-15 水城县各级监测指标和位次与上年比较

指标名称	二级指标值		位次	
	2017 年	2016 年	2017 年	2016 年
综合科技进步水平指数 /%	69.19	63.25	51	53
科技进步环境及基础 /%	69.98	37.41	56	72
科技创新服务体系系数	0.35	0.63	37	43
新增科技型企业备案数 / 个	7	4	80	79
万人大专以上学历人数 / 人	395.84	338.95	60	67
科技投入 /%	97.03	84.33	42	30
万人专业技术人员数 / 人	202.98	197.83	86	87
财政支出中科学技术支出占公共财政支出比重 /%	1.83	1.50	41	33
科技进步 /%	40.66	64.32	63	53
技术市场成交额 / 万元	462.52	—	85	
万人发明专利申请量 / 件	0.49	0.36	80	76
万人发明专利授权量 / 件	0.04	0.15	69	44
万人发明专利拥有量 / 件	0.28	0.17	61	65
环境污染治理指数 /%	76.68	81.32	65	45

（三）遵义市

1. 红花岗区

新增科技型企业备案 7 个，居全省第 80 位。财政科技支出 10 733 万元，居全省第 17 位，占公共财政支出比重为 1.68%，居全省第 49 位。万人发明专利申请量 4.52 件，居全省第 32 位；万人发明专利授权量 0.33 件，居全省第 25 位；万人发明专利拥有量 3.03 件，居全省第 12 位。

红花岗区综合科技进步水平指数为88.26%，居全省第17位，与上年相比，监测值减少3.08个百分点，位次下降11位。在3个一级指标中，科技进步环境及基础指数和科技进步指数分别较上年减少2.48和13.87个百分点，位次分别下降25位和2位；科技投入指数较上年提高7.20个百分点，位次下降6位（表2-16）。

表2-16 红花岗区各级监测指标和位次与上年比较

指标名称	二级指标值		位次	
	2017年	2016年	2017年	2016年
综合科技进步水平指数/%	88.26	91.34	17	6
科技进步环境及基础/%	84.52	87.00	30	5
科技创新服务体系系数	1.58	3.70	8	7
新增科技型企业备案数/个	7	27	80	40
万人大专以上学历人数/人	992.87	817.25	12	12
科技投入/%	98.87	91.67	16	10
万人专业技术人员数/人	386.62	316.77	23	38
财政支出中科学技术支出占公共财政支出比重/%	1.68	1.05	49	52
科技进步/%	80.86	94.73	13	11
技术市场成交额/万元	37 201.73	—	10	—
万人发明专利申请量/件	4.52	2.93	32	32
万人发明专利授权量/件	0.33	0.63	25	14
万人发明专利拥有量/件	3.03	2.85	12	10
环境污染治理指数/%	74.02	100.00	69	1

2. 汇川区

新增科技型企业备案12个，居全省第74位。财政科技支出5697万元，居全省第44位，占公共财政支出比重为1.35%，居全省第59位。万人发明专利申请量9.28件，居全省第9位；万人发明专利授权量2.71件，居全省第4位；万人发明专利拥有量8.56件，居全省第7位。

汇川区综合科技进步水平指数为90.11%，居全省第14位，与上年相比，监测值减少3.88个百分点，位次下降11位。在3个一级指标中，科技进步环境及基础指数和科技投入指数较上年提高9.38和2.22个百分点，位次分别下降3位和21位；科技进步指数较上年下降21.35个百分点，位次下降22位（表2-17）。

表 2-17　汇川区各级监测指标和位次与上年比较

指标名称	二级指标值		位次	
	2017 年	2016 年	2017 年	2016 年
综合科技进步水平指数 /%	90.11	93.99	14	3
科技进步环境及基础 /%	98.11	88.73	6	3
科技创新服务体系系数	2.54	6.38	6	3
新增科技型企业备案数 / 个	12	19	74	54
万人大专以上学历人数 / 人	1415.55	1335.40	6	5
科技投入 /%	98.49	96.27	24	3
万人专业技术人员数 / 人	576.47	570.94	5	5
财政支出中科学技术支出占公共财政支出比重 /%	1.35	1.39	59	39
科技进步 /%	74.89	96.24	28	6
技术市场成交额 / 万元	32 182.65	—	12	—
万人发明专利申请量 / 件	9.28	8.37	9	8
万人发明专利授权量 / 件	2.71	2.05	4	6
万人发明专利拥有量 / 件	8.56	6.76	7	7
环境污染治理指数 /%	71.16	81.18	71	46

3. 赤水市

新增科技型企业备案 38 个，居全省第 32 位。财政科技支出 9298 万元，居全省第 25 位，占公共财政支出比重为 2.86%，居全省第 9 位。万人发明专利申请量 3.35 件，居全省第 40 位；万人发明专利授权量 0.20 件，居全省第 37 位；万人发明专利拥有量 1.18 件，居全省第 29 位。

赤水市综合科技进步水平指数为 86.44%，居全省第 19 位，与上年相比，监测值提高 2.93 个百分点，位次下降 3 位。在 3 个一级指标中，科技进步环境及基础指数和科技投入指数较上年分别提高 23.65 和 15.01 个百分点，位次分别上升 8 位和 18 位；科技进步指数减少 26.93 个百分点，位次下降 17 位（表 2-18）。

表 2-18　赤水市各级监测指标和位次与上年比较

指标名称	二级指标值		位次	
	2017 年	2016 年	2017 年	2016 年
综合科技进步水平指数 /%	86.44	83.51	19	16
科技进步环境及基础 /%	97.94	74.29	9	17
科技创新服务体系系数	0.54	0.94	19	23

续表

指标名称	二级指标值		位次	
	2017年	2016年	2017年	2016年
新增科技型企业备案数/个	38	33	32	29
万人大专以上学历人数/人	1050.65	790.05	10	13
科技投入/%	99.55	84.54	11	29
万人专业技术人员数/人	455.02	429.66	14	12
财政支出中科学技术支出占公共财政支出比重/%	2.86	2.56	9	10
科技进步/%	63.47	90.40	37	20
技术市场成交额/万元	2187.45	—	69	—
万人发明专利申请量/件	3.35	4.34	40	20
万人发明专利授权量/件	0.20	0.33	37	25
万人发明专利拥有量/件	1.18	1.02	29	28
环境污染治理指数/%	83.43	68.05	44	74

4. 仁怀市

新增科技型企业备案39个，居全省第31位。财政科技支出962万元，居全省第85位，占公共财政支出比重为0.16%，居全省第86位。万人发明专利申请量4.67件，居全省第30位；万人发明专利授权量0.39件，居全省第24位；万人发明专利拥有量1.03件，居全省第36位。

仁怀市综合科技进步水平指数为67.29%，居全省第57位，与上年相比，监测值减少17.80个百分点，位次下降42位。在3个一级指标中，科技进步指数和科技投入指数较上年分别减少13.36和48.47个百分点，位次分别下降6位和下降65位；科技进步环境及基础指数较上年提高12.81个百分点，位次下降9位（表2-19）。

表2-19 仁怀市各级监测指标和位次与上年比较

指标名称	二级指标值		位次	
	2017年	2016年	2017年	2016年
综合科技进步水平指数/%	67.29	85.09	57	15
科技进步环境及基础/%	90.13	77.32	23	14
科技创新服务体系系数	0.42	1.07	28	19
新增科技型企业备案数/个	39	50	31	14
万人大专以上学历人数/人	608.88	490.52	27	32
科技投入/%	37.30	85.77	84	19

续表

指标名称	二级指标值		位次	
	2017年	2016年	2017年	2016年
万人专业技术人员数/人	290.76	283.77	57	54
财政支出中科学技术支出占公共财政支出比重/%	0.16	1.38	86	40
科技进步/%	77.70	91.06	23	17
技术市场成交额/万元	1235.33	—	77	—
万人发明专利申请量/件	4.67	4.37	30	19
万人发明专利授权量/件	0.39	0.27	24	29
万人发明专利拥有量/件	1.03	0.68	36	33
环境污染治理指数/%	91.59	78.88	20	62

5. 播州区

新增科技型企业备案98个，居全省第4位。财政科技支出8184万元，居全省第31位，占公共财政支出比重为1.55%，居全省第50位。万人发明专利申请量5.98件，居全省第16位；万人发明专利授权量0.57件，居全省第17位；万人发明专利拥有量1.61件，居全省第22位。

播州区综合科技进步水平指数为91.26%，居全省第10位，与上年相比，监测值提高4.94个百分点，位次上升3位。在3个一级指标中，科技进步环境及基础指数较上年提高16.40个百分点，位次下降4位；科技投入指数较上年提高6.19个百分点，位次下降15位；科技进步指数较上年减少6.11个百分点，位次上升13位（表2-20）。

表2-20 播州区各级监测指标和位次与上年比较

指标名称	二级指标值		位次	
	2017年	2016年	2017年	2016年
综合科技进步水平指数/%	91.26	86.32	10	13
科技进步环境及基础/%	96.76	80.36	15	11
科技创新服务体系系数	0.65	1.41	15	16
新增科技型企业备案数/个	98	24	4	46
万人大专以上学历人数/人	734.77	595.11	22	24
科技投入/%	98.52	92.33	23	8
万人专业技术人员数/人	351.61	392.60	34	22
财政支出中科学技术支出占公共财政支出比重/%	1.55	1.32	50	42
科技进步/%	79.31	85.42	15	28
技术市场成交额/万元	8051.14	—	34	—

续表

指标名称	二级指标值		位次	
	2017年	2016年	2017年	2016年
万人发明专利申请量/件	5.98	2.89	16	34
万人发明专利授权量/件	0.57	0.60	17	15
万人发明专利拥有量/件	1.61	1.22	22	21
环境污染治理指数/%	78.48	97.33	61	4

6. 桐梓县

新增科技型企业备案10个，居全省第76位。财政科技支出5153万元，居全省第46位，占公共财政支出比重为1.18%，居全省第64位。万人发明专利申请量5.92件，居全省第17位；万人发明专利授权量0.19件，居全省第39位；万人发明专利拥有量0.44件，居全省第49位。

桐梓县综合科技进步水平指数为78.20%，居全省第34位，与上年相比，监测值提高18.73个百分点，位次上升25位。在3个一级指标中，科技进步环境及基础指数较上年提高1.82个百分点，位次下降26位；科技投入指数较上年提高58.68个百分点，位次上升34位；科技进步指数较上年减少6.74个百分点，位次上升10位（表2-21）。

表2-21 桐梓县各级监测指标和位次与上年比较

指标名称	二级指标值		位次	
	2017年	2016年	2017年	2016年
综合科技进步水平指数/%	78.20	59.47	34	59
科技进步环境及基础/%	73.96	72.14	45	19
科技创新服务体系系数	0.31	0.89	39	25
新增科技型企业备案数/个	10	27	76	40
万人大专以上学历人数/人	359.22	457.60	68	38
科技投入/%	94.56	35.88	50	84
万人专业技术人员数/人	275.08	254.18	65	69
财政支出中科学技术支出占公共财政支出比重/%	1.18	0.24	64	83
科技进步/%	65.47	72.21	36	46
技术市场成交额/万元	6982.26	—	38	—
万人发明专利申请量/件	5.92	2.73	17	38
万人发明专利授权量/件	0.19	0.17	39	41
万人发明专利拥有量/件	0.44	0.34	49	47
环境污染治理指数/%	87.30	86.46	32	31

7. 绥阳县

新增科技型企业备案 25 个,居全省第 54 位。财政科技支出 2626 万元,居全省第 70 位,占公共财政支出比重为 0.81%,居全省第 79 位。万人发明专利申请量 4.95 件,居全省第 27 位;万人发明专利授权量 1.38 件,居全省第 9 位;万人发明专利拥有量 2.27 件,居全省第 16 位。

绥阳县综合科技进步水平指数为 80.12%,居全省第 32 位,与上年相比,监测值提高 0.04 个百分点,位次下降 11 位。在 3 个一级指标中,科技投入指数和科技进步指数较上年分别提高 17.09 和 9.03 个百分点,位次分别下降 32 位和上升 1 位;科技进步环境及基础指数较上年提高 30.60 个百分点,位次上升 6 位(表 2-22)。

表 2-22 绥阳县各级监测指标和位次与上年比较

指标名称	二级指标值		位次	
	2017 年	2016 年	2017 年	2016 年
综合科技进步水平指数 /%	80.12	80.08	32	21
科技进步环境及基础 /%	89.23	58.63	27	33
科技创新服务体系系数	0.42	0.62	28	45
新增科技型企业备案数 / 个	25	38	54	25
万人大专以上学历人数 / 人	368.53	328.90	65	72
科技投入 /%	65.96	83.05	70	38
万人专业技术人员数 / 人	287.16	276.11	59	59
财政支出中科学技术支出占公共财政支出比重 /%	0.81	1.00	79	61
科技进步 /%	86.46	95.49	7	8
技术市场成交额 / 万元	8774.80	—	28	
万人发明专利申请量 / 件	4.95	4.49	27	18
万人发明专利授权量 / 件	1.38	0.99	9	11
万人发明专利拥有量 / 件	2.27	1.41	16	18
环境污染治理指数 /%	83.54	79.63	42	55

8. 正安县

新增科技型企业备案 29 个,居全省第 45 位。财政科技支出 6027 万元,居全省第 41 位,占公共财政支出比重为 1.53%,居全省第 52 位。万人发明专利申请量 5.90 件,居全省第 18 位;万人发明专利授权量 0.21 件,居全省第 36 位;万人发明专利拥有量 0.31 件,居全省第 59 位。

正安县综合科技进步水平指数 77.72%,居全省第 35 位,与上年相比,监测值提高 4.60 个百分点,位次下降 1 位。在 3 个一级指标中,科技进步环境及基础指数较上年提高 32.25 个百分点,位次上升 22 位;科技投入指数较上年提高 14.25 个百分点,位次上升 4 位;科技进步指数较上年减少 19.76 个百分点,位次下降 16 位(表 2-23)。

表 2-23 正安县各级监测指标和位次与上年比较

指标名称	二级指标值		位次	
	2017 年	2016 年	2017 年	2016 年
综合科技进步水平指数 /%	77.72	73.12	35	34
科技进步环境及基础 /%	74.42	42.17	41	63
科技创新服务体系系数	0.23	0.17	49	83
新增科技型企业备案数 / 个	29	44	45	20
万人大专以上学历人数 / 人	522.08	452.87	34	41
科技投入 /%	97.87	83.62	30	34
万人专业技术人员数 / 人	287.02	293.44	60	47
财政支出中科学技术支出占公共财政支出比重 /%	1.53	1.25	52	45
科技进步 /%	60.40	89.16	39	23
技术市场成交额 / 万元	8480.18	—	33	—
万人发明专利申请量 / 件	5.90	2.43	18	43
万人发明专利授权量 / 件	0.21	0.23	36	31
万人发明专利拥有量 / 件	0.31	0.34	59	48
环境污染治理指数 /%	79.89	84.74	52	40

9. 凤冈县

新增科技型企业备案 10 个，居全省 76 位。财政科技支出 1407 万元，居全省第 83 位，占公共财政支出比重为 0.48%，居全省第 85 位。万人发明专利申请量 3.51 件，居全省第 37 位；万人发明专利授权量 0.32 件，居全省第 26 位；万人发明专利拥有量 1.08 件，居全省第 34 位。

凤冈县综合科技进步水平指数为 62.46%，居全省第 66 位，与上年相比，监测值减少 12.43 个百分点，位次下降 35 位。在 3 个一级指标中，科技投入指数和科技进步指数较上年分别减少 34.58 和 20.57 个百分点，位次分别下降 23 位和 14 位；科技进步环境及基础指数较上年提高 22.92 个百分点，位次下降 3 位（表 2-24）。

表 2-24 凤冈县各级监测指标和位次与上年比较

指标名称	二级指标值		位次	
	2017 年	2016 年	2017 年	2016 年
综合科技进步水平指数 /%	62.46	74.89	66	31
科技进步环境及基础 /%	73.07	50.15	48	45
科技创新服务体系系数	0.31	0.85	39	27

续表

指标名称	二级指标值		位次	
	2017年	2016年	2017年	2016年
新增科技型企业备案数/个	10	8	76	72
万人大专以上学历人数/人	425.19	403.87	52	53
科技投入/%	45.73	80.31	82	59
万人专业技术人员数/人	251.21	243.98	75	75
财政支出中科学技术支出占公共财政支出比重/%	0.48	0.94	85	66
科技进步/%	70.09	90.66	33	19
技术市场成交额/万元	3384.31	—	59	—
万人发明专利申请量/件	3.51	2.56	37	40
万人发明专利授权量/件	0.32	0.48	26	19
万人发明专利拥有量/件	1.08	0.67	34	34
环境污染治理指数/%	79.92	80.07	51	50

10. 湄潭县

新增科技型企业备案13个，居全省第73位。财政科技支出3579万元，居全省第64位，占公共财政支出比重为1.15%，居全省第68位。万人发明专利申请量5.05件，居全省第26位；万人发明专利授权量0.18件，居全省第41位；万人发明专利拥有量1.23件，居全省第27位。

湄潭县综合科技进步水平指数为83.25%，居全省第29位，与上年相比，监测值提高3.48个百分点，位次下降6位。在3个一级指标中，科技进步环境及基础指数较上年提高35.81个百分点，位次上升13位；科技投入指数和科技进步指数较上年分别减少0.56和20.18个百分点，位次下降21位和16位（表2-25）。

表2-25 湄潭县各级监测指标和位次与上年比较

指标名称	二级指标值		位次	
	2017年	2016年	2017年	2016年
综合科技进步水平指数/%	83.25	79.77	29	23
科技进步环境及基础/%	95.96	60.15	19	32
科技创新服务体系系数	0.54	0.97	19	21
新增科技型企业备案数/个	13	11	73	67
万人大专以上学历人数/人	521.52	426.27	35	46
科技投入/%	81.95	82.51	64	43

续表

指标名称	二级指标值		位次	
	2017 年	2016 年	2017 年	2016 年
万人专业技术人员数 / 人	277.17	258.59	64	67
财政支出中科学技术支出占公共财政支出比重 /%	1.15	1.14	68	50
科技进步 /%	73.66	93.84	29	13
技术市场成交额 / 万元	2180.55	—	70	—
万人发明专利申请量 / 件	5.05	2.97	26	31
万人发明专利授权量 / 件	0.18	0.45	41	21
万人发明专利拥有量 / 件	1.23	1.08	27	26
环境污染治理指数 /%	83.60	88.40	41	25

11. 余庆县

新增科技型企业备案 19 个，居全省第 68 位。财政科技支出 1747 万元，居全省第 79 位，占公共财政支出比重为 0.85%，居全省第 78 位。万人发明专利申请量 4.68 件，居全省第 29 位；万人发明专利授权量 0.08 件，居全省第 50 位；万人发明专利拥有量 0.46 件，居全省第 47 位。

余庆县综合科技进步水平指数为 54.24%，居全省第 74 位，与上年相比，监测值减少 8.00 个百分点，位次下降 19 位。在 3 个一级指标中，科技进步环境及基础指数较上年提高 22.59 个百分点，位次下降 5 位；科技投入指数和科技进步指数较上年分别减少 11.56 和 30.66 个百分点，位次分别下降 5 位和 15 位（表 2-26）。

表 2-26 余庆县各级监测指标和位次与上年比较

指标名称	二级指标值		位次	
	2017 年	2016 年	2017 年	2016 年
综合科技进步水平指数 /%	54.24	62.24	74	55
科技进步环境及基础 /%	66.44	43.85	60	55
科技创新服务体系系数	0.23	0.27	49	70
新增科技型企业备案数 / 个	19	24	68	46
万人大专以上学历人数 / 人	401.55	351.34	59	62
科技投入 /%	54.08	65.64	78	73
万人专业技术人员数 / 人	318.47	298.07	43	46
财政支出中科学技术支出占公共财政支出比重 /%	0.85	0.86	78	68
科技进步 /%	43.94	74.60	56	41
技术市场成交额 / 万元	7285.78	—	36	—

续表

指标名称	二级指标值		位次	
	2017年	2016年	2017年	2016年
万人发明专利申请量/件	4.68	3.73	29	25
万人发明专利授权量/件	0.08	0.17	50	42
万人发明专利拥有量/件	0.46	0.34	47	49
环境污染治理指数/%	59.40	40.00	75	85

12. 习水县

新增科技型企业备案20个，居全省第63位。财政科技支出9507万元，居全省第24位，占公共财政支出比重为2.02%，居全省第33位。万人发明专利申请量2.78件，居全省第50位；万人发明专利授权量0.08件，居全省第54位；万人发明专利拥有量0.34件，居全省第55位。

习水县综合科技进步水平指数为83.33%，居全省第28位，与上年相比，监测值提高3.86个百分点，位次下降4位。在3个一级指标中，科技进步环境及基础指数和科技投入指数分别较上年提高16.27和12.08个百分点，位次分别下降8位和9位；科技进步指数较上年提高15.00个百分点，位次下降4位（表2-27）。

表2-27 习水县各级监测指标和位次与上年比较

指标名称	二级指标值		位次	
	2017年	2016年	2017年	2016年
综合科技进步水平指数/%	83.33	79.47	28	24
科技进步环境及基础/%	80.14	63.87	36	28
科技创新服务体系系数	0.31	0.74	39	38
新增科技型企业备案数/个	20	31	63	34
万人大专以上学历人数/人	407.85	314.80	55	75
科技投入/%	98.06	85.98	26	17
万人专业技术人员数/人	305.65	304.57	48	43
财政支出中科学技术支出占公共财政支出比重/%	2.02	1.43	33	38
科技进步/%	71.33	86.33	31	27
技术市场成交额/万元	3175.75	—	61	—
万人发明专利申请量/件	2.78	1.44	50	53
万人发明专利授权量/件	0.08	0.08	54	56
万人发明专利拥有量/件	0.34	0.27	55	51
环境污染治理指数/%	98.79	100.00	2	1

13. 道真县

新增科技型企业备案29个,居全省第45位。财政科技支出4600万元,居全省第54位,占公共财政支出比重为1.83%,居全省第40位。万人发明专利申请量5.10件,居全省第25位;万人发明专利拥有量0件,居全省第78位;万人发明专利拥有量0.16件,居全省第74位。

道真县综合科技进步水平指数为66.46%,居全省第59位,与上年相比,监测值提高28.32个百分点,位次上升28位。在3个一级指标中,科技进步环境及基础指数较上年提高12.66个百分点,位次下降24位;科技投入指数较上年提高80.11个百分点,位次上升69位;科技进步指数较上年减少10.04个百分点,位次上升3位(表2-28)。

表2-28 道真县各级监测指标和位次与上年比较

指标名称	二级指标值		位次	
	2017年	2016年	2017年	2016年
综合科技进步水平指数/%	66.46	38.14	59	87
科技进步环境及基础/%	63.53	50.87	67	43
科技创新服务体系系数	0.15	0.42	70	55
新增科技型企业备案数/个	29	26	45	43
万人大专以上学历人数/人	459.89	462.02	42	35
科技投入/%	98.80	18.69	18	87
万人专业技术人员数/人	380.27	380.10	27	24
财政支出中科学技术支出占公共财政支出比重/%	1.83	0.13	40	87
科技进步/%	36.64	46.68	71	74
技术市场成交额/万元	3542.00	—	57	—
万人发明专利申请量/件	5.10	2.19	25	48
万人发明专利授权量/件	0.00	0.00	78	74
万人发明专利拥有量/件	0.16	0.24	74	54
环境污染治理指数/%	70.00	39.91	73	88

14. 务川县

新增科技型企业备案33个,居全省第38位。财政科技支出6504万元,居全省第37位,占公共财政支出比重为2.07%,居全省第31位。万人发明专利申请量6.50件,居全省第14位;万人发明专利授权量0.19件,居全省第40位;万人发明专利拥有量0.34件,居全省第56位。

务川县综合科技进步水平指数为70.69%,居全省第45位,与上年相比,监测值提高2.50个百分点,位次下降3位。在3个一级指标中,科技进步环境及基础指数较上年提高20.58个百分点,位次下降 9 位；科技投入指数较上年提高 15.48 个百分点，位次上升 16 位；科技进步指数较上年减少 25.98 个百分点，位次下降 8 位（表 2-29）。

表 2-29 务川县各级监测指标和位次与上年比较

指标名称	二级指标值		位次	
	2017 年	2016 年	2017 年	2016 年
综合科技进步水平指数 /%	70.69	68.19	45	42
科技进步环境及基础 /%	65.24	44.66	63	54
科技创新服务体系系数	0.12	0.28	75	69
新增科技型企业备案数 / 个	33	32	38	33
万人大专以上学历人数 / 人	535.44	338.90	33	68
科技投入 /%	97.92	82.44	29	45
万人专业技术人员数 / 人	291.67	284.99	55	52
财政支出中科学技术支出占公共财政支出比重 /%	2.07	2.23	31	17
科技进步 /%	48.13	74.11	51	43
技术市场成交额 / 万元	219.53	—	87	—
万人发明专利申请量 / 件	6.50	2.76	14	36
万人发明专利授权量 / 件	0.19	0.06	40	61
万人发明专利拥有量 / 件	0.34	0.19	56	63
环境污染治理指数 /%	40.00	94.55	85	10

（四）安顺市

1. 西秀区

新增科技型企业备案 28 个，居全省第 48 位。财政科技支出 6683 万元，居全省第 34 位，占公共财政支出比重为 1.06%，居全省第 70 位。万人发明专利申请量 5.71 件，居全省第 21 位；万人发明专利授权量 0.72 件，居全省第 13 位；万人发明专利拥有量 4.21 件，居全省第 9 位。

西秀区综合科技进步水平指数为 90.74%，居全省第 13 位，与上年相比，监测值提高 3.39 个百分点，位次下降 3 位。在 3 个一级指标中，科技进步环境及基础指数和科技投入指数较上年分别提高 13.60 和 11.03 个百分点，位次分别下降 5 位和 16 位；科技进步指数上年减少 12.98 个百分点，位次上升 1 位（表 2-30）。

表 2-30　西秀区各级监测指标和位次与上年比较

指标名称	二级指标值		位次	
	2017 年	2016 年	2017 年	2016 年
综合科技进步水平指数 /%	90.74	87.35	13	10
科技进步环境及基础 /%	97.15	83.55	14	9
科技创新服务体系系数	1.35	2.55	9	9
新增科技型企业备案数 / 个	28	23	48	49
万人大专以上学历人数 / 人	839.02	701.05	18	17
科技投入 /%	94.45	83.42	51	35
万人专业技术人员数 / 人	384.78	373.94	24	25
财政支出中科学技术支出占公共财政支出比重 /%	1.06	0.34	70	80
科技进步 /%	81.54	94.52	11	12
技术市场成交额 / 万元	33 008.20	—	11	—
万人发明专利申请量 / 件	5.71	3.98	21	23
万人发明专利授权量 / 件	0.72	0.74	13	13
万人发明专利拥有量 / 件	4.21	3.50	9	9
环境污染治理指数 /%	74.67	81.80	68	43

2. 平坝区

新增科技型企业备案 29 个，居全省第 45 位。财政科技支出 1894 万元，居全省第 78 位，占公共财政支出比重为 0.48%，居全省第 84 位。万人发明专利申请量 7.57 件，居全省第 12 位；万人发明专利授权量 0.93 件，居全省第 11 位；万人发明专利拥有量 2.95 件，居全省第 13 位。

平坝区综合科技进步水平指数为 73.57%，居全省第 42 位，与上年相比，监测值下降 8.43 个百分点，位次下降 23 位。在 3 个一级指标中，科技进步环境及基础指数较上年提高 20.45 个百分点，位次下降 4 位；科技投入指数和科技进步指数较上年分别减少 29.07 和 12.54 个百分点，位次分别下降 31 位和 3 位（表 2-31）。

表 2-31　平坝区各级监测指标和位次与上年比较

指标名称	二级指标值		位次	
	2017 年	2016 年	2017 年	2016 年
综合科技进步水平指数 /%	73.57	82.00	42	19
科技进步环境及基础 /%	93.36	72.91	22	18
科技创新服务体系系数	0.46	0.94	26	22

续表

指标名称	二级指标值		位次	
	2017 年	2016 年	2017 年	2016 年
新增科技型企业备案数 / 个	29	39	45	23
万人大专以上学历人数 / 人	650.67	519.97	23	30
科技投入 /%	53.13	82.20	79	48
万人专业技术人员数 / 人	308.43	279.68	46	57
财政支出中科学技术支出占公共财政支出比重 /%	0.48	1.63	84	30
科技进步 /%	77.05	89.59	24	21
技术市场成交额 / 万元	4359.21	—	51	—
万人发明专利申请量 / 件	7.57	7.40	12	13
万人发明专利授权量 / 件	0.93	1.11	11	10
万人发明专利拥有量 / 件	2.95	2.00	13	14
环境污染治理指数 /%	80.88	80.55	49	48

3. 普定县

新增科技型企业备案 8 个，居全省第 79 位。财政科技支出 3627 万元，居全省第 61 位，占公共财政支出比重为 1.18%，居全省第 63 位。万人发明专利申请量 4.00 件，居全省第 34 位；万人发明专利授权量 0.31 件，居全省第 27 位；万人发明专利拥有量 1.58 件，居全省第 23 位。

普定县综合科技进步水平指数为 78.67%，居全省第 33 位，与上年相比，监测值提高 25.66 个百分点，位次上升 38 位。在 3 个一级指标中，科技进步环境及基础指数较上年提高 46.36 个百分点，位次上升 36 位；科技进步指数较上年下降 1.26 个百分点，位次上升 17 位；科技投入指数较上年提高 34.84 个百分点，位次上升 18 位（表 2-32）。

表 2-32 普定县各级监测指标和位次与上年比较

指标名称	二级指标值		位次	
	2017 年	2016 年	2017 年	2016 年
综合科技进步水平指数 /%	78.67	53.01	33	71
科技进步环境及基础 /%	73.14	26.78	47	83
科技创新服务体系系数	0.35	0.34	37	61
新增科技型企业备案数 / 个	8	6	79	76
万人大专以上学历人数 / 人	600.23	347.19	28	64
科技投入 /%	83.25	48.41	62	80

续表

指标名称	二级指标值		位次	
	2017 年	2016 年	2017 年	2016 年
万人专业技术人员数 / 人	306.44	282.17	47	55
财政支出中科学技术支出占公共财政支出比重 /%	1.18	0.41	63	79
科技进步 /%	78.83	80.09	17	34
技术市场成交额 / 万元	3928.78	—	54	—
万人发明专利申请量 / 件	4.00	2.45	34	41
万人发明专利授权量 / 件	0.31	0.79	27	12
万人发明专利拥有量 / 件	1.58	1.40	23	19
环境污染治理指数 /%	98.02	97.72	4	3

4. 关岭县

新增科技型企业备案 1 个，居全省第 86 位。财政科技支出 3531 万元，居全省第 65 位，占公共财政支出比重为 1.26%，居全省第 61 位。万人发明专利申请量 1.75 件，居全省第 65 位；万人发明专利拥有量 0.21 件，居全省第 69 位。

关岭县综合科技进步水平指数为 46.75%，居全省第 81 位，与上年相比，监测值减少 14.15 个百分点，位次下降 25 位。在 3 个一级指标中，科技进步环境及基础指数较上年减少 5.83 个百分点，位次下降 10 位；科技投入指数较上年减少 2.17 个百分点，位次下降 4 位；科技进步指数较上年减少 33.27 个百分点，位次下降 30 位（表 2-33）。

表 2-33 关岭县各级监测指标和位次与上年比较

指标名称	二级指标值		位次	
	2017 年	2016 年	2017 年	2016 年
综合科技进步水平指数 /%	46.75	60.90	81	56
科技进步环境及基础 /%	28.93	34.76	87	77
科技创新服务体系系数	0.12	0.28	75	68
新增科技型企业备案数 / 个	1	14	86	60
万人大专以上学历人数 / 人	328.22	250.91	77	86
科技投入 /%	78.08	80.25	65	61
万人专业技术人员数 / 人	226.30	216.65	82	80
财政支出中科学技术支出占公共财政支出比重 /%	1.26	1.22	61	47
科技进步 /%	30.70	63.97	84	54
技术市场成交额 / 万元	1216.49	—	78	—

续表

指标名称	二级指标值		位次	
	2017 年	2016 年	2017 年	2016 年
万人发明专利申请量 /件	1.75	1.37	65	55
万人发明专利授权量 /件	0.00	0.32	78	27
万人发明专利拥有量 /件	0.21	0.25	69	53
环境污染治理指数 /%	56.92	79.26	77	61

5. 镇宁县

新增科技型企业备案20个，居全省第63位。财政科技支出3285万元，居全省第66位，占公共财政支出比重为1.00%，居全省第72位。万人发明专利申请量2.20件，居全省第63位；万人发明专利授权量0.07件，居全省第59位；万人发明专利拥有量1.74件，居全省第20位。

镇宁县综合科技进步水平指数为76.37%，居全省第39位，与上年相比，监测值提高19.38个百分点，位次上升26位。在3个一级指标中，科技进步环境及基础指数较上年提高56.17个百分点，位次上升48位；科技投入指数较上年减少7.72个百分点，位次下降10位；科技进步指数较上年提高14.95个百分点，位次上升39位（表2-34）。

表2-34 镇宁县各级监测指标和位次与上年比较

指标名称	二级指标值		位次	
	2017 年	2016 年	2017 年	2016 年
综合科技进步水平指数 /%	76.37	56.99	39	65
科技进步环境及基础 /%	77.62	21.45	38	86
科技创新服务体系系数	0.27	0.42	46	54
新增科技型企业备案数 /个	20	1	63	87
万人大专以上学历人数 /人	555.12	327.74	29	73
科技投入 /%	72.83	80.55	67	57
万人专业技术人员数 /人	232.72	228.72	79	79
财政支出中科学技术支出占公共财政支出比重 /%	1.00	1.03	72	54
科技进步 /%	78.84	63.89	16	55
技术市场成交额 /万元	76 289.53	—	6	—
万人发明专利申请量 /件	2.20	1.40	63	54
万人发明专利授权量 /件	0.07	0.11	59	51
万人发明专利拥有量 /件	1.74	1.75	20	15
环境污染治理指数 /%	94.72	88.91	15	22

6. 紫云县

新增科技型企业备案 1 个,居全省第 86 位。财政科技支出 2488 万元,居全省第 73 位,占公共财政支出比重为 0.89%,居全省第 76 位。万人发明专利申请量 3.07 件,居全省第 44 位;万人发明专利拥有量 0.18 件,居全省第 72 位。

紫云县综合科技进步水平指数为 44.61%,居全省第 85 位,与上年相比,监测值减少 4.68 个百分点,位次下降 7 位。在 3 个一级指标中,科技进步环境及基础指数较上年提高 17.44 个百分点,位次不变;科技投入指数较上年减少 16.94 个百分点,位次下降 8 位;科技进步指数较上年减少 11.38 个百分点,位次上升 8 位(表 2-35)。

表 2-35 紫云县各级监测指标和位次与上年比较

指标名称	二级指标值		位次	
	2017 年	2016 年	2017 年	2016 年
综合科技进步水平指数 /%	44.61	49.29	85	78
科技进步环境及基础 /%	25.81	8.37	88	88
科技创新服务体系系数	0.08	0.07	81	88
新增科技型企业备案数 / 个	1	2	86	85
万人大专以上学历人数 / 人	340.80	259.56	72	84
科技投入 /%	63.08	80.02	73	65
万人专业技术人员数 / 人	268.01	252.29	68	71
财政支出中科学技术支出占公共财政支出比重 /%	0.89	0.94	76	65
科技进步 /%	42.26	53.64	57	65
技术市场成交额 / 万元	2140.94	—	71	—
万人发明专利申请量 / 件	3.07	1.17	44	57
万人发明专利授权量 / 件	0.00	0.18	78	39
万人发明专利拥有量 / 件	0.18	0.18	72	64
环境污染治理指数 /%	97.52	83.46	5	41

(五)毕节市

1. 七星关区

新增科技型企业备案 36 个,居全省第 34 位。财政科技支出 15 381 万元,居全省第 7 位,占公共财政支出比重为 2.20%,居全省第 25 位。万人发明专利申请量 0.79 件,居全省第 75 位;万人发明专利授权量 0.08 件,居全省第 53 位;万人发明专利拥有量 0.55 件,居全省第 44 位。

七星关区综合科技进步水平指数为 89.45%，居全省第 15 位，与上年相比，监测值提高 10.42 个百分点，位次上升 10 位。在 3 个一级指标中，科技进步环境及基础指数较上年提高 39.74 个百分点，位次上升 17 位；科技投入指数较上年提高 4.17 个百分点，位次下降 21 位；科技进步指数较上年减少 8.46 个百分点，位次上升 2 位（表 2-36）。

表 2-36 七星关区各级监测指标和位次与上年比较

指标名称	二级指标值		位次	
	2017 年	2016 年	2017 年	2016 年
综合科技进步水平指数 /%	89.45	79.03	15	25
科技进步环境及基础 /%	95.65	55.91	20	37
科技创新服务体系系数	1.00	1.84	12	10
新增科技型企业备案数 / 个	36	3	34	83
万人大专以上学历人数 / 人	438.75	424.87	45	47
科技投入 /%	98.12	93.95	25	4
万人专业技术人员数 / 人	311.80	290.58	45	48
财政支出中科学技术支出占公共财政支出比重 /%	2.20	0.95	25	64
科技进步 /%	75.48	83.94	27	29
技术市场成交额 / 万元	14 181.22	—	19	—
万人发明专利申请量 / 件	0.79	0.43	75	73
万人发明专利授权量 / 件	0.08	0.12	53	48
万人发明专利拥有量 / 件	0.55	0.47	44	41
环境污染治理指数 /%	100.00	96.21	1	7

2. 大方县

新增科技型企业备案 61 个，居全省第 19 位。财政科技支出 11 761 万元，居全省第 13 位，占公共财政支出比重为 2.34%，居全省第 24 位。万人发明专利申请量 0.10 件，居全省第 88 位；万人发明专利授权量 0.08 件，居全省第 55 位；万人发明专利拥有量 0.21 件，居全省第 68 位。

大方县综合科技进步水平指数为 69.89%，居全省第 47 位，与上年相比，监测值提高 28.30 个百分点，位次上升 38 位。在 3 个一级指标中，科技进步环境及基础指数和科技投入指数较上年分别提高 34.24 和 60.72 个百分点，位次分别上升 21 位和 42 位；科技进步指数较上年减少 9.19 个百分点，位次上升 12 位（表 2-37）。

表 2-37 大方县各级监测指标和位次与上年比较

指标名称	二级指标值		位次	
	2017 年	2016 年	2017 年	2016 年
综合科技进步水平指数 /%	69.89	41.59	47	85
科技进步环境及基础 /%	70.43	36.19	54	75
科技创新服务体系系数	0.19	0.62	59	44
新增科技型企业备案数 / 个	61	4	19	79
万人大专以上学历人数 / 人	279.65	269.35	86	82
科技投入 /%	97.15	36.43	41	83
万人专业技术人员数 / 人	214.98	205.11	85	85
财政支出中科学技术支出占公共财政支出比重 /%	2.34	0.17	24	85
科技进步 /%	42.18	51.37	58	70
技术市场成交额 / 万元	8648.08	—	29	—
万人发明专利申请量 / 件	0.10	0.22	88	82
万人发明专利授权量 / 件	0.08	0.03	55	71
万人发明专利拥有量 / 件	0.21	0.13	68	70
环境污染治理指数 /%	88.13	89.26	29	20

3. 黔西县

新增科技型企业备案 35 个，居全省第 35 位。财政科技支出 10 193 万元，居全省第 21 位，占公共财政支出比重为 2.62%，居全省第 14 位。万人发明专利申请量 0.44 件，居全省第 82 位；万人发明专利授权量 0.06 件，居全省第 62 位，万人发明专利拥有量 0.11 件，居全省第 80 位。

黔西县综合科技进步水平指数为 69.61%，居全省第 48 位，与上年相比，监测值提高 17.55 个百分点，位次上升 25 位。在 3 个一级指标中，科技进步环境及基础指数和科技投入指数较上年分别提高 36.51 和 12.58 个百分点，位次分别上升 25 位和下降 12 位；科技进步指数较上年提高 6.25 个百分点，位次上升 26 位（表 2-38）。

表 2-38 黔西县各级监测指标和位次与上年比较

指标名称	二级指标值		位次	
	2017 年	2016 年	2017 年	2016 年
综合科技进步水平指数 /%	69.61	52.06	48	73
科技进步环境及基础 /%	70.54	34.03	53	78
科技创新服务体系系数	0.19	0.47	59	51

续表

指标名称	二级指标值		位次	
	2017年	2016年	2017年	2016年
新增科技型企业备案数/个	35	7	35	74
万人大专以上学历人数/人	308.41	255.21	79	85
科技投入/%	97.15	84.57	40	28
万人专业技术人员数/人	215.34	211.03	84	84
财政支出中科学技术支出占公共财政支出比重/%	2.62	1.00	14	60
科技进步/%	41.26	35.01	59	85
技术市场成交额/万元	5002.01	—	44	
万人发明专利申请量/件	0.44	0.21	82	84
万人发明专利授权量/件	0.06	0.00	62	74
万人发明专利拥有量/件	0.11	0.07	80	80
环境污染治理指数/%	95.14	96.65	12	6

4. 金沙县

新增科技型企业备案50个，居全省第27位；财政科技支出11 908万元，居全省第12位，占公共财政支出比重为2.40%，居全省第22位。万人发明专利申请量0.56件，居全省第79位；万人发明专利授权量0.07件，居全省第58位，万人发明专利拥有量0.82件，居全省第38位。

金沙县综合科技进步水平指数为82.25%，居全省第30位，与上年相比，监测值较上年提高12.69个百分点，位次上升9位。在3个一级指标中，科技进步环境及基础指数和科技投入指数较上年分别提高20.61和12.08个百分点，位次分别下降5位和11位；科技进步指数较上年提高6.48个百分点，位次上升30位（表2-39）。

表2-39 金沙县各级监测指标和位次与上年比较

指标名称	二级指标值		位次	
	2017年	2016年	2017年	2016年
综合科技进步水平指数/%	82.25	69.56	30	39
科技进步环境及基础/%	95.32	74.71	21	16
科技创新服务体系系数	0.58	1.21	16	17
新增科技型企业备案数/个	50	21	27	52
万人大专以上学历人数/人	352.02	310.92	69	76
科技投入/%	97.82	85.74	31	20

续表

指标名称	二级指标值		位次	
	2017年	2016年	2017年	2016年
万人专业技术人员数/人	282.23	279.07	61	58
财政支出中科学技术支出占公共财政支出比重/%	2.40	1.02	22	58
科技进步/%	55.46	48.98	43	73
技术市场成交额/万元	5729.63	—	43	—
万人发明专利申请量/件	0.56	0.26	79	79
万人发明专利授权量/件	0.07	0.00	58	74
万人发明专利拥有量/件	0.82	0.70	38	31
环境污染治理指数/%	85.62	90.77	37	17

5. 织金县

新增科技型企业备案57个，居全省第23位。财政科技支出14 017万元，居全省第8位，占公共财政支出比重为2.52%，居全省第18位。万人发明专利申请量0.21件，居全省第85位；万人发明专利授权量0.03件，居全省第75位；万人发明专利拥有量0.15件，居全省第77位。

织金县综合科技进步水平指数为67.16%，居全省第58位，与上年相比，监测值提高2.95个百分点，位次下降8位。在3个一级指标中，科技进步环境及基础指数较上年提高9.05个百分点，位次下降24位；科技投入指数较上年提高31.76个百分点，位次上升31位；科技进步指数较上年减少31.07个百分点，位次下降25位（表2-40）。

表2-40 织金县各级监测指标和位次与上年比较

指标名称	二级指标值		位次	
	2017年	2016年	2017年	2016年
综合科技进步水平指数/%	67.16	64.21	58	50
科技进步环境及基础/%	70.35	61.30	55	31
科技创新服务体系系数	0.19	0.85	59	28
新增科技型企业备案数/个	57	15	23	58
万人大专以上学历人数/人	256.29	241.41	87	87
科技投入/%	97.02	65.26	43	74
万人专业技术人员数/人	201.72	200.74	87	86
财政支出中科学技术支出占公共财政支出比重/%	2.52	0.33	18	81
科技进步/%	34.57	65.64	76	51
技术市场成交额/万元	6514.15	—	40	—

续表

指标名称	二级指标值		位次	
	2017年	2016年	2017年	2016年
万人发明专利申请量/件	0.21	0.01	85	88
万人发明专利授权量/件	0.03	0.05	75	67
万人发明专利拥有量/件	0.15	0.13	77	71
环境污染治理指数/%	96.92	79.62	8	56

6. 纳雍县

新增科技型企业备案31个，居全省第42位。财政科技支出10 511万元，居全省第18位，占公共财政支出比重为2.18%，居全省第26位。万人发明专利申请量0.18件，居全省第86位；万人发明专利拥有量0.03件，居全省第88位。

纳雍县综合科技进步水平指数为61.63%，居全省第67位，与上年相比，监测值提高11.94个百分点，位次上升9位。在3个一级指标中，科技进步环境及基础指数较上年提高26.61个百分点，位次上升6位；科技投入指数较上年提高13.16个百分点，位次降低6位；科技进步指数较上年减少1.84个百分点，位次上升2位（表2-41）。

表2-41 纳雍县各级监测指标和位次与上年比较

指标名称	二级指标值		位次	
	2017年	2016年	2017年	2016年
综合科技进步水平指数/%	61.63	49.69	67	76
科技进步环境及基础/%	64.33	37.72	65	71
科技创新服务体系系数	0.12	0.72	75	41
新增科技型企业备案数/个	31	3	42	83
万人大专以上学历人数/人	293.37	263.67	82	83
科技投入/%	97.27	84.11	38	32
万人专业技术人员数/人	227.30	216.62	80	81
财政支出中科学技术支出占公共财政支出比重/%	2.18	0.97	26	63
科技进步/%	23.68	25.52	86	88
技术市场成交额/万元	1495.04	—	75	—
万人发明专利申请量/件	0.18	0.07	86	86
万人发明专利授权量/件	0.00	0.01	78	72
万人发明专利拥有量/件	0.03	0.01	88	87
环境污染治理指数/%	96.36	72.10	11	72

7. 赫章县

新增科技型企业备案 41 个，居全省第 30 位。财政科技支出 8725 万元，居全省第 28 位，占公共财政支出比重为 2.02%，居全省第 34 位。万人发明专利申请量 0.14 件，居全省 87 位；万人发明专利授权量 0.08 件，居全省第 56 位；万人发明专利拥有量 0.27 件，居全省第 62 位。

赫章县综合科技进步水平指数为 69.28%，居全省第 49 位，与上年相比，监测值提高 12.47 个百分点，位次上升 19 位。在 3 个一级指标中，科技进步环境及基础指数和科技投入指数较上年分别提高 36.90 个百分点和 21.81 个百分点，位次分别上升 27 位和 30 位；科技进步指数较上年减少 17.82 个百分点，位次下降 7 位（表 2-42）。

表 2-42　赫章县各级监测指标和位次与上年比较

指标名称	二级指标值		位次	
	2017 年	2016 年	2017 年	2016 年
综合科技进步水平指数 /%	69.28	56.81	49	68
科技进步环境及基础 /%	73.54	36.64	46	73
科技创新服务体系系数	0.23	0.73	49	39
新增科技型企业备案数 / 个	41	2	30	85
万人大专以上学历人数 / 人	288.44	269.68	83	81
科技投入 /%	97.24	75.43	39	69
万人专业技术人员数 / 人	224.21	213.51	83	83
财政支出中科学技术支出占公共财政支出比重 /%	2.02	0.54	34	77
科技进步 /%	37.66	55.48	68	61
技术市场成交额 / 万元	1399.91	—	76	—
万人发明专利申请量 / 件	0.14	0.21	87	83
万人发明专利授权量 / 件	0.08	0.06	56	63
万人发明专利拥有量 / 件	0.27	0.24	62	56
环境污染治理指数 /%	79.86	79.72	53	52

8. 威宁县

新增科技型企业备案 45 个，居全省第 28 位。财政科技支出 12 865 万元，居全省第 10 位，占公共财政支出比重为 1.81%，居全省第 43 位。万人发明专利申请量 0.22 件，居全省第 84 位；万人发明专利授权量 0.01 件，居全省第 77 位；万人发明专利拥有量 0.04 件，居全省第 87 位。

威宁县综合科技进步水平指数为 67.82%，居全省第 55 位，与上年相比，监测值提高 24.10 个百分点，位次上升 29 位。在 3 个一级指标中，科技进步环境及基础指数较上年提高 43.15 个百分点，位次上升 37 位；科技投入指数较上年提高 42.29 个百分点，位次上升 34 位；科技进步指数较上年下降 10.41 个百分点，位次下降 2 位（表 2-43）。

表 2-43　威宁县各级监测指标和位次与上年比较

指标名称	二级指标值		位次	
	2017 年	2016 年	2017 年	2016 年
综合科技进步水平指数 /%	67.82	43.72	55	84
科技进步环境及基础 /%	79.45	36.30	37	74
科技创新服务体系系数	0.31	0.75	39	35
新增科技型企业备案数 / 个	45	0	28	88
万人大专以上学历人数 / 人	221.80	209.44	88	88
科技投入 /%	97.00	54.71	44	78
万人专业技术人员数 / 人	200.30	192.15	88	88
财政支出中科学技术支出占公共财政支出比重 /%	1.81	0.19	43	84
科技进步 /%	28.68	39.09	85	83
技术市场成交额 / 万元	5944.03	—	42	—
万人发明专利申请量 / 件	0.22	0.05	84	87
万人发明专利授权量 / 件	0.01	0.01	77	73
万人发明专利拥有量 / 件	0.04	0.04	87	85
环境污染治理指数 /%	79.99	79.48	50	59

（六）铜仁市

1. 碧江区

新增科技型企业备案 33 个，居全省第 38 位。财政科技支出 5858 万元，居全省第 43 位，占公共财政支出比重为 1.90%，居全省第 39 位。万人发明专利申请 2.72 件，居全省第 53 位；万人发明专利授权量 0.69 件，居全省第 14 位；万人发明专利拥有量 1.94 件，居全省第 18 位。

碧江区综合科技进步水平指数为 91.17%，居全省第 11 位，与上年相比，监测值提高 5.49 个百分点，位次上升 3 位。在 3 个一级指标中，科技进步环境及基础指数和科技投入指数较上年分别提高 26.73 和 10.28 个百分点，位次分别上升 15 位和 13 位；科技进步指数较上年下降 17.50 个百分点，位次下降 12 位（表 2-44）。

表 2-44 碧江区各级监测指标和位次与上年比较

指标名称	二级指标值		位次	
	2017 年	2016 年	2017 年	2016 年
综合科技进步水平指数 /%	91.17	85.68	11	14
科技进步环境及基础 /%	98.40	71.67	5	20
科技创新服务体系系数	0.81	0.91	13	24
新增科技型企业备案数 / 个	33	16	38	57
万人大专以上学历人数 / 人	1174.02	1135.66	7	6
科技投入 /%	100.00	89.72	1	14
万人专业技术人员数 / 人	679.01	615.26	2	2
财政支出中科学技术支出占公共财政支出比重 /%	1.90	1.65	39	28
科技进步 /%	76.14	93.64	26	14
技术市场成交额 / 万元	23 040.23	—	18	—
万人发明专利申请量 / 件	2.72	4.05	53	21
万人发明专利授权量 / 件	0.69	0.54	14	18
万人发明专利拥有量 / 件	1.94	1.27	18	20
环境污染治理指数 /%	57.64	84.89	76	39

2. 万山区

新增科技型企业备案 16 个，居全省第 70 位。财政科技支出 8166 万元，居全省第 32 位，占公共财政支出比重为 3.70%，居全省第 4 位。万人发明专利申请量 14.87 件，居全省第 4 位；万人发明专利授权量 2.61 件，居全省第 5 位；万人发明专利拥有量 5.80 件，居全省第 8 位。

万山区综合科技进步水平指数为 84.78%，居全省第 25 位，与上年相比，监测值提高 22.37 个百分点，位次上升 29 位。在 3 个一级指标中，科技进步环境及基础指数较上年提高 16.14 个百分点，位次下降 8 位；科技投入指数较上年提高 68.30 个百分点，位次上升 28 位；科技进步指数较上年减少 18.21 个百分点，位次下降 12 位（表 2-45）。

表 2-45 万山区各级监测指标和位次与上年比较

指标名称	二级指标值		位次	
	2017 年	2016 年	2017 年	2016 年
综合科技进步水平指数 /%	84.78	62.41	25	54
科技进步环境及基础 /%	83.39	67.25	31	23
科技创新服务体系系数	0.54	0.97	19	20

续表

指标名称	二级指标值		位次	
	2017年	2016年	2017年	2016年
新增科技型企业备案数/个	16	17	70	55
万人大专以上学历人数/人	554.37	471.50	30	34
科技投入/%	91.04	22.74	58	86
万人专业技术人员数/人	403.45	350.90	21	29
财政支出中科学技术支出占公共财政支出比重/%	3.70	0.26	4	82
科技进步/%	79.72	97.93	14	2
技术市场成交额/万元	8564.11	—	32	—
万人发明专利申请量/件	14.87	13.05	4	4
万人发明专利授权量/件	2.61	3.09	5	5
万人发明专利拥有量/件	5.80	3.61	8	8
环境污染治理指数/%	90.04	89.64	24	19

3. 江口县

新增科技型企业备案7个，居全省第80位。财政科技支出1616万元，居全省第80位，占公共财政支出比重为0.76%，居全省第81位。万人发明专利申请量2.45件，居全省第58位；万人发明专利授权量0.17件，居全省第42位；万人发明专利拥有量0.57件，居全省第43位。

江口县综合科技进步水平指数为44.73%，居全省第84位，与上年相比，监测值减少18.80个百分点，位次下降32位。在3个一级指标中，科技进步环境及基础指数较上年提高7.20个百分点，位次下降19位；科技投入指数和科技进步指数较上年分别减少13.95和45.93个百分点，位次分别下降4位和41位（表2-46）。

表2-46 江口县各级监测指标和位次与上年比较

指标名称	二级指标值		位次	
	2017年	2016年	2017年	2016年
综合科技进步水平指数/%	44.73	63.53	84	52
科技进步环境及基础/%	49.95	42.75	80	61
科技创新服务体系系数	0.23	0.74	49	37
新增科技型企业备案数/个	7	7	80	74
万人大专以上学历人数/人	434.82	388.82	47	55
科技投入/%	48.52	62.47	80	76

续表

指标名称	二级指标值		位次	
	2017 年	2016 年	2017 年	2016 年
万人专业技术人员数 / 人	359.25	331.19	33	34
财政支出中科学技术支出占公共财政支出比重 /%	0.76	0.74	81	72
科技进步 /%	36.46	82.39	72	31
技术市场成交额 / 万元	327.80	—	86	—
万人发明专利申请量 / 件	2.45	3.27	58	28
万人发明专利授权量 / 件	0.17	0.23	42	33
万人发明专利拥有量 / 件	0.57	0.69	43	32
环境污染治理指数 /%	40.50	79.53	84	58

4. 石阡县

新增科技型企业备案 22 个，居全省第 59 位。财政科技支出 4346 万元，居全省第 57 位，占公共财政支出比重为 1.30%，居全省第 60 位。万人发明专利申请量 2.77 件，居全省第 51 位；万人发明专利授权量 0.07 件，居全省第 61 位；万人发明专利拥有量 0.10 件，居全省第 81 位。

石阡县综合科技进步水平指数为 67.35%，居全省第 56 位，与上年相比，监测值提高 8.12 个百分点，位次上升 4 位。在 3 个一级指标中，科技进步环境及基础指数较上年同期提高 42.21 个百分点，位次上升 38 位；科技投入指数较上年同期提高 11.40 个百分点，位次下降 11 位；科技进步指数较上年降低 24.39 个百分点，位次下降 15 位（表 2-47）。

表 2-47 石阡县各级监测指标和位次与上年比较

指标名称	二级指标值		位次	
	2017 年	2016 年	2017 年	2016 年
综合科技进步水平指数 /%	67.35	59.23	56	60
科技进步环境及基础 /%	74.21	32.00	43	81
科技创新服务体系系数	0.23	0.26	49	74
新增科技型企业备案数 / 个	22	12	59	64
万人大专以上学历人数 / 人	467.44	381.14	40	58
科技投入 /%	93.96	82.56	53	42
万人专业技术人员数 / 人	301.60	298.53	51	45
财政支出中科学技术支出占公共财政支出比重 /%	1.30	1.05	60	53
科技进步 /%	34.85	59.24	75	60
技术市场成交额 / 万元	2001.90	—	72	—

续表

指标名称	二级指标值		位次	
	2017年	2016年	2017年	2016年
万人发明专利申请量/件	2.77	2.32	51	47
万人发明专利授权量/件	0.07	0.10	61	53
万人发明专利拥有量/件	0.10	0.10	81	77
环境污染治理指数/%	40.00	40.00	85	85

5. 思南县

新增科技型企业备案42个，居全省第29位。财政科技支出4476万元，居全省第55位，占公共财政支出比重为0.91%，居全省第75位。万人发明专利申请量1.09件，居全省第71位；万人发明专利授权量0.04件，居全省第68位；万人发明专利拥有量0.28件，居全省第60位。

思南县综合科技进步水平指数为70.74%，居全省第44位，与上年相比，监测值提高4.06个百分点，位次上升1位。在3个一级指标中，科技进步环境及基础指数较上年提高30.60个百分点，位次上升12位；科技投入指数较上年提高6.18个百分点，位次下降38位；科技进步指数较上年减少20.81个百分点，位次下降4位（表2-48）。

表2-48 思南县各级监测指标和位次与上年比较

指标名称	二级指标值		位次	
	2017年	2016年	2017年	2016年
综合科技进步水平指数/%	70.74	66.68	44	45
科技进步环境及基础/%	80.25	49.65	35	47
科技创新服务体系系数	0.31	0.56	39	47
新增科技型企业备案数/个	42	15	29	58
万人大专以上学历人数/人	437.10	336.73	46	69
科技投入/%	92.14	85.96	56	18
万人专业技术人员数/人	340.41	321.70	38	37
财政支出中科学技术支出占公共财政支出比重/%	0.91	0.98	75	62
科技进步/%	41.18	61.99	60	56
技术市场成交额/万元	718.30	—	83	—
万人发明专利申请量/件	1.09	0.54	71	70
万人发明专利授权量/件	0.04	0.06	68	64
万人发明专利拥有量/件	0.28	0.26	60	52
环境污染治理指数/%	72.58	46.44	70	82

6. 德江县

新增科技型企业备案数 3 个，居全省第 85 位；财政科技支出 5038 万元，居全省第 47 位，占公共财政支出比重为 1.06%，居全省第 69 位。万人发明专利申请量 0.48 件，居全省第 81 位；万人发明专利拥有量 0.05 件，居全省第 85 位。

德江县综合科技进步水平指数为 54.33%，居全省第 73 位，与上年相比，监测值提高 7.15 个百分点，位次上升 8 位。在 3 个一级指标中，科技进步环境及基础指数和科技投入指数较上年分别提高 22.07 和 30.87 个百分点，位次分别不变和上升 23 位；科技进步指数较上年减少 29.36 个百分点，位次下降 18 位（表 2-49）。

表 2-49 德江县各级监测指标和位次与上年比较

指标名称	二级指标值		位次	
	2017 年	2016 年	2017 年	2016 年
综合科技进步水平指数 /%	54.33	47.18	73	81
科技进步环境及基础 /%	45.13	23.06	85	85
科技创新服务体系系数	0.15	0.32	70	63
新增科技型企业备案数 / 个	3	4	85	79
万人大专以上学历人数 / 人	432.61	387.60	50	56
科技投入 /%	94.07	63.20	52	75
万人专业技术人员数 / 人	344.97	335.53	37	32
财政支出中科学技术支出占公共财政支出比重 /%	1.06	0.43	69	78
科技进步 /%	22.48	51.84	87	69
技术市场成交额 / 万元	769.82	—	82	—
万人发明专利申请量 / 件	0.48	1.18	81	56
万人发明专利授权量 / 件	0.00	0.03	78	70
万人发明专利拥有量 / 件	0.05	0.05	85	81
环境污染治理指数 /%	79.66	76.86	58	66

7. 沿河县

新增科技型企业备案 34 个，居全省第 36 位。财政科技支出 5694 万元，居全省第 45 位，占公共财政支出比重为 1.19%，居全省第 62 位。万人发明专利申请量 1.06 件，居全省第 73 位；万人发明专利拥有量 0.22 件，居全省第 67 位。

沿河县综合科技进步水平指数为 64.53%，居全省第 62 位，与上年相比，监测值减少 3.20 个百分点，位次下降 19 位。在 3 个一级指标中，科技进步环境及基础指数较上年提高 25.37 个百分点，位次上升 5 位；科技投入指数较上年提高 11.51 个百分点，位次下降 11 位；科技进步指数较上年减少 42.40 个百分点，位次下降 38 位（表 2-50）。

表2-50 沿河县各级监测指标和位次与上年比较

指标名称	二级指标值		位次	
	2017年	2016年	2017年	2016年
综合科技进步水平指数/%	64.53	67.73	62	43
科技进步环境及基础/%	64.50	39.13	64	69
科技创新服务体系系数	0.12	0.43	75	52
新增科技型企业备案数/个	34	12	36	64
万人大专以上学历人数/人	339.17	300.26	73	79
科技投入/%	94.61	83.10	48	37
万人专业技术人员数/人	267.45	247.95	69	72
财政支出中科学技术支出占公共财政支出比重/%	1.19	1.07	62	51
科技进步/%	34.47	76.87	77	39
技术市场成交额/万元	2853.45	—	65	—
万人发明专利申请量/件	1.06	0.55	73	69
万人发明专利授权量/件	0.00	0.20	78	35
万人发明专利拥有量/件	0.22	0.24	67	55
环境污染治理指数/%	77.92	88.31	63	27

8. 松桃县

新增科技型企业备案17个，居全省第69位。财政科技支出6510万元，居全省第36位，占公共财政支出比重为1.52%，居全省第53位。万人发明专利申请量1.64件，居全省第66位；万人发明专利授权量0.08件，居全省第51位；万人发明专利拥有量0.26件，居全省第63位。

松桃县综合科技进步水平指数为76.27%，居全省第40位，与上年相比，监测值提高7.52个百分点，位次上升1位。在3个一级指标中，科技进步环境及基础指数较上年提高31.05个百分点，位次上升13位；科技投入指数较上年提高13.33个百分点，位次下降3位；科技进步指数较上年下降18.45个百分点，位次下降1位（表2-51）。

表2-51 松桃县各级监测指标和位次与上年比较

指标名称	二级指标值		位次	
	2017年	2016年	2017年	2016年
综合科技进步水平指数/%	76.27	68.75	40	41
科技进步环境及基础/%	77.05	46.00	39	52
科技创新服务体系系数	0.27	0.54	46	48
新增科技型企业备案数/个	17	13	69	62
万人大专以上学历人数/人	404.16	354.66	57	61

续表

指标名称	二级指标值		位次	
	2017年	2016年	2017年	2016年
科技投入 /%	98.04	84.71	27	24
万人专业技术人员数 / 人	303.67	280.41	50	56
财政支出中科学技术支出占公共财政支出比重 /%	1.52	1.44	53	36
科技进步 /%	53.83	72.28	46	45
技术市场成交额 / 万元	534.94	—	84	—
万人发明专利申请量 / 件	1.64	1.02	66	61
万人发明专利授权量 / 件	0.08	0.08	51	55
万人发明专利拥有量 / 件	0.26	0.14	63	67
环境污染治理指数 /%	94.82	82.86	14	42

9. 玉屏县

新增科技型企业备案15个，居全省第72位。财政科技支出6530万元，居全省第35位，占公共财政支出比重为2.74%，居全省第11位。万人发明专利申请量10.81件，居全省第7位；万人发明专利授权量1.57件，居全省第8位；万人发明专利拥有量4.15件，居全省第10位。

玉屏县综合科技进步水平指数为85.88%，居全省第21位，与上年相比，监测值提高14.15个百分点，位次上升17位。在3个一级指标中，科技进步环境及基础指数较上年提高40.18个百分点，位次上升22位；科技投入指数较上年提高9.37个百分点，位次下降3位；科技进步指数较上年减3.38个百分点，位次上升11位（表2-52）。

表2-52　玉屏县各级监测指标和位次与上年比较

指标名称	二级指标值		位次	
	2017年	2016年	2017年	2016年
综合科技进步水平指数 /%	85.88	71.73	21	38
科技进步环境及基础 /%	90.05	49.87	24	46
科技创新服务体系系数	0.50	0.41	25	57
新增科技型企业备案数 / 个	15	35	72	27
万人大专以上学历人数 / 人	781.83	552.80	20	28
科技投入 /%	90.48	81.11	59	56
万人专业技术人员数 / 人	369.30	380.23	31	23
财政支出中科学技术支出占公共财政支出比重 /%	2.74	2.90	11	6
科技进步 /%	77.71	81.09	22	33

续表

指标名称	二级指标值		位次	
	2017年	2016年	2017年	2016年
技术市场成交额/万元	10 210.51	—	24	—
万人发明专利申请量/件	10.81	13.01	7	5
万人发明专利授权量/件	1.57	0.58	8	17
万人发明专利拥有量/件	4.15	1.57	10	17
环境污染治理指数/%	78.32	75.46	62	69

10. 印江县

新增科技型企业备案11个，居全省第75位。财政科技支出5918万元，居全省第42位，占公共财政支出比重为1.48%，居全省第55位。万人发明专利申请量2.82件，居全省第49位；万人发明专利拥有量0.35件，居全省第54位。

印江县综合科技进步水平指数为69.25%，居全省第50位，与上年相比，监测值较上年提高29.25个百分点，位次上升36位。在3个一级指标中，科技进步环境及基础指数和科技投入指数较上年分别提高32.63和75.65个百分点，位次分别上升17位和63位；科技进步指数较上年减少20.06个百分点，位次下降3位（表2-53）。

表2-53 印江县各级监测指标和位次与上年比较

指标名称	二级指标值		位次	
	2017年	2016年	2017年	2016年
综合科技进步水平指数/%	69.25	40.00	50	86
科技进步环境及基础/%	67.88	35.25	59	76
科技创新服务体系系数	0.23	0.42	49	56
新增科技型企业备案数/个	11	10	75	69
万人大专以上学历人数/人	434.40	370.01	48	60
科技投入/%	98.64	22.99	22	85
万人专业技术人员数/人	381.23	340.17	26	31
财政支出中科学技术支出占公共财政支出比重/%	1.48	0.14	55	86
科技进步/%	41.02	61.08	61	58
技术市场成交额/万元	2458.10	—	67	—
万人发明专利申请量/件	2.82	0.66	49	67
万人发明专利授权量/件	0.00	0.07	78	57
万人发明专利拥有量/件	0.35	0.42	54	43
环境污染治理指数/%	79.68	81.76	57	44

（七）黔西南州

1. 兴义市

新增科技型企业备案数71个，居全省第12位。财政科技支出20 992万元，居全省第3位，占公共财政支出比重为2.98%，居全省第7位。万人发明专利申请量2.38件，居全省第59位；万人发明专利授权量0.28件，居全省第28位；万人发明专利拥有量1.96件，居全省第17位。

兴义市综合科技进步水平指数为92.93%，居全省第9位，与上年相比，监测值提高6.43个百分点，位次上升3位。在3个一级指标中，科技进步指数和科技投入指数较上年分别提高2.18和4.98个百分点，位次分别上升23位和下降10位；科技环境及基础进步指数较上年上升13.08个百分点，位次下降7位（表2-54）。

表2-54 兴义市各级监测指标和位次与上年比较

指标名称	二级指标值		位次	
	2017年	2016年	2017年	2016年
综合科技进步水平指数 /%	92.93	86.50	9	12
科技进步环境及基础 /%	97.20	84.12	13	6
科技创新服务体系系数	1.27	1.57	10	13
新增科技型企业备案数 / 个	71	91	12	3
万人大专以上学历人数 / 人	852.62	697.94	17	18
科技投入 /%	98.90	93.92	15	5
万人专业技术人员数 / 人	389.68	369.55	22	26
财政支出中科学技术支出占公共财政支出比重 /%	2.98	1.73	7	26
科技进步 /%	83.31	81.13	9	32
技术市场成交额 / 万元	32 052.75	—	13	—
万人发明专利申请量 / 件	2.38	2.38	59	45
万人发明专利授权量 / 件	0.28	0.30	28	28
万人发明专利拥有量 / 件	1.96	1.15	17	22
环境污染治理指数 /%	93.44	97.24	16	5

2. 兴仁县

新增科技型企业备案数62个，居全省第17位。财政科技支出10 883万元，居全省第16位，占公共财政支出比重为2.62%，居全省第15位。万人发明专利申请量3.46件，居全省第38位；万人发明专利授权量0.05件，居全省第64位；万人发明专利拥有量0.62件，居全省第41位。

兴仁县综合科技进步水平指数为75.99%，居全省第41位，与上年相比，监测值上升0.25个百分点，位次下降 13 位。在 3 个一级指标中，科技进步环境及基础指数较上年上升 8.87 个百分点，位次下降 17 位；科技投入指数较上年提高 14.65 个百分点，位次上升 5 位；科技进步指数较上年下降 21.53 个百分点，位次下降 5 位（表 2-55）。

表 2-55　兴仁县各级监测指标和位次与上年比较

指标名称	二级指标值 2017 年	二级指标值 2016 年	位次 2017 年	位次 2016 年
综合科技进步水平指数 /%	75.99	75.74	41	28
科技进步环境及基础 /%	74.23	65.36	42	25
科技创新服务体系系数	0.23	0.78	49	34
新增科技型企业备案数 / 个	62	53	17	13
万人大专以上学历人数 / 人	470.60	334.46	39	70
科技投入 /%	97.68	83.03	34	39
万人专业技术人员数 / 人	268.44	259.74	67	66
财政支出中科学技术支出占公共财政支出比重 /%	2.62	1.44	15	37
科技进步 /%	55.82	77.35	42	37
技术市场成交额 / 万元	3791.20	7.51	55	11
万人发明专利申请量 / 件	3.46	1.08	38	59
万人发明专利授权量 / 件	0.05	0.10	64	54
万人发明专利拥有量 / 件	0.62	0.22	41	59
环境污染治理指数 /%	96.61	95.23	9	8

3. 普安县

新增科技型企业备案数 61 个，居全省 19 位。财政科技支出 6102 万元，居全省第 40 位，占公共财政支出比重为 2.08%，居全省第 30 位。万人发明专利申请量 3.27 件，居全省 41 位；万人发明专利拥有量 0.04 件，居全省 70 位；万人发明专利拥有量 0.08 件，居全省第 83 位。

普安县综合科技进步水平指数为 60.86%，居全省第 68 位，与上年相比，监测值提高 30.78 个百分点，位次上升 20 位。在 3 个一级指标中，科技进步环境及基础指数和科技进步指数较上年分别上升 13.96 和减少 0.64 个百分点，位次分别下降 12 位和上升 5 位；科技投入指数较上年提高 76.59 个百分点，位次上升 39 位（表 2-56）。

表 2-56　普安县各级监测指标和位次与上年比较

指标名称	二级指标值		位次	
	2017 年	2016 年	2017 年	2016 年
综合科技进步水平指数 /%	60.86	30.08	68	88
科技进步环境及基础 /%	54.24	40.28	78	66
科技创新服务体系系数	0.08	0.17	81	84
新增科技型企业备案数 / 个	61	30	19	37
万人大专以上学历人数 / 人	379.06	378.63	63	59
科技投入 /%	94.56	17.97	49	88
万人专业技术人员数 / 人	263.90	284.51	70	53
财政支出中科学技术支出占公共财政支出比重 /%	2.08	0.12	30	88
科技进步 /%	32.82	33.46	81	86
技术市场成交额 / 万元	6334.98	—	41	—
万人发明专利申请量 / 件	3.27	0.63	41	68
万人发明专利授权量 / 件	0.04	0.00	70	74
万人发明专利拥有量 / 件	0.08	0.04	83	84
环境污染治理指数 /%	40.00	40.00	85	85

4. 晴隆县

新增科技型企业备案 71 个，居全省第 12 位。财政科技支出 2959 万元，居全省第 68 位，占公共财政支出比重为 1.16%，居全省第 67 位。万人发明专利申请量 2.22 件，居全省第 61 位；万人发明专利授权量 0.04 件，居全省第 67 位；万人发明专利拥有量 0.16 件，居全省第 75 位。

晴隆县综合科技进步水平指数为 51.61%，居全省第 77 位，与上年相比，监测值减少 5.24 个百分点，位次下降 10 位。在 3 个一级指标中，科技进步环境及基础指数、科技投入指数和科技进步指数较上年分别上升 5.00，减少 11.43 和 7.83 个百分点，位次分别下降 25 位、7 位和上升 6 位（表 2-57）。

表 2-57　晴隆县各级监测指标和位次与上年比较

指标名称	二级指标值		位次	
	2017 年	2016 年	2017 年	2016 年
综合科技进步水平指数 /%	51.61	56.85	77	67
科技进步环境及基础 /%	48.18	43.18	83	58
科技创新服务体系系数	0.04	0.27	88	71

续表

指标名称	二级指标值		位次	
	2017年	2016年	2017年	2016年
新增科技型企业备案数/个	71	25	12	44
万人大专以上学历人数/人	327.03	292.85	78	80
科技投入/%	68.78	80.21	69	62
万人专业技术人员数/人	247.03	233.78	78	78
财政支出中科学技术支出占公共财政支出比重/%	1.16	1.15	67	48
科技进步/%	37.39	45.22	69	75
技术市场成交额/万元	1077.17	—	80	—
万人发明专利申请量/件	2.22	0.69	61	66
万人发明专利授权量/件	0.04	0.00	67	74
万人发明专利拥有量/件	0.16	0.12	75	74
环境污染治理指数/%	75.49	79.88	66	51

5. 安龙县

新增科技型企业备案97个，居全省第5位。财政科技支出9698万元，居全省第22位，占公共财政支出比重为2.73%，居全省第12位。万人发明专利申请量3.91件，居全省第35位；万人发明专利授权量0.03件，居全省第74位；万人发明专利拥有量0.19件，居全省第70位。

安龙县综合科技进步水平指数为68.07%，居全省第54位，与上年相比，监测值减少9.80个百分点，位次上升10位。在3个一级指标中，科技进步环境及基础指数、科技投入指数和科技进步指数较上年分别上升25.71、21.61和减少15.45个百分点，位次分别下降2位、上升33位和下降3位（表2-58）。

表2-58 安龙县各级监测指标和位次与上年比较

指标名称	二级指标值		位次	
	2017年	2016年	2017年	2016年
综合科技进步水平指数/%	68.07	58.20	54	64
科技进步环境及基础/%	69.49	43.78	58	56
科技创新服务体系系数	0.19	0.26	59	72
新增科技型企业备案数/个	97	63	5	8
万人大专以上学历人数/人	364.84	306.80	66	78
科技投入/%	97.60	75.99	35	68

续表

指标名称	二级指标值		位次	
	2017年	2016年	2017年	2016年
万人专业技术人员数/人	260.50	247.16	73	73
财政支出中科学技术支出占公共财政支出比重/%	2.73	0.60	12	76
科技进步/%	37.33	52.78	70	67
技术市场成交额/万元	2222.60	—	68	—
万人发明专利申请量/件	3.91	1.07	35	60
万人发明专利授权量/件	0.03	0.06	74	65
万人发明专利拥有量/件	0.19	0.14	70	68
环境污染治理指数/%	56.84	44.74	78	83

6. 望谟县

新增科技型企业备案71个，居全省第12位。财政科技支出6333万元，居全省第38位，占公共财政支出比重为2.12%，居全省第28位。万人发明专利申请量2.46件，居全省第57位；万人发明专利授权量0.04件，居全省第65位；万人发明专利拥有量0.08件，居全省第82位。

望谟县综合科技进步水平指数为64.00%，居全省第63位，与上年相比，监测值提高16.09个百分点，位次上升17位。在3个一级指标中，科技进步环境及基础指数较上年上升28.97个百分点，位次上升7位；科技投入指数较上年提高14.48个百分点，位次上升7位；科技进步指数较上年提高6.66个百分点，位次上升23位（表2-59）。

表2-59 望谟县各级监测指标和位次与上年比较

指标名称	二级指标值		位次	
	2017年	2016年	2017年	2016年
综合科技进步水平指数/%	64.00	47.91	63	80
科技进步环境及基础/%	55.10	26.13	77	84
科技创新服务体系系数	0.08	0.23	81	79
新增科技型企业备案数/个	71	9	12	71
万人大专以上学历人数/人	423.10	404.90	53	52
科技投入/%	95.75	81.27	46	53
万人专业技术人员数/人	297.08	287.32	52	50
财政支出中科学技术支出占公共财政支出比重/%	2.12	1.31	28	43
科技进步/%	39.87	33.21	64	87
技术市场成交额/万元	2873.96	—	64	—

续表

指标名称	二级指标值		位次	
	2017年	2016年	2017年	2016年
万人发明专利申请量/件	2.46	0.25	57	80
万人发明专利授权量/件	0.04	0.00	65	74
万人发明专利拥有量/件	0.08	0.04	82	83
环境污染治理指数/%	85.90	81.05	36	47

7. 贞丰县

新增科技型企业备案81个，居全省第9位。财政科技支出8862万元，居全省第27位，占公共财政支出比重为2.50%，居全省第19位。万人发明专利申请量2.95件，居全省第48位；万人发明专利授权量0.10件，居全省第49位；万人发明专利授权量0.16件，居全省第76位。

贞丰县综合科技进步水平指数为68.30%，居全省第53位，与上年相比，监测值提高13.09个百分点，位次上升16位。在3个一级指标中，科技进步环境及基础指数较上年提高15.60个百分点，位次下降9位；科技投入指数较上年提高16.09个百分点，位次上升18位；科技进步指数较上年上升7.94个百分点，位次上升30位（表2-60）。

表2-60 贞丰县各级监测指标和位次与上年比较

指标名称	二级指标值		位次	
	2017年	2016年	2017年	2016年
综合科技进步水平指数/%	68.30	55.21	53	69
科技进步环境及基础/%	55.40	39.80	76	67
科技创新服务体系系数	0.08	0.17	81	85
新增科技型企业备案数/个	81	60	9	9
万人大专以上学历人数/人	336.13	307.94	74	77
科技投入/%	97.72	81.63	33	51
万人专业技术人员数/人	271.97	260.64	66	65
财政支出中科学技术支出占公共财政支出比重/%	2.50	2.28	19	16
科技进步/%	49.94	42.00	50	80
技术市场成交额/万元	3017.37	—	63	—
万人发明专利申请量/件	2.95	1.13	48	58
万人发明专利授权量/件	0.10	0.00	49	74
万人发明专利拥有量/件	0.16	0.00	76	86
环境污染治理指数/%	97.37	61.80	6	80

8. 册亨县

新增科技型企业备案 70 个,居全省第 15 位。财政科技支出 2448 万元,居全省第 74 位,占公共财政支出比重为 1.03%,居全省第 71 位。万人发明专利申请量 3.05 件,居全省第 46 位;万人发明专利拥有量 0.05 件,居全省第 86 位。

册亨县综合科技进步水平指数为 47.03%,居全省第 80 位,与上年相比,监测值提高 2.13 个百分点,位次上升 3 位。在 3 个一级指标中,科技进步环境及基础指数较上年上升 10.39 个百分点,位次下降 12 位;科技投入指数较上年提高 3.92 个百分点,位次上升 4 位。科技进步指数较上年减少 6.74 个百分点,位次上升 5 位(表 2-61)。

表 2-61　册亨县各级监测指标和位次与上年比较

指标名称	二级指标值		位次	
	2017 年	2016 年	2017 年	2016 年
综合科技进步水平指数 /%	47.03	44.90	80	83
科技进步环境及基础 /%	48.35	37.96	82	70
科技创新服务体系系数	0.08	0.14	81	87
新增科技型企业备案数 / 个	70	50	15	14
万人大专以上学历人数 / 人	341.21	332.76	71	71
科技投入 /%	57.27	53.35	75	79
万人专业技术人员数 / 人	253.05	255.39	74	68
财政支出中科学技术支出占公共财政支出比重 /%	1.03	0.70	71	73
科技进步 /%	35.67	42.41	73	78
技术市场成交额 / 万元	6708.71	—	39	—
万人发明专利申请量 / 件	3.05	0.32	46	77
万人发明专利授权量 / 件	0.00	0.05	78	66
万人发明专利拥有量 / 件	0.05	0.05	86	82
环境污染治理指数 /%	78.82	78.64	60	64

(八)黔东南州

1. 凯里市

新增科技型企业备案 66 个,居全省第 16 位。财政科技支出 10 299 万元,居全省第 19 位,占公共财政支出比重为 2.12%,居全省第 27 位。万人发明专利申请量 4.6 件,居全省第 31 位;万人发明专利授权量 0.46 件,居全省第 20 位;万人发明专利拥有量 1.69 件,居全省第 21 位。

凯里市综合科技进步水平指数为94.36%,居全省第7位,与上年相比,监测值提高5.88个百分点,位次上升1位。科技进步环境及基础指数、科技投入指数较上年分别提高14.28和7.30个百分点,位次均不变;科技进步指数较上年减少2.73个百分点,位次上升16位(表2-62)。

表2-62 凯里市各级监测指标和位次与上年比较

指标名称	二级指标值		位次	
	2017年	2016年	2017年	2016年
综合科技进步水平指数 /%	94.36	88.48	7	8
科技进步环境及基础 /%	97.95	83.67	8	8
科技创新服务体系系数	1.08	1.67	11	12
新增科技型企业备案数 /个	66	56	16	11
万人大专以上学历人数 /人	1054.48	935.54	9	8
科技投入 /%	99.89	92.59	6	6
万人专业技术人员数 /人	489.44	473.30	9	8
财政支出中科学技术支出占公共财政支出比重 /%	2.12	2.58	27	9
科技进步 /%	85.76	88.49	8	24
技术市场成交额 /万元	39 695.82	—	9	—
万人发明专利申请量 /件	4.60	4.03	31	22
万人发明专利授权量 /件	0.46	0.33	20	24
万人发明专利拥有量 /件	1.69	1.09	21	25
环境污染治理指数 /%	90.74	94.00	22	12

2. 黄平县

新增科技型企业备案30个,居全省第44位。财政科技支出2885万元,居全省第69位,占公共财政支出比重为1.16%,居全省第66位。万人发明专利申请量5.61件,居全省第22位;万人发明专利授权量0.11件,居全省第47位;万人发明专利拥有量1.24件,居全省第26位。

黄平县综合科技进步水平指数为62.90%,居全省第65位,与上年相比,监测值减少10.50个百分点,位次下降32位。科技进步环境及基础指数较上年提高14.16个百分点,位次下降18位;科技投入指数和科技进步指数较上年分别提高减少8.60和33.53个百分点,位次分别下降16位和19位(表2-63)。

表 2-63 黄平县各级监测指标和位次与上年比较

指标名称	二级指标值		位次	
	2017 年	2016 年	2017 年	2016 年
综合科技进步水平指数 /%	62.90	73.40	65	33
科技进步环境及基础 /%	59.22	45.06	71	53
科技创新服务体系系数	0.19	0.29	59	67
新增科技型企业备案数 / 个	30	33	44	29
万人大专以上学历人数 / 人	280.62	386.08	84	57
科技投入 /%	73.12	81.72	66	50
万人专业技术人员数 / 人	303.76	289.52	49	49
财政支出中科学技术支出占公共财政支出比重 /%	1.16	1.24	66	46
科技进步 /%	55.84	89.37	41	22
技术市场成交额 / 万元	11 157.62	—	22	—
万人发明专利申请量 / 件	5.61	7.90	22	10
万人发明专利授权量 / 件	0.11	0.19	47	37
万人发明专利拥有量 / 件	1.24	1.10	26	24
环境污染治理指数 /%	56.45	63.07	79	77

3. 施秉县

新增科技型企业备案 74 个，居全省第 11 位。财政科技支出 2111 万元，居全省第 77 位，占公共财政支出比重为 1.41%，居全省第 57 位。万人发明专利申请量 4.31 件，居全省第 33 位；万人发明专利授权量 0.23 件，居全省第 34 位；万人发明专利拥有量 0.83 件，居全省第 37 位。

施秉县综合科技进步水平指数为 56.87%，居全省第 70 位，与上年相比，监测值提高 6.95 个百分点，位次上升 5 位。在 3 个一级指标中，科技进步环境及基础指数和科技投入指数较上年分别提高 23.02 和 9.07 个百分点，位次分别下降 1 位和上升 4 位；科技进步指数较上年减少 8.94 个百分点，位次上升 12 位（表 2-64）。

表 2-64 施秉县各级监测指标和位次与上年比较

指标名称	二级指标值		位次	
	2017 年	2016 年	2017 年	2016 年
综合科技进步水平指数 /%	56.87	49.92	70	75
科技进步环境及基础 /%	66.07	43.05	61	60
科技创新服务体系系数	0.31	0.24	39	76

续表

指标名称	二级指标值		位次	
	2017 年	2016 年	2017 年	2016 年
新增科技型企业备案数 / 个	74	44	11	20
万人大专以上学历人数 / 人	433.59	561.93	49	27
科技投入 /%	54.23	45.16	77	81
万人专业技术人员数 / 人	278.82	275.91	62	60
财政支出中科学技术支出占公共财政支出比重 /%	1.41	0.69	57	74
科技进步 /%	51.62	60.56	47	59
技术市场成交额 / 万元	8604.80	—	31	—
万人发明专利申请量 / 件	4.31	9.19	33	6
万人发明专利授权量 / 件	0.23	0.00	34	74
万人发明专利拥有量 / 件	0.83	0.76	37	29
环境污染治理指数 /%	81.71	79.56	47	57

4. 三穗县

新增科技型企业备案 22 个，居全省第 59 位。财政科技支出 2620 万元，居全省第 72 位，占公共财政支出比重为 1.48%，居全省第 54 位。万人发明专利申请量 2.61 件，居全省第 56 位；万人发明专利授权量 0.25 件，居全省第 31 位；万人发明专利拥有量 0.45 件，居全省第 48 位。

三穗县综合科技进步水平指数为 56.63%，居全省第 71 位，与上年相比，监测值减少 3.44 个百分点，位次下降 13 位。在 3 个一级指标中，科技进步环境及基础指数较上年提高 11.13 个百分点，位次下降 25 位；科技投入指数和科技进步指数较上年分别减少 15.85 和 3.53 个百分点，位次分别下降 4 位和上升 19 位（表 2-65）。

表 2-65　三穗县各级监测指标和位次与上年比较

指标名称	二级指标值		位次	
	2017 年	2016 年	2017 年	2016 年
综合科技进步水平指数 /%	56.63	60.07	71	58
科技进步环境及基础 /%	58.59	47.46	73	48
科技创新服务体系系数	0.23	0.38	49	59
新增科技型企业备案数 / 个	22	22	59	51
万人大专以上学历人数 / 人	330.38	344.37	76	65
科技投入 /%	64.01	79.86	71	67

续表

指标名称	二级指标值 2017 年	二级指标值 2016 年	位次 2017 年	位次 2016 年
万人专业技术人员数 / 人	289.11	272.79	58	62
财政支出中科学技术支出占公共财政支出比重 /%	1.48	1.49	54	35
科技进步 /%	47.57	51.10	52	71
技术市场成交额 / 万元	4055.37	—	53	—
万人发明专利申请量 / 件	2.61	2.43	56	42
万人发明专利授权量 / 件	0.25	0.06	31	59
万人发明专利拥有量 / 件	0.45	0.13	48	69
环境污染治理指数 /%	87.31	71.90	31	73

5. 镇远县

新增科技型企业备案 32 个，居全省第 41 位。财政科技支出 4900 万元，居全省第 51 位，占公共财政支出比重为 2.55%，居全省第 17 位。万人发明专利申请量 3.16 件，居全省第 42 位；万人发明专利授权量 0.05 件，居全省第 63 位；万人发明专利拥有量 0.68 件，居全省第 40 位。

镇远县综合科技进步水平指数为 71.23%，居全省第 43 位，与上年相比，监测值提高 2.23 个百分点，位次下降 3 位。在 3 个一级指标中，科技进步环境及基础指数和科技投入指数较上年分别提高 18.48 和 11.08 个百分点，位次分别下降 11 位和上升 7 位；科技进步指数较上年减少 20.55 个百分点，位次下降 1 位（表 2-66）。

表 2-66　镇远县各级监测指标和位次与上年比较

指标名称	二级指标值 2017 年	二级指标值 2016 年	位次 2017 年	位次 2016 年
综合科技进步水平指数 /%	71.23	69.00	43	40
科技进步环境及基础 /%	72.60	54.12	50	39
科技创新服务体系系数	0.38	0.52	33	49
新增科技型企业备案数 / 个	32	33	41	29
万人大专以上学历人数 / 人	302.77	439.30	80	43
科技投入 /%	91.22	80.14	57	64
万人专业技术人员数 / 人	263.74	253.63	71	70
财政支出中科学技术支出占公共财政支出比重 /%	2.55	2.44	17	14
科技进步 /%	50.06	70.61	49	48
技术市场成交额 / 万元	9445.03	—	25	—

续表

指标名称	二级指标值		位次	
	2017年	2016年	2017年	2016年
万人发明专利申请量/件	3.16	3.12	42	29
万人发明专利授权量/件	0.05	0.20	63	36
万人发明专利拥有量/件	0.68	0.54	40	38
环境污染治理指数/%	91.47	92.16	21	14

6. 岑巩县

新增科技型企业备案25个，居全省第54位。财政科技支出4023万元，居全省第60位，占公共财政支出比重为1.95%，居全省第37位。万人发明专利申请量2.65件，居全省第55位；万人发明专利授权量0.12件，居全省第45位；万人发明专利拥有量0.37件，居全省第52位。

岑巩县综合科技进步水平指数为65.06%，居全省第61位，与上年相比，监测值提高12.08个百分点，位次上升11位。在3个一级指标中，科技进步环境及基础指数和科技投入指数较上年分别提高30.30和8.02个百分点，位次分别上升14位和下降14位；科技进步指数较上年提高0.54个百分点，位次上升20位（表2-67）。

表2-67 岑巩县各级监测指标和位次与上年比较

指标名称	二级指标值		位次	
	2017年	2016年	2017年	2016年
综合科技进步水平指数/%	65.06	52.98	61	72
科技进步环境及基础/%	63.75	33.45	66	80
科技创新服务体系系数	0.27	0.23	46	78
新增科技型企业备案数/个	25	14	54	60
万人大专以上学历人数/人	386.51	461.32	61	36
科技投入/%	90.41	82.39	60	46
万人专业技术人员数/人	430.23	408.60	18	19
财政支出中科学技术支出占公共财政支出比重/%	1.95	2.34	37	15
科技进步/%	40.85	40.31	62	82
技术市场成交额/万元	3035.63	—	62	—
万人发明专利申请量/件	2.65	0.12	55	85
万人发明专利授权量/件	0.12	0.06	45	62
万人发明专利拥有量/件	0.37	0.12	52	73
环境污染治理指数/%	83.50	86.98	43	30

7. 天柱县

新增科技型企业备案数23个,居全省第56位。财政科技支出2625万元,居全省第71位,占公共财政支出比重为0.93%,居全省第74位。万人发明专利申请量1.06件,居全省第72位;万人发明专利授权量0.04件,居全省第72位;万人发明专利拥有量0.19件,居全省第71位。

天柱县综合科技进步水平指数为52.33%,居全省第76位,与上年相比,监测值减少6.46个百分点,位次下降14位。在3个一级指标中,科技进步环境及基础指数较上年提高31.48个百分点,位次上升13位;科技投入指数较上年减少17.25个百分点,位次下降14位;科技进步指数较上年减少28.22个百分点,位次下降23位(表2-68)。

表2-68 天柱县各级监测指标和位次与上年比较

指标名称	二级指标值		位次	
	2017年	2016年	2017年	2016年
综合科技进步水平指数/%	52.33	58.79	76	62
科技进步环境及基础/%	62.30	30.82	69	82
科技创新服务体系系数	0.19	0.31	59	65
新增科技型企业备案数/个	23	8	56	73
万人大专以上学历人数/人	345.84	722.85	70	16
科技投入/%	63.22	80.47	72	58
万人专业技术人员数/人	248.84	236.59	77	77
财政支出中科学技术支出占公共财政支出比重/%	0.93	1.02	74	59
科技进步/%	32.87	61.09	80	57
技术市场成交额/万元	3771.76	—	56	—
万人发明专利申请量/件	1.06	0.53	72	71
万人发明专利授权量/件	0.04	0.11	72	49
万人发明专利拥有量/件	0.19	0.38	71	45
环境污染治理指数/%	89.25	51.38	27	81

8. 锦屏县

新增科技型企业备案20个,居全省第63位。财政科技支出1595万元,居全省第81位,占公共财政支出比重为0.85%,居全省第77位。万人发明专利申请量1.41件,居全省第67位;万人发明专利授权量0.19件,居全省第38位;万人发明专利拥有量0.26件,居全省第64位。

锦屏县综合科技进步水平指数为43.37%,居全省第87位,与上年相比,监测值减少8.60个百分点,位次下降13位。在3个一级指标中,科技进步环境及基础指数较上年提高3.94个百分点,位次下降29位;科技投入指数和科技进步指数较上年分别减少21.64和6.29个百分点,位次分别下降11位和上升7位(表2-69)。

表 2-69　锦屏县各级监测指标和位次与上年比较

指标名称	二级指标值		位次	
	2017 年	2016 年	2017 年	2016 年
综合科技进步水平指数 /%	43.37	51.97	87	74
科技进步环境及基础 /%	50.45	46.51	79	50
科技创新服务体系系数	0.12	0.33	75	62
新增科技型企业备案数 / 个	20	20	63	53
万人大专以上学历人数 / 人	369.00	472.20	64	33
科技投入 /%	45.16	66.80	83	72
万人专业技术人员数 / 人	314.02	303.62	44	44
财政支出中科学技术支出占公共财政支出比重 /%	0.85	0.93	77	67
科技进步 /%	35.51	41.80	74	81
技术市场成交额 / 万元	947.22	—	81	—
万人发明专利申请量 / 件	1.41	1.55	67	52
万人发明专利授权量 / 件	0.19	0.00	38	74
万人发明专利拥有量 / 件	0.26	0.00	64	88
环境污染治理指数 /%	79.80	78.81	55	63

9. 剑河县

新增科技型企业备案 33 个，居全省第 38 位。财政科技支出 1136 万元，居全省第 84 位，占公共财政支出比重为 0.49%，居全省第 83 位。万人发明专利申请量 3.07 件，居全省第 45 位；万人发明专利授权量 0.16 件，居全省第 43 位；万人发明专利拥有量 0.33 件，居全省第 58 位。

剑河县综合科技进步水平指数为 46.28%，居全省第 82 位，与上年相比，监测值下降 13.91 个百分点，位次下降 25 位。在 3 个一级指标中，科技进步环境及基础指数较上年提高 16.07 个百分点，位次下降 13 位；科技投入指数和科技进步指数较上年分别减少 43.77 和 9.75 个百分点，位次分别下降 22 位和上升 8 位（表 2-70）。

表 2-70　剑河县各级监测指标和位次与上年比较

指标名称	二级指标值		位次	
	2017 年	2016 年	2017 年	2016 年
综合科技进步水平指数 /%	46.28	60.19	82	57
科技进步环境及基础 /%	59.18	43.11	72	59
科技创新服务体系系数	0.15	0.25	70	75

续表

指标名称	二级指标值		位次	
	2017 年	2016 年	2017 年	2016 年
新增科技型企业备案数 / 个	33	30	38	37
万人大专以上学历人数 / 人	481.27	442.90	38	42
科技投入 /%	36.40	80.17	85	63
万人专业技术人员数 / 人	293.54	271.07	54	63
财政支出中科学技术支出占公共财政支出比重 /%	0.49	2.09	83	19
科技进步 /%	45.11	54.86	55	63
技术市场成交额 / 万元	4513.03	—	49	—
万人发明专利申请量 / 件	3.07	2.75	45	37
万人发明专利授权量 / 件	0.16	0.00	43	74
万人发明专利拥有量 / 件	0.33	0.17	58	66
环境污染治理指数 /%	75.10	85.99	67	32

10. 台江县

新增科技型企业备案 27 个，居全省第 51 位。财政科技支出 2966 万元，居全省第 67 位，占公共财政支出比重为 1.79%，居全省第 44 位。万人发明专利申请量 3.12 件，居全省第 43 位；万人发明专利授权量 0.45 件，居全省第 21 位；万人发明专利拥有量 1.16 件，居全省第 31 位。

台江县综合科技进步水平指数为 58.67%，居全省第 69 位，与上年相比，监测值减少 5.28 个百分点，位次下降 18 位。在 3 个一级指标中，科技进步环境及基础指数较上年提高 6.98 个百分点，位次下降 19 位；科技投入指数和科技进步指数较上年分别减少 10.64 和 10.43 个百分点，位次分别下降 16 位和上升 7 位（表 2-71）。

表 2-71　台江县各级监测指标和位次与上年比较

指标名称	二级指标值		位次	
	2017 年	2016 年	2017 年	2016 年
综合科技进步水平指数 /%	58.67	63.95	69	51
科技进步环境及基础 /%	49.49	42.51	81	62
科技创新服务体系系数	0.12	0.22	75	81
新增科技型企业备案数 / 个	27	24	51	46
万人大专以上学历人数 / 人	446.04	641.32	44	23
科技投入 /%	70.74	81.38	68	52
万人专业技术人员数 / 人	425.38	409.21	19	17

续表

指标名称	二级指标值		位次	
	2017年	2016年	2017年	2016年
财政支出中科学技术支出占公共财政支出比重 /%	1.79	1.63	44	31
科技进步 /%	54.47	64.90	45	52
技术市场成交额 /万元	3223.53	—	60	—
万人发明专利申请量 /件	3.12	2.33	43	46
万人发明专利授权量 /件	0.45	0.18	21	40
万人发明专利拥有量 /件	1.16	0.72	31	30
环境污染治理指数 /%	90.29	75.32	23	70

11. 黎平县

新增科技型企业备案31个，居全省第42位。财政科技支出493万元，居全省第87位，占公共财政支出比重为0.15%，居全省第87位。万人发明专利申请量1.27件，居全省第69位；万人发明专利授权量0.10件，居全省第48位；万人发明专利拥有量0.43件，居全省第50位。

黎平县综合科技进步水平指数为51.36%，居全省第78位，与上年相比，监测值减少15.52个百分点，位次下降34位。在3个一级指标中，科技进步环境及基础指数较上年提高28.48个百分点，位次上升9位；科技投入指数和科技进步指数较上年分别减少49.20和19.55个百分点，位次分别下降21和1位（表2-72）。

表2-72 黎平县各级监测指标和位次与上年比较

指标名称	二级指标值		位次	
	2017年	2016年	2017年	2016年
综合科技进步水平指数 /%	51.36	66.88	78	44
科技进步环境及基础 /%	75.53	47.05	40	49
科技创新服务体系系数	0.31	0.31	39	64
新增科技型企业备案数 /个	31	29	42	39
万人大专以上学历人数 /人	294.05	406.09	81	51
科技投入 /%	30.67	79.87	87	66
万人专业技术人员数 /人	260.69	246.51	72	74
财政支出中科学技术支出占公共财政支出比重 /%	0.15	0.84	87	69
科技进步 /%	51.35	70.90	48	47
技术市场成交额 /万元	8807.12	—	27	—
万人发明专利申请量 /件	1.27	0.72	69	65

续表

指标名称	二级指标值		位次	
	2017 年	2016 年	2017 年	2016 年
万人发明专利授权量 / 件	0.10	0.10	48	52
万人发明专利拥有量 / 件	0.43	0.38	50	44
环境污染治理指数 /%	86.23	89.04	34	21

12. 榕江县

新增科技型企业备案 27 个，居全省第 51 位。财政科技支出 111 万元，居全省第 88 位，占公共财政支出比重为 0.04%，居全省第 88 位。万人发明专利申请量 1.35 件，居全省第 68 位；万人发明专利授权量 0.03 件，居全省第 73 位；万人发明专利拥有量 0.14 件，居全省第 78 位。

榕江县综合科技进步水平指数为 41.99%，居全省第 88 位，与上年相比，监测值减少 14.91 个百分点，位次下降 22 位。在 3 个一级指标中，科技进步指数和科技投入指数较上年减少 9.44 和 57.35 个百分点，位次下降 1 和 44 位；科技进步环境及基础指数较上年提高 28.23 个百分点，位次上升 6 位（表 2-73）。

表 2-73 榕江县各级监测指标和位次与上年比较

指标名称	二级指标值		位次	
	2017 年	2016 年	2017 年	2016 年
综合科技进步水平指数 /%	41.99	56.90	88	66
科技进步环境及基础 /%	71.41	43.18	51	57
科技创新服务体系系数	0.19	0.23	59	77
新增科技型企业备案数 / 个	27	25	51	44
万人大专以上学历人数 / 人	541.01	410.46	32	50
科技投入 /%	25.13	82.48	88	44
万人专业技术人员数 / 人	323.27	306.53	41	42
财政支出中科学技术支出占公共财政支出比重 /%	0.04	1.03	88	57
科技进步 /%	33.64	43.08	78	77
技术市场成交额 / 万元	1831.64	—	73	—
万人发明专利申请量 / 件	1.35	0.83	68	63
万人发明专利授权量 / 件	0.03	0.00	73	74
万人发明专利拥有量 / 件	0.14	0.10	78	75
环境污染治理指数 /%	80.97	61.98	48	78

13. 从江县

新增科技型企业备案20个，居全省第63位。财政科技支出2164万元，居全省第76位，占公共财政支出比重为0.76%，居全省第80位。万人发明专利申请量2.32件，居全省第60位；万人发明专利授权量0.07件，居全省第60位；万人发明专利拥有量0.17件，居全省第73位。

从江县综合科技进步水平指数为52.78%，居全省第75位，与上年相比，监测值减少11.83个百分点，位次下降26位。在3个一级指标中，科技进步环境及基础指数较上年提高15.28个百分点，位次下降10位；科技投入指数和科技进步指数较上年分别减少24.87和22.03个百分点，位次下降16和4位（表2-74）。

表2-74 从江县各级监测指标和位次与上年比较

指标名称	二级指标值		位次	
	2017年	2016年	2017年	2016年
综合科技进步水平指数/%	52.78	64.61	75	49
科技进步环境及基础/%	57.43	42.15	74	64
科技创新服务体系系数	0.15	0.22	70	80
新增科技型企业备案数/个	20	46	63	17
万人大专以上学历人数/人	279.86	348.85	85	63
科技投入/%	55.42	80.29	76	60
万人专业技术人员数/人	226.99	215.13	81	82
财政支出中科学技术支出占公共财政支出比重/%	0.76	1.90	80	21
科技进步/%	46.16	68.19	53	49
技术市场成交额/万元	4116.20	—	52	—
万人发明专利申请量/件	2.32	3.32	60	27
万人发明专利授权量/件	0.07	0.07	60	58
万人发明专利拥有量/件	0.17	0.10	73	76
环境污染治理指数/%	89.70	88.23	25	28

14. 雷山县

新增科技型企业备案23个，居全省第56位。财政科技支出1566万元，居全省第82位，占公共财政支出比重为0.99%，居全省第73位。万人发明专利申请量2.96件，居全省第47位；万人发明专利申请量0.25件，居全省第32位；万人发明专利拥有量0.34件，居全省第57位。

雷山县综合科技进步水平指数为44.25%，居全省第86位，与上年相比，监测值减少5.39个百分点，位次下降9位。在3个一级指标中，科技进步环境及基础指数较上年提高9.28个百分点，位次下降24位；科技投入指数较上年减少12.50个百分点，位次下降4位；科技进步指数较上年减少10.85个百分点，位次下降3位（表2-75）。

表 2-75　雷山县各级监测指标和位次与上年比较

指标名称	二级指标值		位次	
	2017 年	2016 年	2017 年	2016 年
综合科技进步水平指数 /%	44.25	49.64	86	77
科技进步环境及基础 /%	55.44	46.16	75	51
科技创新服务体系系数	0.19	0.30	59	66
新增科技型企业备案数 / 个	23	31	56	34
万人大专以上学历人数 / 人	418.95	681.39	54	20
科技投入 /%	45.81	58.31	81	77
万人专业技术人员数 / 人	379.19	422.85	28	14
财政支出中科学技术支出占公共财政支出比重 /%	0.99	0.80	73	70
科技进步 /%	33.10	43.95	79	76
技术市场成交额 / 万元	4932.12	—	45	—
万人发明专利申请量 / 件	2.96	3.06	47	30
万人发明专利授权量 / 件	0.25	0.00	32	74
万人发明专利拥有量 / 件	0.34	0.08	57	78
环境污染治理指数 /%	39.89	61.82	88	79

15. 麻江县

新增科技型企业备案 23 个，居全省第 56 位。财政科技支出 940 万元，居全省第 86 位，占公共财政支出比重为 0.65%，居全省第 82 位。万人发明专利申请量 3.40 件，居全省第 39 位；万人发明专利授权量 0.08 件，居全省第 52 位；万人发明专利拥有量 0.49 件，居全省第 45 位。

麻江县综合科技进步水平指数为 45.87%，居全省第 83 位，与上年相比，监测值上升 0.36 个百分点，位次下降 1 位。在 3 个一级指标中，科技进步指数和科技投入指数较上年分别减少 14.43 和 8.35 个百分点，位次分别上升 2 位和下降 4 位；科技进步环境及基础指数较上年提高 27.80 个百分点，位次上升 8 位（表 2-76）。

表 2-76　麻江县各级监测指标和位次与上年比较

指标名称	二级指标值		位次	
	2017 年	2016 年	2017 年	2016 年
综合科技进步水平指数 /%	45.87	45.51	83	82
科技进步环境及基础 /%	69.78	41.98	57	65
科技创新服务体系系数	0.38	0.21	33	82
新增科技型企业备案数 / 个	23	31	56	34

续表

指标名称	二级指标值		位次	
	2017 年	2016 年	2017 年	2016 年
万人大专以上学历人数 / 人	361.25	572.44	67	25
科技投入 /%	33.23	41.58	86	82
万人专业技术人员数 / 人	347.41	345.37	36	30
财政支出中科学技术支出占公共财政支出比重 /%	0.65	0.67	82	75
科技进步 /%	38.02	52.45	66	68
技术市场成交额 / 万元	4600.12	—	47	—
万人发明专利申请量 / 件	3.40	2.11	39	49
万人发明专利授权量 / 件	0.08	0.24	52	30
万人发明专利拥有量 / 件	0.49	0.57	45	37
环境污染治理指数 /%	79.83	79.40	54	60

16. 丹寨县

新增科技型企业备案 38 个，居全省第 32 位。财政科技支出 2265 万元，居全省第 75 位，占公共财政支出比重为 1.54%，居全省第 51 位。万人发明专利申请量 5.81 件，居全省第 20 位；万人发明专利授权量 0.40 件，居全省第 23 位；万人发明专利拥有量 1.37 件，居全省第 25 位。

丹寨县综合科技进步水平指数为 66.13%，居全省第 60 位，与上年相比，监测值减少 0.48 个百分点，位次下降 14 位。在 3 个一级指标中，科技进步环境及基础指数较上年提高 29.21 个百分点，位次上升 7 位；科技投入指数较上年减少 8.91 个百分点，位次下降 3 位；科技进步指数较上年减少 17.49 个百分点，位次下降 2 位（表 2-77）。

表 2-77 丹寨县各级监测指标和位次与上年比较

指标名称	二级指标值		位次	
	2017 年	2016 年	2017 年	2016 年
综合科技进步水平指数 /%	66.13	66.61	60	46
科技进步环境及基础 /%	81.51	52.30	33	40
科技创新服务体系系数	0.54	0.81	19	30
新增科技型企业备案数 / 个	38	11	32	67
万人大专以上学历人数 / 人	460.69	521.25	41	29
科技投入 /%	59.59	68.50	74	71
万人专业技术人员数 / 人	351.09	331.06	35	35
财政支出中科学技术支出占公共财政支出比重 /%	1.54	1.15	51	49

续表

指标名称	二级指标值		位次	
	2017年	2016年	2017年	2016年
科技进步/%	59.49	76.98	40	38
技术市场成交额/万元	12 365.78	—	20	—
万人发明专利申请量/件	5.81	2.92	20	33
万人发明专利授权量/件	0.40	0.32	23	26
万人发明专利拥有量/件	1.37	1.05	25	27
环境污染治理指数/%	64.61	66.74	74	75

（九）黔南州

1. 都匀市

新增科技型企业备案62个，居全省第17位。财政科技支出11 194万元，居全省第15位，占公共财政支出比重为2.58%，居全省第16位。万人发明专利申请量3.66件，居全省第36位；万人发明专利授权量0.56件，居全省第18位；万人发明专利拥有量1.76件，居全省第19位。

都匀市综合科技进步水平指数为96.37%，居全省第6位，与上年相比，监测值上升8.33个百分点，位次上升3位。在3个一级指标中，科技进步环境及基础指数较上年提高17.04个百分点，位次不变；科技投入指数较上年提高9.46个百分点，位次上升5位；科技进步指数较上年减少0.27个百分点，位次上升12位（表2-78）。

表2-78 都匀市各级监测指标和位次与上年比较

指标名称	二级指标值		位次	
	2017年	2016年	2017年	2016年
综合科技进步水平指数/%	96.37	88.04	6	9
科技进步环境及基础/%	97.23	80.19	12	12
科技创新服务体系系数	0.69	1.78	14	11
新增科技型企业备案数/个	62	40	17	22
万人大专以上学历人数/人	862.49	785.46	16	15
科技投入/%	99.72	90.26	7	12
万人专业技术人员数/人	472.08	461.71	10	10
财政支出中科学技术支出占公共财政支出比重/%	2.58	2.55	16	12
科技进步/%	92.29	92.56	4	16
技术市场成交额/万元	76 930.76	—	5	—

续表

指标名称	二级指标值		位次	
	2017年	2016年	2017年	2016年
万人发明专利申请量/件	3.66	2.86	36	35
万人发明专利授权量/件	0.56	0.59	18	16
万人发明专利拥有量/件	1.76	1.67	19	16
环境污染治理指数/%	84.51	79.64	40	54

2. 福泉市

新增科技型企业备案9个，居全省第78位。财政科技支出10 260万元，居全省第20位，占公共财政支出比重为3.16%，居全省第6位。万人发明专利申请量9.66件，居全省第8位；万人发明专利授权量0.41件，居全省第22位；万人发明专利拥有量2.67件，居全省第14位。

福泉市综合科技进步水平指数为87.15%，居全省第18位，与上年相比，监测值提高5.62个百分点，位次上升2位。在3个一级指标中，科技进步环境及基础指数和科技进步指数较上年分别提高6.08和减少3.88个百分点，位次分别下降17位和上升12位；科技投入指数较上年提高14.72个百分点，位次较上年提高11位（表2-79）。

表2-79 福泉市各级监测指标和位次与上年比较

指标名称	二级指标值		位次	
	2017年	2016年	2017年	2016年
综合科技进步水平指数/%	87.15	81.53	18	20
科技进步环境及基础/%	82.49	76.41	32	15
科技创新服务体系系数	0.42	1.52	28	14
新增科技型企业备案数/个	9	55	78	12
万人大专以上学历人数/人	812.77	665.18	19	21
科技投入/%	99.48	84.76	12	23
万人专业技术人员数/人	448.31	394.74	15	21
财政支出中科学技术支出占公共财政支出比重/%	3.16	3.12	6	3
科技进步/%	78.81	82.69	18	30
技术市场成交额/万元	4459.61	—	50	—
万人发明专利申请量/件	9.66	8.90	8	7
万人发明专利授权量/件	0.41	0.48	22	20
万人发明专利拥有量/件	2.67	2.24	14	12
环境污染治理指数/%	93.39	94.56	17	9

3. 荔波县

新增科技型企业备案79个，居全省第10位。财政科技支出5017万元，居全省第48位，占公共财政支出比重为2.41%，居全省第21位。万人发明专利申请量5.14件，居全省第23位；万人发明专利拥有量0.08件，居全省第84位。

荔波县综合科技进步水平指数为63.75%，居全省第64位，与上年相比，监测值提高4.59个百分点，位次下降3位。在3个一级指标中，科技进步环境及基础指数和科技进步指数较上年分别上升11.15和减少9.84个百分点，位次分别下降27和3位；科技投入指数较上年增加13.41个百分点，位次下降4位（表2-80）。

表2-80 荔波县各级监测指标和位次与上年比较

指标名称	二级指标值		位次	
	2017年	2016年	2017年	2016年
综合科技进步水平指数/%	63.75	59.16	64	61
科技进步环境及基础/%	62.46	51.31	68	41
科技创新服务体系系数	0.15	0.43	70	53
新增科技型企业备案数/个	79	33	10	29
万人大专以上学历人数/人	772.16	651.17	21	22
科技投入/%	96.04	82.63	45	41
万人专业技术人员数/人	493.79	464.72	8	9
财政支出中科学技术支出占公共财政支出比重/%	2.41	1.89	21	23
科技进步/%	32.56	42.40	82	79
技术市场成交额/万元	4528.05	—	48	—
万人发明专利申请量/件	5.14	1.64	23	50
万人发明专利授权量/件	0.00	0.00	78	74
万人发明专利拥有量/件	0.08	0.08	84	79
环境污染治理指数/%	55.14	74.92	80	71

4. 贵定县

新增科技型企业备案95个，居全省第6位。财政科技支出5008万元，居全省第49位，占公共财政支出比重为2.08%，居全省第29位。万人发明专利申请量1.94件，居全省第64位；万人发明专利授权量0.04件，居全省第66位；万人发明专利拥有量0.25件，居全省第65位。

贵定县综合科技进步水平指数为77.55%，居全省第37位，与上年相比，监测值提高5.36个百分点，位次下降1位。在3个一级指标中，科技进步环境及基础指数、科技投入指数较上年分别提高33.04和16.29个百分点，位次分别上升10位和26位；科技进步指数较上年减少29.28个百分点，位次下降14位（表2-81）。

表 2-81 贵定县各级监测指标和位次与上年比较

指标名称	二级指标值		位次	
	2017 年	2016 年	2017 年	2016 年
综合科技进步水平指数 /%	77.55	72.19	37	36
科技进步环境及基础 /%	89.93	56.89	25	35
科技创新服务体系系数	0.46	0.57	26	46
新增科技型企业备案数 / 个	95	37	6	26
万人大专以上学历人数 / 人	507.46	455.02	36	40
科技投入 /%	98.65	82.36	21	47
万人专业技术人员数 / 人	364.55	333.07	32	33
财政支出中科学技术支出占公共财政支出比重 /%	2.08	1.64	29	29
科技进步 /%	45.84	75.12	54	40
技术市场成交额 / 万元	26 430.48	—	15	—
万人发明专利申请量 / 件	1.94	3.84	64	24
万人发明专利授权量 / 件	0.04	0.12	66	46
万人发明专利拥有量 / 件	0.25	0.21	65	61
环境污染治理指数 /%	97.30	85.60	7	34

5. 瓮安县

新增科技型企业备案 54 个,居全省第 25 位。财政科技支出 8203 万元,居全省第 30 位,占公共财政支出比重为 2.36%,居全省第 23 位。万人发明专利申请量 6.41 件,居全省第 15 位;万人发明专利授权量 0.69 件,居全省第 15 位;万人发明专利拥有量 1.17 件,居全省第 30 位。

瓮安县综合科技进步水平指数为 90.75%,居全省第 12 位,与上年相比,监测值提高 7.24 个百分点,位次上升 5 位。在 3 个一级指标中,科技进步环境及基础指数、科技投入指数较上年提高 26.17 和 13.21 个百分点,位次分别上升 5 位和 4 位;科技进步指数较上年减少 14.98 个百分点,位次下降 6 位(表 2-82)。

表 2-82 瓮安县各级监测指标和位次与上年比较

指标名称	二级指标值		位次	
	2017 年	2016 年	2017 年	2016 年
综合科技进步水平指数 /%	90.75	83.51	12	17
科技进步环境及基础 /%	96.36	70.19	17	22
科技创新服务体系系数	0.58	0.84	16	29

续表

指标名称	二级指标值		位次	
	2017 年	2016 年	2017 年	2016 年
新增科技型企业备案数 / 个	54	60	25	9
万人大专以上学历人数 / 人	629.76	568.07	25	26
科技投入 /%	98.83	85.62	17	21
万人专业技术人员数 / 人	383.41	358.79	25	27
财政支出中科学技术支出占公共财政支出比重 /%	2.36	2.72	23	7
科技进步 /%	77.84	92.82	21	15
技术市场成交额 / 万元	8644.89	—	30	—
万人发明专利申请量 / 件	6.41	8.34	15	9
万人发明专利授权量 / 件	0.69	0.23	15	32
万人发明专利拥有量 / 件	1.17	0.54	30	39
环境污染治理指数 /%	86.97	88.82	33	24

6. 平塘县

新增科技型企业备案 1 个，居全省第 86 位。财政科技支出 4713 万元，居全省第 53 位，占公共财政支出比重为 2.00%，居全省第 35 位。万人发明专利申请量 0.37 件，居全省第 83 位；万人发明专利拥有量 0.12 件，居全省第 79 位。

平塘县综合科技进步水平指数为 48.09%，居全省第 79 位，与上年相比，监测值减少 1.15 个百分点，位次不变。在 3 个一级指标中，科技进步环境及基础指数和科技进步指数较上年分别减少 8.17 和 22.02 个百分点，位次分别下降 18 和 4 位；科技投入指数较上年提高 25.74 个百分点，位次上升 34 位（表 2-83）。

表 2-83　平塘县各级监测指标和位次与上年比较

指标名称	二级指标值		位次	
	2017 年	2016 年	2017 年	2016 年
综合科技进步水平指数 /%	48.09	49.24	79	79
科技进步环境及基础 /%	31.12	39.27	86	68
科技创新服务体系系数	0.08	0.14	81	86
新增科技型企业备案数 / 个	1	39	86	23
万人大专以上学历人数 / 人	500.25	438.50	37	44
科技投入 /%	97.58	71.84	36	70

续表

指标名称	二级指标值		位次	
	2017年	2016年	2017年	2016年
万人专业技术人员数/人	321.05	307.65	42	41
财政支出中科学技术支出占公共财政支出比重/%	2.00	0.78	35	71
科技进步/%	13.15	35.17	88	84
技术市场成交额/万元	2512.25	—	66	—
万人发明专利申请量/件	0.37	0.25	83	81
万人发明专利授权量/件	0.00	0.00	78	74
万人发明专利拥有量/件	0.12	0.12	79	72
环境污染治理指数/%	40.63	42.36	83	84

7. 罗甸县

新增科技型企业备案59个，居全省第22位。财政科技支出4103万元，居全省第59位，占公共财政支出比重为1.45%，居全省第56位。万人发明专利申请量2.76件，居全省第52位；万人发明专利授权量0.04件，居全省第71位；万人发明专利拥有量1.03件，居全省第35位。

罗甸县综合科技进步水平指数为80.62%，居全省第31位，与上年相比，监测值提高15.05个百分点，位次上升17位。在3个一级指标中，科技进步环境及基础指数和科技投入指数较上年提高30.62和10.42个百分点，位次分别上升6位和下降5位；科技进步指数较上年减少6.33个百分点；位次上升28位（表2-84）。

表2-84 罗甸县各级监测指标和位次与上年比较

指标名称	二级指标值		位次	
	2017年	2016年	2017年	2016年
综合科技进步水平指数/%	80.62	65.57	31	48
科技进步环境及基础/%	96.04	65.42	18	24
科技创新服务体系系数	0.54	0.79	19	32
新增科技型企业备案数/个	59	69	22	7
万人大专以上学历人数/人	543.46	427.34	31	45
科技投入/%	92.59	82.17	54	49
万人专业技术人员数/人	334.76	312.30	39	40
财政支出中科学技术支出占公共财政支出比重/%	1.45	1.84	56	24
科技进步/%	55.44	49.11	44	72
技术市场成交额/万元	11 452.01	—	21	—

续表

指标名称	二级指标值		位次	
	2017 年	2016 年	2017 年	2016 年
万人发明专利申请量 / 件	2.76	0.85	52	62
万人发明专利授权量 / 件	0.04	0.00	71	74
万人发明专利拥有量 / 件	1.03	0.19	35	62
环境污染治理指数 /%	89.59	76.28	26	67

8. 长顺县

新增科技型企业备案 28 个，居全省第 48 位。财政科技支出 3602 万元，居全省第 62 位，占公共财政支出比重为 1.76%，居全省第 45 位。万人发明专利申请量 4.78 件，居全省第 28 位。万人发明专利授权量 0.27 件，居全省第 29 位；万人发明专利拥有量 0.58 件，居全省第 42 位。

长顺县综合科技进步水平指数为 70.44%，居全省第 46 位，与上年相比，监测值减少 2.05 个百分点，位次下降 11 位。在 3 个一级指标中，科技进步环境及基础指数和科技进步指数较上年分别减少 1.98 和 5.08 个百分点，位次分别下降 40 和上升 9 位；科技投入指数较上年提高 0.91 个百分点，位次下降 8 位（表 2-85）。

表 2-85　长顺县各级监测指标和位次与上年比较

指标名称	二级指标值		位次	
	2017 年	2016 年	2017 年	2016 年
综合科技进步水平指数 /%	70.44	72.49	46	35
科技进步环境及基础 /%	59.95	61.93	70	30
科技创新服务体系系数	0.19	0.72	59	40
新增科技型企业备案数 / 个	28	27	48	40
万人大专以上学历人数 / 人	404.52	416.69	56	49
科技投入 /%	82.02	81.11	63	55
万人专业技术人员数 / 人	332.89	315.52	40	39
财政支出中科学技术支出占公共财政支出比重 /%	1.76	2.00	45	20
科技进步 /%	67.84	72.92	35	44
技术市场成交额 / 万元	9137.20	—	26	—
万人发明专利申请量 / 件	4.78	6.77	28	14
万人发明专利授权量 / 件	0.27	0.16	29	43
万人发明专利拥有量 / 件	0.58	0.21	42	60
环境污染治理指数 /%	93.01	77.13	18	65

9. 龙里县

新增科技型企业备案27个，居全省第51位。财政科技支出4789万元，居全省第52位，占公共财政支出比重为1.73%，居全省第47位。万人发明专利申请量19.00件，居全省第3位；万人发明专利授权量0.74件，居全省第12位；万人发明专利拥有量3.53件，居全省第11位。

龙里县综合科技进步水平指数为88.94%，居全省第16位，与上年相比，监测值上升6.19个百分点，位次上升2位。在3个一级指标中，科技进步环境及基础指数较上年上升24.74个百分点，位次上升1位；科技投入指数较上年提高15.36个百分点，位次上升26位；科技进步指数较上年减少18.87个百分点，位次下降15位（表2-86）。

表2-86 龙里县各级监测指标和位次与上年比较

指标名称	二级指标值		位次	
	2017年	2016年	2017年	2016年
综合科技进步水平指数/%	88.94	82.75	16	18
科技进步环境及基础/%	88.55	63.81	28	29
科技创新服务体系系数	0.38	0.69	33	42
新增科技型企业备案数/个	27	45	51	18
万人大专以上学历人数/人	1009.41	880.46	11	10
科技投入/%	100.00	84.64	1	27
万人专业技术人员数/人	597.03	577.54	4	3
财政支出中科学技术支出占公共财政支出比重/%	1.73	1.28	47	44
科技进步/%	78.22	97.09	20	5
技术市场成交额/万元	3513.24	—	58	—
万人发明专利申请量/件	19.00	25.95	3	2
万人发明专利授权量/件	0.74	1.43	12	9
万人发明专利拥有量/件	3.53	2.74	11	11
环境污染治理指数/%	87.58	85.47	30	35

10. 惠水县

新增科技型企业备案16个，居全省第70位。财政科技支出8375万元，居全省第29位，占公共财政支出比重为2.63%，居全省第13位。万人发明专利申请量1.23件，居全省第70位；万人发明专利拥有量0.48件，居全省第46位。

惠水县综合科技进步水平指数为77.06%，居全省第38位，与上年相比，监测值提高0.31个百分点，位次下降11位。在3个一级指标中，科技进步环境及基础指数较上年提高25.51个百分点，位次上升5位；科技投入指数较上年提高14.64个百分点，位次上升13位；科技进步指数较上年减少35.64个百分点，位次下降23位（表2-87）。

表 2-87 惠水县各级监测指标和位次与上年比较

指标名称	二级指标值		位次	
	2017 年	2016 年	2017 年	2016 年
综合科技进步水平指数 /%	77.06	76.75	38	27
科技进步环境及基础 /%	96.39	70.88	16	21
科技创新服务体系系数	0.54	1.12	19	18
新增科技型企业备案数 / 个	16	17	70	55
万人大专以上学历人数 / 人	637.04	495.33	24	31
科技投入 /%	98.71	84.07	20	33
万人专业技术人员数 / 人	370.95	326.62	30	36
财政支出中科学技术支出占公共财政支出比重 /%	2.63	2.11	13	18
科技进步 /%	38.83	74.47	65	42
技术市场成交额 / 万元	7109.42	—	37	—
万人发明专利申请量 / 件	1.23	2.39	70	44
万人发明专利授权量 / 件	0.00	0.03	78	69
万人发明专利拥有量 / 件	0.48	0.42	46	42
环境污染治理指数 /%	82.12	85.46	45	36

11. 独山县

新增科技型企业备案 106 个，居全省第 3 位。财政科技支出 7603 万元，居全省第 33 位，占公共财政支出比重为 2.80%，居全省第 10 位。万人发明专利申请量 10.82 件，居全省第 6 位；万人发明专利授权量 0.26 件，居全省第 30 位；万人发明专利拥有量 1.10 件，居全省第 32 位。

独山县综合科技进步水平指数为 86.37%，居全省第 20 位，与上年相比，监测值提高 11.45 个百分点，位次上升 10 位。在 3 个一级指标中，科技进步环境及基础指数和科技投入指数较上年分别提高 36.68 和 15.44 个百分点，位次分别上升 15 位和 17 位；科技进步指数较上年减少 14.17 个百分点，位次下降 4 位（表 2-88）。

表 2-88 独山县各级监测指标和位次与上年比较

指标名称	二级指标值		位次	
	2017 年	2016 年	2017 年	2016 年
综合科技进步水平指数 /%	86.37	74.92	20	30
科技进步环境及基础 /%	87.09	50.41	29	44
科技创新服务体系系数	0.38	0.40	33	58

续表

指标名称	二级指标值		位次	
	2017年	2016年	2017年	2016年
新增科技型企业备案数/个	106	85	3	6
万人大专以上学历人数/人	618.48	460.24	26	37
科技投入/%	98.74	83.30	19	36
万人专业技术人员数/人	374.23	352.38	29	28
财政支出中科学技术支出占公共财政支出比重/%	2.80	2.97	10	5
科技进步/%	73.39	87.56	30	26
技术市场成交额/万元	10 540.91	—	23	—
万人发明专利申请量/件	10.82	5.50	6	16
万人发明专利授权量/件	0.26	0.18	30	38
万人发明专利拥有量/件	1.10	0.37	32	46
环境污染治理指数/%	98.08	85.00	3	38

12. 三都县

新增科技型企业备案7个，居全省第80位。财政科技支出3600万元，居全省第63位，占公共财政支出比重为1.39%，居全省第58位。万人发明专利申请量0.81件，居全省第74位；万人发明专利授权量0.07件，居全省第57位；万人发明专利拥有量0.22件，居全省第66位。

三都县综合科技进步水平指数为54.72%，居全省第72位，与上年相比，监测值增加0.10个百分点，位次下降了2位。在3个一级指标中，科技进步环境及基础指数较上年上升24.80个百分点，位次上升3位；科技投入指数较上年提高1.30个百分点，位次下降36位；科技进步指数较上年减少22.27个百分点，位次下降19位（表2-89）。

表2-89 三都县各级监测指标和位次与上年比较

指标名称	二级指标值		位次	
	2017年	2016年	2017年	2016年
综合科技进步水平指数/%	54.72	54.62	72	70
科技进步环境及基础/%	45.31	20.51	84	87
科技创新服务体系系数	0.08	0.26	81	73
新增科技型企业备案数/个	7	4	80	79
万人大专以上学历人数/人	446.23	456.09	43	39
科技投入/%	85.99	84.69	61	25
万人专业技术人员数/人	412.94	413.19	20	15

续表

指标名称	二级指标值		位次	
	2017年	2016年	2017年	2016年
财政支出中科学技术支出占公共财政支出比重/%	1.39	1.50	58	34
科技进步/%	31.52	53.79	83	64
技术市场成交额/万元	1611.08	—	74	—
万人发明专利申请量/件	0.81	0.41	74	75
万人发明专利授权量/件	0.07	0.11	57	50
万人发明专利拥有量/件	0.22	0.33	66	50
环境污染治理指数/%	79.76	66.60	56	76

三、分类评价

（一）城区方阵

18个城区综合科技进步水平指数平均值为91.64%，较上年平均水平（87.01%）提高4.63个百分点，高于全省平均水平19.38个百分点。参照2016年综合科技进步水平指数排序，有4个县（市、区、特区）位次与上年相同，有5个县（市、区、特区）位次较上年同期上升3位；汇川区位次下降较快，由上年的第3位下降至第13位（表2-90）。

表2-90　18个城区综合科技进步水平指数排位

县（市、区、特区）	2017年		2016年		增降幅	
	指数	位次	指数	位次	指数	位次
云岩区	99.75	1	99.52	1	0.22	0
南明区	98.30	2	98.33	2	-0.03	0
花溪区	98.15	3	91.49	5	6.66	2
观山湖区	96.57	4	91.53	4	5.05	0
白云区	96.53	5	88.50	7	8.03	2
都匀市	96.37	6	88.04	9	8.33	3
凯里市	94.36	7	88.48	8	5.89	1
乌当区	92.97	8	86.98	11	5.99	3
兴义市	92.93	9	86.50	12	6.43	3
播州区	91.26	10	86.32	13	4.95	3

续表

县（市、区、特区）	2017年		2016年		增降幅	
	指数	位次	指数	位次	指数	位次
碧江区	91.17	11	85.68	14	5.49	3
西秀区	90.74	12	87.35	10	3.39	-2
汇川区	90.11	13	93.99	3	-3.88	-10
七星关区	89.45	14	79.03	16	10.42	2
红花岗区	88.26	15	91.34	6	-3.08	-9
万山区	84.78	16	62.41	18	22.37	2
钟山区	84.22	17	78.65	17	5.56	0
平坝区	73.57	18	82.00	15	-8.43	-3

（二）县域第一方阵

22个县域第一方阵综合科技进步水平指数平均水平为79.61%，较上年平均水平提高7.79个百分点，高于全省平均水平7.35个百分点。参照2016年综合科技进步水平指数排序，位次上升5位及以上的县（市、区、特区）有6个，位次下降5位及以上的县（市、区、特区）有4个（表2-91）。

表2-91 县域第一方阵综合科技进步水平指数排位

县（市、区、特区）	2017年		2016年		增降幅	
	指数	位次	指数	位次	指数	位次
瓮安县	90.75	1	83.51	3	7.24	2
龙里县	88.94	2	82.75	4	6.19	2
福泉市	87.15	3	81.53	5	5.62	2
赤水市	86.44	4	83.51	2	2.93	-2
玉屏县	85.88	5	71.73	14	14.15	9
修文县	85.74	6	74.64	12	11.10	6
盘县	85.21	7	72.15	13	13.06	6
开阳县	84.83	8	80.07	7	4.76	-1
清镇市	83.70	9	65.7	16	18.00	7
习水县	83.33	10	79.47	9	3.86	-1
湄潭县	83.25	11	79.77	8	3.48	-3
金沙县	82.25	12	69.56	15	12.69	3

续表

县（市、区、特区）	2017年		2016年		增降幅	
	指数	位次	指数	位次	指数	位次
绥阳县	80.12	13	80.08	6	0.04	−7
桐梓县	78.20	14	59.47	19	18.73	5
息烽县	77.65	15	75.5	11	2.15	−4
兴仁县	75.99	16	75.74	10	0.25	−6
大方县	69.89	17	41.59	22	28.30	5
黔西县	69.61	18	52.06	21	17.55	3
水城县	69.19	19	63.25	18	5.94	−1
六枝特区	68.75	20	58.46	20	10.29	0
仁怀市	67.29	21	85.09	1	−17.80	−20
织金县	67.16	22	64.21	17	2.95	−5

（三）县域第二方阵

23个县域第二方阵综合科技进步水平指数平均水平为66.09%，较上年平均水平提高5.69个百分点，低于全省平均水平6.17个百分点。参照2016年综合科技进步水平指数排序，位次上升10位及以上的县（市、区、特区）有2个，位次下降10位及以上的县（市、区、特区）有2个（表2-92）。

表2-92 县域第二方阵综合科技进步水平指数排位

县（市、区、特区）	2017年		2016年		增降幅	
	指数	位次	指数	位次	指数	位次
独山县	86.37	1	74.92	2	11.45	1
普定县	78.67	2	53.01	17	25.66	15
正安县	77.72	3	73.12	4	4.60	1
贵定县	77.55	4	72.19	5	5.36	1
惠水县	77.06	5	76.75	1	0.31	−4
松桃县	76.27	6	68.75	7	7.52	1
镇远县	71.23	7	69	6	2.23	−1
思南县	70.74	8	66.68	10	4.06	2
务川县	70.69	9	68.19	8	2.50	−1
贞丰县	68.30	10	55.21	16	13.09	6

续表

县（市、区、特区）	2017年		2016年		增降幅	
	指数	位次	指数	位次	指数	位次
安龙县	68.07	11	58.2	15	9.87	4
道真县	66.46	12	38.14	22	28.32	10
丹寨县	66.13	13	66.61	11	−0.48	−2
岑巩县	65.06	14	52.98	18	12.08	4
凤冈县	62.46	15	74.89	3	−12.43	−12
纳雍县	61.63	16	49.69	19	11.94	3
普安县	60.86	17	30.08	23	30.78	6
三穗县	56.63	18	60.07	13	−3.44	−5
德江县	54.33	19	47.18	20	7.15	1
余庆县	54.24	20	62.24	12	−8.00	−8
天柱县	52.33	21	58.79	14	−6.46	−7
黎平县	51.36	22	66.88	9	−15.52	−13
麻江县	45.87	23	45.51	21	0.36	−2

（四）第三方阵甲类

15个第三方阵甲类县综合科技进步水平指数平均水平60.84%，较上年提高2.67个百分点，与全省平均水平相差11.42个百分点。综合科技进步水平指数高于45.00%有13个，其中综合科技进步水平指数高于50.00%有12个，较上年同期增加1个。参照2016年综合科技进步水平指数排序，位次上升5位及以上的县（市、区、特区）有3个，位次下降5位及以上的县（市、区、特区）有3个（表2-93）。

表2-93 第三方阵甲类县综合科技进步水平指数排位

县（市、区、特区）	2017年		2016年		增降幅	
	指数	位次	指数	位次	指数	位次
罗甸县	80.62	1	65.57	4	15.05	3
镇宁县	76.37	2	56.99	8	19.38	6
长顺县	70.44	3	72.49	2	−2.05	−1
印江县	69.25	4	40	15	29.25	11
威宁县	67.82	5	43.72	14	24.10	9

续表

县（市、区、特区）	2017年		2016年		增降幅	
	指数	位次	指数	位次	指数	位次
石阡县	67.35	6	59.23	7	8.12	1
沿河县	64.53	7	67.73	3	-3.20	-4
黄平县	62.90	8	73.4	1	-10.50	-7
台江县	58.67	9	63.95	6	-5.28	-3
施秉县	56.87	10	49.92	12	6.95	2
从江县	52.78	11	64.61	5	-11.83	-6
晴隆县	51.61	12	56.85	10	-5.24	-2
平塘县	48.09	13	49.24	13	-1.15	0
锦屏县	43.37	14	51.97	11	-8.60	-3
榕江县	41.99	15	56.9	9	-14.91	-6

（五）第三方阵乙类

10个第三方阵乙类县综合科技进步水平指数平均水平52.54%，较上年下降2.15个百分点，与全省平均水平相差19.72个百分点。综合科技进步水平指数高于45.00%有7个，较上年减少2个，其中综合科技进步水平指数高于50.00%有4个。参照2016年综合科技进步水平指数排序，位次上升5位及以上的县（市、区、特区）有2个（表2-94）。

表2-94 第三方阵乙类县综合科技进步水平指数排位

县（市、区、特区）	2017年		2016年		增降幅	
	指数	位次	指数	位次	指数	位次
赫章县	69.28	1	56.81	5	12.47	4
望谟县	64.00	2	47.91	9	16.09	7
荔波县	63.75	3	59.16	4	4.59	1
三都县	54.72	4	54.62	6	0.10	2
册亨县	47.03	5	44.9	10	2.13	5
关岭县	46.75	6	60.9	2	-14.15	-4
剑河县	46.28	7	60.19	3	-13.91	-4
江口县	44.73	8	63.53	1	-18.80	-7
紫云县	44.61	9	49.29	8	-4.68	-1
雷山县	44.25	10	49.64	7	-5.39	-3

第三部分 高等院校科技创新评价报告

根据全省高校综合科技创新水平指数，全省18所高等院校分为3类。

第一类：综合科技创新水平指数高于45.00%的高等院校有3所；

第二类：综合科技创新水平指数低于45.00%，但高于平均水平（30.34%）的高等院校有4所；

第三类：综合科技创新水平指数低于平均水平的高等院校有11所（图3-1）。

2017年与2016年监测结果相比，高等院校综合科技创新水平指数平均水平提高0.06个百分点，铜仁学院、遵义师范学院、贵州师范大学等8所高校高于这一增幅（图3-2）。

参照2016年高等院校综合科技创新水平指数排序，铜仁学院较上年上升4位、黔南民族师范学院上升2位、贵阳中医学院上升1位，六盘水师范学院、贵州理工学院、凯里学院、贵州工程应用技术学院、遵义医学院、贵阳学院和贵州师范学院分别较上年下降1位；其余高等院校位次均不变。

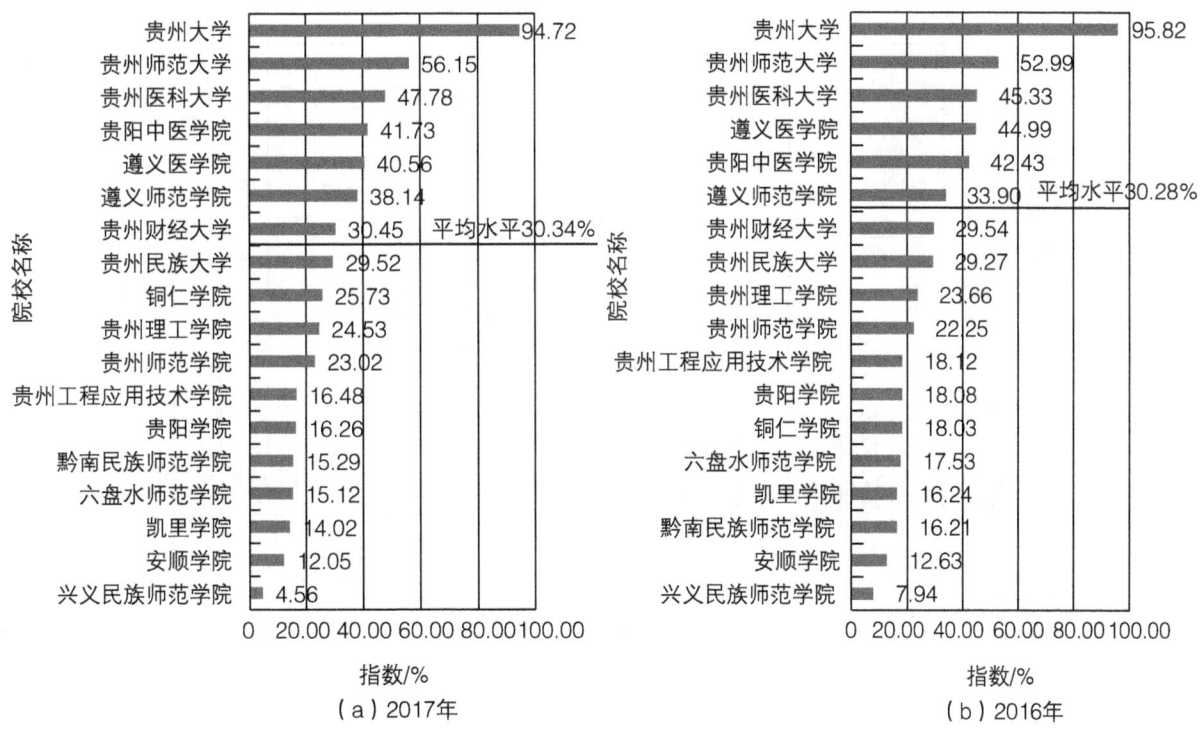

图3-1 高等院校综合科技创新水平指数排序

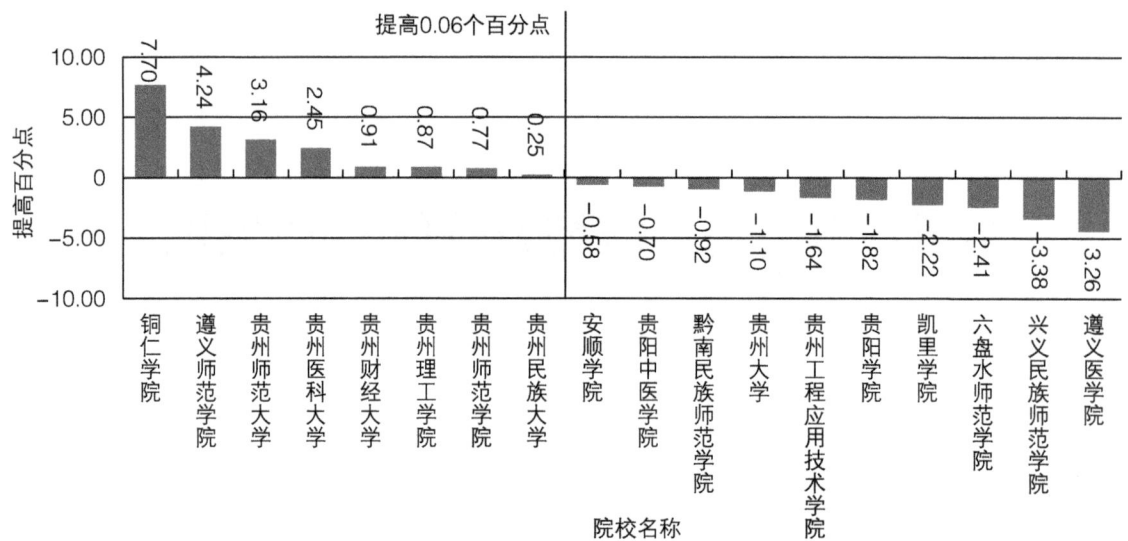

图 3-2 高等院校综合科技创新水平指数提高百分点排序

一、高等院校科技创新一级指标评价

（一）科技创新环境和基础

科技创新环境和基础指数高于 50.00% 的高等院校有 3 所，占全部高等院校的 16.67%；低于 50.00%，但高于平均水平（31.79%）的高等院校有 3 所，占全部高等院校的 16.67%；低于平均水平的高等院校有 12 所，占全部高等院校的 66.66%（图 3-3）。

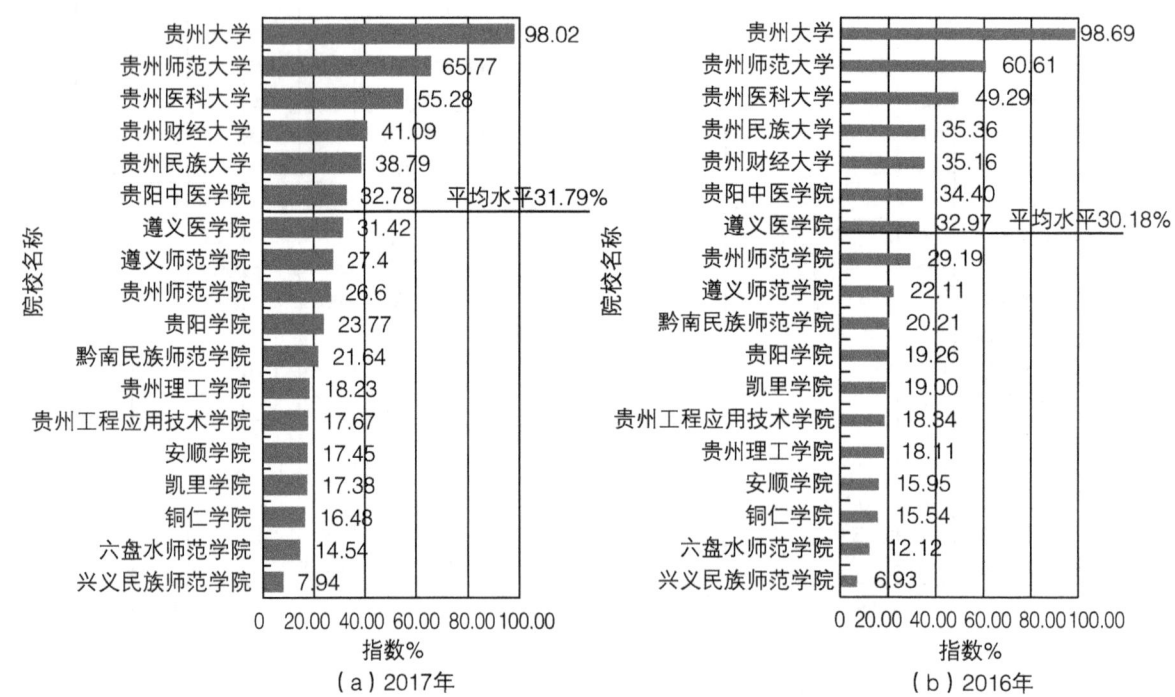

图 3-3 高等院校科技创新环境和基础指数排序

2017年与2016年监测结果相比，科技创新环境和基础指数平均水平提高1.61个百分点，贵州医科大学、贵州财经大学、遵义师范学院等7所高等院校高于这一增幅（图3-4）。

参照2016年高等院校科技创新环境和基础指数排序，位次上升较快的是贵州理工学院，位次上升2位；位次下降较快的是凯里学院，位次下降3位。

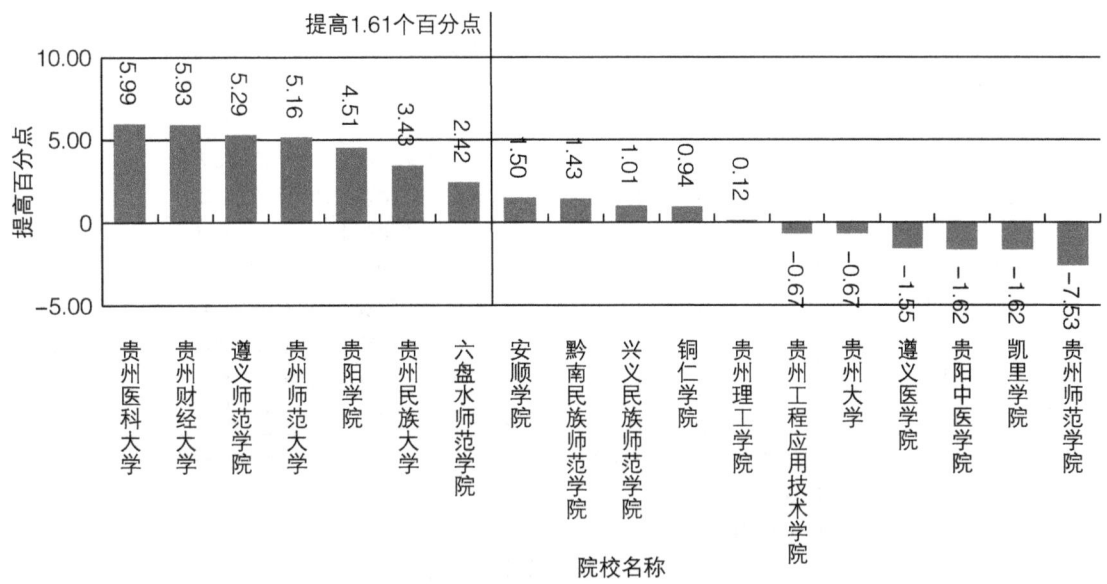

图3-4　高等院校科技创新环境和基础指数提高百分点排序

（二）科技投入

科技投入指数高于50.00%的高等院校有5所，占全部高等院校的27.78%；低于50.00%，但高于平均水平（37.75%）的高等院所有1所，占全部高等院校的5.56%；低于平均水平的高等院校有12所，占全部高等院校的66.66%（图3-5）。

2017年与2016年监测结果相比，科技投入指数平均水平下降3.56个百分点，铜仁学院、遵义师范学院、贵州师范学院等5所高等院校高于上年水平（图3-6）。

参照2016年高等院校科技投入指数排序，位次上升较快的是铜仁学院和贵州师范学院，均上升4位；位次下降较快的是贵州工程应用技术学院，下降3位。

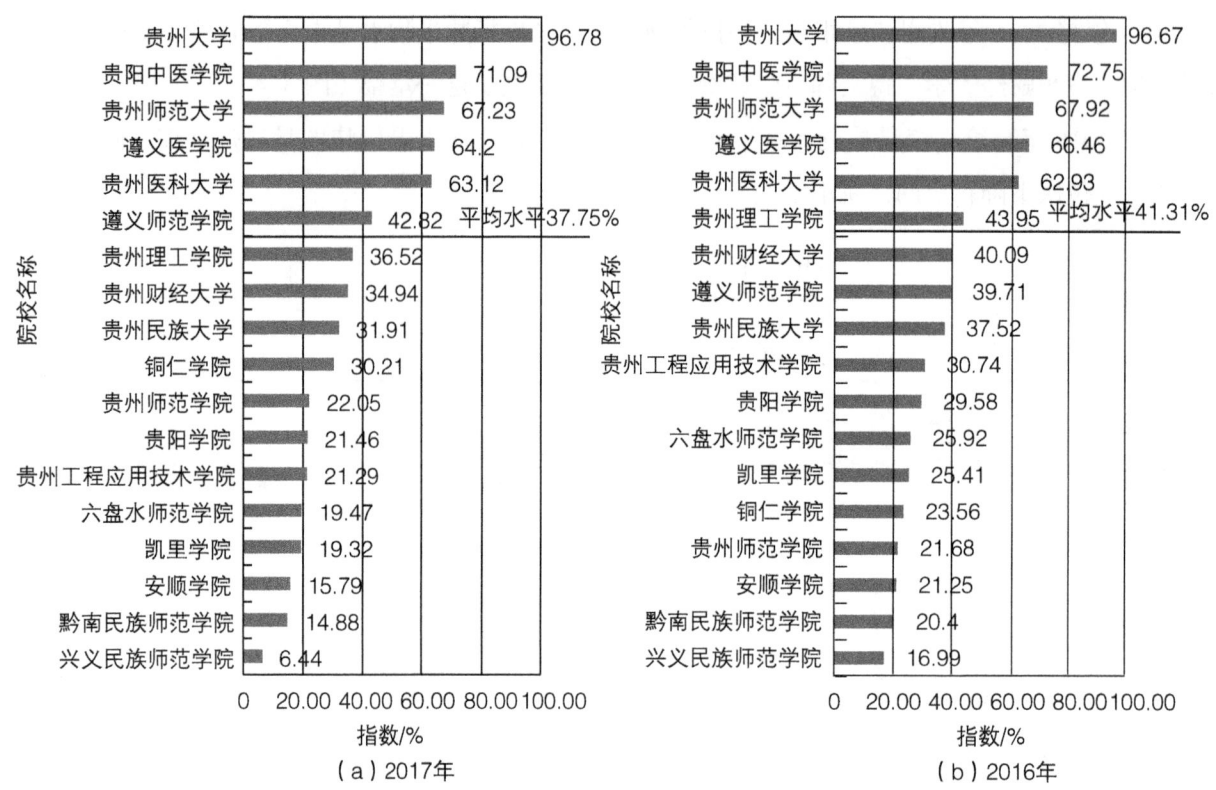

(a) 2017年　　　　　　　　　　　　　(b) 2016年

图 3-5　高等院校科技投入指数排序

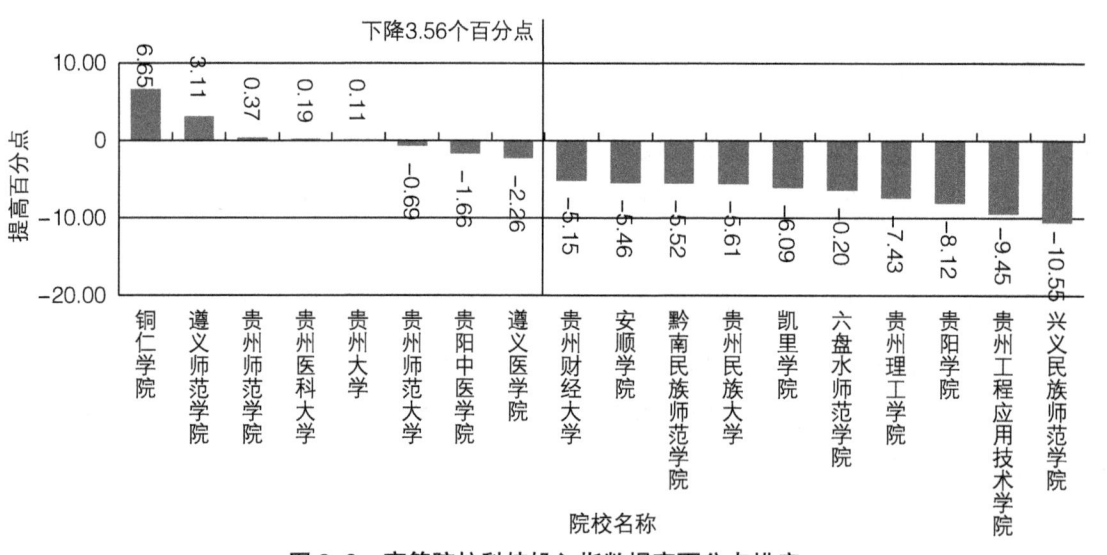

图 3-6　高等院校科技投入指数提高百分点排序

（三）科技产出

科技产出指数高于30.00%的高等院校有5所，占全部高等院所的27.78%；低于30.00%，但高于平均水平（26.23%）的高等院所有5所，占全部高等院校的27.78%；低于平均水平的高等院所有8所，占全部高等院校的44.44%（图3-7）。

2017年与2016年监测结果相比，科技产出指数平均水平提高3.52个百分点。贵州理工学院、铜仁学院、贵州师范大学等9所高等院校高于这一增幅；遵义医学院、贵州大学、六盘水师范学院和贵阳学院4所高校低于上年水平（图3-8）。

参照2016年科技产出指数排序，位次上升较快的是铜仁学院和贵州理工学院，分别上升6位和4位；位次下降较快的是六盘水师范学院和贵州民族大学，均下降3位。

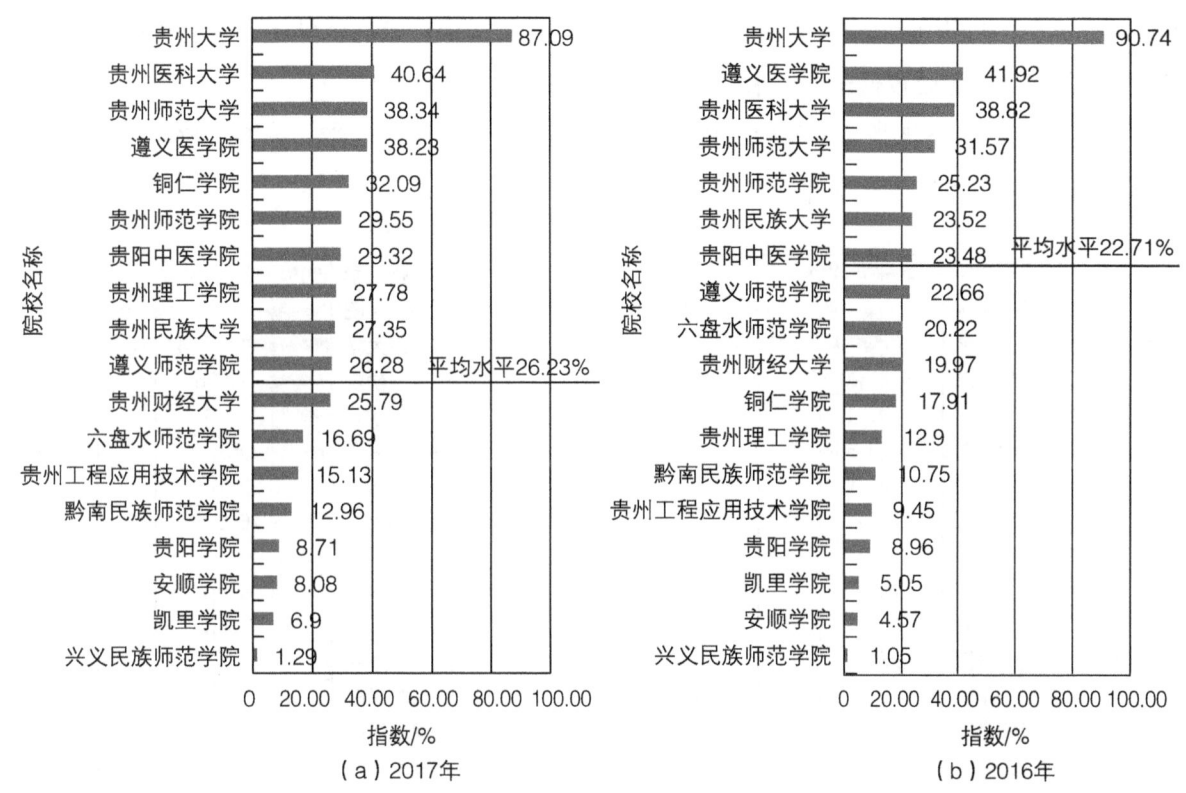

图3-7 高等院校科技产出指数排序

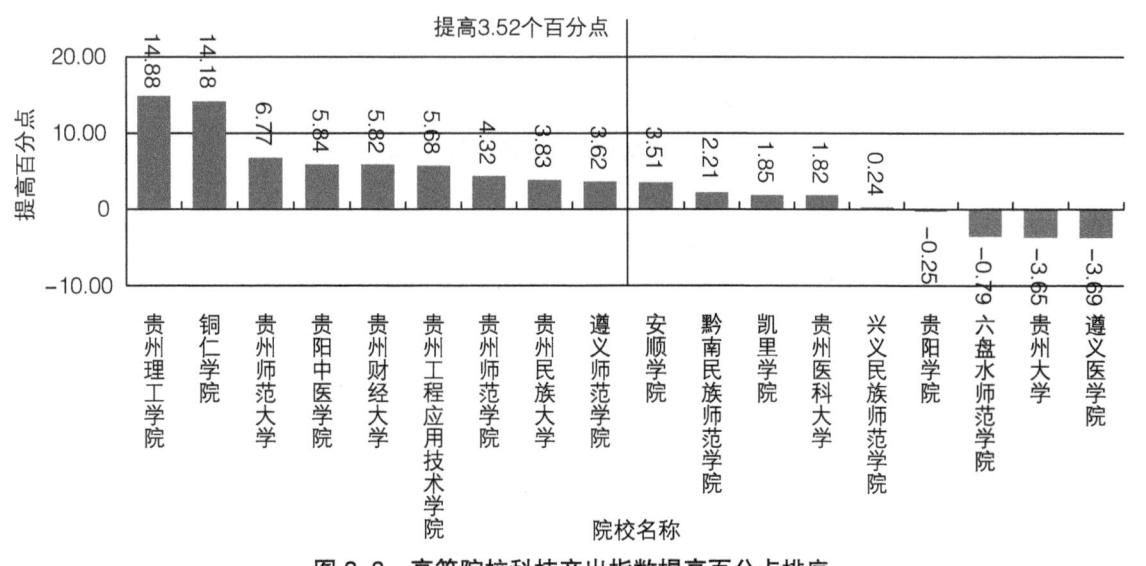

图3-8 高等院校科技产出指数提高百分点排序

(四)创新绩效

创新绩效指数高于 50.00% 的高等院校有 2 所,占全部高等院校的 11.11%;低于 50.00%,但高于平均水平(17.46%)的高等院校有 2 所,占全部高等院校的 11.11%;低于平均水平的高等院校有 14 所,占全部高等院校的 77.78%(图 3-9)。

2017 年与 2016 年监测结果相比,高校创新绩效指数平均水平提高 0.16 个百分点,铜仁学院、遵义师范学院、贵州医科大学等 10 所高等院校高于这一增幅;遵义医学院、贵阳中医学院和贵州理工学院等 7 所高等院校低于上年水平(图 3-10)。

参照 2016 年创新绩效指数排序,位次上升较快的是贵州医科大学,上升 5 位;位次下降较快的是遵义医学院和贵阳中医学院,分别下降 9 位和 4 位。

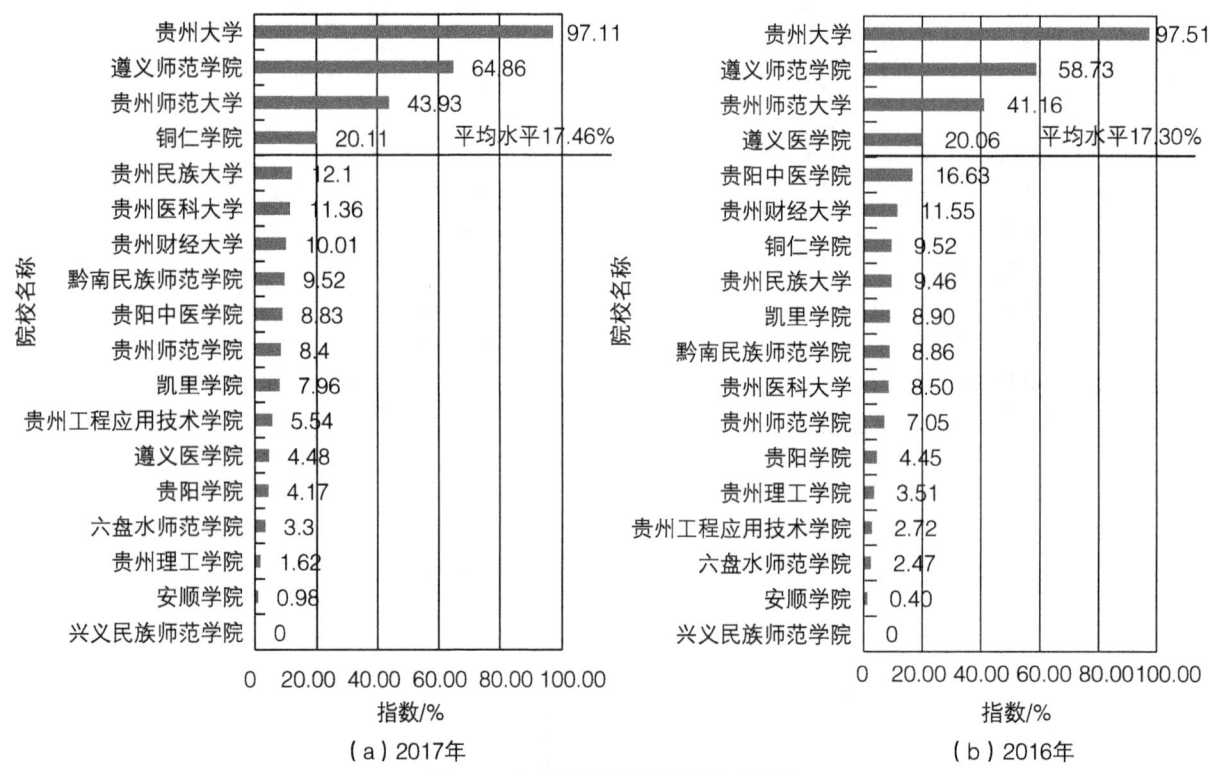

图 3-9 高等院校创新绩效指数排序

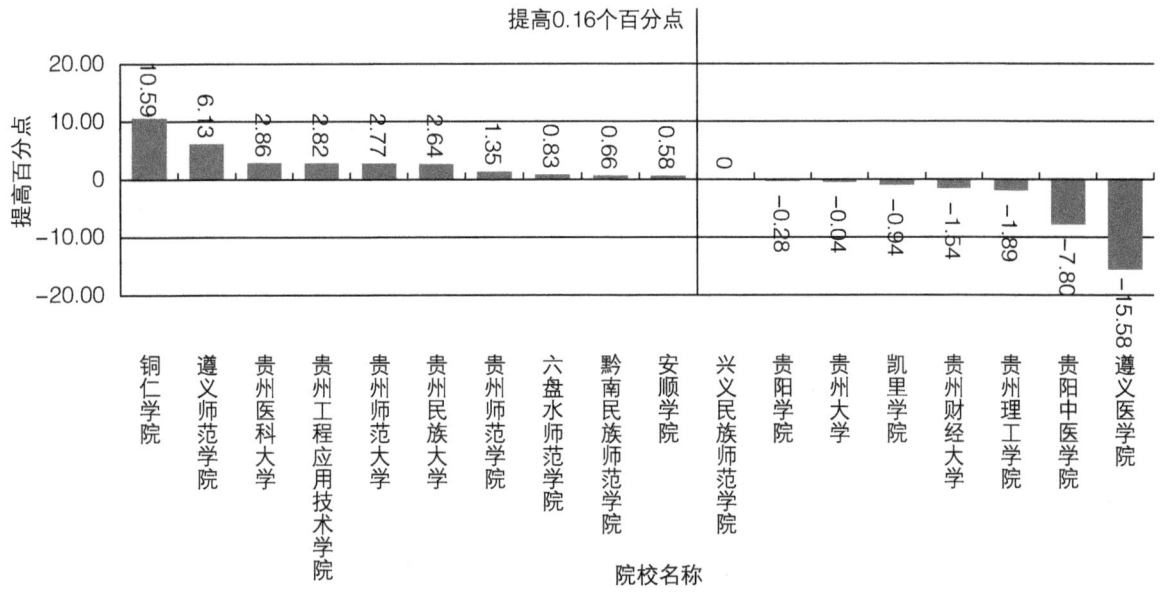

图 3-10 高等院校创新绩效指数提高百分点排序

二、高等院校科技创新水平评价

（一）贵州大学

年末从业人员 3896 人；高学历以上人员 2176 人，占年末从业人员的比例为 55.85%，居第 11 位；高职称以上人员 1573 人，占年末从业人员的比例为 40.37%，居第 12 位；科研仪器设备资产原值 30 390.50 万元，人均科研仪器设备资产原值 7.80 万元，居第 5 位。

R&D 人员 645 人，占年末从业人员的比重为 23.27%，居第 4 位；科研经费 22 945.45 万元，人均科研经费 4.84 万元，居第 2 位；R&D 经费 18 850.00 万元，人均 R&D 经费 94.72 万元，居第 2 位。

发表科技论文 3991 篇（一般科技论文 1680 篇，核心期刊 1683 篇，三大检索工具收录 628 篇），科技论文系数为 528.42，居第 1 位；省内合作项目 636 项，省外合作项目 74 项，产学研项目 706 项，项目合作系数为 138.12，居第 1 位。

科技培训人数 41 557 人，对外科技咨询项数 559 项，科技特派员 202 人，科技服务系数为 0.43，居第 1 位；知识产权创造的直接效益 82.40 万元，技术服务收入 6304.99 万元，经济效益系数为 1990.70，居第 1 位。

贵州大学综合科技创新水平指数为 94.72%，居第 1 位，与上年相比，监测值下降 1.10 个百分点，位次不变。在 4 个一级指标中，科技创新环境基础指数、科技投入指数、科技产出指数和创新绩效指数较上年分别下降 0.67、3.11、3.65 和 0.40 个百分点，位次均不变（表 3-1）。

表 3-1 贵州大学各级监测指标和位次与上年比较

指标名称	三级指标值		位次	
	2017 年	2016 年	2017 年	2016 年
综合科技创新水平指数 / %	94.72	95.82	1	1
科技创新环境和基础 / %	98.02	98.69	1	1
人力资源 / %	96.17	98.14	1	1
高层次科技人才系数	9.43	8.90	1	1
高学历以上人员占年末从业人员的比例 / %	55.85	58.74	11	7
高职称以上人员占年末从业人员的比例 / %	40.37	43.37	12	7
创新条件及平台 / %	99.25	99.05	1	1
人均大型科学仪器设备原值 / 万元	7.80	6.58	5	10
省级以上创新平台及载体系数	4.29	4.33	1	1
学科建设系数	16.62	16.62	1	1
研究生在校生人数占总在校生人数的比重 / %	25.35	26.19	1	1
科技投入 / %	93.56	96.67	1	1
人力投入 / %	16.56	96.58	3	2
R&D 人员占年末从业人员的比重 / %	23.27	48.66	4	4
创新人才团队总量系数	100.00	21.82	1	1
经费投入 / %	5.89	96.75	1	1
人均科研经费 / 万元	4.84	4.16	2	3
人均 R&D 经费 / 万元	94.72	5.97	2	1
科技产出 / %	87.09	90.74	1	1
知识产出 / %	100.00	100.00	1	1
科技论文系数	528.42	472.63	1	1
知识产权系数	158.22	128.56	1	1
科技奖励 / %	65.16	75.19	1	1
科技成果系数	1.24	1.43	1	1
技术成果市场化水平 / %	100.00	100.00	1	1
人均技术市场成交合同金额 / 万元	1.89	1.81	1	1
科技合作交流 / %	95.25	96.16	1	1
项目合作系数	138.12	140.41	1	1
论文论著合作系数	195.12	215.00	1	1
创新绩效 / %	97.11	97.51	1	1

续表

指标名称	三级指标值		位次	
	2017年	2016年	2017年	2016年
科技服务 / %	100.00	100.00	1	1
科技服务系数	0.43	0.37	1	1
产学研结合 / %	92.78	93.78	1	1
产学研结合系数	41.75	42.20	1	1
创造效益 / %	100.00	100.00	1	1
经济效益系数	1990.70	1914.78	1	1

（二）贵州师范大学

年末从业人员2618人；高学历以上人员1891人，占年末从业人员的比例为72.23%，居第4位；高职称以上人员1111人，占年末从业人员的比例为42.44%，居第9位；大型科学仪器设备原值8673.85万元，人均大型科学仪器设备原值3.31万元，居第11位。

R&D人员138人，占年末从业人员的比重为5.27%，居第14位；科研经费7614.09万元，人均科研经费2.91万元，居第6位；R&D经费4155.00万元，人均R&D经费1.59万元，居第5位。

发表科技论文1608篇（一般科技论文851篇，核心期刊443篇，三大检索工具收录314篇），科技论文系数为201.89，居第4位；省内合作项目19项，省外合作项目6项，境外合作项目1项，产学研项目164项，项目合作系数为14.18，居第3位。

科技培训人数1200人，对外科技咨询项数164项，科技特派员68人，科技服务系数为0.14，居第2位；技术服务收入2689.53万元，生产性收入500.00万元，经济效益系数为866.01，居第3位。

贵州师范大学综合科技创新水平指数为56.15%，居第2位，与上年相比，监测值提高3.16个百分点，位次不变。4个一级指标中，科技投入和科技创新绩效指数较上年分别下降0.69个百分点和上升2.77个百分点，位次不变；科技创新环境和基础指数及科技产出指数较上年分别上升5.16和6.77个百分点，位次分别为不变和上升1位（表3-2）。

表3-2　贵州师范大学各级监测指标和位次与上年比较

指标名称	三级指标值		位次	
	2017年	2016年	2017年	2016年
综合科技创新水平指数 / %	56.15	52.99	2	2
科技创新环境和基础 / %	65.77	60.61	2	2
人力资源 / %	65.50	51.37	3	3
高层次科技人才系数	3.21	2.40	3	3

续表

指标名称	三级指标值		位次	
	2017 年	2016 年	2017 年	2016 年
高学历以上人员占年末从业人员的比例 / %	72.23	51.10	4	10
高职称以上人员占年末从业人员的比例 / %	42.44	41.43	9	8
创新条件及平台 / %	65.95	66.77	2	2
人均大型科学仪器设备原值 / 万元	3.31	3.07	11	16
省级以上创新平台及载体系数	1.38	1.58	2	2
学科建设系数	7.25	7.25	2	2
研究生在校生人数占总在校生人数的比重 / %	9.54	9.05	2	3
科技投入 / %	67.23	67.92	3	3
人力投入 / %	92.50	94.94	4	3
R&D 人员占年末从业人员的比重 / %	5.27	31.22	14	10
创新人才团队总量系数	7.64	7.27	2	2
经费投入 / %	41.97	40.90	3	4
人均科研经费 / 万元	2.91	1.86	6	6
人均 R&D 经费 / 万元	1.59	2.80	5	4
科技产出 / %	38.34	31.57	3	4
知识产出 / %	85.97	69.73	3	4
科技论文系数	201.89	191.05	4	3
知识产权系数	13.68	9.46	9	10
科技奖励 / %	16.29	8.77	3	5
科技成果系数	0.31	0.17	3	5
技术成果市场化水平 / %	0.00	0.00	8	7
人均技术市场成交合同金额 / 万元	0.00	0.00	8	7
科技合作交流 / %	45.67	50.54	3	2
项目合作系数	14.18	26.35	3	2
论文论著合作系数	123.38	140.81	2	2
创新绩效 / %	43.93	41.16	3	3
科技服务 / %	67.75	80.45	2	2
科技服务系数	0.14	0.16	2	2
产学研结合 / %	18.22	16.22	4	4
产学研结合系数	8.20	7.30	4	4
创造效益 / %	57.73	46.46	3	3
经济效益系数	866.01	696.88	3	3

（三）贵州医科大学

年末从业人员 5010 人；高学历以上人员 1804 人，占年末从业人员的比例为 36.01%，居第 18 位；高职称以上人员 1605 人，占年末从业人员的比例为 32.04%，居第 18 位；大型科学仪器设备原值 30 740.43 万元，人均大型科学仪器设备原值 6.14 万元，居第 8 位。

R&D 人员 255 人，占年末从业人员的比重为 5.09%，居第 15 位；科研经费 5779.95 万元，人均科研经费 1.15 万元，居第 10 位；R&D 经费 5524.00 万元，人均 R&D 经费 1.10 万元，居第 10 位。

发表科技论文 1882 篇（一般科技论文 1089 篇，核心期刊 533 篇，三大检索工具收录 260 篇），科技论文系数为 209.89，居第 2 位；省内合作项目 17 项，省外合作项目 8 项，产学研项目 25 项，项目合作系数为 5.82，居第 10 位。

科技培训人数 746 人，对外科技咨询项数 21 项；技术服务收入 650.25 万元，经济效益系数为 200.08，居第 5 位。

贵州医科大学综合科技创新水平指数为 47.78%，居第 3 位，与上年相比，监测值提高 2.45 个百分点，位次不变。4 个一级指标中，科技产出指数较上年提高 1.82 个百分点，位次上升 1 位；科技创新环境和基础指数、科技投入指数和创新绩效指数较上年分别上升 5.99、0.19 和 2.86 个百分点，位次分别为不变、不变和上升 5 位（表 3-3）。

表 3-3 贵州医科大学各级监测指标和位次与上年比较

指标名称	三级指标值		位次	
	2017 年	2016 年	2017 年	2016 年
综合科技创新水平指数 / %	47.78	45.33	3	3
科技创新环境和基础 / %	55.28	49.29	3	3
人力资源 / %	67.69	64.88	2	2
高层次科技人才系数	3.29	3.05	2	2
高学历以上人员占年末从业人员的比例 / %	36.01	36.00	18	18
高职称以上人员占年末从业人员的比例 / %	32.04	32.51	18	17
创新条件及平台 / %	47.01	38.90	3	3
人均大型科学仪器设备原值 / 万元	6.14	5.32	8	13
省级以上创新平台及载体系数	0.71	0.75	3	3
学科建设系数	3.62	2.38	6	8
研究生在校生人数占总在校生人数的比重 / %	9.43	9.13	3	2
科技投入 / %	63.12	62.93	5	5
人力投入 / %	92.48	93.48	5	4
R&D 人员占年末从业人员的比重 / %	5.09	15.73	15	16

续表

指标名称	三级指标值		位次	
	2017 年	2016 年	2017 年	2016 年
创新人才团队总量系数	6.82	5.82	3	3
经费投入 / %	33.77	32.37	4	5
人均科研经费 / 万元	1.15	1.02	10	9
人均 R&D 经费 / 万元	1.10	1.23	10	10
科技产出 / %	40.64	38.82	2	3
知识产出 / %	50.50	69.00	11	5
科技论文系数	209.89	291.42	2	2
知识产权系数	2.56	5.70	17	11
科技奖励 / %	33.84	26.32	2	2
科技成果系数	0.64	0.50	2	2
技术成果市场化水平 / %	66.47	43.40	2	2
人均技术市场成交合同金额 / 万元	0.13	0.09	5	4
科技合作交流 / %	2.33	1.55	15	16
项目合作系数	5.82	3.88	10	11
论文论著合作系数	0.00	0.00	15	16
创新绩效 / %	11.36	8.50	6	11
科技服务 / %	2.35	2.20	17	16
科技服务系数	0.00	0.00	17	16
产学研结合 / %	13.89	11.44	5	6
产学研结合系数	6.25	5.15	5	6
创造效益 / %	13.34	8.70	5	8
经济效益系数	200.08	130.53	5	8

（四）遵义医学院

年末从业人员 1475 人；高学历以上人员 799 人，占年末从业人员的比例为 54.17%，居第 13 位；高职称以上人员 719 人，占年末从业人员的比例为 48.75%，居第 3 位；大型科学仪器设备原值 5374.00 万元，人均大型科学仪器设备原值 3.64 万元，居第 10 位。

R&D 人员 559 人，占年末从业人员的比重为 37.90%，居第 1 位；科研经费 4803.00 万元，人均科研经费 3.26 万元，居第 4 位；R&D 经费 2726.00 万元，人均 R&D 经费 1.85 万元，居第 3 位。

发表科技论文 2058 篇（一般科技论文 1285 篇，核心期刊 625 篇，三大检索工具收录 148 篇），科技论文系数为 205.47，居第 3 位；省内合作项目 24 项，省外合作项目 12 项，产学研项目 39 项，项目合作系数为 8.65，居第 5 位。

科技培训人数 12 800 人，对外科技咨询项数 75 项，科技特派员 2 人，科技服务系数为 0.02，居第 10 位；知识产权创造的直接效益 1.00 万元，技术服务收入 65.00 万元，经济效益系数为 20.62，居第 13 位。

遵义医学院综合科技创新水平指数为 40.56%，居第 5 位，与上年相比，监测值下降 4.43 个百分点，位次上升 1 位。4 个一级指标中，科技投入指数和科技产出指数较上年分别下降 2.26 和 3.69 个百分点，位次分别不变和下降 2 位；科技创新环境和基础指数及创新绩效指数较上年分别下降 1.55 和 15.58 个百分点，位次分别不变和下降 9 位（表 3-4）。

表 3-4 遵义医学院各级监测指标和位次与上年比较

指标名称	三级指标值		位次	
	2017 年	2016 年	2017 年	2016 年
综合科技创新水平指数 / %	40.56	44.99	5	4
科技创新环境和基础 / %	31.42	32.97	7	7
人力资源 / %	29.90	32.67	8	5
高层次科技人才系数	0.67	1.33	13	6
高学历以上人员占年末从业人员的比例 / %	54.17	50.84	13	12
高职称以上人员占年末从业人员的比例 / %	48.75	46.76	3	4
创新条件及平台 / %	32.44	33.16	6	6
人均大型科学仪器设备原值 / 万元	3.64	3.72	10	14
省级以上创新平台及载体系数	0.38	0.38	5	5
学科建设系数	2.88	2.88	7	6
研究生在校生人数占总在校生人数的比重 / %	7.73	8.68	4	4
科技投入 / %	64.20	66.46	4	4
人力投入 / %	95.57	86.56	1	5
R&D 人员占年末从业人员的比重 / %	37.90	58.11	1	2
创新人才团队总量系数	4.36	2.45	4	5
经费投入 / %	32.84	46.37	5	3
人均科研经费 / 万元	3.26	3.47	4	4
人均 R&D 经费 / 万元	1.85	5.37	3	3
科技产出 / %	38.23	41.92	4	2

续表

指标名称	三级指标值		位次	
	2017 年	2016 年	2017 年	2016 年
知识产出 / %	91.09	83.52	2	2
科技论文系数	205.47	167.58	3	4
知识产权系数	34.11	17.66	2	3
科技奖励 / %	12.53	26.32	4	2
科技成果系数	0.24	0.50	4	2
技术成果市场化水平 / %	0.00	12.97	8	5
人均技术市场成交合同金额 / 万元	0.00	0.09	8	5
科技合作交流 / %	43.46	33.71	4	4
项目合作系数	8.65	15.53	5	5
论文论著合作系数	81.62	68.75	4	6
创新绩效 / %	4.48	20.06	13	4
科技服务 / %	11.00	26.20	10	6
科技服务系数	0.02	0.05	10	6
产学研结合 / %	4.33	17.78	9	3
产学研结合系数	1.95	8.00	9	3
创造效益 / %	1.37	19.28	13	6
经济效益系数	20.62	289.23	13	6

（五）贵阳中医学院

年末从业人员 869 人；高学历以上人员 585 人，占年末从业人员的比例为 67.32%，居第 7 位；高职称以上人员 510 人，占年末从业人员的比例为 58.69%，居第 1 位；大型科学仪器设备原值 1405.02 万元，人均大型科学仪器设备原值 1.62 万元，居第 14 位。

R&D 人员 227 人，占年末从业人员的比重为 26.12%，居第 2 位；科研经费 5791.87 万元，人均科研经费 6.66 万元，居第 1 位；R&D 经费 5523.00 万元，人均 R&D 经费 6.36 万元，居第 1 位。

发表科技论文 829 篇（一般科技论文 622 篇，核心期刊 172 篇，三大检索工具收录 35 篇），科技论文系数为 69.11，居第 8 位；省内合作项目 11 项，省外合作项目 17 项，产学研项目 18 项，项目合作系数为 7.35，居第 7 位。

科技培训人数 379 人，对外科技咨询项数 182 项，科技服务系数为 0.04，居第 6 位。

贵阳中医学院综合科技创新水平指数为 41.73%，居第 4 位，与上年相比，监测值下降 0.70 个百分点，位次下降 1 位。4 个一级指标中，创新绩效指数、科技投入指数和科技产出指数较上年分别下降 7.80、1.66 个百分点和上升 5.84 个百分点，创新绩效指数位次下降 4 位，后两个指数位次均不变；科技创新环境和基础指数较上年下降 1.62 个百分点，位次不变（表 3-5）。

表 3-5　贵阳中医学院各级监测指标和位次与上年比较

指标名称	三级指标值		位次	
	2017 年	2016 年	2017 年	2016 年
综合科技创新水平指数 / %	41.73	42.43	4	5
科技创新环境和基础 / %	32.78	34.40	6	6
人力资源 / %	37.21	28.15	7	7
高层次科技人才系数	2.02	1.81	5	4
高学历以上人员占年末从业人员的比例 / %	67.32	46.34	7	16
高职称以上人员占年末从业人员的比例 / %	58.69	38.66	1	11
创新条件及平台 / %	29.83	38.57	7	4
人均大型科学仪器设备原值 / 万元	1.62	18.44	14	2
省级以上创新平台及载体系数	0.58	0.58	4	4
学科建设系数	2.62	2.62	8	7
研究生在校生人数占总在校生人数的比重 / %	7.51	7.30	6	5
科技投入 / %	71.09	72.75	2	2
人力投入 / %	94.46	98.89	2	1
R&D 人员占年末从业人员的比重 / %	26.12	73.23	2	1
创新人才团队总量系数	3.73	3.36	5	4
经费投入 / %	47.71	46.61	2	2
人均科研经费 / 万元	6.66	7.35	1	1
人均 R&D 经费 / 万元	6.36	5.97	1	2
科技产出 / %	29.32	23.48	7	7
知识产出 / %	63.82	44.68	7	11
科技论文系数	69.11	61.37	8	10
知识产权系数	17.14	9.72	6	8
科技奖励 / %	11.28	13.78	5	4
科技成果系数	0.21	0.26	5	4
技术成果市场化水平 / %	2.03	2.28	7	6
人均技术市场成交合同金额 / 万元	0.02	0.02	7	6

续表

指标名称	三级指标值		位次	
	2017 年	2016 年	2017 年	2016 年
科技合作交流 / %	38.79	32.01	8	6
项目合作系数	7.35	6.76	7	8
论文论著合作系数	44.81	73.25	8	5
创新绩效 / %	8.83	16.63	9	5
科技服务 / %	19.45	27.00	6	5
科技服务系数	0.04	0.05	6	5
产学研结合 / %	3.11	3.78	12	11
产学研结合系数	1.4	1.70	12	11
创造效益 / %	9.23	24.29	8	4
经济效益系数	138.41	364.41	8	4

（六）贵州民族大学

年末从业人员 1579 人；高学历以上人员 1092 人，占年末从业人员的比例为 69.16%，居第 5 位；高职称以上人员 714 人，占年末从业人员的比例为 45.22%，居第 6 位；大型科学仪器设备原值 1852.20 万元，人均大型科学仪器设备原值 1.17 万元，居第 16 位。

R&D 人员 55 人，占年末从业人员的比重为 3.48%，居第 17 位；科研经费 1932.20 万元，人均科研经费 1.22 万元，居第 9 位；R&D 经费 1183.00 万元，人均 R&D 经费 0.75 万元，居第 14 位。

发表科技论文 922 篇（一般科技论文 390 篇，核心期刊 350 篇，三大检索工具收录 182 篇），科技论文系数为 124.00，居第 5 位；省内合作项目 25 项，省外合作项目 6 项，产学研项目 25 项，项目合作系数为 6.18，居第 9 位。

科技培训人数 620 人，对外科技咨询项数 320 项，科技特派员 6 人，科技服务系数为 0.08，居第 4 位；技术服务收入 289.00 万元，经济效益系数为 88.92，居第 11 位。

贵州民族大学综合科技创新水平指数为 29.52%，居第 8 位，与上年相比，监测值提高 0.25 个百分点，位次不变。4 个一级指标中，科技产出指数较上年提高 3.83 个百分点，位次下降 3 位；科技创新环境和基础指数、创新绩效指数和科技投入指数较上年分别上升 3.43、2.64 个百分点和下降 5.61 个百分点，位次分别下降 1 位、上升 3 位和不变（表 3-6）。

表 3-6 贵州民族大学各级监测指标和位次与上年比较

指标名称	三级指标值		位次	
	2017 年	2016 年	2017 年	2016 年
综合科技创新水平指数 / %	29.52	29.27	8	8
科技创新环境和基础 / %	38.79	35.36	5	4
人力资源 / %	39.97	31.97	6	6
高层次科技人才系数	1.51	0.58	6	8
高学历以上人员占年末从业人员的比例 / %	69.16	66.28	5	3
高职称以上人员占年末从业人员的比例 / %	45.22	49.19	6	2
创新条件及平台 / %	38.01	37.62	5	5
人均大型科学仪器设备原值 / 万元	1.17	1.02	16	17
省级以上创新平台及载体系数	0.12	0.12	8	8
学科建设系数	4.88	4.88	3	3
研究生在校生人数占总在校生人数的比重 / %	4.67	4.48	7	7
科技投入 / %	31.91	37.52	9	9
人力投入 / %	50.66	66.91	9	7
R&D 人员占年末从业人员的比重 / %	3.48	23.13	17	15
创新人才团队总量系数	1.64	1.64	7	7
经费投入 / %	13.17	8.13	8	13
人均科研经费 / 万元	1.22	0.82	9	11
人均 R&D 经费 / 万元	0.75	0.44	14	16
科技产出 / %	27.35	23.52	9	6
知识产出 / %	74.80	69.99	4	3
科技论文系数	124.00	128.11	5	6
知识产权系数	19.13	13.31	5	4
科技奖励 / %	0.00	0.00	11	7
科技成果系数	0.00	0.00	11	7
技术成果市场化水平 / %	0.00	0.00	8	7
人均技术市场成交合同金额 / 万元	0.00	0.00	8	7
科技合作交流 / %	32.72	16.84	9	11
项目合作系数	6.18	4.59	9	10
论文论著合作系数	37.81	37.50	9	11
创新绩效 / %	12.10	9.46	5	8
科技服务 / %	38.65	35.30	4	4
科技服务系数	0.08	0.07	4	4

续表

指标名称	三级指标值		位次	
	2017年	2016年	2017年	2016年
产学研结合 / %	5.00	4.44	8	9
产学研结合系数	2.25	2.00	8	9
创造效益 / %	5.93	1.55	11	12
经济效益系数	88.92	23.26	11	12

（七）贵州财经大学

年末从业人员1801人；高学历以上人员1386人，占年末从业人员的比例为76.96%，居第1位；高职称以上人员686人，占年末从业人员的比例为38.09，居第14位；大型科学仪器设备原值5668.45万元，人均大型科学仪器设备原值3.15万元，居第12位。

R&D人员56人，占年末从业人员的比重为3.11%，居第18位；科研经费1278.16万元，人均科研经费0.71万元，居第13位，R&D经费210.00万元，人均R&D经费0.12万元，居第18位。

发表科技论文1065篇（一般科技论文759篇，核心期刊207篇，三大检索工具收录99篇），科技论文系数为98.79，居第6位；省内合作项目19项，省外合作项目8项，项目合作系数为4.59，居第11位。

科技培训人数3750人，对外科技咨询项数59项，科技特派员6人，科技服务系数为0.02，居第9位；技术服务收入627.46万元，生产性收入610.40万元，经济效益系数为258.48，居第4位。

贵州财经大学综合科技创新水平指数为30.45%，居第7位，与上年相比，监测值提高0.91个百分点，位次不变。4个一级指标中，科技投入指数和科技产出指数较上年分别下降5.15个百分点和上升5.82个百分点，位次均下降1位；科技创新环境和基础指数及创新绩效指数较上年分别上升5.93个百分点和下降1.54个百分点，位次分别上升1位和下降1位（表3-7）。

表3-7 贵州财经大学各级监测指标和位次与上年比较

指标名称	三级指标值		位次	
	2017年	2016年	2017年	2016年
综合科技创新水平指数 / %	30.45	29.54	7	7
科技创新环境和基础 / %	41.09	35.16	4	5
人力资源 / %	41.48	39.89	4	4
高层次科技人才系数	1.44	1.37	7	5
高学历以上人员占年末从业人员的比例 / %	76.96	74.21	1	2
高职称以上人员占年末从业人员的比例 / %	38.09	37.33	14	13

续表

指标名称	三级指标值		位次	
	2017 年	2016 年	2017 年	2016 年
创新条件及平台 / %	40.84	32.00	4	8
人均大型科学仪器设备原值 / 万元	3.15	3.19	12	15
省级以上创新平台及载体系数	0.12	0.12	8	8
学科建设系数	4.5	3.38	4	5
研究生在校生人数占总在校生人数的比重 / %	7.69	5.94	5	6
科技投入 / %	34.94	40.09	8	7
人力投入 / %	63.67	74.05	6	6
R&D 人员占年末从业人员的比重 / %	3.11	9.74	18	18
创新人才团队总量系数	2.27	2.27	6	6
经费投入 / %	6.21	6.13	16	16
人均科研经费 / 万元	0.71	0.55	13	15
人均 R&D 经费 / 万元	0.12	0.31	18	18
科技产出 / %	25.79	19.97	11	10
知识产出 / %	69.76	60.11	5	6
科技论文系数	98.79	128.89	6	5
知识产权系数	16.02	10.30	7	7
科技奖励 / %	5.01	0.00	7	7
科技成果系数	0.10	0.00	7	7
技术成果市场化水平 / %	0	0.00	8	7
人均技术市场成交合同金额 / 万元	0	0.00	8	7
科技合作交流 / %	20.74	12.90	12	13
项目合作系数	4.59	8.12	11	7
论文论著合作系数	23.62	24.12	12	13
创新绩效 / %	10.01	11.55	7	6
科技服务 / %	11.15	9.60	9	11
科技服务系数	0.02	0.02	9	11
产学研结合 / %	2.22	3.00	13	12
产学研结合系数	1.00	1.35	13	12
创造效益 / %	17.23	21.07	4	5
经济效益系数	258.48	316.00	4	5

（八）遵义师范学院

年末从业人员1148人；高学历以上人员624人，占年末从业人员的比例为54.36%，居第12位；高职称以上人员550人，占年末从业人员的比例为47.91%，居第4位；大型科学仪器设备原值6201.60万元，人均大型科学仪器设备原值5.40万元，居第9位。

R&D人员103人，占年末从业人员的比重为8.97%，居第7位；科研经费3402.5万元，人均科研经费2.96万元，居第5位；R&D经费1813.00万元，人均R&D经费1.58万元，居第6位。

发表科技论文762篇（一般科技论文638篇，核心期刊87篇，三大检索工具收录37篇），科技论文系数为57.00，居第9位；省内合作项目43项，省外合作项目17项，产学研项目21项，项目合作系数为11.29，居第4位。

科技培训人数2347人，对外科技咨询项数141项，科技特派员37人，科技服务系数为0.09，居第3位；知识产权创造的直接效益1439.00万元，技术服务收入927.50万元，生产性收入631.00万元，经济效益系数为1219.46，居第2位。

遵义师范学院综合科技创新水平指数为38.14%，居第6位，与上年相比，监测值提高4.24个百分点，位次不变。4个一级指标中，科技投入指数和创新绩效指数较上年分别提高3.11和6.13个百分点，位次上升2位和不变；科技创新环境和基础指数及科技产出指数较上年分别上升5.29和3.62个百分点，位次分别上升1位和下降2位（表3-8）。

表3-8 遵义师范学院各级监测指标和位次与上年比较

指标名称	三级指标值		位次	
	2017年	2016年	2017年	2016年
综合科技创新水平指数/%	38.14	33.90	6	6
科技创新环境和基础/%	27.40	22.11	8	9
人力资源/%	41.31	25.10	5	8
高层次科技人才系数	2.65	0.57	4	9
高学历以上人员占年末从业人员的比例/%	54.36	50.84	12	11
高职称以上人员占年末从业人员的比例/%	47.91	50.31	4	1
创新条件及平台/%	18.12	20.11	11	9
人均大型科学仪器设备原值/万元	5.40	8.91	9	7
省级以上创新平台及载体系数	0.00	0.00	11	11
学科建设系数	2.12	2.00	10	9
研究生在校生人数占总在校生人数的比重/%	0.00	0.00	11	9
科技投入/%	42.82	39.71	6	8
人力投入/%	60.12	61.84	8	8

续表

指标名称	三级指标值		位次	
	2017年	2016年	2017年	2016年
R&D人员占年末从业人员的比重/%	8.97	27.31	7	13
创新人才团队总量系数	1.36	1.36	8	8
经费投入/%	25.52	17.58	7	8
人均科研经费/万元	2.96	2.28	5	5
人均R&D经费/万元	1.58	0.83	6	13
科技产出/%	26.28	22.66	10	8
知识产出/%	56.66	50.07	10	8
科技论文系数	57.00	65.53	9	8
知识产权系数	13.58	11.09	10	5
科技奖励/%	0.00	0.00	11	7
科技成果系数	0.00	0.00	11	7
技术成果市场化水平/%	33.25	30.19	3	3
人均技术市场成交合同金额/万元	0.26	0.24	2	2
科技合作交流/%	17.57	10.69	13	14
项目合作系数	11.29	8.47	4	6
论文论著合作系数	16.31	18.25	13	14
创新绩效/%	64.86	58.73	2	2
科技服务/%	42.60	37.80	3	3
科技服务系数	0.09	0.08	3	3
产学研结合/%	59.56	58.11	2	2
产学研结合系数	26.80	26.15	2	2
创造效益/%	81.30	69.80	2	2
经济效益系数	1219.46	1047.04	2	2

（九）贵州师范学院

年末从业人员1120人；高学历以上人员827人，占年末从业人员的比例为73.84%，居第3位；高职称以上人员469人，占年末从业人员的比例为41.88%，居第10位；大型科学仪器设备原值546.05万元，人均大型科学仪器设备原值0.49万元，居第18位。

R&D人员62人，占年末从业人员的比重为5.54%，居第13位；科研经费708.2万元，人均科研经费 0.63 万元，居第 14 位；R&D 经费 1626.00 万元，人均 R&D 经费 1.45 万元，居第 7 位。

发表科技论文 539 篇（一般科技论文 360 篇，核心期刊 137 篇，三大检索工具收录 42 篇），科技论文系数为 51.74，居第 11 位；省内合作项目 37 项，省外合作项目 2 项，产学研项目 39 项，项目合作系数为 7.24，居第 8 位。

科技培训人数 9613 人，对外科技咨询项数 112 项，科技服务系数为 0.03，居第 8 位；知识产权创造的直接效益 54.00 万元，技术服务收入 132.00 万元，生产性收入 39.00 万元，经济效益系数为 76.85，居第 12 位。

贵州师范学院综合科技创新水平指数为 23.02%，居第 11 位，与上年相比，监测值提高 0.77 个百分点，位次上升 1 位。4 个一级指标中，科技投入指数、创新绩效指数和科技产出指数较上年分别提高 0.37、1.35 和 4.32 个百分点，位次分别上升 4 位、2 位和下降 1 位；科技创新环境和基础指数较上年下降 7.21 个百分点，位次下降 1 位（表 3-9）。

表 3-9 贵州师范学院各级监测指标和位次与上年比较

指标名称	三级指标值		位次	
	2017 年	2016 年	2017 年	2016 年
综合科技创新水平指数 / %	23.02	22.25	11	10
科技创新环境和基础 / %	26.60	29.19	9	8
人力资源 / %	28.02	24.49	10	9
高层次科技人才系数	0.71	0.57	12	9
高学历以上人员占年末从业人员的比例 / %	73.84	62.28	3	6
高职称以上人员占年末从业人员的比例 / %	41.88	39.07	10	10
创新条件及平台 / %	25.66	32.33	8	7
人均大型科学仪器设备原值 / 万元	0.49	8.85	18	8
省级以上创新平台及载体系数	0.12	0.12	8	8
学科建设系数	3.75	3.75	5	4
研究生在校生人数占总在校生人数的比重 / %	0.00	0.00	11	9
科技投入 / %	22.05	21.68	11	15
人力投入 / %	33.09	37.32	12	14
R&D 人员占年末从业人员的比重 / %	5.54	13.08	13	17
创新人才团队总量系数	0.64	0.64	11	11
经费投入 / %	11.01	6.04	11	17
人均科研经费 / 万元	0.63	0.63	14	14
人均 R&D 经费 / 万元	1.45	0.47	7	15

续表

指标名称	三级指标值		位次	
	2017年	2016年	2017年	2016年
科技产出/%	29.55	25.23	6	5
知识产出/%	57.53	49.23	9	9
科技论文系数	51.74	62.63	11	9
知识产权系数	14.16	11.01	8	6
科技奖励/%	0.00	3.76	11	6
科技成果系数	0.00	0.07	11	6
技术成果市场化水平/%	30.23	29.36	4	4
人均技术市场成交合同金额/万元	0.25	0.24	3	3
科技合作交流/%	41.64	21.80	6	8
项目合作系数	7.24	3.00	8	12
论文论著合作系数	48.44	51.50	7	7
创新绩效/%	8.40	7.05	10	12
科技服务/%	13.10	14.20	8	10
科技服务系数	0.03	0.03	8	10
产学研结合/%	9.33	5.89	7	8
产学研结合系数	4.20	2.65	7	8
创造效益/%	5.12	4.65	12	11
经济效益系数	76.85	69.69	12	11

（十）贵州工程应用技术学院

年末从业人员872人；高学历以上人员453人，占年末从业人员的比例为51.95%，居第16位；高职称以上人员331人，占年末从业人员的比例为37.96%，居第15位；大型科学仪器设备原值7030.20万元，人均大型科学仪器设备原值8.06万元，居第4位。

R&D人员78人，占年末从业人员的比重为8.94%，居第8位；科研经费867.7万元，人均科研经费1.00万元，居第11位，R&D经费848.00万元，人均R&D经费0.97万元，居第12位。

发表科技论文269篇（一般科技论文175篇，核心期刊81篇，三大检索工具收录13篇），科技论文系数为25.68，居第16位；省内合作项目1项，项目合作系数为0.76，居第17位。

科技培训人数1020人，科技特派员13人，科技服务系数为0.02，居第11位；技术服务收入351.70万元，经济效益系数为108.22，居第10位。

贵州工程应用技术学院综合科技创新水平指数为 16.48%，居第 12 位，与上年相比，监测值下降 1.64 个百分点，位次下降 1 位。4 个一级指标中，科技投入指数及科技创新环境和基础指数较上年下降 9.45 和 0.67 个百分点，位次下降 3 位和不变；科技产出指数和创新绩效指数较上年分别上升 5.68 和 2.82 个百分点，位次分别上升 1 位和 3 位（表 3-10）。

表 3-10　贵州工程应用技术学院各级监测指标和位次与上年比较

指标名称	三级指标值		位次	
	2017 年	2016 年	2017 年	2016 年
综合科技创新水平指数 / %	16.48	18.12	12	11
科技创新环境和基础 / %	17.67	18.34	13	13
人力资源 / %	17.96	15.72	16	16
高层次科技人才系数	0.31	0.09	17	16
高学历以上人员占年末从业人员的比例 / %	51.95	50.11	16	13
高职称以上人员占年末从业人员的比例 / %	37.96	34.68	15	16
创新条件及平台 / %	17.48	20.09	12	10
人均大型科学仪器设备原值 / 万元	8.06	11.71	4	4
省级以上创新平台及载体系数	0.00	0.00	11	11
学科建设系数	1.88	1.88	11	11
研究生在校生人数占总在校生人数的比重 / %	0.08	0.00	9	9
科技投入 / %	21.29	30.74	13	10
人力投入 / %	33.07	42.48	13	12
R&D 人员占年末从业人员的比重 / %	8.94	34.14	8	6
创新人才团队总量系数	0.36	0.36	12	12
经费投入 / %	9.50	19.00	12	7
人均科研经费 / 万元	1.00	1.63	11	7
人均 R&D 经费 / 万元	0.97	2.26	12	5
科技产出 / %	15.13	9.45	13	14
知识产出 / %	30.28	15.08	13	16
科技论文系数	25.68	27.63	16	16
知识产权系数	7.54	2.87	12	16
科技奖励 / %	0.00	0.00	11	7
科技成果系数	0.00	0.00	11	7
技术成果市场化水平 / %	0.00	0.00	8	7

续表

指标名称	三级指标值		位次	
	2017 年	2016 年	2017 年	2016 年
人均技术市场成交合同金额/万元	0.00	0.00	8	7
科技合作交流/%	40.31	32.84	7	5
项目合作系数	0.76	0.24	17	18
论文论著合作系数	50.19	81.88	6	4
创新绩效/%	5.54	2.72	12	15
科技服务/%	9.70	8.40	11	13
科技服务系数	0.02	0.02	11	13
产学研结合/%	1.78	1.89	14	14
产学研结合系数	0.80	0.85	14	14
创造效益/%	7.21	0.72	10	13
经济效益系数	108.22	10.77	10	13

（十一）贵阳学院

年末从业人员 927 人；高学历以上人员 627 人，占年末从业人员的比例为 67.64%，居第 6 位；高职称以上人员 410 人，占年末从业人员的比例为 44.23%，居第 7 位；大型科学仪器设备原值 6500.00 万元，人均大型科学仪器设备原值 7.01 万元，居第 6 位。

R&D 人员 62 人，占年末从业人员的比重为 6.69%，居第 12 位；科研经费 432.11 万元，人均科研经费 0.47 万元，居第 15 位；R&D 经费 1088.00 万元，人均 R&D 经费 1.17 万元，居第 9 位。

发表科技论文 376 篇（一般科技论文 252 篇，核心期刊 101 篇，三大检索工具收录 23 篇），科技论文系数为 35.53，居第 14 位；省内合作项目 6 项，产学研项目 6 项，项目合作系数为 1.06，居第 16 位。

科技培训人数 1700 人，对外科技咨询项数 22 项，科技特派员 23 人，科技服务系数为 0.04，居第 5 位。

贵阳学院综合科技创新水平指数为 16.26%，居第 13 位，与上年相比，监测值下降 1.82 个百分点，位次下降 1 位。4 个一级指标中，科技投入指数、科技产出指数和创新绩效指数较上年分别下降 8.12、0.25 和 0.28 个百分点，位次分别下降 1 位、不变和下降 1 位；科技创新环境和基础指数较上年上升 4.51 个百分点，位次上升 1 位（表 3-11）。

表 3-11 贵阳学院各级监测指标和位次与上年比较

指标名称	三级指标值		位次	
	2017 年	2016 年	2017 年	2016 年
综合科技创新水平指数 / %	16.26	18.08	13	12
科技创新环境和基础 / %	23.77	19.26	10	11
人力资源 / %	28.26	21.42	9	11
高层次科技人才系数	1.08	0.26	8	12
高学历以上人员占年末从业人员的比例 / %	67.64	64.20	6	4
高职称以上人员占年末从业人员的比例 / %	44.23	48.83	7	3
创新条件及平台 / %	20.78	17.82	9	13
人均大型科学仪器设备原值 / 万元	7.01	5.39	6	12
省级以上创新平台及载体系数	0.17	0.17	7	7
学科建设系数	2.25	2.00	9	9
研究生在校生人数占总在校生人数的比重 / %	0.00	0.00	11	9
科技投入 / %	21.46	29.58	12	11
人力投入 / %	35.02	49.61	10	10
R&D 人员占年末从业人员的比重 / %	6.69	32.51	12	8
创新人才团队总量系数	0.73	0.73	10	10
经费投入 / %	7.91	9.56	13	10
人均科研经费 / 万元	0.47	0.71	15	12
人均 R&D 经费 / 万元	1.17	1.33	9	8
科技产出 / %	8.71	8.96	15	15
知识产出 / %	25.88	20.79	15	13
科技论文系数	35.53	40.05	14	13
知识产权系数	5.63	3.83	14	14
科技奖励 / %	2.51	0.00	8	7
科技成果系数	0.05	0.00	8	7
技术成果市场化水平 / %	0.00	0.00	8	7
人均技术市场成交合同金额 / 万元	0.00	0.00	8	7
科技合作交流 / %	0.42	18.15	17	10
项目合作系数	1.06	2.94	16	13
论文论著合作系数	0.00	42.44	15	10
创新绩效 / %	4.17	4.45	14	13

续表

指标名称	三级指标值		位次	
	2017年	2016年	2017年	2016年
科技服务/%	19.50	19.60	5	7
科技服务系数	0.04	0.04	5	7
产学研结合/%	0.67	1.33	16	15
产学研结合系数	0.30	0.60	16	15
创造效益/%	0.00	0.00	15	16
经济效益系数	0.00	0.00	15	16

（十二）凯里学院

年末从业人员919人；高学历以上人员530人，占年末从业人员的比例为57.67%，居第9位；高职称以上人员458人，占年末从业人员的比例为49.84%，居第2位；大型科学仪器设备原值1361.27万元，人均大型科学仪器设备原值1.48万元，居第15位。

R&D人员76人，占年末从业人员的比重为8.27%，居第9位；科研经费274.00万元，人均科研经费0.30万元，居第17位；R&D经费934.00万元，人均R&D经费1.02万元，居第11位。

发表科技论文236篇（一般科技论文155篇，核心期刊56篇，三大检索工具收录25篇），科技论文系数为24.16，居第17位；省内合作项目12项，省外合作项目1项，产学研项目12项，项目合作系数为2.41，居第15位。

科技培训人数300人，科技特派员3人，对外科技咨询项数25项，科技服务系数为0.01，居第15位；知识产权创造的直接效益200.00万元，技术服务收入200.00万元，生产性收入200.00万元，经济效益系数为200.00，居第6位。

凯里学院综合科技创新水平指数为14.02%，居第16位，与上年相比，监测值下降2.22个百分点，位次下降1位。4个一级指标中，科技投入指数、创新绩效指数及科技创新环境和基础指数较上年分别下降6.09、0.94和1.62个百分点，位次下降2位、2位和3位；科技产出指数较上年提高1.85个百分点，位次下降1位（表3-12）。

表3-12　凯里学院各级监测指标和位次与上年比较

指标名称	三级指标值		位次	
	2017年	2016年	2017年	2016年
综合科技创新水平指数/%	14.02	16.24	16	15
科技创新环境和基础/%	17.38	19.00	15	12

续表

指标名称	三级指标值		位次	
	2017年	2016年	2017年	2016年
人力资源 / %	24.94	18.96	11	13
高层次科技人才系数	0.73	0.23	11	13
高学历以上人员占年末从业人员的比例 / %	57.67	56.17	9	8
高职称以上人员占年末从业人员的比例 / %	49.84	40.55	2	9
创新条件及平台 / %	12.34	19.03	16	12
人均大型科学仪器设备原值 / 万元	1.48	11.33	15	5
省级以上创新平台及载体系数	0.00	0.00	11	11
学科建设系数	1.75	1.75	13	12
研究生在校生人数占总在校生人数的比重 / %	0.03	0.00	10	9
科技投入 / %	19.32	25.41	15	13
人力投入 / %	32.37	42.46	14	13
R&D人员占年末从业人员的比重 / %	8.27	33.88	9	7
创新人才团队总量系数	0.36	0.36	12	12
经费投入 / %	6.27	8.36	15	12
人均科研经费 / 万元	0.30	0.40	17	17
人均R&D经费 / 万元	1.02	1.36	11	7
科技产出 / %	6.90	5.05	17	16
知识产出 / %	17.46	15.14	17	15
科技论文系数	24.16	20.89	17	17
知识产权系数	3.79	3.29	16	15
科技奖励 / %	2.51	0.00	8	7
科技成果系数	0.05	0.00	8	7
技术成果市场化水平 / %	0.00	0.00	8	7
人均技术市场成交合同金额 / 万元	0.00	0.00	8	7
科技合作交流 / %	5.21	3.37	14	15
项目合作系数	2.41	2.18	15	15
论文论著合作系数	5.31	6.25	14	15
创新绩效 / %	7.96	8.90	11	9
科技服务 / %	4.90	9.60	15	11
科技服务系数	0.01	0.02	15	11

续表

指标名称	三级指标值		位次	
	2017年	2016年	2017年	2016年
产学研结合 / %	4.11	4.11	10	10
产学研结合系数	1.85	1.85	10	10
创造效益 / %	13.33	13.33	6	7
经济效益系数	200.00	200.00	6	7

（十三）铜仁学院

年末从业人员967人；高学历以上人员494人，占年末从业人员的比例为51.09%，居第17位；高职称以上人员445人，占年末从业人员的比例为46.02%，居第5位；大型科学仪器设备原值2265.57万元，人均大型科学仪器设备原值2.34万元，居第13位。

R&D人员125人，占年末从业人员的比重为12.93%，居第5位；科研经费3414.41元，人均科研经费3.53万元，居第3位；R&D经费1672.00万元，人均R&D经费1.73万元，居第4位。

发表科技论文636篇（一般科技论文325篇，核心期刊270篇，三大检索工具收录41篇），科技论文系数为70.84，居第7位；省内合作项目105项，省外合作项目21项，产学研项目194项，项目合作系数为29.94，居第2位。

科技培训人数6008人，对外科技咨询项数96项，科技特派员11人，科技服务系数为0.04，居第7位；知识产权创造的直接效益5.72万元，技术服务收入424.50万元，生产性收入159.00万元，经济效益系数为146.37，居第7位。

铜仁学院综合科技创新水平指数为25.73%，居第9位，与上年相比，监测值提高7.70个百分点，位次上升4位。4个一级指标中，创新绩效指数、科技投入指数和科技产出指数较上年分别提高10.59、6.65和14.18个百分点，位次分别上升3位、4位和6位；科技创新环境和基础指数较上年上升0.94个百分点，位次不变（表3-13）。

表3-13 铜仁学院各级监测指标和位次与上年比较

指标名称	三级指标值		位次	
	2017年	2016年	2017年	2016年
综合科技创新水平指数 / %	25.73	18.03	9	13
科技创新环境和基础 / %	16.48	15.54	16	16
人力资源 / %	24.17	18.23	13	14
高层次科技人才系数	0.80	0.14	10	15
高学历以上人员占年末从业人员的比例 / %	51.09	50.11	17	14

续表

指标名称	三级指标值		位次	
	2017年	2016年	2017年	2016年
高职称以上人员占年末从业人员的比例 / %	46.02	44.61	5	6
创新条件及平台 / %	11.35	13.74	17	16
人均大型科学仪器设备原值 / 万元	2.34	9.39	13	6
省级以上创新平台及载体系数	0.00	0.00	11	11
学科建设系数	1.50	1.12	15	15
研究生在校生人数占总在校生人数的比重 / %	0.00	0.00	11	9
科技投入 / %	30.21	23.56	10	14
人力投入 / %	33.22	34.96	11	15
R&D人员占年末从业人员的比重 / %	12.93	31.47	5	9
创新人才团队总量系数	0.00	0.00	15	15
经费投入 / %	27.20	12.15	6	9
人均科研经费 / 万元	3.53	1.24	3	8
人均R&D经费 / 万元	1.73	1.21	4	11
科技产出 / %	32.09	17.91	5	11
知识产出 / %	64.17	46.21	6	10
科技论文系数	70.84	72.74	7	7
知识产权系数	20.77	9.50	4	9
科技奖励 / %	2.51	0.00	8	7
科技成果系数	0.05	0.00	8	7
技术成果市场化水平 / %	20.85	0.00	5	7
人均技术市场成交合同金额 / 万元	0.19	0.00	4	7
科技合作交流 / %	51.98	26.97	2	7
项目合作系数	29.94	22.12	2	3
论文论著合作系数	52.69	45.31	5	9
创新绩效 / %	20.11	9.52	4	7
科技服务 / %	19.05	14.65	7	9
科技服务系数	0.04	0.03	7	9
产学研结合 / %	31.00	11.33	3	7
产学研结合系数	13.95	5.10	3	7
创造效益 / %	9.76	5.15	7	10
经济效益系数	146.37	77.20	7	10

(十四)黔南民族师范学院

年末从业人员 927 人；高学历以上人员 524 人，占年末从业人员的比例为 56.53%，居第 10 位；高职称以上人员 386 人，占年末从业人员的比例为 41.64%，居第 11 位；大型科学仪器设备原值 9235.16 万元，人均大型科学仪器设备原值 9.96 万元，居第 2 位。

R&D 人员 67 人，占年末从业人员的比重为 7.23%，居第 11 位；科研经费 849.50 万元，人均科研经费 0.92 万元，居第 12 位；R&D 经费 558.00 万元，人均 R&D 经费 0.60 万元，居第 15 位。

发表科技论文 590 篇（一般科技论文 450 篇，核心期刊 125 篇，三大检索工具收录 15 篇），科技论文系数为 47.26，居第 12 位；省内合作项目 13 项，省外合作项目 4 项，产学研项目 17 项，项目合作系数为 3.71，居第 12 位。

科技培训人数 385 人，对外科技咨询项数 38 项，科技特派员 5 人，科技服务系数为 0.02，居第 14 位；知识产权创造的直接效益 118.30 万元，技术服务收入 147.50 万元，生产性收入 136.00 万元，经济效益系数为 128.65，居第 9 位。

黔南民族师范学院综合科技创新水平指数为 15.29%，居第 14 位，与上年相比，监测值下降 0.92 个百分点，位次上升 2 位。4 个一级指标中，科技投入指数、科技产出指数和创新绩效指数较上年分别下降 5.52 个百分点、上升 2.21 和 0.66 个百分点，位次分别为不变、下降 1 位和上升 2 位；科技创新环境和基础指数较上年上升 1.43 个百分点，位次下降 1 位（表 3-14）。

表 3-14　黔南民族师范学院各级监测指标和位次与上年比较

指标名称	三级指标值		位次	
	2017 年	2016 年	2017 年	2016 年
综合科技创新水平指数 / %	15.29	16.21	14	16
科技创新环境和基础 / %	21.64	20.21	11	10
人力资源 / %	24.62	21.44	12	10
高层次科技人才系数	0.91	0.65	9	7
高学历以上人员占年末从业人员的比例 / %	56.53	45.12	10	17
高职称以上人员占年末从业人员的比例 / %	41.64	45.55	11	5
创新条件及平台 / %	19.66	19.39	10	11
人均大型科学仪器设备原值 / 万元	9.96	12.09	2	3
省级以上创新平台及载体系数	0.00	0.00	11	11
学科建设系数	1.88	1.62	11	14
研究生在校生人数占总在校生人数的比重 / %	0.76	0.67	8	8
科技投入 / %	14.88	20.40	17	17
人力投入 / %	22.12	34.55	17	17

续表

指标名称	三级指标值		位次	
	2017 年	2016 年	2017 年	2016 年
R&D 人员占年末从业人员的比重 / %	7.23	27.12	11	14
创新人才团队总量系数	0.00	0.00	15	15
经费投入 / %	7.63	6.25	14	15
人均科研经费 / 万元	0.92	0.66	12	13
人均 R&D 经费 / 万元	0.60	0.60	15	14
科技产出 / %	12.96	10.75	14	13
知识产出 / %	23.56	25.30	16	12
科技论文系数	47.26	48.74	12	11
知识产权系数	4.23	4.67	15	12
科技奖励 / %	0.00	0.00	11	7
科技成果系数	0.00	0.00	11	7
技术成果市场化水平 / %	7.06	0.00	6	7
人均技术市场成交合同金额 / 万元	0.07	0.00	6	7
科技合作交流 / %	29.88	21.04	10	9
项目合作系数	3.71	1.41	12	16
论文论著合作系数	35.50	51.19	10	8
创新绩效 / %	9.52	8.86	8	10
科技服务 / %	7.80	7.00	14	15
科技服务系数	0.02	0.01	14	15
产学研结合 / %	11.33	12.22	6	5
产学研结合系数	5.10	5.50	6	5
创造效益 / %	8.58	6.44	9	9
经济效益系数	128.65	96.60	9	9

（十五）安顺学院

年末从业人员 742 人；高学历以上人员 470 人，占年末从业人员的比例为 63.34%，居第 8 位；高职称以上人员 283 人，占年末从业人员的比例为 38.14%，居第 13 位；大型科学仪器设备原值 5200.00 万元，人均大型科学仪器设备原值 7.01 万元，居第 7 位。

R&D 人员 77 人，占年末从业人员的比重为 10.38%，居第 6 位；科研经费 325.00 万元，人均科研经费 0.44 万元，居第 16 位；R&D 经费 677.00 万元，人均 R&D 经费 0.91 万元，居第 13 位。

发表科技论文 314 篇（一般科技论文 240 篇，核心期刊 47 篇，三大检索工具收录 27 篇），科技论文系数为 27.16，居第 15 位；省内合作项目 24 项，产学研项目 3 项，项目合作系数为 3.00，居第 14 位；科技培训人数 120，科技特派员人数 2 人，科技服务系数 0.01，居 16 位。

安顺学院综合科技创新水平指数为 12.05%，居第 17 位，与上年相比，监测值下降 0.58 个百分点，位次不变。4 个一级指标中，科技投入指数和科技产出指数较上年分别下降 5.46 和上升 3.51 个百分点，位次分别不变和上升 1 位；科技创新环境和基础指数及创新绩效指数较上年分别上升 1.50 和 0.58 个百分点，位次分别上升 1 位和不变（表 3-15）。

表 3-15　安顺学院各级监测指标和位次与上年比较

指标名称	三级指标值		位次	
	2017 年	2016 年	2017 年	2016 年
综合科技创新水平指数 / %	12.05	12.63	17	17
科技创新环境和基础 / %	17.45	15.95	14	15
人力资源 / %	20.55	17.25	15	15
高层次科技人才系数	0.59	0.22	14	14
高学历以上人员占年末从业人员的比例 / %	63.34	62.38	8	5
高职称以上人员占年末从业人员的比例 / %	38.14	36.94	13	14
创新条件及平台 / %	15.38	15.08	14	15
人均大型科学仪器设备原值 / 万元	7.01	6.57	7	11
省级以上创新平台及载体系数	0.00	0.00	11	11
学科建设系数	1.75	1.75	13	12
研究生在校生人数占总在校生人数的比重 / %	0.00	0.00	11	9
科技投入 / %	15.79	21.25	16	16
人力投入 / %	25.62	34.88	16	16
R&D 人员占年末从业人员的比重 / %	10.38	30.64	6	11
创新人才团队总量系数	0.00	0.00	15	15
经费投入 / %	5.97	7.62	17	14
人均科研经费 / 万元	0.44	0.43	16	16
人均 R&D 经费 / 万元	0.91	1.32	13	9
科技产出 / %	8.08	4.57	16	17
知识产出 / %	26.32	14.67	14	17

续表

指标名称	三级指标值		位次	
	2017年	2016年	2017年	2016年
科技论文系数	27.16	31.32	15	15
知识产权系数	6.27	2.52	13	17
科技奖励 / %	0.00	0.00	11	7
科技成果系数	0.00	0.00	11	7
技术成果市场化水平 / %	0.00	0.00	8	7
人均技术市场成交合同金额 / 万元	0.00	0.00	8	7
科技合作交流 / %	1.20	1.13	16	17
项目合作系数	3.00	2.82	14	14
论文论著合作系数	0.00	0.00	15	16
创新绩效 / %	0.98	0.40	17	17
科技服务 / %	3.10	0.00	16	17
科技服务系数	0.01	0.00	16	17
产学研结合 / %	0.89	1.00	15	16
产学研结合系数	0.40	0.45	15	16
创造效益 / %	0.00	0.00	15	16
经济效益系数	0.00	0.00	15	16

（十六）六盘水师范学院

年末从业人员757人；高学历以上人员398人，占年末从业人员的比例为52.58%，居第15位；高职称以上人员279人，占年末从业人员的比例为36.86%，居第16位；大型科学仪器设备原值7038.74万元，人均大型科学仪器设备原值9.30万元，居第3位。

R&D人员59人，占年末从业人员的比重为7.79%，居第10位；科研经费1077.72万元，人均科研经费1.42万元，居第8位；R&D经费921.00万元，人均R&D经费1.22万元，居第8位。

发表科技论文490篇（一般科技论文369篇，核心期刊94篇，三大检索工具收录27篇），科技论文系数为41.58，居第13位；省内合作项目12项，省外合作项目4项，产学研项目13项，项目合作系数为3.35，居第13位。

科技培训人数5人，对外科技咨询项数8项，科技特派员10人，科技服务系数为0.02，居第12位。技术服务收入22.00万元，经济效益系数为6.77，居第14位。

六盘水师范学院综合科技创新水平指数为15.12%，居第15位，与上年相比，监测值下降2.41个百分点，位次下降1位。4个一级指标中，科技投入指数和科技产出指数较上年分别下降6.45和3.53个百分点，位次分别下降2位和下降3位；科技创新环境和基础指数及创新绩效指数较上年分别上升2.42和0.83个百分点，位次分别不变和上升1位（表3-16）。

表3-16　六盘水师范学院各级监测指标和位次与上年比较

指标名称	三级指标值		位次	
	2017年	2016年	2017年	2016年
综合科技创新水平指数 / %	15.12	17.53	15	14
科技创新环境和基础 / %	14.54	12.12	17	17
人力资源 / %	17.20	13.17	17	18
高层次科技人才系数	0.37	0.00	15	18
高学历以上人员占年末从业人员的比例 / %	52.58	46.41	15	15
高职称以上人员占年末从业人员的比例 / %	36.86	36.13	16	15
创新条件及平台 / %	12.77	11.42	15	17
人均大型科学仪器设备原值 / 万元	9.30	7.14	3	9
省级以上创新平台及载体系数	0.00	0.00	11	11
学科建设系数	1.12	1.12	16	15
研究生在校生人数占总在校生人数的比重 / %	0.00	0.00	11	9
科技投入 / %	19.47	25.92	14	12
人力投入 / %	26.89	43.35	15	11
R&D人员占年末从业人员的比重 / %	7.79	43.30	10	5
创新人才团队总量系数	0.36	0.36	12	12
经费投入 / %	12.06	8.50	10	11
人均科研经费 / 万元	1.42	0.92	8	10
人均R&D经费 / 万元	1.22	0.97	8	12
科技产出 / %	16.69	20.22	12	9
知识产出 / %	44.43	59.44	12	7
科技论文系数	41.58	47.21	13	12
知识产权系数	10.83	20.21	11	2
科技奖励 / %	0.00	0.00	11	7
科技成果系数	0.00	0.00	11	7

续表

指标名称	三级指标值		位次	
	2017 年	2016 年	2017 年	2016 年
技术成果市场化水平 / %	0.00	0.00	8	7
人均技术市场成交合同金额 / 万元	0.00	0.00	8	7
科技合作交流 / %	22.39	15.89	11	12
项目合作系数	3.35	5.59	13	9
论文论著合作系数	26.31	34.12	11	12
创新绩效 / %	3.30	2.47	15	16
科技服务 / %	8.25	7.25	12	14
科技服务系数	0.02	0.01	12	14
产学研结合 / %	3.67	2.44	11	13
产学研结合系数	1.65	1.10	11	13
创造效益 / %	0.45	0.10	14	14
经济效益系数	6.77	1.48	14	14

（十七）贵州理工学院

年末从业人员 861 人；高学历以上人员 655 人，占年末从业人员的比例为 76.07%，居第 2 位；高职称以上人员 366 人，占年末从业人员的比例为 42.51%，居第 8 位；大型科学仪器设备原值 14 510.00 万元，人均大型科学仪器设备原值 16.85 万元，居第 1 位。

R&D 人员 145 人，占年末从业人员的比重为 16.84%，居第 3 位；科研经费 1632.00 万元，人均科研经费 1.90 万元，居第 7 位；R&D 经费 484.00 万元，人均 R&D 经费 0.56 万元，居第 16 位。

发表科技论文 483 篇（一般科技论文 292 篇，核心期刊 120 篇，三大检索工具收录 71 篇），科技论文系数为 54.16，居第 10 位；省内合作项目 10 项，省外合作项目 4 项，境外合作项目 10 项，项目合作系数为 7.65，居第 6 位。

科技特派员 11 人，科技服务系数为 0.02，居第 13 位；经济效益系数居第 15 位。

贵州理工学院综合科技创新水平指数为 24.53%，居第 10 位。与上年相比，监测值提高 0.87 个百分点，位次下降 1 位。4 个一级指标中，科技投入指数、科技产出指数和创新绩效指数较上年分别下降 7.43 个百分点、上升 14.88 个百分点和下降 1.89 个百分点，位次分别下降 1 位、上升 4 位和下降 2 位；科技创新环境和基础指数较上年上升 0.12 个百分点，位次上升 2 位（表 3-17）。

表 3-17 贵州理工学院各级监测指标和位次与上年比较

指标名称	三级指标值		位次	
	2017 年	2016 年	2017 年	2016 年
综合科技创新水平指数 / %	24.53	23.66	10	9
科技创新环境和基础 / %	18.23	18.11	12	14
人力资源 / %	21.30	19.79	14	12
高层次科技人才系数	0.21	0.27	18	11
高学历以上人员占年末从业人员的比例 / %	76.07	75.73	2	1
高职称以上人员占年末从业人员的比例 / %	42.51	38.65	8	12
创新条件及平台 / %	16.18	16.98	13	14
人均大型科学仪器设备原值 / 万元	16.85	18.47	1	1
省级以上创新平台及载体系数	0.25	0.25	6	6
学科建设系数	0.62	0.75	17	17
研究生在校生人数占总在校生人数的比重 / %	0.00	0.00	11	9
科技投入 / %	36.52	43.95	7	6
人力投入 / %	60.86	57.46	7	9
R&D 人员占年末从业人员的比重 / %	16.84	58.05	3	3
创新人才团队总量系数	1.36	1.00	8	9
经费投入 / %	12.19	30.44	9	6
人均科研经费 / 万元	1.90	4.70	7	2
人均 R&D 经费 / 万元	0.56	2.02	16	6
科技产出 / %	27.78	12.90	8	12
知识产出 / %	60.83	20.57	8	14
科技论文系数	54.16	37.11	10	14
知识产权系数	21.74	3.94	3	13
科技奖励 / %	8.77	0.00	6	7
科技成果系数	0.17	0.00	6	7
技术成果市场化水平 / %	0.00	0.00	8	7
人均技术市场成交合同金额 / 万元	0.00	0.00	8	7
科技合作交流 / %	43.06	44.83	5	3
项目合作系数	7.65	15.82	6	4
论文论著合作系数	120.19	96.25	3	3
创新绩效 / %	1.62	3.51	16	14

续表

指标名称	三级指标值		位次	
	2017年	2016年	2017年	2016年
科技服务 / %	8.10	17.40	13	8
科技服务系数	0.02	0.03	13	8
产学研结合 / %	0.00	0.00	17	17
产学研结合系数	0.00	0.00	17	17
创造效益 / %	0.00	0.08	15	15
经济效益系数	0.00	1.23	15	15

（十八）兴义民族师范学院

年末从业人员652人；高学历以上人员352人，占年末从业人员的比例为53.99%，居第14位；高职称以上人员216人，占年末从业人员的比例为33.13%，居第17位；大型科学仪器设备原值384.27万元，人均大型科学仪器设备原值0.59万元，居第17位。

R&D人员32人，占年末从业人员的比重为4.91%，居第16位；科研经费156.22万元，人均科研经费0.24万元，居第18位；R&D经费177.00万元，人均R&D经费0.27万元，居第17位。

发表科技论文102篇（一般科技论文72篇，核心期刊24篇，三大检索工具收录6篇），科技论文系数为9.16，居第18位；项目合作系数居第18位。

兴义民族师范学院综合科技创新水平指数为4.56%，居第18位，与上年相比，监测值下降3.38个百分点，位次不变。4个一级指标中，科技投入指数、科技产出指数和创新绩效指数较上年分别下降10.55、上升0.24和0.00个百分点，位次均为不变；科技创新环境和基础指数较上年上升1.01个百分点，位次不变（表3-18）。

表3-18 兴义民族师范学院各级监测指标和位次与上年比较

指标名称	三级指标值		位次	
	2017年	2016年	2017年	2016年
综合科技创新水平指数 / %	4.56	7.94	18	18
科技创新环境和基础 / %	7.94	6.93	18	18
人力资源 / %	15.76	13.26	18	17
高层次科技人才系数	0.37	0.07	15	17
高学历以上人员占年末从业人员的比例 / %	53.99	53.94	14	9
高职称以上人员占年末从业人员的比例 / %	33.13	31.36	17	18

续表

指标名称	三级指标值		位次	
	2017 年	2016 年	2017 年	2016 年
创新条件及平台 / %	2.73	2.71	18	18
人均大型科学仪器设备原值 / 万元	0.59	0.54	17	18
省级以上创新平台及载体系数	0.00	0.00	11	11
学科建设系数	0.38	0.38	18	18
研究生在校生人数占总在校生人数的比重 / %	0.00	0.00	11	9
科技投入 / %	6.44	16.99	18	18
人力投入 / %	10.70	32.06	18	18
R&D 人员占年末从业人员的比重 / %	4.91	27.88	16	12
创新人才团队总量系数	0.00	0.00	15	15
经费投入 / %	2.18	1.91	18	18
人均科研经费 / 万元	0.24	0.12	18	18
人均 R&D 经费 / 万元	0.27	0.33	17	17
科技产出 / %	1.29	1.05	18	18
知识产出 / %	4.31	3.44	18	18
科技论文系数	9.16	12.21	18	18
知识产权系数	0.74	0.30	18	18
科技奖励 / %	0.00	0.00	11	7
科技成果系数	0.00	0.00	11	7
技术成果市场化水平 / %	0.00	0.00	8	7
人均技术市场成交合同金额 / 万元	0.00	0.00	8	7
科技合作交流 / %	0.00	0.14	18	18
项目合作系数	0.00	0.35	18	17
论文论著合作系数	0.00	0.00	15	16
创新绩效 / %	0.00	0.00	18	18
科技服务 / %	0.00	0.00	18	17
科技服务系数	0.00	0.00	18	17
产学研结合 / %	0.00	0.00	17	17
产学研结合系数	0.00	0.00	17	17
创造效益 / %	0.00	0.00	15	16
经济效益系数	0.00	0.00	15	16

第四部分　科研院所科技创新评价报告

一、公益类科研院所综合科技创新水平评价

根据综合科技创新水平指数，全省33家公益类科研院所分为3类（图4-1）。

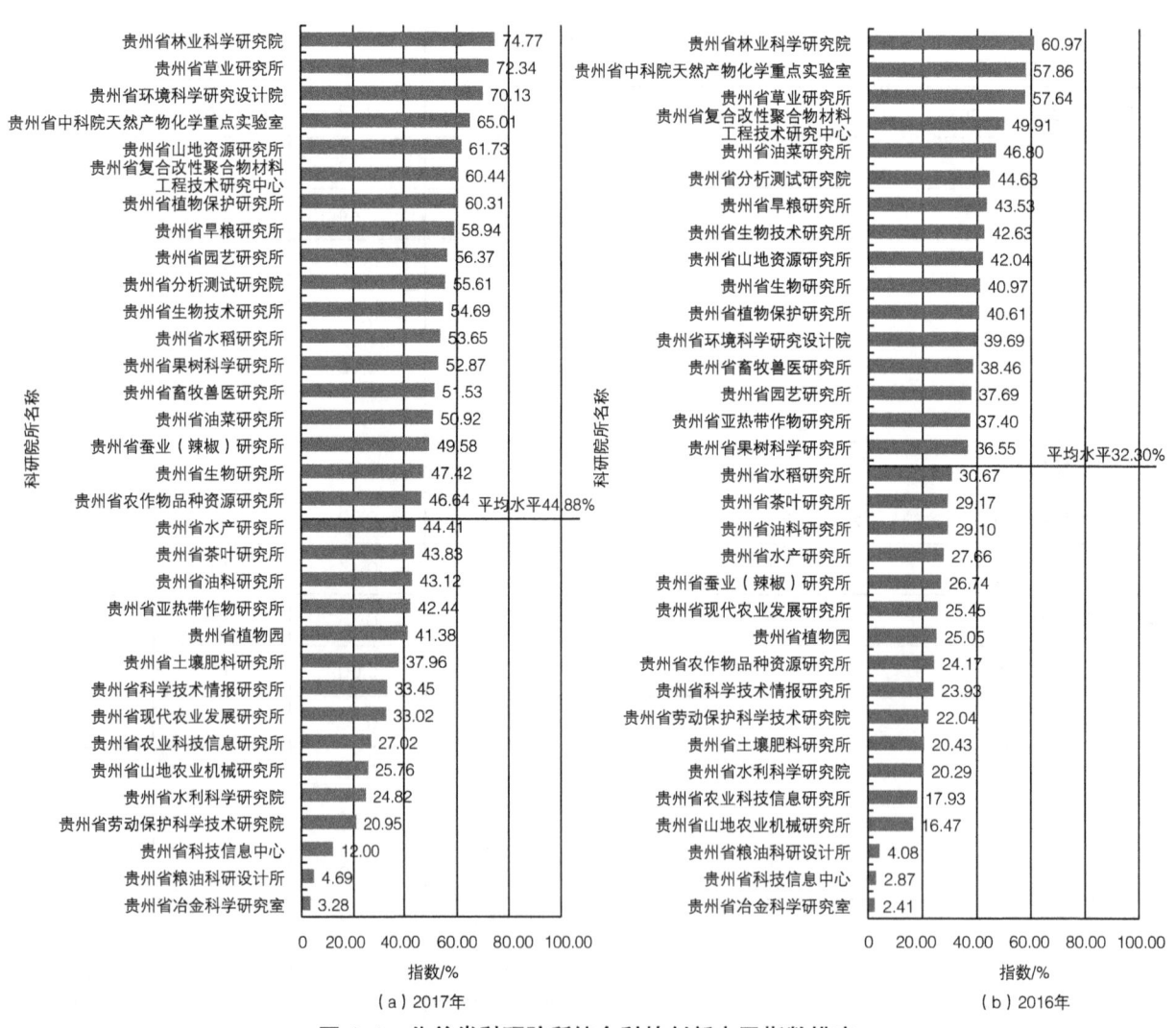

图 4-1　公益类科研院所综合科技创新水平指数排序

第一类：综合科技创新水平指数高于60.00%的科研院所有7家；

第二类：综合科技创新水平指数低于60.00%，但高于平均水平（44.88%）的科研院所有11家；

第三类：综合科技创新水平指数低于平均水平的科研院所有15家。

2017年与2016年监测结果相比，科研院所综合科技创新水平指数平均水平提高12.58个百分点，贵州省环境科学研究设计院、贵州省水稻研究所和贵州省蚕业（辣椒）研究所等17家科研院所高于这一增幅；贵州省劳动保护科学技术研究院1家科研院所低于上年水平（图4-2）。

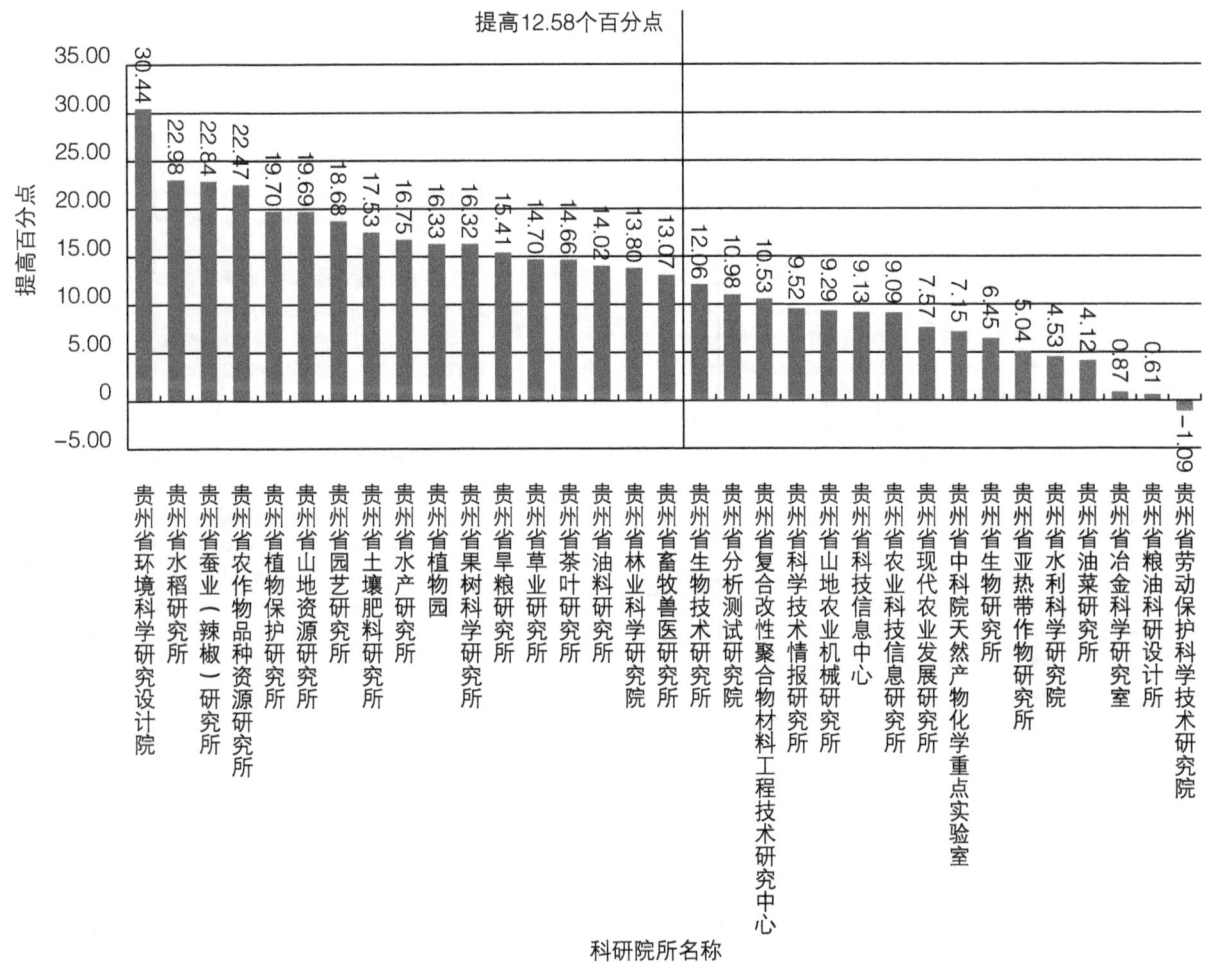

图4-2 公益类科研院所综合科技创新水平指数提高百分点排序

参照2016年综合科技创新水平指数排序，位次上升较快的是贵州省环境科学研究设计院和贵州省农作物品种资源研究所，分别上升9位和6位；位次下降较快的是贵州省油菜研究所、贵州省生物研究所和贵州省亚热带作物研究所，分别下降10位、7位和7位。

二、公益类科研院所科技创新一级指标评价

（一）科技创新环境和基础

科技创新环境和基础指数高于60.00%的公益类科研院所有15所，占全部公益类科研院所的45.45%；低于60.00%，但高于平均水平（54.23%）的公益类科研院所有2所，占全部公益类科研院所的6.06%；低于平均水平的公益类科研院所有16所，占全部公益类科研院所的48.48%（图4-3）。

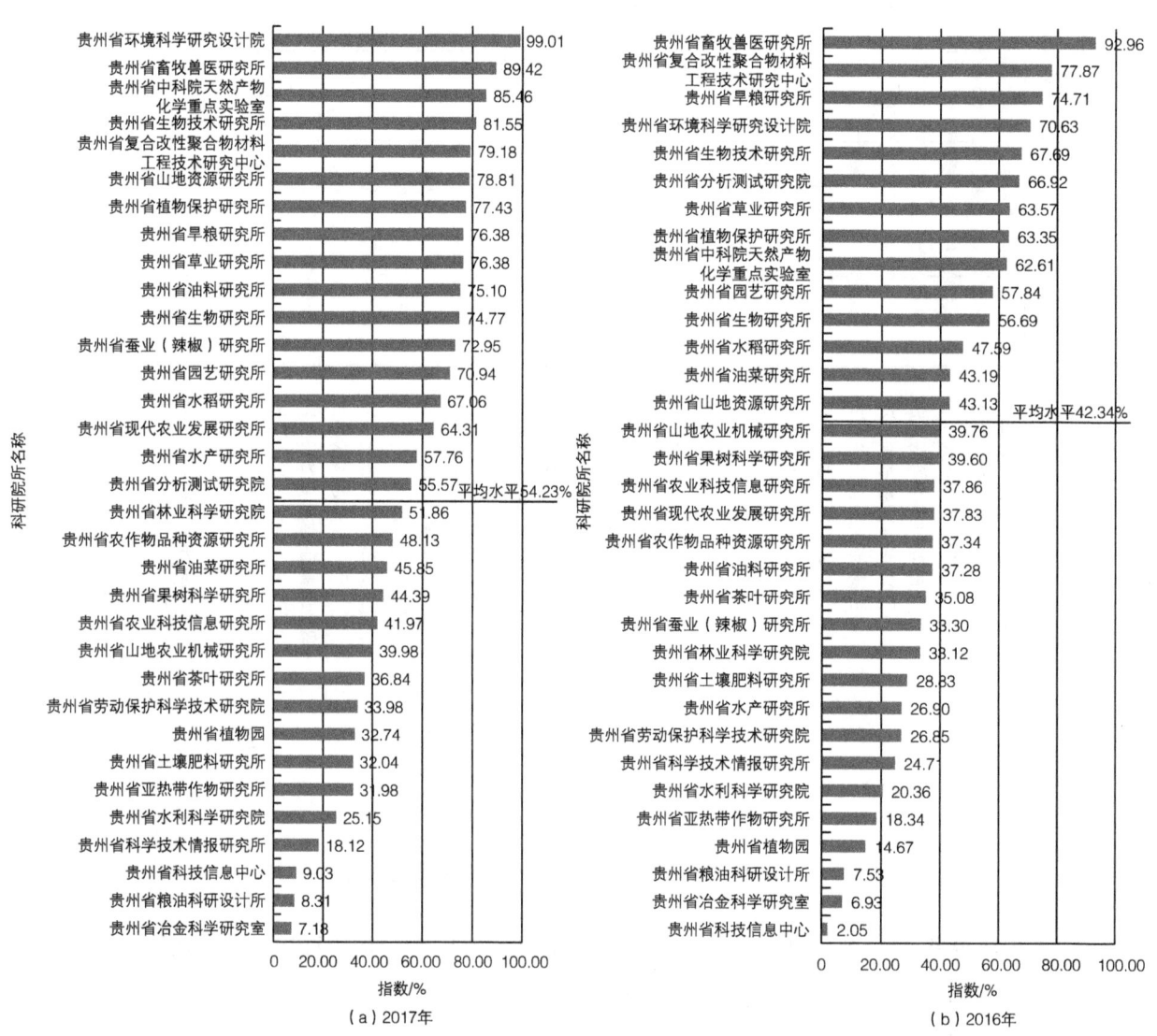

图4-3 公益类科研院所科技创新环境和基础指数排序

2017年与2016年监测结果相比，科研院所科技创新环境和基础指数平均水平提高11.89个百分点，贵州省蚕业（辣椒）研究所、贵州省油料研究所和贵州省山地资源研究所等16家科研院所

高于这一增幅;贵州省分析测试研究院、贵州省科学技术情报研究所和贵州省畜牧兽医研究所3家科研院所低于上年水平(图4-4)。

参照2016年科技创新环境和基础指数排位,位次上升较快的是贵州省油料研究所、贵州省蚕业(辣椒)研究所和贵州省水产研究所,分别上升10位、10位和9位;位次下降较快的是贵州省分析测试研究院和贵州省山地农业机械研究所,分别下降11位和8位。

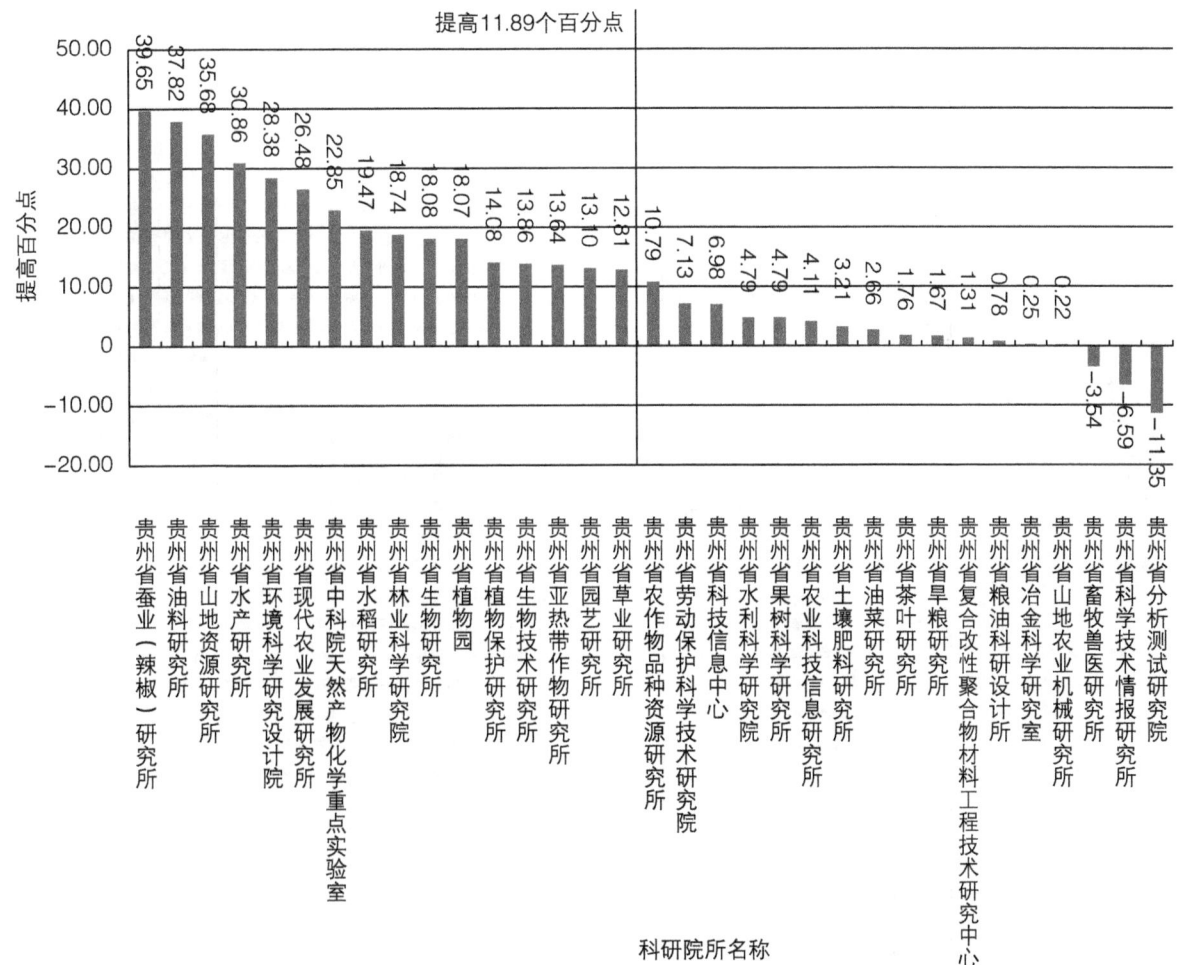

图4-4 公益类科研院所科技创新环境和基础指数提高百分点排序

(二)科技投入

科技投入指数高于80.00%的公益类科研院所有9所,占全部公益类科研院所的27.27%;低于80.00%,但高于平均水平(61.33%)的公益类科研院所有8所,占全部公益类科研院所的24.24%;低于平均水平的公益类科研院所有16所,占全部公益类科研院所的48.48%(图4-5)。

2017年与2016年监测结果相比,科研院所科技投入指数平均水平提高9.62个百分点,贵州省水稻研究所、贵州省农作物品种资源研究所和贵州省土壤肥料研究所等15家科研院所高于这一增幅;

贵州省亚热带作物研究所、贵州省现代农业发展研究所和贵州省草业研究所等 7 家科研院所低于上年水平（图 4-6）。

参照 2016 年科技投入指数排序，位次上升较快的是贵州省水稻研究所和贵州省土壤肥料研究所，分别上升 14 位和 12 位；位次下降较快的是贵州省亚热带作物研究所和贵州省劳动保护科学技术研究院，分别下降 12 位和 10 位。

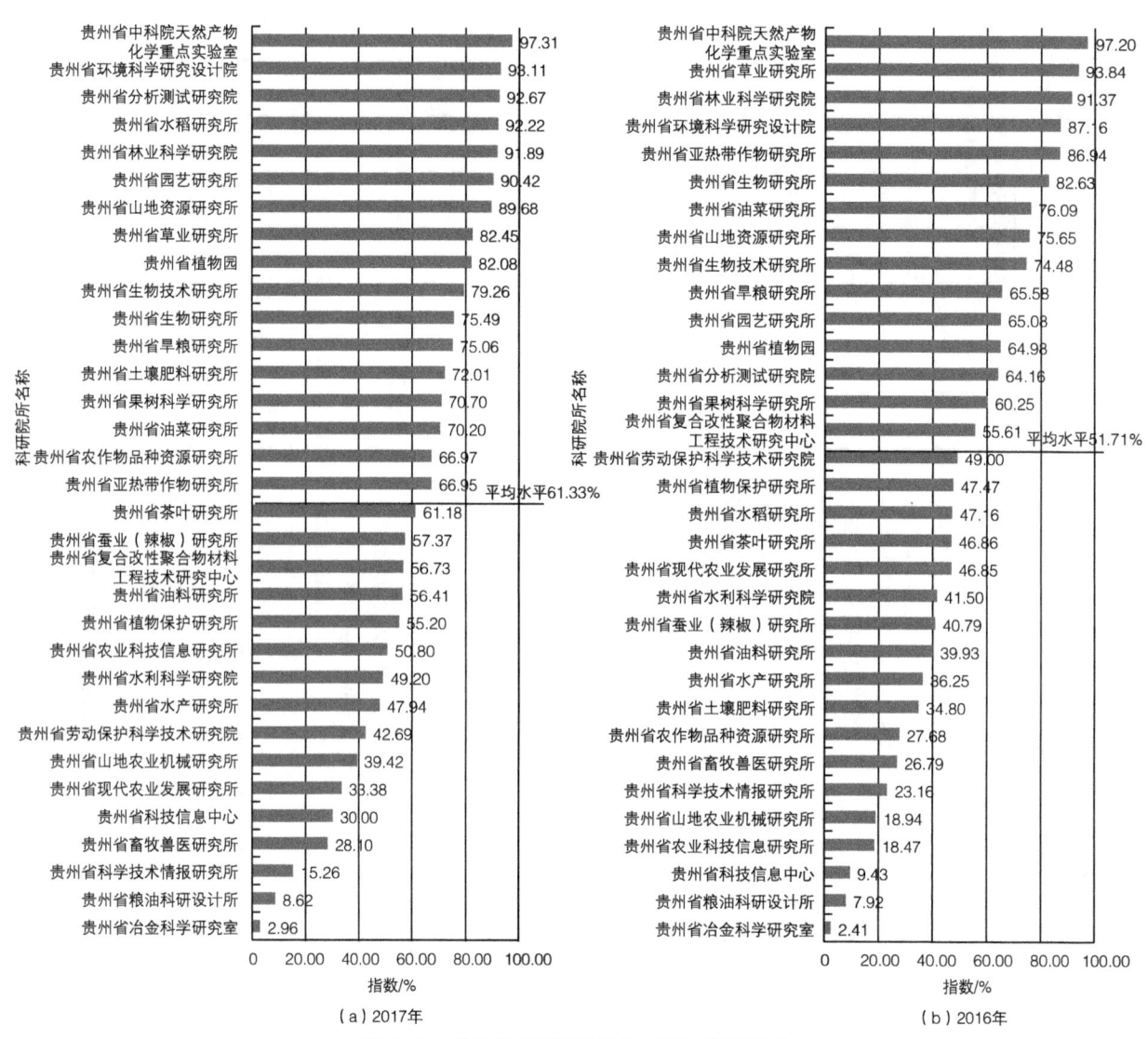

图 4-5　公益类科研院所科技投入指数排序

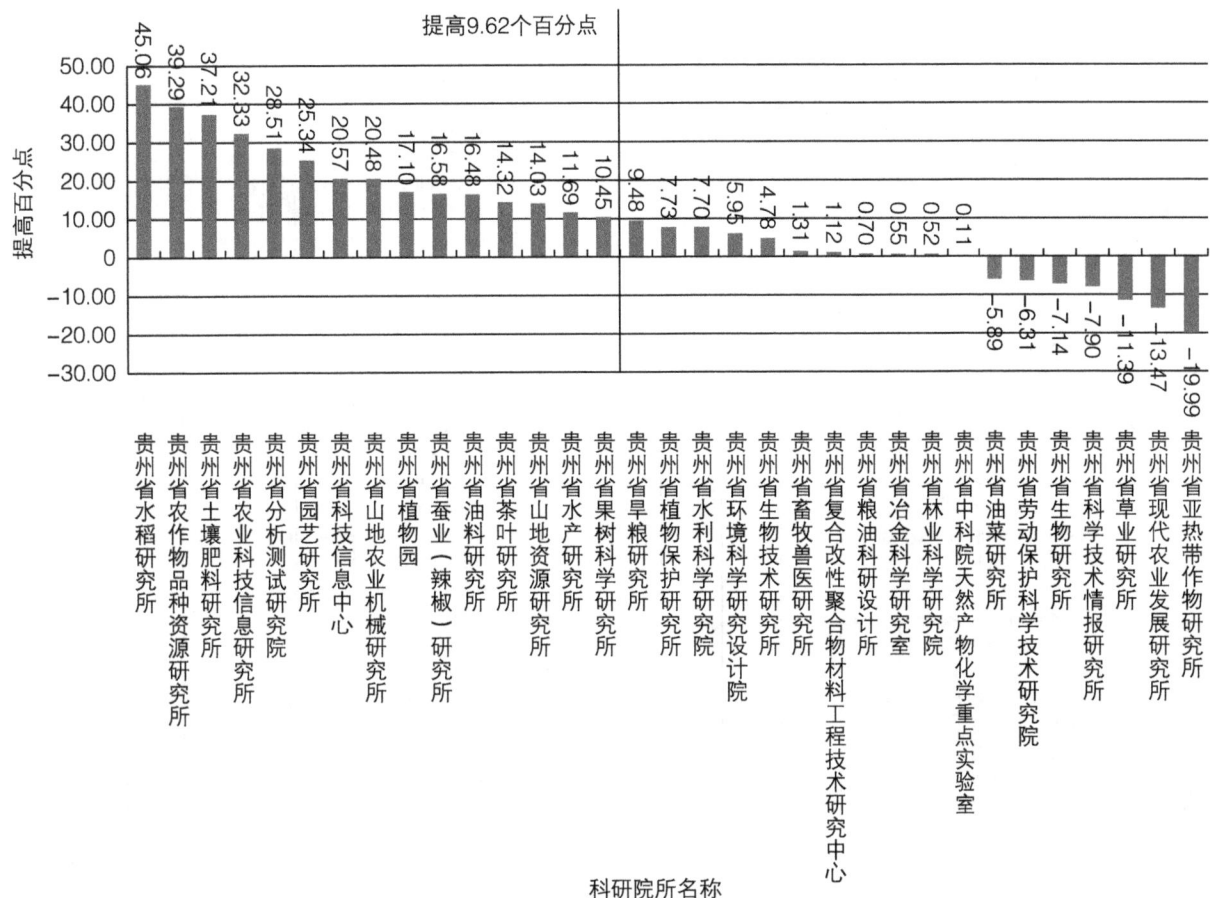

图 4-6 公益类科研院所科技投入指数提高百分点排序

（三）科技产出

科技产出指数高于 40.00% 的公益类科研院所有 8 所，占全部公益类科研院所的 24.24%；低于 40.00%，但高于平均水平（29.52%）的公益类科研院所有 10 所，占全部公益类科研院所的 30.30%；低于平均水平的公益类科研院所有 15 所，占全部公益类科研院所的 45.45%（图 4-7）。

2017 年与 2016 年监测结果相比，科研院所科技产出指数平均水平提高 13.14 个百分点，贵州省植物保护研究所、贵州省草业研究所和贵州省果树科学研究所等 17 家科研院所高于这一增幅；贵州省油料研究所、贵州省中科院天然产物化学重点实验室和贵州省农业科技信息研究所 3 家科研院所低于上年水平（图 4-8）。

参照 2016 年科技产出指数排序，位次上升较快的是贵州省果树科学研究所和贵州省蚕业（辣椒）研究所，分别上升 18 位和 17 位；位次下降较快的是贵州省油料研究所和贵州省亚热带作物研究所，分别下降 13 位和 10 位。

（a）2017年

（b）2016年

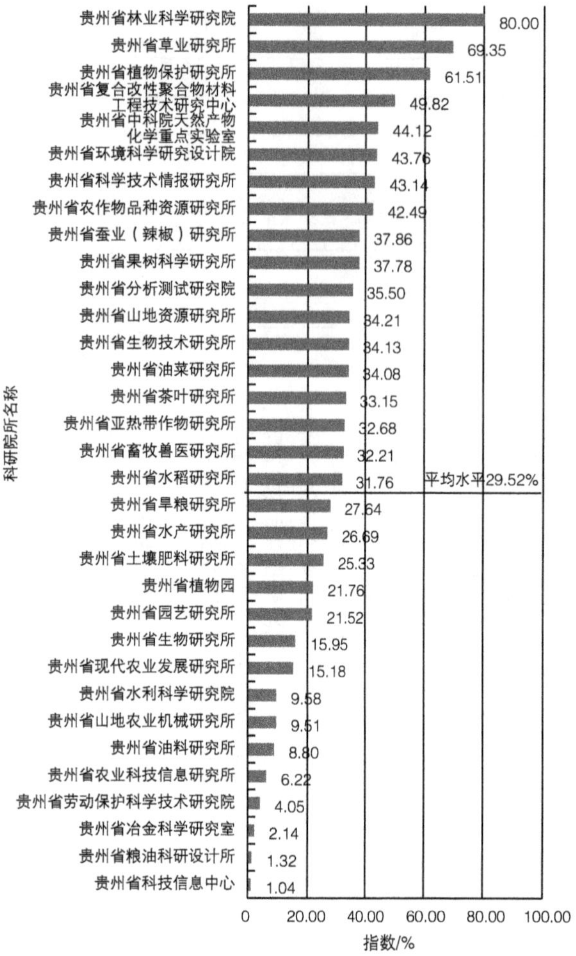

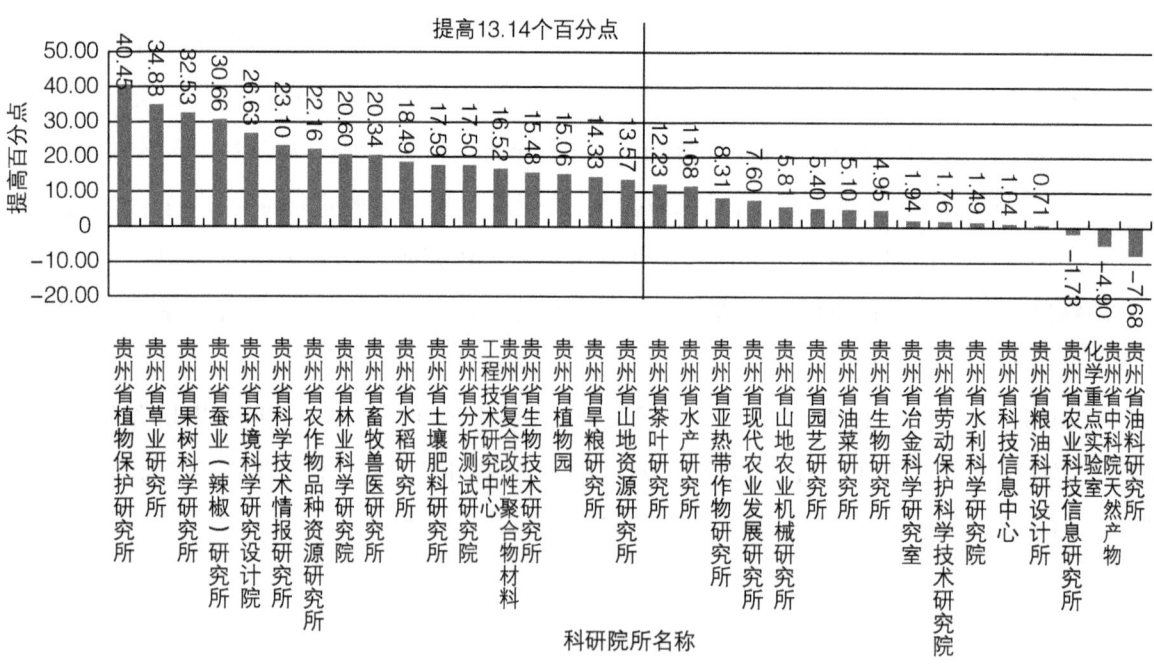

图 4-7　公益类科研院所科技产出指数排序

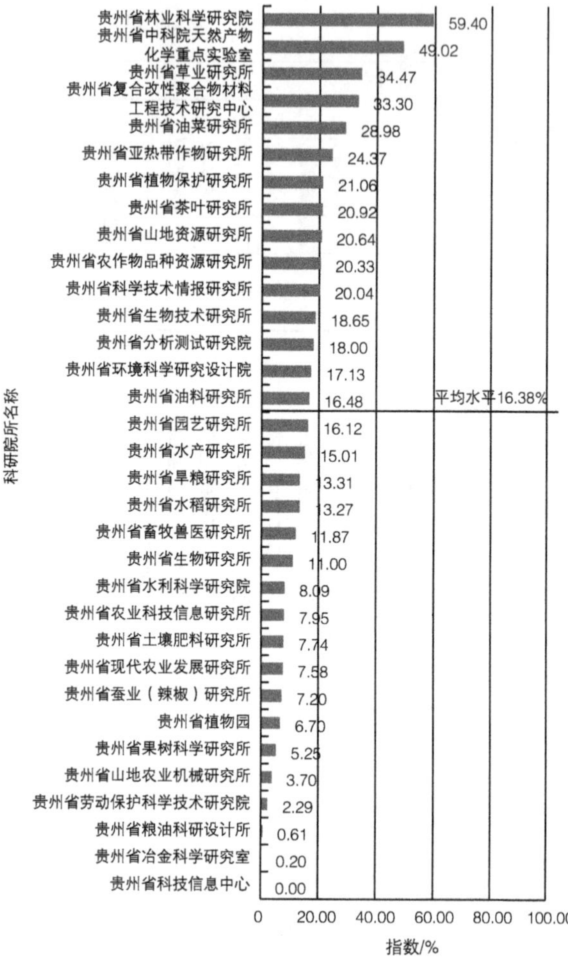

图 4-8　公益类科研院所科技产出指数提高百分点排序

(四)创新绩效

创新绩效指数高于 60.00% 的公益类科研院所有 7 所,占全部公益类科研院所的 21.21%;低于 60.00%,但高于平均水平(37.73%)的公益类科研院所有 9 所,占全部公益类科研院所的 27.27%;低于平均水平的公益类科研院所有 17 所,占全部公益类科研院所的 51.52%(图 4-9)。

2017 年与 2016 年监测结果相比,科研院所创新绩效指数平均水平提高 14.25 个百分点,贵州省旱粮研究所、贵州省畜牧兽医研究所和贵州省茶叶研究所等 14 家科研院所高于这一增幅;贵州省蚕业(辣椒)研究所和贵州省劳动保护科学技术研究院 2 家科研院所低于上年水平(图 4-10)。

参照 2016 年创新绩效指数排序,位次上升较快的是贵州省茶叶研究所、贵州省旱粮研究所和贵州省园艺研究所,分别上升 15 位、14 位和 12 位;位次下降较快的是贵州省蚕业(辣椒)研究所和贵州省劳动保护科学技术研究院,下降 14 位和 11 位。

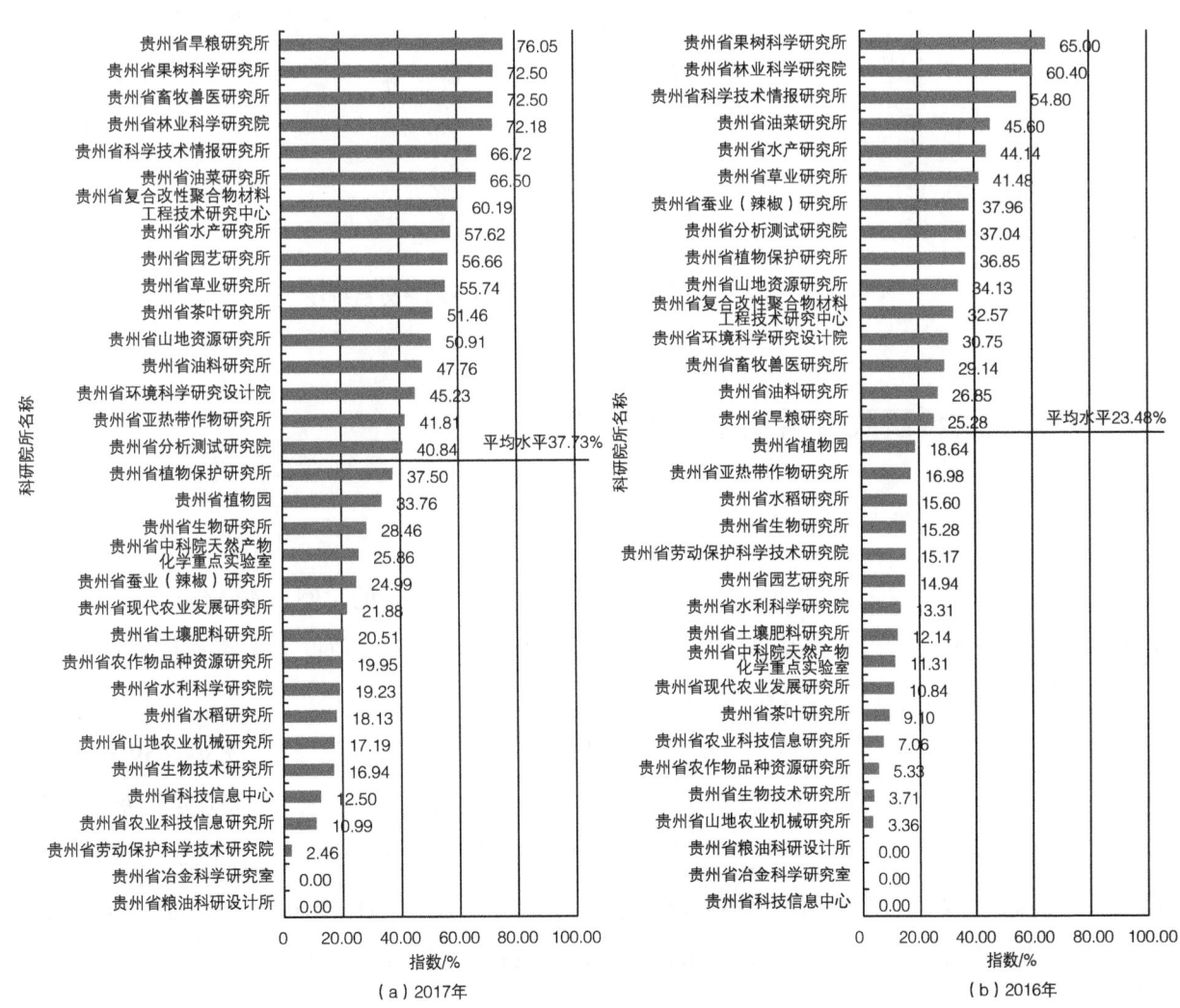

图 4-9 公益类科研院所科技产出指数排序

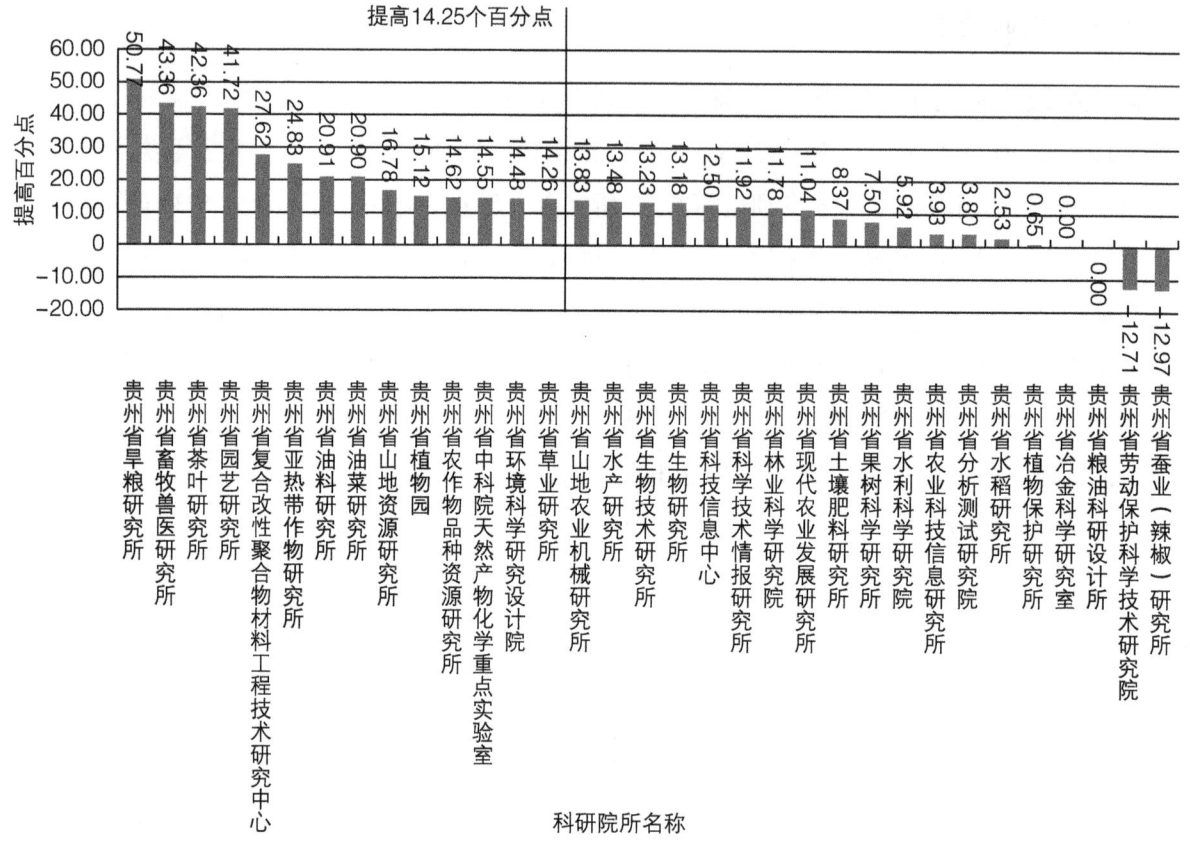

图 4-10　公益类科研院所创新绩效指数提高百分点排序

三、公益类科研院所科技创新水平评价

（一）贵州省环境科学研究设计院

年末从业人员 103 人；高学历以上人员 50 人，占年末从业人员的比例为 48.54%，居第 10 位；高职称以上人员 39 人，占年末从业人员的比例为 37.86%，居第 10 位；大型科学仪器设备原值 2418.00 万元，人均大型科学仪器设备原值 23.48 万元，居第 4 位。

R&D 人员 44 人，占年末从业人员的比重为 42.72%，居第 23 位；科研经费 3067.59 万元，人均科研经费 29.78 万元，居第 3 位；R&D 经费 8372.00 万元，人均 R&D 经费 81.28 万元，居第 18 位。

发表科技论文 9 篇（一般科技论文 6 篇，核心期刊 2 篇，三大检索工具收录 1 篇），科技论文系数为 0.95，居第 27 位；境外合作项目数 4 项，省外合作项目 6 项，项目合作系数为 3.88，居第 3 位。

科技培训人数 189 人，对外科技咨询项数 136 项，科技服务系数为 0.03，居第 12 位；技术服务收入 1448.91 万元，经济效益系数为 445.82，居第 3 位。

贵州省环境科学研究设计院综合科技创新水平指数为 70.13%，居公益类科研院所第 3 位，与上年相比，监测值提高 30.44 个百分点，位次上升 9 位。4 个一级指标中，科技创新环境和基础指数、科技产出指数、科技投入指数和创新绩效指数较上年分别上升 28.38、5.95、26.63 和 14.48 个百分点，位次分别上升 3 位、2 位、8 位和下降 2 位（表 4-1）。

表 4-1 贵州省环境科学研究设计院各级监测指标和位次与上年比较

指标名称	三级指标值		位次	
	2017 年	2016 年	2017 年	2016 年
综合科技创新水平指数 / %	70.13	39.69	3	12
科技创新环境和基础 / %	99.01	70.63	1	4
人力资源 / %	97.52	48.36	3	20
高层次科技人才系数	0.44	0.16	12	17
高学历以上人员占年末从业人员的比例 / %	48.54	59.52	10	8
高职称以上人员占年末从业人员的比例 / %	37.86	46.43	10	6
创新条件及平台 / %	100	67.51	1	5
人均大型科学仪器设备原值 / 万元	23.48	20.69	4	5
省级以上创新平台及载体系数	0.29	0.17	3	4
科技投入 / %	93.11	87.16	2	4
人力投入 / %	88.02	17.39	10	24
R&D 人员占年末从业人员的比重 / %	42.72	39.29	23	24
创新人才团队总量系数	0.64	0.64	7	6
经费投入 / %	98.19	96.93	1	1
人均科研经费 / 万元	29.78	22.32	3	3
人均 R&D 经费 / 万元	81.28	112.92	18	10
科技产出 / %	43.76	17.13	6	14
知识产出 / %	39.38	34.20	22	13
科技论文系数	0.95	0.95	27	29
知识产权系数	0.76	0.73	16	8
科技奖励 / %	71.40	0.00	6	12
科技成果系数	0.07	0.00	6	12
技术成果市场化水平 / %	0.00	0.00	3	4
人均技术市场成交合同金额 / 万元	0.00	0.00	3	4
科技合作交流 / %	50.00	32.35	9	9
项目合作系数	3.88	2.06	3	9
论文论著合作系数	0.00	0.00	13	11

续表

指标名称	三级指标值		位次	
	2017 年	2016 年	2017 年	2016 年
创新绩效 / %	45.23	30.75	14	12
科技服务 / %	57.80	16.40	12	22
科技服务系数	0.03	0.02	12	18
产学研结合 / %	0.00	0.00	22	21
产学研结合系数	0.00	0.00	22	21
创造效益 / %	100.00	93.01	1	4
经济效益系数	445.82	697.54	3	4

（二）贵州省复合改性聚合物材料工程技术研究中心

年末从业人员130人；高学历以上人员77人，占年末从业人员的比例为59.23%，居第9位；高职称以上人员44人，占年末从业人员的比例为33.85%，居第13位；大型科学仪器设备原值5696.55万元，人均大型科学仪器设备原值43.82万元，居第1位。

R&D人员25人，占年末从业人员的比重为19.23%，居第27位；科研经费657.00万元，人均科研经费5.05万元，居第27位；R&D经费1000.00万元，人均R&D经费7.69万元，居第30位。

发表科技论文48篇（核心期刊24篇，三大检索工具收录24篇），科技论文系数为10.58，居第2位；省外合作项目数3项，省内合作项目数5项，产学研项目18项，项目合作系数2.53，居第6位。

科技培训人数530人，对外科技咨询项数60项，科技特派员13人，科技服务系数为0.03，居第14位；知识产权创造的直接效益10.00万元，技术服务收入8.00万元，经济效益系数为8.62，居第19位。

贵州省复合改性聚合物材料工程技术研究中心综合科技创新水平指数为60.44%，居公益类科研院所第6位，与上年相比，监测值提高10.53个百分点，位次下降2位。4个一级指标中，科技创新环境和基础指数、科技投入指数、科技产出指数和创新绩效指数较上年分别提高1.31、1.12、16.52和27.62个百分点，位次分别下降3位、5位、位次不变和上升4位（表4-2）。

表 4-2　贵州省复合改性聚合物材料工程技术研究中心各级监测指标和位次与上年比较

指标名称	三级指标值		位次	
	2017 年	2016 年	2017 年	2016 年
综合科技创新水平指数 / %	60.44	49.91	6	4
科技创新环境和基础 / %	79.18	77.87	5	2
人力资源 / %	47.94	47.18	26	21

续表

指标名称	三级指标值		位次	
	2017 年	2016 年	2017 年	2016 年
高层次科技人才系数	0.00	0.00	29	26
高学历以上人员占年末从业人员的比例 / %	59.23	60.77	9	7
高职称以上人员占年末从业人员的比例 / %	33.85	33.85	13	14
创新条件及平台 / %	100	98.34	1	1
人均大型科学仪器设备原值 / 万元	43.82	43.82	1	1
省级以上创新平台及载体系数	0.29	0.29	3	3
科技投入 / %	56.73	55.61	20	15
人力投入 / %	75.38	66.59	16	13
R&D 人员占年末从业人员的比重 / %	19.23	19.23	27	29
创新人才团队总量系数	1.00	0.36	3	8
经费投入 / %	38.08	44.62	29	24
人均科研经费 / 万元	5.05	8.25	27	23
人均 R&D 经费 / 万元	7.69	7.69	30	31
科技产出 / %	49.82	33.30	4	4
知识产出 / %	100.00	89.07	1	2
科技论文系数	10.58	10.16	2	2
知识产权系数	5.73	5.00	1	1
科技奖励 / %	47.60	0.00	8	12
科技成果系数	0.05	0.00	8	12
技术成果市场化水平 / %	0.00	0.00	3	4
人均技术市场成交合同金额 / 万元	0.00	0.00	3	4
科技合作交流 / %	42.16	44.12	13	4
项目合作系数	2.53	1.47	6	3
论文论著合作系数	0.00	0.00	13	11
创新绩效 / %	60.19	32.57	7	11
科技服务 / %	54.60	15.80	14	23
科技服务系数	0.03	0.02	14	18
产学研结合 / %	100.00	62.50	1	3
产学研结合系数	1.15	1.25	3	3
创造效益 / %	4.31	2.46	19	18
经济效益系数	8.62	18.46	19	18

（三）贵州省中科院天然产物化学重点实验室

年末从业人员107人；高学历以上人员69人，占年末从业人员的比例为64.49%，居第4位；高职称以上人员26人，占年末从业人员的比例为24.30%，居第26位；大型科学仪器设备原值2656.00万元，人均大型科学仪器设备原值24.82万元，居第2位。

R&D人员172人，占年末从业人员的比重为100.00%，居第1位；科研经费1477.00万元，人均科研经费13.80万元，居第13位；R&D经费23 357.00万元，人均R&D经费218.29万元，居第3位。

发表科技论文68篇（一般科技论文12篇，核心期刊35篇，三大检索工具收录21篇），科技论文系数为11.68，居第1位；省外合作项目1项，省内合作项目7项，产学研项目8项，项目合作系数为1.59，居第10位。

科技培训人数18人，对外科技咨询项数12项，科技特派员3人，科技服务系数0.01，第27位；技术服务收入45.00万元，经济效益系数为13.85，居第17位。

贵州省中科院天然产物化学重点实验室综合科技创新水平指数为65.01%，居公益类科研院所第4位，与上年相比，监测值提高7.15个百分点，位次下降2位。4个一级指标中，科技创新环境和基础指数、科技投入指数和创新绩效指数较上年分别提高22.85、0.11和14.55个百分点，位次分别上升6位、不变和上升4位；科技产出指数较上年下降4.90个百分点，位次下降3位（表4-3）。

表4-3 贵州省中科院天然产物化学重点实验室各级监测指标和位次与上年比较

指标名称	三级指标值		位次	
	2017年	2016年	2017年	2016年
综合科技创新水平指数 / %	65.01	57.86	4	2
科技创新环境和基础 / %	85.46	62.61	3	9
人力资源 / %	97.39	96.52	4	1
高层次科技人才系数	0.88	1.04	1	1
高学历以上人员占年末从业人员的比例 / %	64.49	61.70	4	6
高职称以上人员占年末从业人员的比例 / %	24.30	26.60	26	21
创新条件及平台 / %	77.50	40.00	4	13
人均大型科学仪器设备原值 / 万元	24.82	26.49	2	2
省级以上创新平台及载体系数	0.12	0.00	17	16
科技投入 / %	97.31	97.20	1	1
人力投入 / %	100.00	100.00	1	1
R&D人员占年末从业人员的比重 / %	100.00	100.00	1	1
创新人才团队总量系数	1.36	1.36	1	1
经费投入 / %	94.63	94.40	3	3

续表

指标名称	三级指标值		位次	
	2017 年	2016 年	2017 年	2016 年
人均科研经费 / 万元	13.80	16.00	13	9
人均 R&D 经费 / 万元	218.29	—	3	—
科技产出 / %	44.12	49.02	5	2
知识产出 / %	100.00	100.00	1	1
科技论文系数	11.68	13.21	1	1
知识产权系数	2.76	1.67	2	2
科技奖励 / %	0.00	0.00	14	12
科技成果系数	0.00	0.00	14	12
技术成果市场化水平 / %	0.00	0.00	3	4
人均技术市场成交合同金额 / 万元	0.00	0.00	3	4
科技合作交流 / %	76.47	92.16	3	1
项目合作系数	1.59	2.76	10	2
论文论著合作系数	25.25	28.44	1	1
创新绩效 / %	25.86	11.31	20	24
科技服务 / %	11.80	2.10	27	28
科技服务系数	0.01	0.00	27	27
产学研结合 / %	50.00	12.50	11	13
产学研结合系数	0.40	0.40	11	10
创造效益 / %	6.92	2.64	17	16
经济效益系数	13.85	19.78	17	16

（四）贵州省草业研究所

年末从业人员 79 人；高学历以上人员 35 人，占年末从业人员的比例为 44.30%，居第 14 位；高职称以上人员 30 人，占年末从业人员的比例为 37.97%，居第 9 位；大型科学仪器设备原值 585.20 万元，人均大型科学仪器设备原值 7.41 万元，居第 18 位。

R&D 人员 66 人，占年末从业人员的比重为 83.54%，居第 9 位；科研经费 501.00 万元，人均科研经费 6.34 万元，居第 23 位；R&D 经费 35 596.00 万元，人均 R&D 经费 450.58 万元，居第 1 位。

发表科技论文 49 篇（一般科技论文 16 篇，核心期刊 30 篇，三大检索工具收录 3 篇），科技论文系数为 6.37，居第 4 位。

科技培训人数 2000 人，对外科技咨询项数 18 项，科技特派员 24 人，科技服务系数为 0.03，居第 10 位；省外合作项目数 2 项，省内合作项目数 7 项，产学研项目数 10 项，项目合作系数 2.00，居第 8 位。

贵州省草业研究所综合科技创新水平指数为 72.34%，居公益类科研院所第 2 位，与上年相比，监测值上升 14.70 个百分点，位次上升 1 位。4 个一级指标中，科技创新环境和基础指数、科技产出指数和创新绩效指数较上年分别提高 12.81、34.88 和 14.26 个百分点，位次分别下降 2 位、上升 1 位和下降 4 位；科技投入指数较上年分别下降 11.39 个百分点，位次下降 6 位（表 4-4）。

表 4-4 贵州省草业研究所各级监测指标和位次与上年比较

指标名称	三级指标值		位次	
	2017 年	2016 年	2017 年	2016 年
综合科技创新水平指数 / %	72.34	57.64	2	3
科技创新环境和基础 / %	76.38	63.57	9	7
人力资源 / %	92.76	91.41	6	3
高层次科技人才系数	0.72	0.57	4	4
高学历以上人员占年末从业人员的比例 / %	44.30	42.31	14	12
高职称以上人员占年末从业人员的比例 / %	37.97	41.03	9	8
创新条件及平台 / %	65.46	45.01	11	10
人均大型科学仪器设备原值 / 万元	7.41	7.50	18	17
省级以上创新平台及载体系数	0.17	0.17	5	4
科技投入 / %	82.45	93.84	8	2
人力投入 / %	100.00	93.20	1	4
R&D 人员占年末从业人员的比重 / %	83.54	80.77	9	11
创新人才团队总量系数	1.00	1.00	3	3
经费投入 / %	64.91	94.49	19	2
人均科研经费 / 万元	6.34	18.81	23	6
人均 R&D 经费 / 万元	450.58	137.67	1	7
科技产出 / %	69.35	34.47	2	3
知识产出 / %	74.08	37.83	9	12
科技论文系数	6.37	6.95	4	3
知识产权系数	0.58	0.27	19	20
科技奖励 / %	100.00	15.87	1	8
科技成果系数	0.12	0.05	3	8

续表

指标名称	三级指标值		位次	
	2017年	2016年	2017年	2016年
技术成果市场化水平 / %	0.00	0.00	3	4
人均技术市场成交合同金额 / 万元	0.00	0.00	3	4
科技合作交流 / %	83.33	81.01	2	2
项目合作系数	2.00	1.94	8	8
论文论著合作系数	5.38	6.81	2	2
创新绩效 / %	55.74	41.48	10	6
科技服务 / %	62.00	30.20	10	11
科技服务系数	0.03	0.03	10	8
产学研结合 / %	62.50	45.00	10	5
产学研结合系数	0.50	0.90	10	5
创造效益 / %	36.15	51.69	9	9
经济效益系数	72.31	129.23	9	9

（五）贵州省油菜研究所

年末从业人员82人；高学历以上人员28人，占年末从业人员的比例为34.15%，居第21位；高职称以上人员36人，占年末从业人员的比例为43.90%，居第3位；大型科学仪器设备原值640.00万元，人均大型科学仪器设备原值7.80万元，居第17位。

R&D人员49人，占年末从业人员的比重为59.76%，居第20位；科研经费285.00万元，人均科研经费3.48万元，居第30位；R&D经费7811.00万元，人均R&D经费95.26万元，居第16位。

发表科技论文31篇（一般科技论文21，核心期刊2篇，三大检索工具收录8篇），科技论文系数为3.53，居第14位；省外合作项目1项，省内合作项目4项，产学研项目4项，项目合作系数1.00，居第14位。

科技培训人数1180人，科技特派员35人，科技服务系数0.04，居第5位；知识产权创造的直接效益40.00万元，生产性收入95.00万，经济效益系数为31.92，居第10位。

贵州省油菜研究所综合科技创新水平指数为50.92%，居公益类科研院所第15位，与上年相比，监测值上升4.12个百分点，位次下降10位。4个一级指标中，科技创新环境和基础指数、科技产出指数和创新绩效指数较上年分别提高2.66、5.10和20.90个百分点，位次分别下降7位、9位和2位；科技投入指数较上年下降5.89个百分点，位次下降8位（表4-5）。

表 4-5 贵州省油菜研究所各级监测指标和位次与上年比较

指标名称	三级指标值		位次	
	2017 年	2016 年	2017 年	2016 年
综合科技创新水平指数 / %	50.92	46.80	15	5
科技创新环境和基础 / %	45.85	43.19	20	13
人力资源 / %	89.46	88.81	8	4
高层次科技人才系数	0.75	0.83	3	2
高学历以上人员占年末从业人员的比例 / %	34.15	36.11	21	18
高职称以上人员占年末从业人员的比例 / %	43.90	50.00	3	4
创新条件及平台 / %	16.78	12.77	24	21
人均大型科学仪器设备原值 / 万元	7.80	8.75	17	14
省级以上创新平台及载体系数	0.00	0.00	18	16
科技投入 / %	70.20	76.09	15	7
人力投入 / %	87.05	81.40	11	6
R&D 人员占年末从业人员的比重 / %	59.76	68.06	20	15
创新人才团队总量系数	0.36	0.36	10	8
经费投入 / %	53.36	70.77	26	11
人均科研经费 / 万元	3.48	11.46	30	16
人均 R&D 经费 / 万元	95.26	102.25	16	12
科技产出 / %	34.08	28.98	14	5
知识产出 / %	71.98	48.98	10	6
科技论文系数	3.53	3.11	14	17
知识产权系数	1.02	0.89	11	6
科技奖励 / %	0.00	47.63	14	1
科技成果系数	0.00	0.14	14	1
技术成果市场化水平 / %	0.00	0.00	3	4
人均技术市场成交合同金额 / 万元	0.00	0.00	3	4
科技合作交流 / %	64.32	9.80	8	15
项目合作系数	1.00	0.59	14	13
论文论著合作系数	3.81	0.00	5	11
创新绩效 / %	66.50	45.60	6	4
科技服务 / %	78.60	30.30	5	9
科技服务系数	0.04	0.03	5	8

续表

指标名称	三级指标值		位次	
	2017 年	2016 年	2017 年	2016 年
产学研结合 / %	87.50	25.00	7	9
产学研结合系数	0.70	0.50	7	9
创造效益 / %	15.96	47.38	10	4
经济效益系数	31.92	355.38	10	4

（六）贵州省旱粮研究所

年末从业人员 44 人；高学历以上人员 21 人，占年末从业人员的比例为 47.73%，居第 12 位；高职称以上人员 21 人，占年末从业人员的比例为 47.73%，居第 2 位；大型科学仪器设备原值 359.00 万元，人均大型科学仪器设备原值 8.16 万元，居第 15 位。

R&D 人员 31 人，占年末从业人员的比重为 70.45%，居第 14 位；科研经费 578.00 万元，人均科研经费 13.14 万元，居第 15 位；R&D 经费 7580.00 万元，人均 R&D 经费 172.27 万元，居第 7 位。

发表科技论文 27 篇（一般科技论文 5 篇，核心期刊 19 篇，三大检索工具收录 3 篇），科技论文系数为 4.05，居第 10 位；省外合作项目 1 项，省内合作项目 2 项，产学研项目 9 项，项目合作系数为 1.06，居第 12 位；科技培训人数 36 000 人，对外科技咨询项数 25 项，科技特派员 20 人，科技服务系数 0.04，居第 7 位。

贵州省旱粮研究所综合科技创新水平指数为 58.94%，居公益类科研院所第 8 位，与上年相比，监测值提高 15.41 个百分点，位次下降 1 位。4 个一级指标中，科技创新环境和基础指数、科技投入指数、科技产出指数和创新绩效指数较上年分别提高 1.67、9.48、14.33 和 50.77 个百分点，位次分别下降 5 位、2 位、1 位和上升 14 位（表 4-6）。

表 4-6　贵州省旱粮研究所各级监测指标和位次与上年比较

指标名称	三级指标值		位次	
	2017 年	2016 年	2017 年	2016 年
综合科技创新水平指数 / %	58.94	43.52	8	7
科技创新环境和基础 / %	76.38	74.71	8	3
人力资源 / %	84.58	84.57	13	8
高层次科技人才系数	0.56	0.56	6	5
高学历以上人员占年末从业人员的比例 / %	47.73	45.65	12	11
高职称以上人员占年末从业人员的比例 / %	47.73	47.83	2	5

续表

指标名称	三级指标值		位次	
	2017 年	2016 年	2017 年	2016 年
创新条件及平台 / %	70.92	68.14	5	4
人均大型科学仪器设备原值 / 万元	8.16	7.80	15	17
省级以上创新平台及载体系数	0.33	0.33	1	1
科技投入 / %	75.06	65.58	12	10
人力投入 / %	78.59	73.50	15	11
R&D 人员占年末从业人员的比重 / %	70.45	65.22	14	18
创新人才团队总量系数	0.36	0.36	10	8
经费投入 / %	71.53	57.66	17	18
人均科研经费 / 万元	13.14	9.43	15	22
人均 R&D 经费 / 万元	172.27	116.93	7	9
科技产出 / %	27.64	13.31	19	18
知识产出 / %	64.79	31.67	16	14
科技论文系数	4.05	3.42	10	13
知识产权系数	0.74	0.44	17	13
科技奖励 / %	0.00	0.00	14	12
科技成果系数	0.00	0.00	14	12
技术成果市场化水平 / %	0.00	0.00	3	4
人均技术市场成交合同金额 / 万元	0.00	0.00	3	4
科技合作交流 / %	45.77	21.57	11	12
项目合作系数	1.06	1.29	12	9
论文论著合作系数	2.25	0.00	8	11
创新绩效 / %	76.05	25.28	1	15
科技服务 / %	71.80	25.30	7	16
科技服务系数	0.04	0.03	7	8
产学研结合 / %	100.00	35.00	1	6
产学研结合系数	0.90	0.70	4	6
创造效益 / %	43.69	0.00	7	20
经济效益系数	87.38	0.00	7	20

（七）贵州省畜牧兽医研究所

年末从业人员117人；高学历以上人员34人，占年末从业人员的比例为29.06%，居第24位；高职称以上人员37人，占年末从业人员的比例为31.62%，居第15位；大型科学仪器设备原值1954.00万元，人均大型科学仪器设备原值16.70万元，居第6位。

R&D人员18人，占年末从业人员的比重为15.38%，居第30位；科研经费676.00万元，人均科研经费5.78万元，居第25位；R&D经费1800.00万元，人均R&D经费15.38万元，居第29位。

发表科技论文33篇（一般科技论文14篇，核心期刊16篇，三大检索工具收录3篇），科技论文系数为4.05，居第10位；形成地方标准2项，发明专利拥有量6项，专利申请量6项，专利授权量4项，知识产权系数0.91，居第13位。

科技培训人数1250人，对外科技咨询项数62项，科技特派员41人，科技服务系数0.06，居第4位。

贵州省畜牧兽医研究所综合科技创新水平指数为51.53%，居公益类科研院所第14位，与上年相比，监测值上升13.07个百分点，位次下降1位。4个一级指标中，科技投入指数、科技产出指数和创新绩效指数较上年分别提高1.31、20.34和43.36个百分点，位次分别下降3位、上升3位和上升11位；科技创新环境和基础指数较上年下降3.54个百分点，位次下降1位（表4-7）。

表4-7 贵州省畜牧兽医研究所各级监测指标和位次与上年比较

指标名称	三级指标值		位次	
	2017年	2016年	2017年	2016年
综合科技创新水平指数/%	51.53	38.46	14	13
科技创新环境和基础/%	89.42	92.96	2	1
人力资源/%	90.51	86.91	7	6
高层次科技人才系数	0.32	0.32	18	10
高学历以上人员占年末从业人员的比例/%	29.06	24.76	24	28
高职称以上人员占年末从业人员的比例/%	31.62	38.10	15	11
创新条件及平台/%	88.69	96.99	3	2
人均大型科学仪器设备原值/万元	16.70	18.61	6	6
省级以上创新平台及载体系数	0.17	0.33	5	1
科技投入/%	28.10	26.79	30	27
人力投入/%	11.24	14.04	29	26
R&D人员占年末从业人员的比重/%	15.38	26.67	30	27
创新人才团队总量系数	0.00	0.00	19	15
经费投入/%	44.96	39.54	27	27
人均科研经费/万元	5.78	7.20	25	26

续表

指标名称	三级指标值		位次	
	2017年	2016年	2017年	2016年
人均R&D经费/万元	15.38	16.67	29	27
科技产出/%	32.21	11.87	17	20
知识产出/%	71.73	28.43	11	18
科技论文系数	4.05	4.26	10	8
知识产权系数	0.91	0.29	13	18
科技奖励/%	47.60	15.87	8	8
科技成果系数	0.05	0.05	8	8
技术成果市场化水平/%	0.00	0.00	3	4
人均技术市场成交合同金额/万元	0.00	0.00	3	4
科技合作交流/%	0.00	0.00	25	26
项目合作系数	0.00	0.00	25	25
论文论著合作系数	0.00	0.00	13	11
创新绩效/%	72.50	29.14	2	13
科技服务/%	100.00	11.80	1	25
科技服务系数	0.06	0.01	4	25
产学研结合/%	93.75	62.50	6	3
产学研结合系数	0.75	1.25	6	4
创造效益/%	0.00	0.00	20	20
经济效益系数	0.00	0.00	20	20

（八）贵州省林业科学研究院

年末从业人员174人；高学历以上人员57人，占年末从业人员的比例为32.76%，居第22位；高职称以上人员43人，占年末从业人员的比例为24.71%，居第25位；大型科学仪器设备原值978.00万元，人均大型科学仪器设备原值5.62万元，居第22位。

R&D人员73人，占年末从业人员的比重为41.95%，居第24位；科研经费1127.00万元，人均科研经费6.48万元，居第22位；R&D经费9578.00万元，人均R&D经费55.05万元，居第23位。

发表科技论文82篇（一般科技论文44篇，核心期刊33篇，三大检索工具收录5篇），科技论文系数为8.84，居第3位；省外合作项目5项，省内合作项目10项，产学研项目27项，项目合作系数为4.24，居第1位。

科技培训人数 2600 人，对外科技咨询项数 58 项，科技特派员 4 人，科技服务系数为 0.02，居第 22 位；知识产权创造的直接效益 39.00 万元，技术服务收入 433.00 万元，生产性收入 36.00 万元，经济效益系数为 160.00，居第 4 位。

贵州省林业科学研究院综合科技创新水平指数为 74.77%，居公益类科研院所第 1 位，与上年相比，监测值提高 13.80 个百分点，位次不变。4 个一级指标中，科技创新环境和基础指数、科技投入指数、科技产出和创新绩效指数较上年分别提高 18.74、0.52、20.60 和 11.78 个百分点，位次分别上升 5 位、下降 2 位、位次不变和下降 2 位（表 4-8）。

表 4-8　贵州省林业科学研究院各级监测指标和位次与上年比较

指标名称	三级指标值		位次	
	2017 年	2016 年	2017 年	2016 年
综合科技创新水平指数 / %	74.77	60.97	1	1
科技创新环境和基础 / %	51.86	33.12	18	23
人力资源 / %	94.99	56.72	5	16
高层次科技人才系数	0.45	0.07	11	22
高学历以上人员占年末从业人员的比例 / %	32.76	31.79	22	21
高职称以上人员占年末从业人员的比例 / %	24.71	24.86	25	25
创新条件及平台 / %	23.11	17.39	21	19
人均大型科学仪器设备原值 / 万元	5.62	5.65	22	24
省级以上创新平台及载体系数	0.00	0.00	18	16
科技投入 / %	91.89	91.37	5	3
人力投入 / %	96.48	94.62	4	3
R&D 人员占年末从业人员的比重 / %	41.95	43.35	24	21
创新人才团队总量系数	1.09	0.73	2	4
经费投入 / %	87.30	88.11	7	6
人均科研经费 / 万元	6.48	9.99	22	19
人均 R&D 经费 / 万元	55.05	54.02	23	21
科技产出 / %	80.00	59.40	1	1
知识产出 / %	100.00	70.65	1	3
科技论文系数	8.84	5.37	3	6
知识产权系数	1.94	1.38	4	3
科技奖励 / %	100.00	23.80	1	3
科技成果系数	0.19	0.07	1	3

续表

指标名称	三级指标值		位次	
	2017 年	2016 年	2017 年	2016 年
技术成果市场化水平 / %	0.00	74.76	3	1
人均技术市场成交合同金额 / 万元	0.00	0.65	3	2
科技合作交流 / %	100.00	78.57	1	3
项目合作系数	4.24	4.12	1	1
论文论著合作系数	4.25	4.00	3	3
创新绩效 / %	72.18	60.40	4	2
科技服务 / %	34.80	16.90	22	20
科技服务系数	0.02	0.02	22	18
产学研结合 / %	100.00	85.00	1	2
产学研结合系数	1.85	1.70	2	2
创造效益 / %	80.00	20.18	4	8
经济效益系数	160.00	151.38	4	8

（九）贵州省山地资源研究所

年末从业人员 65 人；高学历以上人员 48 人，占年末从业人员的比例为 73.85%，居第 1 位；高职称以上人员 25 人，占年末从业人员的比例为 38.46%，居第 7 位；大型科学仪器设备原值 561.70 万元，人均大型科学仪器设备原值 8.64 万元，居第 13 位。

R&D 人员 50 人，占年末从业人员的比重为 76.92%，居第 11 位；科研经费 983.00 万元，人均科研经费 15.12 万元，居第 11 位；R&D 经费 10 460.00 万元，人均 R&D 经费 160.92 万元，居第 10 位。

发表科技论文 43 篇（一般科技论文 14 篇，核心期刊 26 篇，三大检索工具收录 3 篇），科技论文系数为 5.74，居第 5 位；省内合作项目 21 项，产学研项目 3 项，项目合作系数为 2.65，居第 5 位。

科技培训人数 1100 人，对外科技咨询项数 44 项，科技特派员 22 人，科技服务系数 0.03，居第 9 位；技术服务收入 508.00 万元，经济效益系数为 156.31，居第 5 位。

贵州省山地资源研究所综合科技创新水平指数为 61.73%，居公益类科研院所第 5 位，与上年相比，监测值提高 19.69 个百分点，位次上升 4 位。4 个一级指标中，科技创新环境和基础指数、科技投入指数、科技产出指数和创新绩效指数较上年分别提高 35.68、14.03、13.57 和 16.78 个百分点，位次分别上升 8 位、上升 1 位、下降 3 位和下降 2 位（表 4-9）。

表 4-9 贵州省山地资源研究所各级监测指标和位次与上年比较

指标名称	三级指标值		位次	
	2017 年	2016 年	2017 年	2016 年
综合科技创新水平指数 / %	61.73	42.04	5	9
科技创新环境和基础 / %	78.81	43.13	6	14
人力资源 / %	98.85	42.80	1	22
高层次科技人才系数	0.44	0.00	12	26
高学历以上人员占年末从业人员的比例 / %	73.85	63.79	1	4
高职称以上人员占年末从业人员的比例 / %	38.46	39.66	7	9
创新条件及平台 / %	65.45	43.37	12	11
人均大型科学仪器设备原值 / 万元	8.64	8.11	13	16
省级以上创新平台及载体系数	0.17	0.17	5	4
科技投入 / %	89.68	75.65	7	8
人力投入 / %	89.21	82.54	8	5
R&D 人员占年末从业人员的比重 / %	76.92	86.21	11	7
创新人才团队总量系数	0.36	0.36	10	8
经费投入 / %	90.15	68.74	6	13
人均科研经费 / 万元	15.12	12.74	11	14
人均 R&D 经费 / 万元	160.92	180.34	10	3
科技产出 / %	34.21	20.64	12	9
知识产出 / %	92.72	38.44	4	11
科技论文系数	5.74	5.42	5	4
知识产权系数	1.08	0.42	10	15
科技奖励 / %	0.00	0.00	14	12
科技成果系数	0.00	0.00	14	12
技术成果市场化水平 / %	0.00	0.00	3	4
人均技术市场成交合同金额 / 万元	0.00	0.00	3	4
科技合作交流 / %	44.12	44.12	12	4
项目合作系数	2.65	2.65	5	3
论文论著合作系数	0.00	0.00	13	11
创新绩效 / %	50.91	34.13	12	10
科技服务 / %	68.20	43.30	9	6
科技服务系数	0.03	0.04	9	6

续表

指标名称	三级指标值		位次	
	2017年	2016年	2017年	2016年
产学研结合 / %	18.75	7.50	21	19
产学研结合系数	0.15	0.15	21	19
创造效益 / %	78.15	26.49	5	7
经济效益系数	156.31	198.69	5	7

（十）贵州省园艺研究所

年末从业人员61人；高学历以上人员29人，占年末从业人员的比例为47.54%，居第13位；高职称以上人员23人，占年末从业人员的比例为37.70%，居第11位；大型科学仪器设备原值325.4万元，人均大型科学仪器设备原值5.33万元，居第24位。

R&D人员49人，占年末从业人员的比重为80.33%，居第10位；科研经费1013.00万元，人均科研经费16.61万元，居第8位；R&D经费12 713.00万元，人均R&D经费208.41项，居第4位。

发表科技论文24篇（一般科技论文6篇，核心期刊18篇），科技论文系数为3.16，居第18位；产学研项目18项，项目合作系数为1.06，居第12位。

科技培训人数1130人，对外科技咨询项数6项，科技特派员20人，科技服务系数为0.02，居第20位。

贵州省园艺研究所综合科技创新指数为56.37%，居公益类科研院所第9位，与上年相比，监测值提高18.68个百分点，位次上升5位。4个一级指标中，科技创新环境和基础指数、科技投入指数、科技产出指数和创新绩效指数较上年分别提高13.10、25.34、5.40和41.72个百分点，位次分别下降3位、上升5位、下降7位和上升12位（表4-10）。

表4-10　贵州省园艺研究所各级监测指标和位次与上年比较

指标名称	三级指标值		位次	
	2017年	2016年	2017年	2016年
综合科技创新水平指数 / %	56.37	37.69	9	14
科技创新环境和基础 / %	70.94	57.84	13	10
人力资源 / %	88.72	84.98	9	7
高层次科技人才系数	0.49	0.63	9	3
高学历以上人员占年末从业人员的比例 / %	47.54	40.74	13	14
高职称以上人员占年末从业人员的比例 / %	37.70	42.59	11	7

续表

指标名称	三级指标值		位次	
	2017年	2016年	2017年	2016年
创新条件及平台 / %	59.09	39.75	15	15
人均大型科学仪器设备原值 / 万元	5.33	5.47	24	25
省级以上创新平台及载体系数	0.17	0.17	5	4
科技投入 / %	90.42	65.08	6	11
人力投入 / %	88.67	79.74	9	8
R&D 人员占年末从业人员的比重 / %	80.33	79.63	10	12
创新人才团队总量系数	0.36	0.73	10	4
经费投入 / %	92.17	44.96	5	23
人均科研经费 / 万元	16.61	4.30	8	28
人均 R&D 经费 / 万元	208.41	84.93	4	15
科技产出 / %	21.52	16.12	23	16
知识产出 / %	68.44	30.99	12	15
科技论文系数	3.16	1.32	18	27
知识产权系数	1.01	0.62	12	11
科技奖励 / %	0.00	23.80	14	3
科技成果系数	0.00	0.07	14	3
技术成果市场化水平 / %	0.00	0.00	3	4
人均技术市场成交合同金额 / 万元	0.00	0.00	3	4
科技合作交流 / %	17.65	3.92	16	20
项目合作系数	1.06	0.29	12	16
论文论著合作系数	0.00	0.00	13	11
创新绩效 / %	56.66	14.94	9	21
科技服务 / %	47.60	28.30	20	14
科技服务系数	0.02	0.03	20	8
产学研结合 / %	100.00	10.00	1	18
产学研结合系数	0.90	0.25	4	14
创造效益 / %	0.00	9.86	20	10
经济效益系数	0.00	73.92	20	10

（十一）贵州省生物技术研究所

年末从业人员64人；高学历以上人员42人，占年末从业人员的比例为65.62%，居第2位；高职称以上人员28人，占年末从业人员的比例为43.75%，居第4位；大型科学仪器设备原值745.00万元，人均大型科学仪器设备原值11.64万元，居第10位。

R&D人员44人，占年末从业人员的比重为68.75%，居第16位；科研经费542.00万元，人均科研经费8.47万元，居第19位；R&D经费10 303.00万元，人均R&D经费160.98，居第9位。

发表科技论文23篇（核心期刊3篇，核心期刊18篇，三大检索工具收录2篇），科技论文系数为3.53，居第14位；农作物新品种数1项，发明专利拥有量10项，知识产权系数为1.22，居第8位；科技培训人数1780人，对外科技咨询项数2项，科技特派员21人，科技服务系数为0.02，居第19位。

贵州省生物技术研究所综合科技创新水平指数为54.69%，居公益类科研院所第11位，与上年相比，监测值提高12.06个百分点，位次下降3位。4个一级指标中，科技创新环境和基础指数、科技投入指数、科技产出指数和创新绩效指数较上年分别提高13.86、4.78、15.48和13.23个百分点，位次分别上升1位、下降1位、下降1位和上升1位（表4-11）。

表4-11 贵州省生物技术研究所各级监测指标和位次与上年比较

指标名称	三级指标值		位次	
	2017年	2016年	2017年	2016年
综合科技创新水平指数 / %	54.69	42.62	11	8
科技创新环境和基础 / %	81.55	67.69	4	5
人力资源 / %	98.04	95.09	2	2
高层次科技人才系数	0.50	0.50	8	6
高学历以上人员占年末从业人员的比例 / %	65.62	65.45	2	1
高职称以上人员占年末从业人员的比例 / %	43.75	50.91	4	3
创新条件及平台 / %	70.56	49.43	7	7
人均大型科学仪器设备原值 / 万元	11.64	13.55	10	10
省级以上创新平台及载体系数	0.17	0.17	5	4
科技投入 / %	79.26	74.48	10	9
人力投入 / %	90.80	81.38	6	7
R&D人员占年末从业人员的比重 / %	68.75	65.45	16	17
创新人才团队总量系数	0.73	1.36	5	1
经费投入 / %	67.72	67.57	18	14
人均科研经费 / 万元	8.47	12.76	19	13

续表

指标名称	三级指标值		位次	
	2017 年	2016 年	2017 年	2016 年
人均 R&D 经费 / 万元	160.98	175.60	9	4
科技产出 / %	34.13	18.65	13	12
知识产出 / %	79.39	46.03	6	7
科技论文系数	3.53	4.26	14	8
知识产权系数	1.22	0.71	8	9
科技奖励 / %	47.60	23.80	8	3
科技成果系数	0.05	0.07	8	3
技术成果市场化水平 / %	0.00	0.00	3	4
人均技术市场成交合同金额 / 万元	0.00	0.00	3	4
科技合作交流 / %	0.00	0.00	25	26
项目合作系数	0.00	0.00	25	25
论文论著合作系数	0.00	0.00	13	11
创新绩效 / %	16.94	3.71	28	29
科技服务 / %	48.40	10.60	19	26
科技服务系数	0.02	0.01	19	25
产学研结合 / %	0.00	0.00	22	21
产学研结合系数	0.00	0.00	22	21
创造效益 / %	0.00	0.00	20	20
经济效益系数	0.00	0.00	20	20

（十二）贵州省果树科学研究所

年末从业人员 80 人；高学历以上人员 31 人，占年末从业人员的比例为 38.75%，居第 17 位；高职称以上人员 19 人，占年末从业人员的比例为 23.75%，居第 27 位；大型科学仪器设备原值 674.6 万元，人均大型科学仪器设备原值 8.43 万元，居第 14 位。

R&D 人员 46 人，占年末从业人员的比重为 57.50%，居第 21 位；科研经费 355.00 万元，人均科研经费 4.44 万元，居第 28 位；R&D 经费 6909.00 万元，人均 R&D 经费 86.36 万元，居第 17 位。

发表科技论文 21 篇（一般科技论文 2 篇，核心期刊 17 篇，三大检索工具收录 2 篇），科技论文系数为 3.32，居第 16 位；科技著作数 3 项，发明专利拥有量 2 项，知识产权系数 0.77，居第 15 位；省内合作项目 1 项，项目合作系数为 0.12，居第 20 位。

科技培训人数 7100 人，对外科技咨询项数 237 项，科技特派员 29 人，科技服务系数为 0.08，居第 3 位；知识产权创造的直接效益 1890.00 万元，技术服务收入 22.70 万元，经济效益系数为 1170.06，居第 2 位。

贵州省果树科学研究所综合科技创新水平指数为 52.87%，居公益类科研院所第 13 位，与上年相比，监测值提高 16.32 个百分点，位次上升 3 位。4 个一级指标中，科技创新环境和基础指数、科技投入指数、科技产出指数和创新绩效指数较上年分别提高 4.79、10.45、32.53 和 7.50 个百分点，位次分别下降 5 位、不变、上升 18 位和下降 1 位（表 4-12）。

表 4-12　贵州省果树科学研究所各级监测指标和位次与上年比较

指标名称	三级指标值		位次	
	2017 年	2016 年	2017 年	2016 年
综合科技创新水平指数/%	52.87	36.55	13	16
科技创新环境和基础/%	44.39	39.60	21	16
人力资源/%	84.33	79.19	14	10
高层次科技人才系数	0.40	0.40	17	9
高学历以上人员占年末从业人员的比例/%	38.75	30.00	17	22
高职称以上人员占年末从业人员的比例/%	23.75	22.50	27	27
创新条件及平台/%	17.76	13.21	23	20
人均大型科学仪器设备原值/万元	8.43	8.32	14	15
省级以上创新平台及载体系数	0.00	0.00	18	16
科技投入/%	70.70	60.25	14	14
人力投入/%	85.21	79.07	13	10
R&D 人员占年末从业人员的比重/%	57.50	57.50	21	19
创新人才团队总量系数	0.36	0.36	10	8
经费投入/%	56.20	41.43	24	26
人均科研经费/万元	4.44	3.00	28	29
人均 R&D 经费/万元	86.36	55.34	17	20
科技产出/%	37.78	5.25	10	28
知识产出/%	59.58	17.10	18	27
科技论文系数	3.32	1.32	16	26
知识产权系数	0.77	0.29	15	18
科技奖励/%	71.40	0.00	6	12
科技成果系数	0.07	0.00	6	12

续表

指标名称	三级指标值		位次	
	2017 年	2016 年	2017 年	2016 年
技术成果市场化水平 / %	0.00	0.00	3	4
人均技术市场成交合同金额 / 万元	0.00	0.00	3	4
科技合作交流 / %	5.87	3.92	20	20
项目合作系数	0.12	0.24	20	19
论文论著合作系数	0.31	0.00	12	11
创新绩效 / %	72.50	65.00	2	1
科技服务 / %	100.00	100.00	1	1
科技服务系数	0.08	0.11	3	2
产学研结合 / %	31.25	12.50	15	13
产学研结合系数	0.25	0.25	15	14
创造效益 / %	100.00	100.00	1	1
经济效益系数	1170.06	1304.86	2	1

（十三）贵州省分析测试研究院

年末从业人员 346 人；高学历以上人员 46 人，占年末从业人员的比例为 13.29%，居第 32 位；高职称以上人员 19 人，占年末从业人员的比例为 5.49%，居第 33 位；大型科学仪器设备原值 2396.50 万元，人均大型科学仪器设备原值 6.93 万元，居第 20 位。

R&D 人员 248 人，占年末从业人员的比重为 71.68%，居第 13 位；科研经费 1322.00 万元，人均科研经费 3.82 万元，居第 29 位；R&D 经费 17 491.00 万元，人均 R&D 经费 50.55 万元，居第 24 位。

发表科技论文 46 篇（一般科技论文 26 篇，核心期刊 15 篇，三大检索工具收录 5 篇），科技论文系数为 5.16，居第 7 位；形成标准数 5 项（国家 2 项，地方 3 项），发明专利拥有量 2 项，知识产权系数 0.80，居第 14 位；省外合作项目 3 项，产学研项目 1 项，项目合作系数为 0.94，居第 15 位。

科技培训人数 200 人，科技特派员 1 人，居第 28 位；技术服务收入 6150.00 万元，经济效益系数为 1892.42，居第 1 位。

贵州省分析测试研究院综合科技创新指数为 55.61%，居公益类科研院所第 10 位，与上年相比，监测值提高 10.98 个百分点，位次下降 4 位。4 个一级指标中，科技投入指数、科技产出指数和创新绩效指数较上年分别提高 28.51、17.50 和 3.80 个百分点，位次分别上升 10 位、2 位和下降 8 位；科技创新环境和基础指数较上年下降 11.35 个百分点，位次下降 11 位（表 4-13）。

表 4-13 贵州省分析测试研究院各级监测指标和位次与上年比较

指标名称	三级指标值		位次	
	2017 年	2016 年	2017 年	2016 年
综合科技创新水平指数 / %	55.61	44.63	10	6
科技创新环境和基础 / %	55.57	66.92	17	6
人力资源 / %	86.77	63.53	11	15
高层次科技人才系数	0.54	0.18	7	15
高学历以上人员占年末从业人员的比例 / %	13.29	17.74	32	29
高职称以上人员占年末从业人员的比例 / %	5.49	6.45	33	33
创新条件及平台 / %	34.77	69.18	19	3
人均大型科学仪器设备原值 / 万元	6.93	12.49	20	11
省级以上创新平台及载体系数	0.00	0.17	18	4
科技投入 / %	92.67	64.16	3	13
人力投入 / %	99.65	40.00	3	14
R&D 人员占年末从业人员的比重 / %	71.68	100.00	13	1
创新人才团队总量系数	0.64	0.00	7	15
经费投入 / %	85.69	88.32	9	5
人均科研经费 / 万元	3.82	7.36	29	25
人均 R&D 经费 / 万元	50.55	70.53	24	16
科技产出 / %	35.50	18.00	11	13
知识产出 / %	76.32	45.57	7	8
科技论文系数	5.16	3.42	7	13
知识产权系数	0.80	0.78	14	7
科技奖励 / %	0.00	15.87	14	8
科技成果系数	0.00	0.05	14	8
技术成果市场化水平 / %	0.00	0.00	3	4
人均技术市场成交合同金额 / 万元	0.00	0.00	3	4
科技合作交流 / %	65.69	7.41	5	17
项目合作系数	0.94	0.18	15	20
论文论著合作系数	4.12	0.63	4	9
创新绩效 / %	40.84	37.04	16	8
科技服务 / %	2.40	17.30	28	19
科技服务系数	0.00	0.02	28	18

续表

指标名称	三级指标值		位次	
	2017 年	2016 年	2017 年	2016 年
产学研结合 / %	37.50	15.00	13	11
产学研结合系数	0.30	0.30	13	12
创造效益 / %	100.00	100.00	1	1
经济效益系数	1892.42	957.54	1	2

（十四）贵州省水稻研究所

年末从业人员 67 人；高学历以上人员 32 人，占年末从业人员的比例为 47.76%，居第 11 位；高职称以上人员 20 人，占年末从业人员的比例为 29.85%，居第 17 位；大型科学仪器设备原值 523.20 万元，人均大型科学仪器设备原值 7.81 万元，居第 16 位。

R&D 人员 46 人，占年末从业人员的比重为 68.66%，居第 17 位；科研经费 1478.77 万元，人均科研经费 22.07 万元，居第 5 位；R&D 经费 6545.00 万元，人均 R&D 经费 97.69 万元，居第 15 位。

发表科技论文 19 篇（一般科技论文 10 篇，核心期刊 7 篇，三大检索工具收录 2 篇），科技论文系数为 2.16，居第 23 位；发明专利拥有量 2 项，知识产权系数 0.28，居第 24 位；省外合作项目 6 项，省内合作项目 2 项，项目合作系数为 2.00，居第 8 位。

科技培训人数 1090 人，科技特派员数 23 人，科技服务系数 0.03，居第 16 位。

贵州省水稻研究所综合科技创新水平指数为 53.65%，居公益类科研院所第 12 位，与上年相比，监测值提高 22.98 个百分点，位次上升 5 位。4 个一级指标中，科技创新环境和基础指数、科技投入指数、科技产出指数和创新绩效指数较上年分别提高 19.47、45.06、18.49 和 2.53 个百分点，位次分别下降 2 位、上升 14 位、上升 1 位和下降 8 位（表 4-14）。

表 4-14 贵州省水稻研究所各级监测指标和位次与上年比较

指标名称	三级指标值		位次	
	2017 年	2016 年	2017 年	2016 年
综合科技创新水平指数 / %	53.65	30.67	12	17
科技创新环境和基础 / %	67.06	47.59	14	12
人力资源 / %	71.20	55.47	21	17
高层次科技人才系数	0.21	0.13	23	19
高学历以上人员占年末从业人员的比例 / %	47.76	41.94	11	13
高职称以上人员占年末从业人员的比例 / %	29.85	32.26	17	16

续表

指标名称	三级指标值		位次	
	2017年	2016年	2017年	2016年
创新条件及平台 / %	64.30	42.35	13	12
人均大型科学仪器设备原值 / 万元	7.81	6.94	16	20
省级以上创新平台及载体系数	0.17	0.17	5	4
科技投入 / %	92.22	47.16	4	18
人力投入 / %	86.40	25.17	12	17
R&D人员占年末从业人员的比重 / %	68.66	70.97	17	13
创新人才团队总量系数	0.36	0.00	10	15
经费投入 / %	98.04	69.15	2	12
人均科研经费 / 万元	22.07	12.35	5	15
人均R&D经费 / 万元	97.69	100.97	15	13
科技产出 / %	31.76	13.27	18	19
知识产出 / %	29.56	23.54	26	22
科技论文系数	2.16	3.47	23	12
知识产权系数	0.28	0.24	24	22
科技奖励 / %	47.60	0.00	8	12
科技成果系数	0.05	0.00	8	12
技术成果市场化水平 / %	0.00	0.00	3	4
人均技术市场成交合同金额 / 万元	0.00	0.00	3	4
科技合作交流 / %	40.36	29.52	14	10
项目合作系数	2.00	1.24	8	10
论文论著合作系数	0.56	1.25	11	8
创新绩效 / %	18.13	15.60	26	18
科技服务 / %	51.80	30.30	16	9
科技服务系数	0.03	0.03	16	8
产学研结合 / %	0.00	12.50	22	13
产学研结合系数	0.00	0.25	22	14
创造效益 / %	0.00	0.00	20	20
经济效益系数	0.00	0.00	20	20

（十五）贵州省植物保护研究所

年末从业人员 46 人；高学历以上人员 28 人，占年末从业人员的比例为 60.87%，居第 8 位；高职称以上人员 20 人，占年末从业人员的比例为 43.48%，居第 5 位；大型科学仪器设备原值 690.00 万元，人均大型科学仪器设备原值 15.00 万元，居第 9 位。

R&D 人员 44 人，占年末从业人员的比重为 95.65%，居第 4 位；科研经费 720.00 万元，人均科研经费 15.65 万元，居第 10 位；R&D 经费 12 000.00 万元，人均 R&D 经费 260.87 万元，居第 2 位。

发表科技论文 26 篇（一般科技论文 1 篇，核心期刊 19 篇，三大检索工具收录 6 篇），科技论文系数为 4.63，居第 8 位；发明专利拥有量 5 项，知识产权系数 0.64，居第 18 位；省内合作项目 5 项，省外合作项目 5 项，项目合作系数 2.06，居第 7 位。

科技培训人数 1765 人，对外科技咨询项数 650 项，科技特派员 29 人，科技服务系数 0.17，居第 1 位；知识产权创造的直接效益 20.00 万元，技术服务收入 25.00 万元，经济效益系数 20.00，居第 14 位。

贵州省植物保护研究所综合科技创新水平指数为 60.31%，居公益类科研院所第 7 位，与上年相比，监测值提高 19.71 个百分点，位次上升 4 位。4 个一级指标中，科技创新环境和基础指数、科技投入指数、科技产出指数和创新绩效指数较上年分别提高 14.08、7.73、40.45 和 0.65 个百分点，位次分别上升 1 位、下降 5 位、上升 4 位和下降 8 位（表 4-15）。

表 4-15 贵州省植物保护研究所各级监测指标和位次与上年比较

指标名称	三级指标值		位次	
	2017 年	2016 年	2017 年	2016 年
综合科技创新水平指数 / %	60.31	40.60	7	11
科技创新环境和基础 / %	77.43	63.35	7	8
人力资源 / %	87.47	87.73	10	5
高层次科技人才系数	0.44	0.44	12	7
高学历以上人员占年末从业人员的比例 / %	60.87	58.54	8	9
高职称以上人员占年末从业人员的比例 / %	43.48	56.10	5	2
创新条件及平台 / %	70.73	47.11	6	9
人均大型科学仪器设备原值 / 万元	15.00	14.29	9	9
省级以上创新平台及载体系数	0.17	0.17	5	4
科技投入 / %	55.20	47.47	22	17
人力投入 / %	31.47	22.00	22	19
R&D 人员占年末从业人员的比重 / %	95.65	85.37	4	9
创新人才团队总量系数	0.00	0.00	19	15

续表

指标名称	三级指标值		位次	
	2017年	2016年	2017年	2016年
经费投入 / %	78.93	72.95	11	9
人均科研经费 / 万元	15.65	19.24	10	5
人均R&D经费 / 万元	260.87	258.54	2	1
科技产出 / %	61.51	21.06	3	7
知识产出 / %	65.45	23.66	15	21
科技论文系数	4.63	3.26	8	15
知识产权系数	0.64	0.27	18	20
科技奖励 / %	95.20	31.73	4	2
科技成果系数	0.10	0.10	4	2
技术成果市场化水平 / %	0.00	0.00	3	4
人均技术市场成交合同金额 / 万元	0.00	0.00	3	4
科技合作交流 / %	66.34	22.49	4	11
项目合作系数	2.06	0.41	7	14
论文论著合作系数	2.56	2.19	7	6
创新绩效 / %	37.50	36.85	17	9
科技服务 / %	100.00	100.00	1	1
科技服务系数	0.17	0.16	1	1
产学研结合 / %	0.00	0.00	22	21
产学研结合系数	0.00	0.00	22	21
创造效益 / %	10.00	4.92	14	13
经济效益系数	20.00	36.92	14	13

（十六）贵州省油料研究所

年末从业人员49人；高学历以上人员30人，占年末从业人员的比例为61.22%，居第7位；高职称以上人员18人，占年末从业人员的比例为36.73%，居第12位；大型科学仪器设备原值262.80万元，人均大型科学仪器设备原值5.36万元，居第23位。

R&D人员36人，占年末从业人员的比重73.47%，居第12位；科研经费857.00万元，人均科研经费17.49万元，居第6位；R&D经费8141.00万元，人均R&D经费166.14万元，居第8位。

发表科技论文10篇（一般科技论文6篇，核心期刊3篇，三大检索工具收录1篇），科技论文系数为 1.05，居第 26 位；发明专利拥有量 1 项，知识产权系数 0.42，居第 23 位；省内合作项目 3 项，产学研项目 3 项，项目合作系数为 0.53，居第 17 位。

科技培训人数 2500 人，科技特派员 15 人，科技服务系数 0.02，居第 23 位；知识产权创造的直接效益 32.00 万元，技术服务收入 10.00 万元，生产性收入 32.00 万元，经济效益系数为 25.23，居第 12 位。

贵州省油料研究所综合科技创新指数为 43.12%，居公益类科研院所第 21 位，与上年相比，监测值下降 14.02 个百分点，位次下降 2 位。4 个一级指标中，科技创新环境和基础指数、科技投入指数和创新绩效指数较上年分别提高 37.82、16.48 和 20.91 个百分点，位次分别上升 10 位、2 位和 1 位。科技产出指数较上年下降 7.68 个百分点，位次下降 13 位（表 4-16）。

表 4-16 贵州省油料研究所各级监测指标和位次与上年比较

指标名称	三级指标值		位次	
	2017 年	2016 年	2017 年	2016 年
综合科技创新水平指数 / %	43.12	29.10	21	19
科技创新环境和基础 / %	75.10	37.28	10	20
人力资源 / %	86.12	84.07	12	9
高层次科技人才系数	0.43	0.43	16	8
高学历以上人员占年末从业人员的比例 / %	61.22	65.12	7	2
高职称以上人员占年末从业人员的比例 / %	36.73	39.53	12	10
创新条件及平台 / %	67.75	6.09	10	30
人均大型科学仪器设备原值 / 万元	5.36	6.11	23	23
省级以上创新平台及载体系数	0.33	0.00	1	16
科技投入 / %	56.41	39.93	21	23
人力投入 / %	27.04	22.80	24	18
R&D 人员占年末从业人员的比重 / %	73.47	86.05	12	8
创新人才团队总量系数	0.00	0.00	19	15
经费投入 / %	85.79	57.06	8	19
人均科研经费 / 万元	17.49	9.60	6	21
人均 R&D 经费 / 万元	166.14	131.74	8	8
科技产出 / %	8.80	16.48	28	15
知识产出 / %	26.36	21.81	27	24
科技论文系数	1.05	3.26	26	15
知识产权系数	0.42	0.22	23	23

续表

指标名称	三级指标值		位次	
	2017年	2016年	2017年	2016年
科技奖励 / %	0.00	0.00	14	12
科技成果系数	0.00	0.00	14	12
技术成果市场化水平 / %	0.00	0.00	3	4
人均技术市场成交合同金额 / 万元	0.00	0.00	3	4
科技合作交流 / %	8.82	44.12	18	4
项目合作系数	0.53	2.65	17	3
论文论著合作系数	0.00	0.00	13	11
创新绩效 / %	47.76	26.85	13	14
科技服务 / %	34.60	35.20	23	7
科技服务系数	0.02	0.04	23	6
产学研结合 / %	81.25	30.00	8	7
产学研结合系数	0.65	0.60	8	7
创造效益 / %	12.62	3.10	12	16
经济效益系数	25.23	23.23	12	16

（十七）贵州省生物研究所

年末从业人员62人；高学历以上人员27人，占年末从业人员的比例为43.55%，居第15位；高职称以上人员18人，占年末从业人员的比例为29.03%，居第19位；大型科学仪器设备原值702.00万元，人均大型科学仪器设备原值11.32万元，居第11位。

R&D人员62人，占年末从业人员的比重为100.00%，居第2位；科研经费320.00万元，人均科研经费5.16万元，居第26位；R&D经费11 637.00万元，人均R&D经费187.69万元，居第5位。

发表科技论文32篇（一般科技论文7篇，核心期刊18篇，三大检索工具收录7篇），科技论文系数为5.21，居第6位。

科技培训人数300人，对外科技咨询项数18项，科技特派员17人，科技服务系数0.02，居第21位。

贵州省生物研究所综合科技创新水平指数为47.42%，居公益类科研院所第17位，与上年相比，监测值上升6.44个百分点，位次下降7位。4个一级指标中，科技创新环境和基础指数、科技产出指数和创新绩效指数较上年提高18.08、4.95和13.18个百分点，位次分别不变、下降3位和不变；科技投入指数较上年下降7.14个百分点，位次下降5位（表4-17）。

表 4-17 贵州省生物研究所各级监测指标和位次与上年比较

指标名称	三级指标值		位次	
	2017 年	2016 年	2017 年	2016 年
综合科技创新水平指数 / %	47.42	40.98	17	10
科技创新环境和基础 / %	74.77	56.69	11	11
人力资源 / %	82.65	69.90	17	13
高层次科技人才系数	0.82	0.22	2	13
高学历以上人员占年末从业人员的比例 / %	43.55	40.00	15	15
高职称以上人员占年末从业人员的比例 / %	29.03	30.77	19	19
创新条件及平台 / %	69.52	47.90	9	8
人均大型科学仪器设备原值 / 万元	11.32	10.80	11	13
省级以上创新平台及载体系数	0.17	0.17	5	4
科技投入 / %	75.49	82.63	11	6
人力投入 / %	94.54	79.36	5	9
R&D 人员占年末从业人员的比重 / %	100.00	67.69	2	16
创新人才团队总量系数	0.36	0.36	10	8
经费投入 / %	56.44	85.90	23	7
人均科研经费 / 万元	5.16	18.51	26	7
人均 R&D 经费 / 万元	187.69	157.29	5	5
科技产出 / %	15.95	11.00	24	21
知识产出 / %	63.79	44.00	17	9
科技论文系数	5.21	5.42	6	4
知识产权系数	0.49	0.56	22	12
科技奖励 / %	0.00	0.00	14	12
科技成果系数	0.00	0.00	14	12
技术成果市场化水平 / %	0.00	0.00	3	4
人均技术市场成交合同金额 / 万元	0.00	0.00	3	4
科技合作交流 / %	0.00	0.00	25	26
项目合作系数	0.00	0.00	25	25
论文论著合作系数	0.00	0.00	13	11
创新绩效 / %	28.46	15.28	19	19
科技服务 / %	45.60	29.40	21	13
科技服务系数	0.02	0.03	21	8

续表

指标名称	三级指标值		位次	
	2017 年	2016 年	2017 年	2016 年
产学研结合 / %	31.25	12.50	15	13
产学研结合系数	0.25	0.25	15	14
创造效益 / %	0.00	0.00	20	20
经济效益系数	0.00	0.00	20	20

（十八）贵州省水产研究所

年末从业人员 63 人；高学历以上人员 26 人，占年末从业人员的比例为 41.27%，居第 16 位；高职称以上人员 12 人，占年末从业人员的比例为 19.05%，居第 29 位；大型科学仪器设备原值 448.96 万元，人均大型科学仪器设备原值 7.13 万元，居第 19 位。

R&D 人员 28 人，占年末从业人员的比重为 44.44%，居第 22 位；科研经费 1088.00 万元，人均科研经费 17.27 万元，居第 7 位；R&D 经费 2686.00 万元，人均 R&D 经费 42.63 万元，居第 25 位。

发表科技论文 21 篇（一般科技论文 12 篇，核心期刊 8 篇，三大检索工具收录 1 篇），科技论文系数为 2.16，居第 23 位；省内合作项目 9 项，省外合作项目 10 项，产学研项目 3 项，项目合作系数为 4.18，居第 2 位。

科技培训人数 1100 人，对外科技咨询项数 410 项，科技特派员 19 人，科技服务系数为 0.11，居第 2 位；生产性收入 272.20 万元，经济效益系数为 20.94，居第 13 位。

贵州省水产研究所综合科技创新指数为 44.41%，居公益类科研院所第 19 位，与上年相比，监测值提高 16.75 个百分点，位次上升 1 位。4 个一级指标中，科技创新环境和基础指数、科技投入指数、科技产出指数和创新绩效指数较上年分别提高 30.86、11.69、11.68 和 13.48 个百分点，位次分别上升 9 位、下降 1 位、下降 3 位和下降 3 位（表 4-18）。

表 4-18　贵州省水产研究所各级监测指标和位次与上年比较

指标名称	三级指标值		位次	
	2017 年	2016 年	2017 年	2016 年
综合科技创新水平指数 / %	44.41	27.66	19	20
科技创新环境和基础 / %	57.76	26.90	16	25
人力资源 / %	50.75	53.43	25	19
高层次科技人才系数	0.15	0.18	24	15
高学历以上人员占年末从业人员的比例 / %	41.27	36.51	16	16

续表

指标名称	三级指标值		位次	
	2017 年	2016 年	2017 年	2016 年
高职称以上人员占年末从业人员的比例 / %	19.05	19.05	29	29
创新条件及平台 / %	62.44	9.22	14	23
人均大型科学仪器设备原值 / 万元	7.13	7.01	19	19
省级以上创新平台及载体系数	0.17	0.00	5	16
科技投入 / %	47.94	36.25	25	24
人力投入 / %	19.67	14.80	27	25
R&D 人员占年末从业人员的比重 / %	44.44	41.27	22	22
创新人才团队总量系数	0.00	0.00	19	15
经费投入 / %	76.20	57.69	12	17
人均科研经费 / 万元	17.27	18.22	7	8
人均 R&D 经费 / 万元	42.63	28.54	25	25
科技产出 / %	26.69	15.01	20	17
知识产出 / %	41.13	24.45	21	20
科技论文系数	2.16	2.26	23	23
知识产权系数	0.56	0.38	21	16
科技奖励 / %	0.00	0.00	14	12
科技成果系数	0.00	0.00	14	12
技术成果市场化水平 / %	0.00	0.00	3	4
人均技术市场成交合同金额 / 万元	0.00	0.00	3	4
科技合作交流 / %	65.62	35.59	6	8
项目合作系数	4.18	1.12	2	11
论文论著合作系数	1.25	2.38	10	5
创新绩效 / %	57.62	44.14	8	5
科技服务 / %	100.00	99.40	1	3
科技服务系数	0.11	0.10	2	3
产学研结合 / %	50.00	20.00	11	10
产学研结合系数	0.40	0.40	11	11
创造效益 / %	10.47	5.43	13	17
经济效益系数	20.94	27.09	13	15

（十九）贵州省植物园

年末从业人员 71 人；高学历以上人员 26 人，占年末从业人员的比例为 36.62%，居第 19 位；高职称以上人员 19 人，占年末从业人员的比例为 26.76%，居第 21 位；大型科学仪器设备原值 317.00 万元，人均大型科学仪器设备原值 4.46 万元，居第 27 位。

R&D 人员 43 人，占年末从业人员的比重为 60.56%，居第 19 位；科研经费 690.00 万元，人均科研经费 9.72 万元，居第 17 位；R&D 经费 9423.00 万元，人均 R&D 经费 132.72，居第 12 位。

发表科技论文 35 篇（一般科技论文 15 篇，核心期刊 18 篇，三大检索工具收录 2 篇），科技论文系数为 4.21，居第 9 位；科技著作数 2 项，形成标准数 1 项（地方 1 项），发明专利拥有量 4 项，知识产权系数 1.38，居第 5 位；省内合作项目 1 项，项目合作系数为 0.12，居第 20 位。

科技培训人数 186 人，对外科技咨询项数 19 项，科技特派员 19 人，科技服务系数 0.03，居第 17 位；技术服务收入 94.00 万元，经济效益系数 28.92，居第 11 位。

贵州省植物园综合科技创新水平指数为 41.38%，居公益类科研院所第 23 位，与上年相比，监测值提高 16.33 个百分点，位次不变。4 个一级指标中，科技创新环境和基础指数、科技投入指数、科技产出指数和创新绩效指数较上年分别提高 18.07、17.10、15.06 和 15.12 个百分点，位次分别上升 4 位、3 位、5 位和下降 2 位（表 4-19）。

表 4-19 贵州省植物园各级监测指标和位次与上年比较

指标名称	三级指标值		位次	
	2017 年	2016 年	2017 年	2016 年
综合科技创新水平指数 / %	41.38	25.05	23	23
科技创新环境和基础 / %	32.74	14.67	26	30
人力资源 / %	69.02	26.76	22	28
高层次科技人才系数	0.22	0.00	21	26
高学历以上人员占年末从业人员的比例 / %	36.62	33.33	19	20
高职称以上人员占年末从业人员的比例 / %	26.76	25.40	21	22
创新条件及平台 / %	8.55	6.62	30	28
人均大型科学仪器设备原值 / 万元	4.46	5.03	27	26
省级以上创新平台及载体系数	0.00	0.00	18	16
科技投入 / %	82.08	64.98	9	12
人力投入 / %	89.39	68.77	7	12
R&D 人员占年末从业人员的比重 / %	60.56	39.68	19	23
创新人才团队总量系数	0.73	0.36	5	8
经费投入 / %	74.77	61.18	14	16

续表

指标名称	三级指标值		位次	
	2017年	2016年	2017年	2016年
人均科研经费/万元	9.72	14.66	17	11
人均R&D经费/万元	132.72	—	12	—
科技产出/%	21.76	6.70	22	27
知识产出/%	85.09	25.83	5	19
科技论文系数	4.21	3.11	9	17
知识产权系数	1.38	0.33	5	17
科技奖励/%	0.00	0.00	14	12
科技成果系数	0.00	0.00	14	12
技术成果市场化水平/%	0.00	0.00	3	4
人均技术市场成交合同金额/万元	0.00	0.00	3	4
科技合作交流/%	1.96	0.98	22	25
项目合作系数	0.12	0.06	20	24
论文论著合作系数	0.00	0.00	13	11
创新绩效/%	33.76	18.64	18	16
科技服务/%	50.40	26.40	17	15
科技服务系数	0.03	0.03	17	8
产学研结合/%	31.25	15.00	15	11
产学研结合系数	0.25	0.40	15	10
创造效益/%	14.46	3.82	11	14
经济效益系数	28.92	28.62	11	14

（二十）贵州省科学技术情报研究所

年末从业人员80人；高学历以上人员25人，占年末从业人员的比例为31.25%，居第23位；高职称以上人员13人，占年末从业人员的比例为16.25%，居第31位；大型科学仪器设备原值345.00万元，人均大型科学仪器设备原值4.31万元，居第28位。

科研经费615.00万元，人均科研经费7.69万元，居第21位；发表科技论文35篇（一般科技论文30篇，核心期刊5篇），科技论文系数为2.37，居第22位；省外合作项目2项，省内合作项目6项，产学研项目5项，项目合作系数为1.59，居第10位。

科技培训人数4500人，对外科技咨询项数45项，科技特派员13人，科技服务系数为0.03，居第 18 位。技术服务收入 168.00 万元，经济效益系数 73.23，居第 8 位。

贵州省科学技术情报研究所综合科技创新水平指数为 33.45%，居公益类科研院所第 25 位，与上年相比，监测值提高 9.52 个百分点，位次不变。4 个一级指标中，科技创新环境和基础指数、科技投入指数较上年分别下降 6.59、7.90 个百分点，位次都下降 3 位；科技产出指数、创新绩效指数较上年提高 23.10、11.92 个百分点，位次分别上升 4 位、下降 2 位（表 4-20）。

表 4-20 贵州省科学技术情报研究所各级监测指标和位次与上年比较

指标名称	三级指标值		位次	
	2017 年	2016 年	2017 年	2016 年
综合科技创新水平指数 / %	33.45	23.93	25	25
科技创新环境和基础 / %	18.12	24.71	30	27
人力资源 / %	31.67	35.60	28	26
高层次科技人才系数	0.04	0.13	28	19
高学历以上人员占年末从业人员的比例 / %	31.25	30.00	23	22
高职称以上人员占年末从业人员的比例 / %	16.25	16.25	31	30
创新条件及平台 / %	9.08	1.09	29	31
人均大型科学仪器设备原值 / 万元	4.31	6.88	28	21
省级以上创新平台及载体系数	0.00	0.00	18	16
科技投入 / %	15.26	23.16	31	28
人力投入 / %	0.00	9.60	31	28
R&D 人员占年末从业人员的比重 / %	0.00	22.50	31	28
创新人才团队总量系数	0.00	0.00	19	15
经费投入 / %	30.53	36.36	30	28
人均科研经费 / 万元	7.69	9.69	21	20
人均 R&D 经费 / 万元	0.00	13.69	31	29
科技产出 / %	43.14	20.04	7	11
知识产出 / %	66.96	17.96	13	26
科技论文系数	2.37	2.26	22	23
知识产权系数	1.13	0.22	9	23
科技奖励 / %	0.00	0.00	14	12
科技成果系数	0.00	0.00	14	12
技术成果市场化水平 / %	50.08	14.31	1	3
人均技术市场成交合同金额 / 万元	0.88	0.25	1	3
科技合作交流 / %	65.53	41.92	7	7

续表

指标名称	三级指标值		位次	
	2017 年	2016 年	2017 年	2016 年
项目合作系数	1.59	2.00	10	7
论文论著合作系数	3.12	2.44	6	4
创新绩效 / %	66.72	54.80	5	3
科技服务 / %	50.20	29.50	18	12
科技服务系数	0.03	0.03	18	8
产学研结合 / %	100.00	95.00	1	1
产学研结合系数	2.00	1.90	1	1
创造效益 / %	36.62	8.62	8	10
经济效益系数	73.23	46.03	8	10

（二十一）贵州省蚕业（辣椒）研究所

年末从业人员 118 人；高学历以上人员 19 人，占年末从业人员的比例为 16.10%，居第 29 位；高职称以上人员 21 人，占年末从业人员的比例为 17.80%，居第 30 位；大型科学仪器设备原值 811.00 万元，人均大型科学仪器设备原值 6.87 万元，居第 21 位。

R&D 人员 104 人，占年末从业人员的比重为 88.14%，居第 8 位；科研经费 728.20 万元，人均科研经费 6.17 万元，居第 24 位；R&D 经费 22 116.00 万元，人均 R&D 经费 187.42 万元，居第 6 位。

发表科技论文 33 篇（一般科技论文 20 篇，核心期刊 13 篇），科技论文系数为 3.11，居第 19 位；发明专利拥有量 2 项，知识产权系数 0.13，居第 29 位；科技培训人数 32 人，科技特派员 32 人，科技服务系数为 0.04，居第 8 位。

贵州省蚕业（辣椒）研究所综合科技创新水平指数为 49.58%，居公益类科研院所第 16 位，与上年相比，监测值提高 22.84 个百分点，位次上升 5 位。4 个一级指标中，科技创新环境和基础指数、科技投入指数和科技产出指数较上年分别提高 39.65、16.58 和 30.66 个百分点，位次分别上升 10 位、3 位、17 位；创新绩效指数较上年下降 12.97 个百分点，位次下降 14 位（表 4-21）。

表 4-21 贵州省蚕业（辣椒）研究所各级监测指标和位次与上年比较

指标名称	三级指标值		位次	
	2017 年	2016 年	2017 年	2016 年
综合科技创新水平指数 / %	49.58	26.74	16	21
科技创新环境和基础 / %	72.95	33.30	12	22
人力资源 / %	77.28	74.01	19	12

续表

指标名称	三级指标值		位次	
	2017 年	2016 年	2017 年	2016 年
高层次科技人才系数	0.29	0.29	20	11
高学历以上人员占年末从业人员的比例 / %	16.10	15.93	29	30
高职称以上人员占年末从业人员的比例 / %	17.80	15.93	30	31
创新条件及平台 / %	70.06	6.16	8	29
人均大型科学仪器设备原值 / 万元	6.87	2.91	21	31
省级以上创新平台及载体系数	0.17	0.00	5	16
科技投入 / %	57.37	40.79	19	22
人力投入 / %	40.00	40.00	19	14
R&D 人员占年末从业人员的比重 / %	88.14	87.61	8	6
创新人才团队总量系数	0.00	0.00	19	15
经费投入 / %	74.74	41.59	15	25
人均科研经费 / 万元	6.17	1.27	24	32
人均 R&D 经费 / 万元	187.42	58.67	6	19
科技产出 / %	37.86	7.20	9	26
知识产出 / %	31.43	22.91	25	23
科技论文系数	3.11	3.79	19	11
知识产权系数	0.13	0.20	29	25
科技奖励 / %	100.00	0.00	1	12
科技成果系数	0.14	0.00	2	12
技术成果市场化水平 / %	0.00	0.00	3	4
人均技术市场成交合同金额 / 万元	0.00	0.00	3	4
科技合作交流 / %	0.00	5.88	25	18
项目合作系数	0.00	0.47	25	16
论文论著合作系数	0.00	0.00	13	11
创新绩效 / %	24.99	37.96	21	7
科技服务 / %	71.40	74.20	8	4
科技服务系数	0.04	0.07	8	4
产学研结合 / %	0.00	30.00	22	7
产学研结合系数	0.00	0.60	22	7
创造效益 / %	0.00	0.00	20	20
经济效益系数	0.00	0.00	20	20

(二十二)贵州省茶叶研究所

年末从业人员93人;高学历以上人员24人,占年末从业人员的比例为25.81%,居第26位;高职称以上人员23人,占年末从业人员的比例为24.73%,居第24位;大型科学仪器设备原值222.85万元,人均大型科学仪器设备原值2.40万元,居第30位。

R&D人员84人,占年末从业人员的比重为90.32%,居第6位;科研经费913.00万元,人均科研经费9.82万元,居第16位;R&D经费7083.00万元,人均R&D经费76.16万元,居第19位。

发表科技论文22篇(一般科技论文17篇,核心期刊2篇,三大检索工具收录3篇),科技论文系数为2.00,居第25位;农作物新品种数7项,发明专利拥有量14项,知识产权系数2.20,居第3位;省内合作项目3项,产学研项目3项,项目合作系数为0.53,居第17位;

科技培训人数6000人,对外科技咨询项数32项,科技特派员17人,科技服务系数0.03,居第15位;知识产权创造的直接效益21.60万元,技术服务收入21.60万元,经济效益系数为19.94,居第15位。

贵州省茶叶研究所综合科技创新水平指数为43.83%,居公益类科研院所第20位,与上年相比,监测值上升14.66个百分点,位次下降2位。4个一级指标中,科技创新环境和基础指数、科技投入指数、科技产出指数和创新绩效指数较上年分别提高1.76、14.32、12.23和42.36个百分点,位次分别下降3位、上升1位、下降7位和上升15位(表4-22)。

表4-22 贵州省茶叶研究所各级监测指标和位次与上年比较

指标名称	三级指标值		位次	
	2017年	2016年	2017年	2016年
综合科技创新水平指数/%	43.83	29.17	20	18
科技创新环境和基础/%	36.84	35.08	24	21
人力资源/%	83.52	76.66	15	11
高层次科技人才系数	0.62	0.25	5	12
高学历以上人员占年末从业人员的比例/%	25.81	25.27	26	26
高职称以上人员占年末从业人员的比例/%	24.73	31.87	24	17
创新条件及平台/%	5.71	7.37	31	26
人均大型科学仪器设备原值/万元	2.40	4.18	30	28
省级以上创新平台及载体系数	0.00	0.00	18	16
科技投入/%	61.18	46.86	18	19
人力投入/%	40.00	40.00	19	14
R&D人员占年末从业人员的比重/%	90.32	100.00	6	1
创新人才团队总量系数	0.00	0.00	19	15

续表

指标名称	三级指标值		位次	
	2017年	2016年	2017年	2016年
经费投入/%	82.36	53.71	10	20
人均科研经费/万元	9.82	4.95	16	27
人均R&D经费/万元	76.16	70.03	19	17
科技产出/%	33.15	20.92	15	8
知识产出/%	66.67	53.14	14	4
科技论文系数	2.00	3.95	25	10
知识产权系数	2.20	0.91	3	5
科技奖励/%	47.60	23.80	8	3
科技成果系数	0.05	0.07	8	3
技术成果市场化水平/%	0.00	0.00	3	4
人均技术市场成交合同金额/万元	0.00	0.00	3	4
科技合作交流/%	8.82	1.96	18	22
项目合作系数	0.53	0.12	17	21
论文论著合作系数	0.00	0.00	13	11
创新绩效/%	51.46	9.10	11	26
科技服务/%	54.20	25.10	15	17
科技服务系数	0.03	0.03	15	8
产学研结合/%	75.00	0.00	9	21
产学研结合系数	0.60	0.00	9	21
创造效益/%	9.97	1.23	15	18
经济效益系数	19.94	3.08	15	18

（二十三）贵州省劳动保护科学技术研究院

年末从业人员98人；高学历以上人员8人，占年末从业人员的比例为8.16%，居第33位；高职称以上人员29人，占年末从业人员的比例为29.59%，居第18位；大型科学仪器设备原值1603.00万元，人均大型科学仪器设备原值16.36万元，居第7位。

R&D人员18人，占年末从业人员的比重为18.37%，居第28位；科研经费770.00万元，人均科研经费7.86万元，居第20位；R&D经费5723.00万元，人均R&D经费58.40万元，居第21位。

发表科技论文12篇（一般科技论文12篇），科技论文系数为0.63，居第29位；省外合作项目1项，项目合作系数为0.29，居第19位；科技培训人数68人，技术服务收入64.00万元，经济效益系数

19.69，居第 16 位。

贵州省劳动保护科学技术研究院综合科技创新指数为 20.95%，居公益类科研院所第 30 位，与上年相比，监测值下降 1.09 个百分点，位次下降 4 位。4 个一级指数中，科技创新环境和基础指数和科技产出指数较上年分别提高 7.13 和 1.76 个百分点，位次分别上升 1 位和位次不变；科技投入指数和创新绩效指数较上年下降 6.31 和 12.71 个百分点，位次分别下降 10 位和 11 位（表 4-23）。

表 4-23 贵州省劳动保护科学技术研究院各级监测指标和位次与上年比较

指标名称	三级指标值		位次	
	2017 年	2016 年	2017 年	2016 年
综合科技创新水平指数 / %	20.95	22.04	30	26
科技创新环境和基础 / %	33.98	26.85	25	26
人力资源 / %	27.14	25.54	29	29
高层次科技人才系数	0.00	0.00	29	26
高学历以上人员占年末从业人员的比例 / %	8.16	6.00	33	32
高职称以上人员占年末从业人员的比例 / %	29.59	25.00	18	23
创新条件及平台 / %	38.54	27.72	18	17
人均大型科学仪器设备原值 / 万元	16.36	14.53	7	8
省级以上创新平台及载体系数	0.00	0.00	18	16
科技投入 / %	42.69	49.00	26	16
人力投入 / %	11.56	9.12	28	30
R&D 人员占年末从业人员的比重 / %	18.37	18.00	28	31
创新人才团队总量系数	0.00	0.00	19	15
经费投入 / %	73.82	88.87	16	4
人均科研经费 / 万元	7.86	15.14	20	10
人均 R&D 经费 / 万元	58.40	48.61	21	24
科技产出 / %	4.05	2.29	30	30
知识产出 / %	11.28	4.25	30	29
科技论文系数	0.63	1.11	29	28
知识产权系数	0.14	0.00	28	29
科技奖励 / %	0.00	0.00	14	12
科技成果系数	0.00	0.00	14	12
技术成果市场化水平 / %	0.00	0.00	3	4
人均技术市场成交合同金额 / 万元	0.00	0.00	3	4
科技合作交流 / %	4.90	4.90	21	19
项目合作系数	0.29	0.29	19	19

续表

指标名称	三级指标值		位次	
	2017年	2016年	2017年	2016年
论文论著合作系数	0.00	0.00	13	11
创新绩效 / %	2.46	15.17	31	20
科技服务 / %	0.00	0.00	29	29
科技服务系数	0.00	0.00	29	27
产学研结合 / %	0.00	0.00	22	21
产学研结合系数	0.00	0.00	22	21
创造效益 / %	9.85	37.97	16	5
经济效益系数	19.69	284.74	16	5

（二十四）贵州省农作物品种资源研究所

年末从业人员40人；高学历以上人员25人，占年末从业人员的比例为62.50%，居第6位；高职称以上人员16人，占年末从业人员的比例为40.00%，居第6位；大型科学仪器设备原值800.00万元，人均大型科学仪器设备原值20.00万元，居第5位。

R&D人员25人，占年末从业人员的比重为62.50%，居第18位；科研经费900.00万元，人均科研经费22.50万元，居第4位；R&D经费1124.00万元，人均R&D经费28.10万元，居第26位。

发表科技论文5篇（一般科技论文2篇，核心期刊2篇，三大检索工具收录1篇），科技论文系数为0.68，居第28位；发明专利拥有量12项，知识产权系数1.33，居第6位；科技培训人数3000人，科技特派员25人，科技服务系数0.03，居第13位。

贵州省农作物品种资源研究所综合科技创新指数为46.64%，居公益类科研院所第18位，与上年相比，监测值上升22.47个百分点，位次上升6位。4个一级指标中，科技创新环境和基础指数、科技投入指数、科技产出指数和创新绩效指数较上年分别提高10.79、39.29、22.16和14.62个百分点，位次分别不变、上升10位、上升2位和上升4位（表4-24）。

表4-24 贵州省农作物品种资源研究所各级监测指标和位次与上年比较

指标名称	三级指标值		位次	
	2017年	2016年	2017年	2016年
综合科技创新水平指数 / %	46.64	24.17	18	24
科技创新环境和基础 / %	48.13	37.34	19	19
人力资源 / %	82.72	64.44	16	14
高层次科技人才系数	0.44	0.22	12	13

续表

指标名称	三级指标值		位次	
	2017 年	2016 年	2017 年	2016 年
高学历以上人员占年末从业人员的比例 / %	62.50	55.26	6	10
高职称以上人员占年末从业人员的比例 / %	40.00	36.84	6	12
创新条件及平台 / %	25.07	19.28	20	18
人均大型科学仪器设备原值 / 万元	20.00	21.05	5	4
省级以上创新平台及载体系数	0.00	0.00	18	16
科技投入 / %	66.97	27.68	16	26
人力投入 / %	74.54	9.53	17	29
R&D 人员占年末从业人员的比重 / %	62.50	36.84	18	25
创新人才团队总量系数	0.36	0.00	10	15
经费投入 / %	59.41	45.82	22	22
人均科研经费 / 万元	22.50	23.68	4	2
人均 R&D 经费 / 万元	28.10	23.63	26	26
科技产出 / %	42.49	20.33	8	10
知识产出 / %	55.70	52.75	19	5
科技论文系数	0.68	2.16	28	25
知识产权系数	1.33	1.07	6	4
科技奖励 / %	95.20	23.80	4	3
科技成果系数	0.10	0.07	4	3
技术成果市场化水平 / %	0.00	0.00	3	4
人均技术市场成交合同金额 / 万元	0.00	0.00	3	4
科技合作交流 / %	0.00	0.00	25	26
项目合作系数	0.00	0.00	25	25
论文论著合作系数	0.00	0.00	13	11
创新绩效 / %	19.95	5.33	24	28
科技服务 / %	57.00	15.20	13	24
科技服务系数	0.03	0.02	13	18
产学研结合 / %	0.00	0.00	22	21
产学研结合系数	0.00	0.00	22	21
创造效益 / %	0.00	0.00	20	20
经济效益系数	0.00	0.00	20	20

（二十五）贵州省水利科学研究院

年末从业人员 108 人；高学历以上人员 17 人，占年末从业人员的比例为 15.74%，居第 30 位；高职称以上人员 24 人，占年末从业人员的比例为 22.22%，居第 28 位；大型科学仪器设备原值 544.00 万元，人均大型科学仪器设备原值 5.04 万元，居第 25 位。

R&D 人员 36 人，占年末从业人员的比重为 33.33%，居第 26 位；科研经费 1700.00 万元，人均科研经费 15.74 万元，居第 9 位；R&D 经费 2826.00 万元，人均 R&D 经费 26.17 万元，居第 27 位。

发表科技论文 36 篇（一般科技论文 25 篇，核心期刊 10 篇，三大检索工具收录 1 篇），科技论文系数为 3.21，居第 17 位；发明专利拥有量 1 项，知识产权系数 0.28，居第 24 位；科技培训人数 30 人，技术服务收入 500.00 万元，经济效益系数 153.85，居第 6 位。

贵州省水利科学研究院综合科技创新指数为 24.82%，居公益类科研院所第 29 位，与上年相比，监测值提高 4.53 个百分点，位次下降 1 位。4 个一级指标中，科技创新环境和基础指数、科技投入指数、科技产出指数和创新绩效指数较上年分别提高 4.79、7.70、1.49 和 5.92 个百分点，位次分别下降 1 位、下降 3 位、下降 4 位和下降 3 位（表 4-25）。

表 4-25 贵州省水利科学研究院各级监测指标和位次与上年比较

指标名称	三级指标值		位次	
	2017 年	2016 年	2017 年	2016 年
综合科技创新水平指数 / %	24.82	20.29	29	28
科技创新环境和基础 / %	25.15	20.36	29	28
人力资源 / %	42.44	39.03	27	25
高层次科技人才系数	0.07	0.07	26	22
高学历以上人员占年末从业人员的比例 / %	15.74	14.81	30	31
高职称以上人员占年末从业人员的比例 / %	22.22	19.44	28	28
创新条件及平台 / %	13.62	7.92	26	25
人均大型科学仪器设备原值 / 万元	5.04	3.89	25	30
省级以上创新平台及载体系数	0.00	0.00	18	16
科技投入 / %	49.20	41.50	24	21
人力投入 / %	22.76	17.96	26	23
R&D 人员占年末从业人员的比重 / %	33.33	33.33	26	26
创新人才团队总量系数	0.00	0.00	19	15
经费投入 / %	75.64	65.04	13	15
人均科研经费 / 万元	15.74	13.56	9	12
人均 R&D 经费 / 万元	26.17	16.63	27	28

续表

指标名称	三级指标值		位次	
	2017 年	2016 年	2017 年	2016 年
科技产出 / %	9.58	8.09	26	22
知识产出 / %	38.33	13.31	23	28
科技论文系数	3.21	2.74	17	22
知识产权系数	0.28	0.07	24	28
科技奖励 / %	0.00	15.87	14	8
科技成果系数	0.00	0.05	14	8
技术成果市场化水平 / %	0.00	0.00	3	4
人均技术市场成交合同金额 / 万元	0.00	0.00	3	4
科技合作交流 / %	0.00	0.00	25	26
项目合作系数	0.00	0.00	25	25
论文论著合作系数	0.00	0.00	13	11
创新绩效 / %	19.23	13.31	25	22
科技服务 / %	0.00	0.00	29	29
科技服务系数	0.00	0.00	29	27
产学研结合 / %	0.00	0.00	22	21
产学研结合系数	0.00	0.00	22	21
创造效益 / %	76.92	28.72	6	6
经济效益系数	153.85	215.38	6	6

（二十六）贵州省农业科技信息研究所

年末从业人员 46 人；高学历以上人员 17 人，占年末从业人员的比例为 36.96%，居第 18 位；高职称以上人员 13 人，占年末从业人员的比例为 28.26%，居第 20 位；大型科学仪器设备原值 695.00 万元，人均大型科学仪器设备原值 15.11 万元，居第 8 位。

R&D 人员 19 人，占年末从业人员的比重为 41.30%，居第 25 位；科研经费 119.00 万元，人均科研经费 2.59 万元，居第 31 位；R&D 经费 2560.00 万元，人均 R&D 经费 55.65 万元，居第 22 位。

发表科技论文 16 篇（核心期刊 16 篇），科技论文系数为 2.53，居第 21 位；省内合作项目 1 项，项目合作系数 0.12，居第 20 位；科技培训人数 500 人，科技特派员 14 人，科技服务系数 0.02，居第 24 位。

贵州省农业科技信息研究所综合科技创新指数为 27.02%，居公益类科研院所第 27 位，与上年相比，监测值提高 9.09 个百分点，位次上升 2 位。4 个一级指标中，科技创新环境和基础指数、科技投入指数和创新绩效指数较上年分别提高 4.11、32.33 和 3.93 个百分点，位次分别下降 5 位、上升 7 位和下降 3 位；科技产出指数较上年下降 1.73 个百分点，位次下降 6 位（表 4-26）。

表 4-26 贵州省农业科技信息研究所各级监测指标和位次与上年比较

指标名称	三级指标值		位次	
	2017 年	2016 年	2017 年	2016 年
综合科技创新水平指数 / %	27.02	17.93	27	29
科技创新环境和基础 / %	41.97	37.86	22	17
人力资源 / %	73.62	19.96	20	30
高层次科技人才系数	0.31	0.00	19	26
高学历以上人员占年末从业人员的比例 / %	36.96	35.00	18	19
高职称以上人员占年末从业人员的比例 / %	28.26	27.50	20	20
创新条件及平台 / %	20.87	49.81	22	6
人均大型科学仪器设备原值 / 万元	15.11	17.38	8	7
省级以上创新平台及载体系数	0.00	0.17	18	4
科技投入 / %	50.80	18.47	23	30
人力投入 / %	74.54	13.33	18	27
R&D 人员占年末从业人员的比重 / %	41.30	50.00	25	20
创新人才团队总量系数	0.64	0.00	7	15
经费投入 / %	27.06	23.61	31	29
人均科研经费 / 万元	2.59	1.40	31	31
人均 R&D 经费 / 万元	55.65	64.00	22	18
科技产出 / %	6.22	7.95	29	23
知识产出 / %	22.90	29.85	29	16
科技论文系数	2.53	2.95	21	20
知识产权系数	0.04	0.44	32	13
科技奖励 / %	0.00	0.00	14	12
科技成果系数	0.00	0.00	14	12
技术成果市场化水平 / %	0.00	0.00	3	4
人均技术市场成交合同金额 / 万元	0.00	0.00	3	4
科技合作交流 / %	1.96	1.96	22	22
项目合作系数	0.12	0.12	20	21

续表

指标名称	三级指标值		位次	
	2017 年	2016 年	2017 年	2016 年
论文论著合作系数	0.00	0.00	13	11
创新绩效 / %	10.99	7.06	30	27
科技服务 / %	31.40	20.20	24	18
科技服务系数	0.02	0.02	24	18
产学研结合 / %	0.00	0.00	22	21
产学研结合系数	0.00	0.00	22	21
创造效益 / %	0.00	9.56	20	20
经济效益系数	0.00	71.69	20	11

（二十七）贵州省山地农业机械研究所

年末从业人员 42 人；高学历以上人员 12 人，占年末从业人员的比例为 28.57%，居第 25 位；高职称以上人员 16 人，占年末从业人员的比例为 38.10%，居第 8 位；大型科学仪器设备原值 17.00 万元，人均大型科学仪器设备原值 0.40 万元，居第 31 位。

R&D 人员 29 人，占年末从业人员的比重 69.05%，居第 15 位；科研经费 610.00 万元，人均科研经费 14.52 万元，居第 12 位；R&D 经费 2729.00 万元，人均 R&D 经费 64.98 万元，居第 20 位；发表科技论文 3 篇（一般科技论文 2 篇，核心期刊 1 篇）技论文系数为 0.26，居第 32 位。

省外合作项目 1 项，产学研合作项目 5 项，项目合作系数 0.71，居第 16 位；科技培训人数 750 人，对外科技咨询项数 15 项。

贵州省山地农业机械研究所综合科技创新水平指数为 25.76%，居公益类科研院所第 28 位，与上年相比，监测值上升 9.29 个百分点，位次上升 2 位。4 个一级指标中，科技创新环境和基础指数、科技投入指数、科技产出指数和创新绩效指数较上年分别提高 0.22、20.48、5.81 和 13.83 个百分点，位次分别下降 8 位、上升 2 位、上升 2 位和上升 3 位（表 4-27）。

表 4-27 贵州省山地农业机械研究所各级监测指标和位次与上年比较

指标名称	三级指标值		位次	
	2017 年	2016 年	2017 年	2016 年
综合科技创新水平指数 / %	25.76	16.47	28	30
科技创新环境和基础 / %	39.98	39.76	23	15
人力资源 / %	24.14	39.74	30	23
高层次科技人才系数	0.00	0.12	29	21

续表

指标名称	三级指标值		位次	
	2017年	2016年	2017年	2016年
高学历以上人员占年末从业人员的比例 / %	28.57	26.83	25	24
高职称以上人员占年末从业人员的比例 / %	38.10	31.71	8	18
创新条件及平台 / %	50.53	39.78	17	14
人均大型科学仪器设备原值 / 万元	0.40	6.68	31	21
省级以上创新平台及载体系数	0.17	0.17	5	4
科技投入 / %	39.42	18.94	27	29
人力投入 / %	22.83	18.48	25	22
R&D人员占年末从业人员的比重 / %	69.05	68.29	15	14
创新人才团队总量系数	0.00	0.00	19	15
经费投入 / %	56.01	19.39	25	30
人均科研经费 / 万元	14.52	1.71	12	30
人均R&D经费 / 万元	64.98	48.63	20	23
科技产出 / %	9.51	3.70	27	29
知识产出 / %	26.27	3.04	28	30
科技论文系数	0.26	0.79	32	30
知识产权系数	0.58	0.00	19	29
科技奖励 / %	0.00	0.00	14	12
科技成果系数	0.00	0.00	14	12
技术成果市场化水平 / %	0.00	0.00	3	4
人均技术市场成交合同金额 / 万元	0.00	0.00	3	4
科技合作交流 / %	11.76	11.76	17	13
项目合作系数	0.71	0.71	16	12
论文论著合作系数	0.00	0.00	13	11
创新绩效 / %	17.19	3.36	27	30
科技服务 / %	13.40	3.90	26	27
科技服务系数	0.01	0.00	26	27
产学研结合 / %	31.25	5.00	15	20
产学研结合系数	0.25	0.10	15	20
创造效益 / %	0.00	0.00	20	20
经济效益系数	0.00	0.00	20	20

（二十八）贵州省亚热带作物研究所

年末从业人员 82 人；高学历以上人员 17 人，占年末从业人员的比例为 20.73%，居第 28 位；高职称以上人员 21 人，占年末从业人员的比例为 25.61%，居第 22 位；大型科学仪器设备原值 373.00 万元，人均大型科学仪器设备原值 4.55 万元，居第 26 位。

R&D 人员 82 人，占年末从业人员的比重为 100.00%，居第 2 位；科研经费 1089.00 万元，人均科研经费 13.28 万元，居第 14 位；R&D 经费 12 836.00 万元，人均 R&D 经费 156.54 万元，居第 11 位。

发表科技论文 25 篇（一般科技论文 9 篇，核心期刊 16 篇），科技论文系数为 3.00，居第 20 位。

贵州省亚热带作物研究所综合科技创新指数为 42.44%，居公益类科研院所第 22 位，与上年相比，监测值提高 5.04 个百分点，位次下降 7 位。4 个一级指标中，科技创新环境和基础指数、科技产出指数和创新绩效指数较上年分别提高 13.64、8.31 和 24.83 个百分点，位次分别上升 1 位、下降 10 位和上升 2 位；科技投入指数较上年下降 19.99 个百分点，位次下降 12 位（表 4-28）。

表 4-28 贵州省亚热带作物研究所各级监测指标和位次与上年比较

指标名称	三级指标值		位次	
	2017 年	2016 年	2017 年	2016 年
综合科技创新水平指数 / %	42.44	37.40	22	15
科技创新环境和基础 / %	31.98	18.34	28	29
人力资源 / %	65.28	34.79	23	27
高层次科技人才系数	0.22	0.03	21	25
高学历以上人员占年末从业人员的比例 / %	20.73	26.83	28	24
高职称以上人员占年末从业人员的比例 / %	25.61	24.39	22	26
创新条件及平台 / %	9.78	7.37	28	27
人均大型科学仪器设备原值 / 万元	4.55	4.55	26	27
省级以上创新平台及载体系数	0.00	0.00	18	16
科技投入 / %	66.95	86.94	17	5
人力投入 / %	40.00	100.00	19	1
R&D 人员占年末从业人员的比重 / %	100.00	98.78	2	4
创新人才团队总量系数	0.00	0.64	19	6
经费投入 / %	93.89	73.88	4	8
人均科研经费 / 万元	13.28	11.42	14	17
人均 R&D 经费 / 万元	156.54	96.37	11	14
科技产出 / %	32.68	24.37	16	6

续表

指标名称	三级指标值		位次	
	2017年	2016年	2017年	2016年
知识产出 / %	75.00	38.51	8	10
科技论文系数	3.00	2.79	20	21
知识产权系数	1.26	0.67	7	10
科技奖励 / %	0.00	0.00	14	12
科技成果系数	0.00	0.00	14	12
技术成果市场化水平 / %	7.13	62.03	2	2
人均技术市场成交合同金额 / 万元	0.12	1.06	2	1
科技合作交流 / %	50.00	9.37	9	16
项目合作系数	3.18	0.29	4	16
论文论著合作系数	0.00	0.63	13	9
创新绩效 / %	41.81	16.98	15	17
科技服务 / %	72.40	47.60	6	5
科技服务系数	0.04	0.05	6	5
产学研结合 / %	37.50	0.00	13	21
产学研结合系数	0.30	0.00	13	21
创造效益 / %	5.88	0.00	18	20
经济效益系数	11.75	0.00	18	20

（二十九）贵州省土壤肥料研究所

年末从业人员45人；高学历以上人员29人，占年末从业人员的比例为64.44%，居第5位；高职称以上人员15人，占年末从业人员的比例为33.33%，居第14位；大型科学仪器设备原值494.20万元，人均大型科学仪器设备原值10.98万元，居第12位。

R&D人员40人，占年末从业人员的比重为88.89%，居第7位；科研经费431.00万元，人均科研经费9.58万元，居第18位；R&D经费4540.00万元，人均R&D经费100.89万元，居第14位。

发表科技论文29篇（一般科技论文9篇，核心期刊19篇，三大检索工具收录1篇），科技论文系数为3.74，居第12位，科技培训人数1440人，科技特派员26人，科技服务系数0.03，居第11位。

贵州省土壤肥料研究所综合科技创新指数为37.96%，居公益类科研院所第24位，与上年相比，监测值提高17.52个百分点，位次上升3位。4个一级指标中，科技创新环境和基础指数、科技投入指数、科技产出指数和创新绩效指数较上年分别提高3.21、37.21、17.59和8.37个百分点，位次分别下降3位、上升12位、上升3位和不变（表4-29）。

表 4-29 贵州省土壤肥料研究所各级监测指标和位次与上年比较

指标名称	三级指标值		位次	
	2017 年	2016 年	2017 年	2016 年
综合科技创新水平指数 / %	37.96	20.44	24	27
科技创新环境和基础 / %	32.04	28.83	27	24
人力资源 / %	57.70	54.65	24	18
高层次科技人才系数	0.15	0.15	24	18
高学历以上人员占年末从业人员的比例 / %	64.44	63.41	5	5
高职称以上人员占年末从业人员的比例 / %	33.33	34.15	14	13
创新条件及平台 / %	14.94	11.62	25	22
人均大型科学仪器设备原值 / 万元	10.98	12.05	12	12
省级以上创新平台及载体系数	0.00	0.00	18	16
科技投入 / %	72.01	34.80	13	25
人力投入 / %	83.87	21.60	14	20
R&D 人员占年末从业人员的比重 / %	88.89	82.93	7	10
创新人才团队总量系数	0.36	0.00	10	15
经费投入 / %	60.15	47.99	20	21
人均科研经费 / 万元	9.58	7.54	18	24
人均 R&D 经费 / 万元	100.89	103.63	14	11
科技产出 / %	25.33	7.74	21	24
知识产出 / %	42.25	28.98	20	17
科技论文系数	3.74	5.37	12	6
知识产权系数	0.27	0.20	26	25
科技奖励 / %	47.60	0.00	8	12
科技成果系数	0.05	0.00	8	12
技术成果市场化水平 / %	0.00	0.00	3	4
人均技术市场成交合同金额 / 万元	0.00	0.00	3	4
科技合作交流 / %	1.96	1.96	22	22
项目合作系数	0.12	0.12	20	21
论文论著合作系数	0.00	0.00	13	11
创新绩效 / %	20.51	12.14	23	23
科技服务 / %	58.60	34.70	11	8
科技服务系数	0.03	0.03	11	8

续表

指标名称	三级指标值		位次	
	2017 年	2016 年	2017 年	2016 年
产学研结合 / %	0.00	0.00	22	21
产学研结合系数	0.00	0.00	22	21
创造效益 / %	0.00	0.00	20	20
经济效益系数	0.00	0.00	20	20

（三十）贵州省现代农业发展研究所

年末从业人员 40 人；高学历以上人员 26 人，占年末从业人员的比例为 65.00%，居第 3 位；高职称以上人员 12 人，占年末从业人员的比例为 30.00%，居第 16 位，大型科学仪器设备原值 140.40 万元，人均大型科学仪器设备原值 3.51 万元，居第 29 位。

R&D 人员 38 人，占年末从业人员的比重为 95.00%，居第 5 位；科研经费 49.00 万元，人均科研经费 1.22 万元，居第 32 位；R&D 经费 4339.00 万元，人均 R&D 经费 108.48 万元，居第 13 位。

发表科技论文 24 篇（一般科技论文 7 篇，核心期刊 13 篇，三大检索工具收录 4 篇），科技论文系数为 3.68，居第 13 位；科技培训人数 3972 人，对外科技咨询项数 1 项，科技特派员数 11 人，科技服务系数 0.01，居第 25 位。

贵州省现代农业发展研究所综合科技创新水平指数为 33.02%，居公益类科研院所第 26 位，与上年相比，监测值提高 7.57 个百分点，位次下降 4 位。4 个一级指标中，科技创新环境和基础指数、科技产出指数和创新绩效指数较上年分别上升 26.48、7.60 和 11.04 个百分点，位次分别上升 3 位、不变和上升 3 位；科技投入指数较上年下降 13.47 个百分点，位次下降 8 位（表 4-30）。

表 4-30 贵州省现代农业发展研究所各级监测指标和位次与上年比较

指标名称	三级指标值		位次	
	2017 年	2016 年	2017 年	2016 年
综合科技创新水平指数 / %	33.02	25.45	26	22
科技创新环境和基础 / %	64.31	37.83	15	18
人力资源 / %	79.16	39.40	18	24
高层次科技人才系数	0.49	0.07	9	22
高学历以上人员占年末从业人员的比例 / %	65.00	63.89	3	3
高职称以上人员占年末从业人员的比例 / %	30.00	33.33	16	15
创新条件及平台 / %	54.41	36.79	16	16
人均大型科学仪器设备原值 / 万元	3.51	3.90	29	29

续表

指标名称	三级指标值		位次	
	2017 年	2016 年	2017 年	2016 年
省级以上创新平台及载体系数	0.17	0.17	5	4
科技投入 / %	33.38	46.85	28	20
人力投入 / %	28.27	21.60	23	20
R&D 人员占年末从业人员的比重 / %	95.00	94.44	5	5
创新人才团队总量系数	0.00	0.00	19	15
经费投入 / %	38.50	72.10	28	10
人均科研经费 / 万元	1.22	20.72	32	4
人均 R&D 经费 / 万元	108.48	138.64	13	6
科技产出 / %	15.18	7.58	25	25
知识产出 / %	37.65	19.15	24	25
科技论文系数	3.68	3.05	13	19
知识产权系数	0.17	0.18	27	27
科技奖励 / %	0.00	0.00	14	12
科技成果系数	0.00	0.00	14	12
技术成果市场化水平 / %	0.00	0.00	3	4
人均技术市场成交合同金额 / 万元	0.00	0.00	3	4
科技合作交流 / %	23.05	11.16	15	14
项目合作系数	0.12	0.00	20	25
论文论著合作系数	1.69	1.56	9	7
创新绩效 / %	21.88	10.84	22	25
科技服务 / %	26.80	16.70	25	21
科技服务系数	0.01	0.02	25	18
产学研结合 / %	31.25	12.50	15	13
产学研结合系数	0.25	0.25	15	14
创造效益 / %	0.00	0.00	20	20
经济效益系数	0.00	0.00	20	20

（三十一）贵州省科技信息中心

年末从业人员 47 人；高学历以上人员 7 人，占年末从业人员的比例为 14.89%，居第 31 位；高职称以上人员 6 人，占年末从业人员的比例为 12.77%，居第 32 位。

科研经费 3810.80 万元，人均科研经费 81.08 万元，居第 1 位。

贵州省科技信息中心综合科技创新指数为 12.00%，居公益类科研院所第 31 位，与上年相比，监测值上升 9.13 个百分点,位次上升 1 位。4 个一级指标中,科技创新环境和基础指数、科技投入指数、科技产出指数和创新绩效指数较上年分别提高 6.98、20.57、1.04、12.50 个百分点,位次分别上升 2 位、上升 2 位、不变和上升 3 位(表 4-31)。

表 4-31 贵州省科技信息中心各级监测指标和位次与上年比较

指标名称	三级指标值		位次	
	2017 年	2016 年	2017 年	2016 年
综合科技创新水平指数 / %	12.00	2.87	31	32
科技创新环境和基础 / %	9.03	2.05	31	33
人力资源 / %	22.58	5.14	31	33
高层次科技人才系数	0.07	0.00	26	26
高学历以上人员占年末从业人员的比例 / %	14.89	0.00	31	33
高职称以上人员占年末从业人员的比例 / %	12.77	11.36	32	32
创新条件及平台 / %	0.00	0.00	33	33
人均大型科学仪器设备原值 / 万元	0.00	0.00	33	33
省级以上创新平台及载体系数	0.00	0.00	18	16
科技投入 / %	30.00	9.43	29	31
人力投入 / %	0.00	0.00	31	32
R&D 人员占年末从业人员的比重 / %	0.00	0.00	31	32
创新人才团队总量系数	0.00	0.00	19	15
经费投入 / %	60.00	18.87	21	31
人均科研经费 / 万元	81.08	10.44	1	18
人均 R&D 经费 / 万元	0.00	0.00	31	32
科技产出 / %	1.04	0.00	33	33
知识产出 / %	4.17	0.00	33	33
科技论文系数	0.00	0.00	33	33
知识产权系数	0.10	0.00	30	29
科技奖励 / %	0.00	0.00	14	12
科技成果系数	0.00	0.00	14	12
技术成果市场化水平 / %	0.00	0.00	3	4
人均技术市场成交合同金额 / 万元	0.00	0.00	3	4
科技合作交流 / %	0.00	0.00	25	26
项目合作系数	0.00	0.00	25	25

续表

指标名称	三级指标值		位次	
	2017年	2016年	2017年	2016年
论文论著合作系数	0.00	0.00	13	11
创新绩效/%	12.50	0.00	29	32
科技服务/%	0.00	0.00	29	29
科技服务系数	0.00	0.00	29	27
产学研结合/%	31.25	0.00	15	21
产学研结合系数	0.25	0.00	15	21
创造效益/%	0.00	0.00	20	20
经济效益系数	0.00	0.00	20	20

（三十二）贵州省粮油科研设计所

年末从业人员4人；高学历以上人员1人，占年末从业人员的比例为25.00%，居第27位；高职称以上人员1人，占年末从业人员的比例为25.00%，居第23位。

大型科学仪器设备原值97.00万元，人均大型科学仪器设备原值24.25万元，居第3位；科研经费120.00万元，人均科研经费30.00万元，居第2位。

发表科技论文8篇（一般科技论文6篇，核心期刊2篇），科技论文系数为0.63，居第29位。

贵州省粮油科研设计所综合科技创新水平指数为4.69%，居公益类科研院所第32位，与上年相比，监测值提高0.61个百分点，位次下降1位。4个一级指标中，科技创新环境和基础指数、科技投入指数和科技产出指数较上年分别提高0.78、0.70和0.71个百分点，位次分别下降1位、不变、下降1位；创新绩效指数较上年保持不变，位次下降1位（表4-32）。

表4-32 贵州省粮油科研设计所各级监测指标和位次与上年比较

指标名称	三级指标值		位次	
	2017年	2016年	2017年	2016年
综合科技创新水平指数/%	4.69	4.08	32	31
科技创新环境和基础/%	8.31	7.53	32	31
人力资源/%	5.67	5.31	33	32
高层次科技人才系数	0.00	0.00	29	26
高学历以上人员占年末从业人员的比例/%	25.00	25.00	27	27
高职称以上人员占年末从业人员的比例/%	25.00	25.00	23	23

续表

指标名称	三级指标值		位次	
	2017 年	2016 年	2017 年	2016 年
创新条件及平台 / %	10.07	9.01	27	24
人均大型科学仪器设备原值 / 万元	24.25	24.25	3	3
省级以上创新平台及载体系数	0.00	0.00	18	16
科技投入 / %	8.62	7.92	32	32
人力投入 / %	0.00	0.00	31	32
R&D 人员占年末从业人员的比重 / %	0.00	0.00	31	32
创新人才团队总量系数	0.00	0.00	19	15
经费投入 / %	17.24	15.84	32	32
人均科研经费 / 万元	30.00	30.00	2	1
人均 R&D 经费 / 万元	0.00	0.00	31	32
科技产出 / %	1.32	0.61	32	31
知识产出 / %	5.26	2.43	32	31
科技论文系数	0.63	0.63	29	31
知识产权系数	0.00	0.00	33	29
科技奖励 / %	0.00	0.00	14	12
科技成果系数	0.00	0.00	14	12
技术成果市场化水平 / %	0.00	0.00	3	4
人均技术市场成交合同金额 / 万元	0.00	0.00	3	4
科技合作交流 / %	0.00	0.00	25	26
项目合作系数	0.00	0.00	25	25
论文论著合作系数	0.00	0.00	13	11
创新绩效 / %	0.00	0.00	32	31
科技服务 / %	0.00	0.00	29	29
科技服务系数	0.00	0.00	29	27
产学研结合 / %	0.00	0.00	22	21
产学研结合系数	0.00	0.00	22	21
创造效益 / %	0.00	0.00	20	20
经济效益系数	0.00	0.00	20	20

(三十三)贵州省冶金科学研究室

年末从业人员 11 人;高学历以上人员 4 人,占年末从业人员的比例为 36.36%,居第 20 位;高职称以上人员 10 人,占年末从业人员的比例为 90.91%,居第 1 位,大型科学仪器设备原值 4.30 万元,人均大型科学仪器设备原值 0.39 万元,居第 32 位。

R&D 人员 2 人,占年末从业人员的比重为 18.18%,居第 29 位;科研经费 4.00 万元,人均科研经费 0.36 万元,居第 33 位;R&D 经费 192.00 万元,人均 R&D 经费 17.45 万元,居第 28 位。

发表科技论文 6 篇(一般科技论文 4 篇,核心期刊 2 篇),科技论文系数为 0.53,居第 31 位。

贵州省冶金科学研究室综合科技创新指数为 3.28%,居公益类科研院所第 33 位,与上年相比,监测值上升 0.87 个百分点,位次不变。4 个一级指标中,科技创新环境和基础指数、科技投入指数和科技产出指数较上年分别提高 0.25、0.55 和 1.94 个百分点,位次分别下降 1 位、不变和上升 1 位;创新绩效指数较上年保持不变,位次上升 1 位(表 4-33)。

表 4-33 贵州省冶金科学研究室各级监测指标和位次与上年比较

指标名称	三级指标值		位次	
	2017 年	2016 年	2017 年	2016 年
综合科技创新水平指数 / %	3.28	2.41	33	33
科技创新环境和基础 / %	7.18	6.93	33	32
人力资源 / %	17.58	17.05	32	31
高层次科技人才系数	0.00	0.00	29	26
高学历以上人员占年末从业人员的比例 / %	36.36	36.36	20	17
高职称以上人员占年末从业人员的比例 / %	90.91	90.91	1	1
创新条件及平台 / %	0.25	0.19	32	32
人均大型科学仪器设备原值 / 万元	0.39	0.39	32	32
省级以上创新平台及载体系数	0.00	0.00	18	16
科技投入 / %	2.96	2.41	33	33
人力投入 / %	3.01	2.74	30	31
R&D 人员占年末从业人员的比重 / %	18.18	18.18	29	30
创新人才团队总量系数	0.00	0.00	19	15
经费投入 / %	2.91	2.09	33	33
人均科研经费 / 万元	0.36	0.36	33	33
人均 R&D 经费 / 万元	17.45	12.36	28	30
科技产出 / %	2.14	0.20	31	32

续表

指标名称	三级指标值		位次	
	2017年	2016年	2017年	2016年
知识产出 / %	8.55	0.81	31	32
科技论文系数	0.53	0.21	31	32
知识产权系数	0.10	0.00	30	29
科技奖励 / %	0.00	0.00	14	12
科技成果系数	0.00	0.00	14	12
技术成果市场化水平 / %	0.00	0.00	3	4
人均技术市场成交合同金额 / 万元	0.00	0.00	3	4
科技合作交流 / %	0.00	0.00	25	26
项目合作系数	0.00	0.00	25	25
论文论著合作系数	0.00	0.00	13	11
创新绩效 / %	0.00	0.00	32	33
科技服务 / %	0.00	0.00	29	29
科技服务系数	0.00	0.00	29	27
产学研结合 / %	0.00	0.00	22	21
产学研结合系数	0.00	0.00	22	21
创造效益 / %	0.00	0.00	20	20
经济效益系数	0.00	0.00	20	20

四、开发类科研院所综合科技创新水平评价

根据综合科技创新水平指数,将全省14家开发类科研院所分为3类(图4-11)。

第一类:综合科技创新水平指数高于30.00%的科研院所有5家。

第二类:综合科技创新水平指数低于30.00%,但高于平均水平(24.03%)的科研院所有2家。

第三类:综合科技创新水平指数低于平均水平的科研院所有7家。

2017年与2016年监测结果相比,开发类科研院所综合科技创新水平指数平均水平提高0.12个百分点,贵州省化工研究院、贵州省轻工业科学研究所和贵州省新材料研究开发基地等9家科研院高于这一增幅;贵州省矿山安全科学研究院、贵州省生物技术研究开发基地和贵州省新技术研究所等5家科研院所低于上年水平(图4-12)。

参照2016年综合科技创新水平指数排序,位次上升较快的是贵州省轻工业科学研究所和贵州

省新材料研究开发基地，均上升4位；位次下降较快的是贵州省矿山安全科学研究院，下降5位。

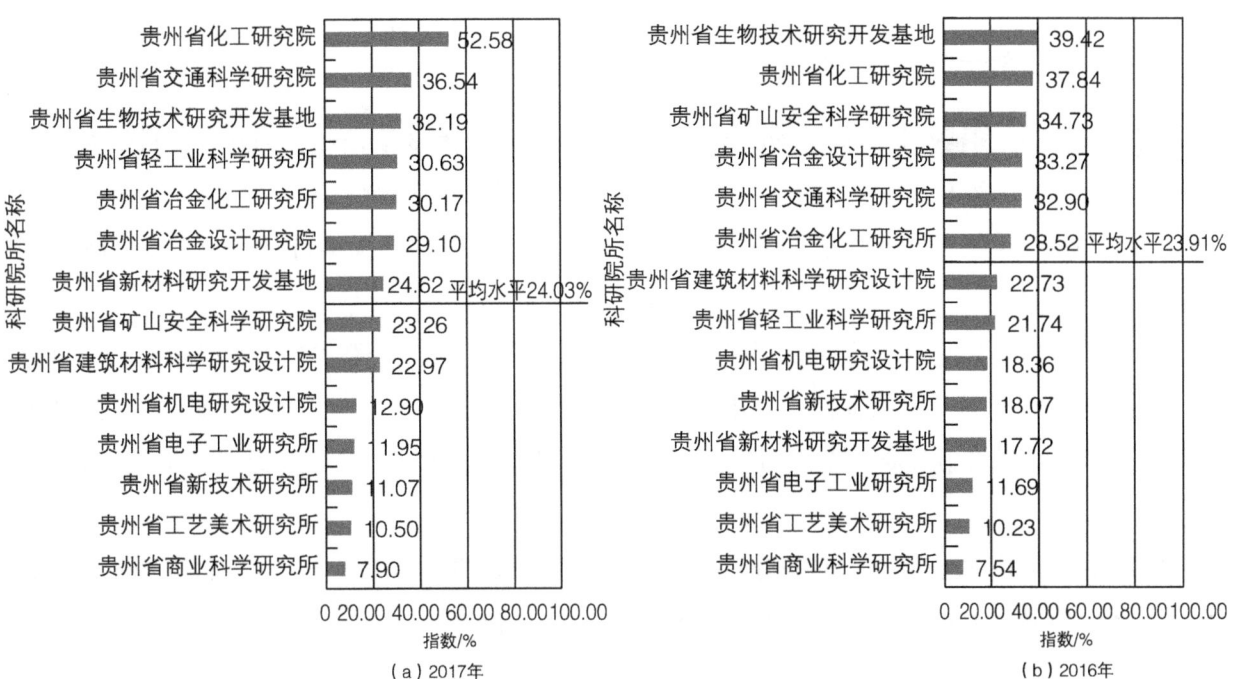

图4-11　开发类科研院所综合科技创新水平指数排序

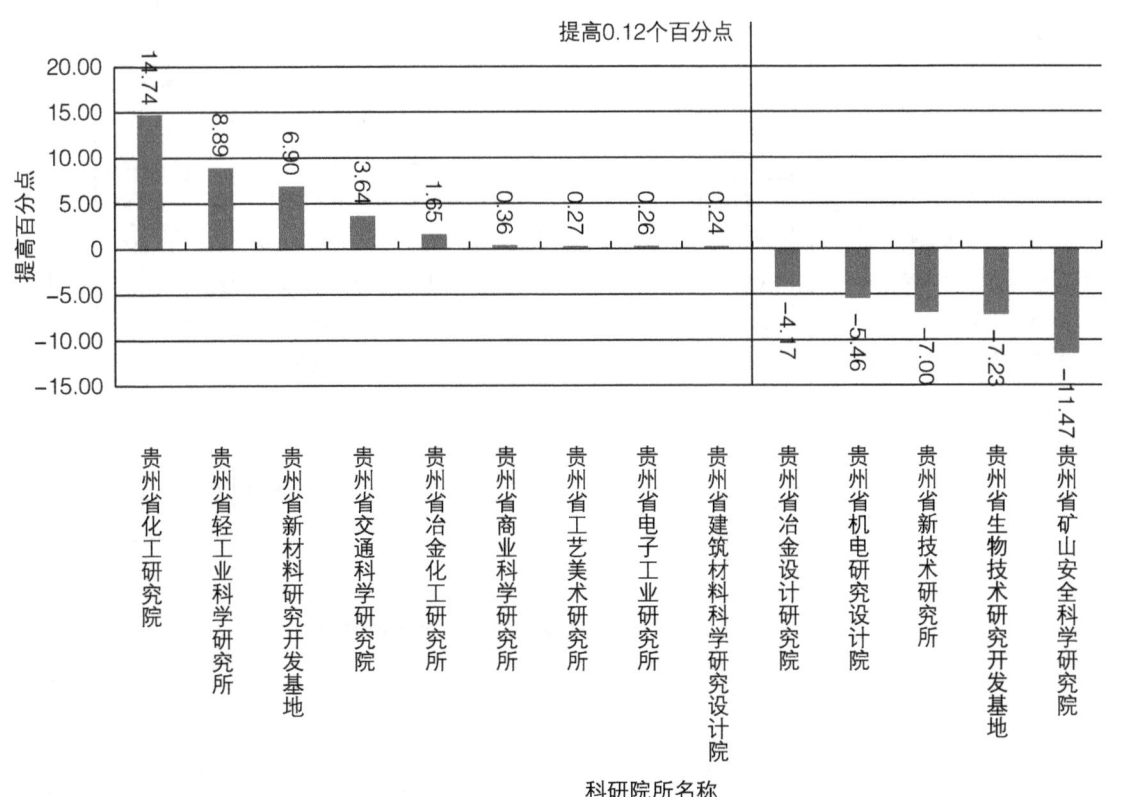

图4-12　开发类科研院所综合科技创新水平指数提高百分点排序

五、开发类科研院所科技创新一级指标评价

（一）科技创新环境和基础

科技创新环境和基础指数高于40.00%的开发类科研院所有3家，占全部开发类科研院所的21.43%；低于40.00%，但高于平均水平（25.92%）的开发类科研院所有3家，占全部开发类科研院所的21.43%；低于平均水平的开发类科研院所有8家，占全部开发类科研院所的57.14%（图4-13）。

2017年与2016年监测结果相比，科研院所科技创新环境和基础指数平均水平提高4.63个百分点。贵州省化工研究院、贵州省轻工业科学研究所和贵州省新材料研究开发基地3家科研院所高于这一增幅；贵州省冶金设计研究院、贵州省建筑材料科学研究设计院2家科研院所低于上年水平（图4-14）。

参照2016年科技创新环境和基础指数排位，位次上升较快的是贵州省轻工业科学研究所，上升4位；位次下降较快的是贵州省冶金设计研究院，下降4位。

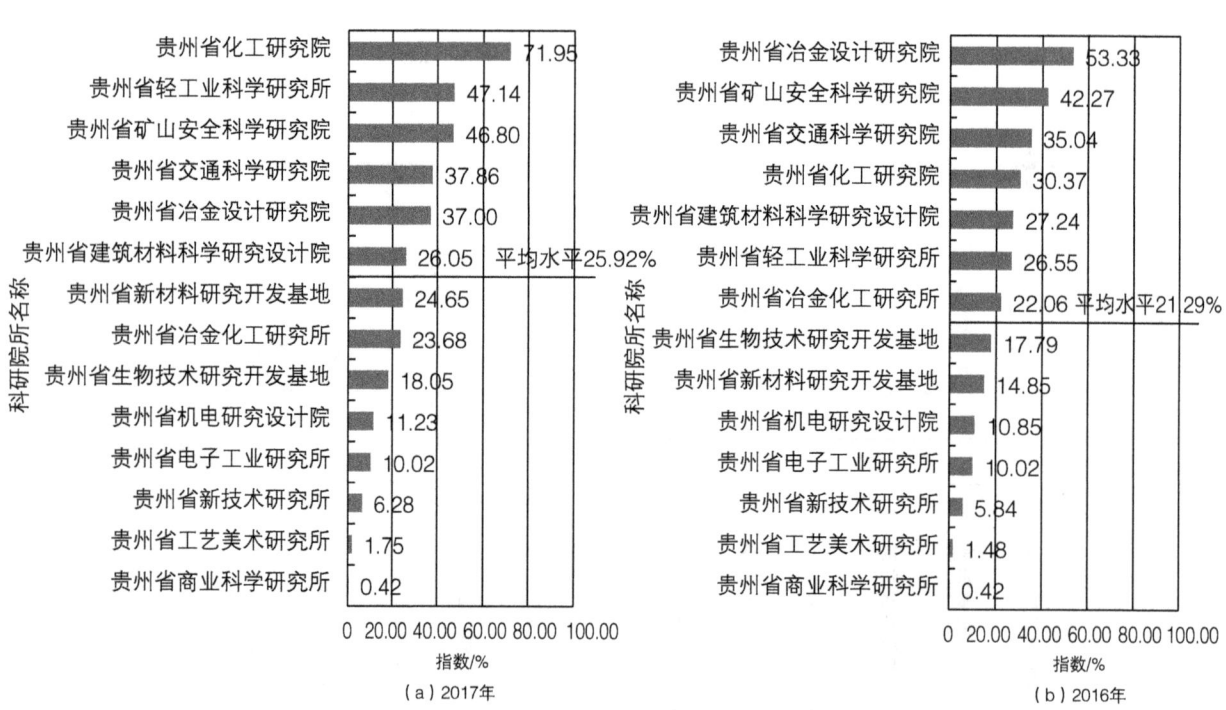

图4-13 开发类科研院所科技创新环境和基础指数排序

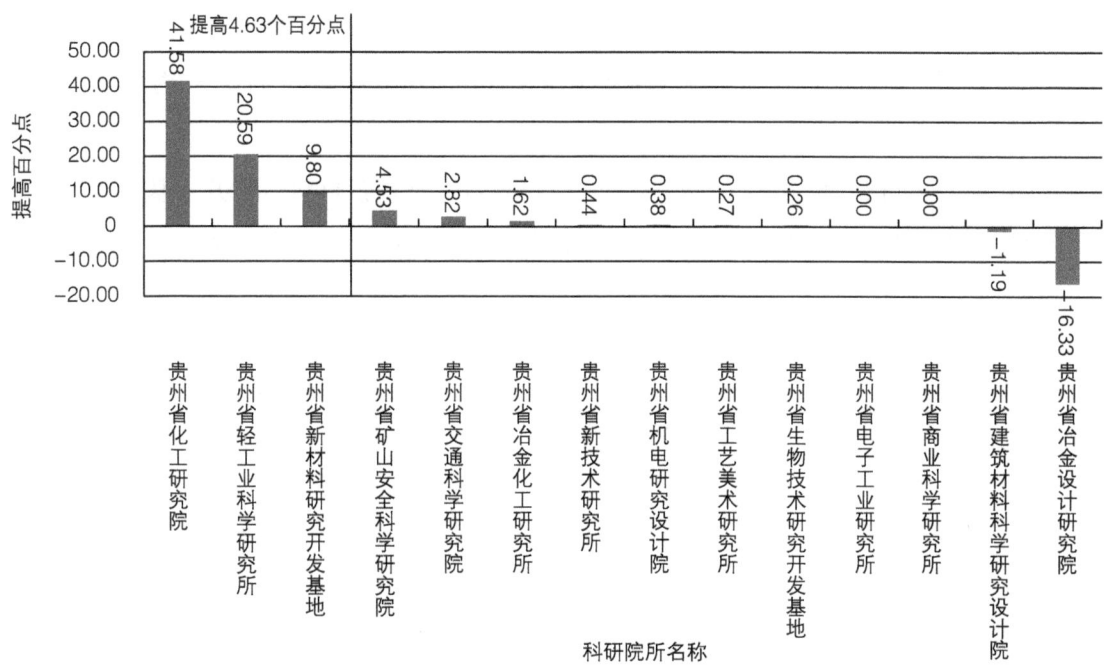

图 4-14 开发类科研院所科技创新环境和基础指数提高百分点排序

（二）科技投入

科技投入指数高于 60.00% 的开发类科研院所有 2 家，占全部开发类科研院所的 14.29%；低于 60.00%，但高于平均水平（42.80%）的开发类科研院所有 4 家，占全部开发类科研院所的 28.57%；低于平均水平的开发类科研院所有 8 家，占全部开发类科研院所的 57.14%（图 4-15）。

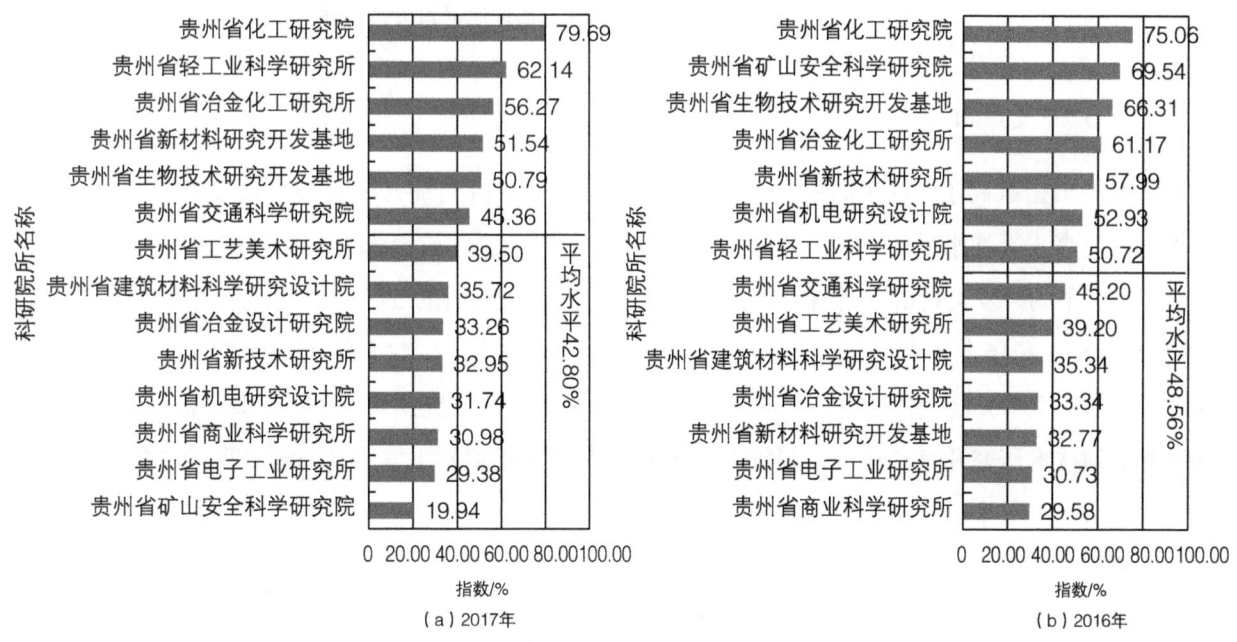

图 4-15 开发类科研院所科技投入指数排序

2017年与2016年监测结果相比,开发类科研院所科技投入指数平均水平下降5.76个百分点,贵州省矿山安全科学研究院、贵州省新技术研究所和贵州省机电研究设计院等7家科研院所低于上年水平(图4-16)。

参照2016年科技投入指数排序,位次上升较快的是贵州省新材料研究开发基地和贵州省轻工业科学研究所,上升8位和5位;位次下降较快的是贵州省矿山安全科学研究院,下降12位。

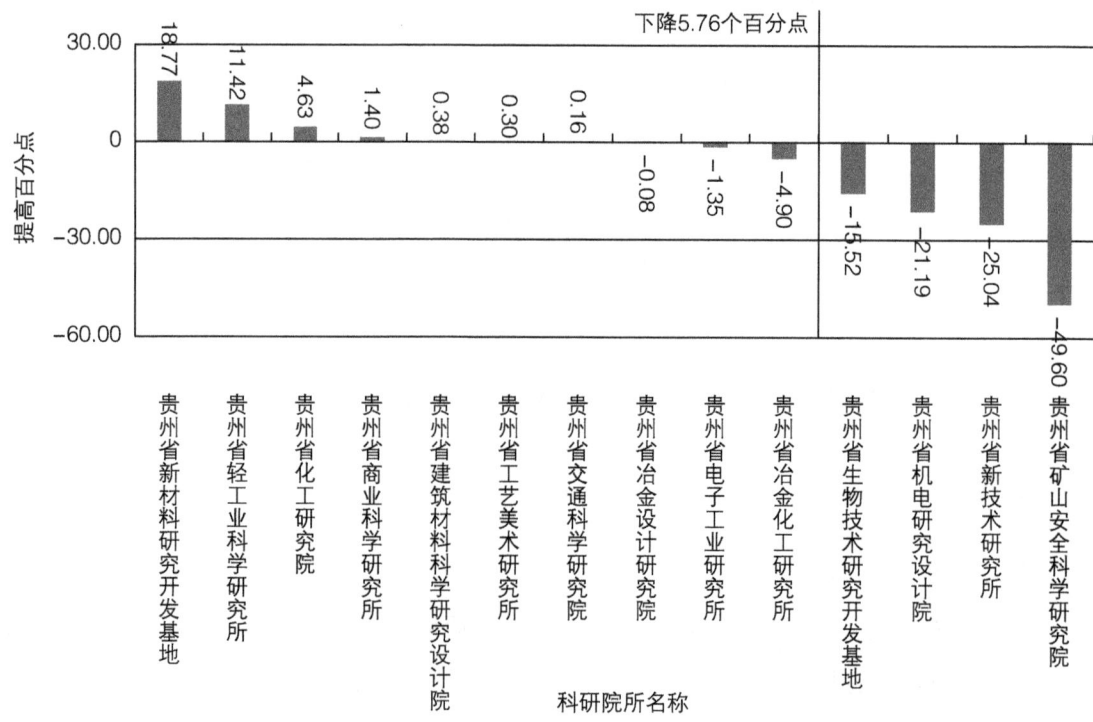

图4-16 开发类科研院所科技投入指数提高百分点排序

(三)科技产出

科技产出指数高于20.00%的开发类科研院所有1家,占全部开发类科研院所的7.14%;低于20.00%,但高于平均水平(8.74%)的开发类科研院所有5家,占全部开发类科研院所的35.71%;低于平均水平的开发类科研院所有8家,占全部开发类科研院所的57.14%(图4-17)。

2017年与2016年监测结果相比,开发类科研院所科技产出指数平均水平提高1.22个百分点。贵州省交通科学研究院、贵州省化工研究院和贵州省冶金化工研究所等6家科研院所高于这一增幅;贵州省生物技术研究开发基地、贵州省新技术研究所和贵州省矿山安全科学研究院等5家科研院所低于上年水平(图4-18)。

参照2016年科技产出指数排序,位次上升较快的是贵州省化工研究院和贵州省交通科学研究院,均上升3位;位次下降较快的是贵州省新材料研究开发基地和贵州省新技术研究所,均下降3位。

第四部分 科研院所科技创新评价报告

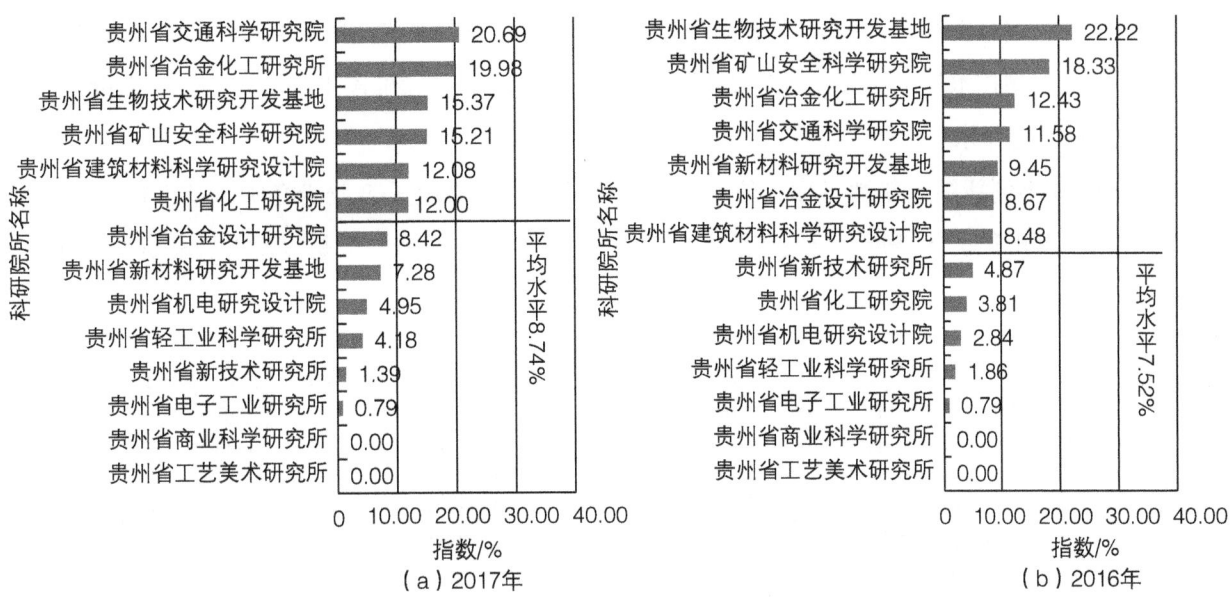

图 4-17 开发类科研院所科技产出指数排序

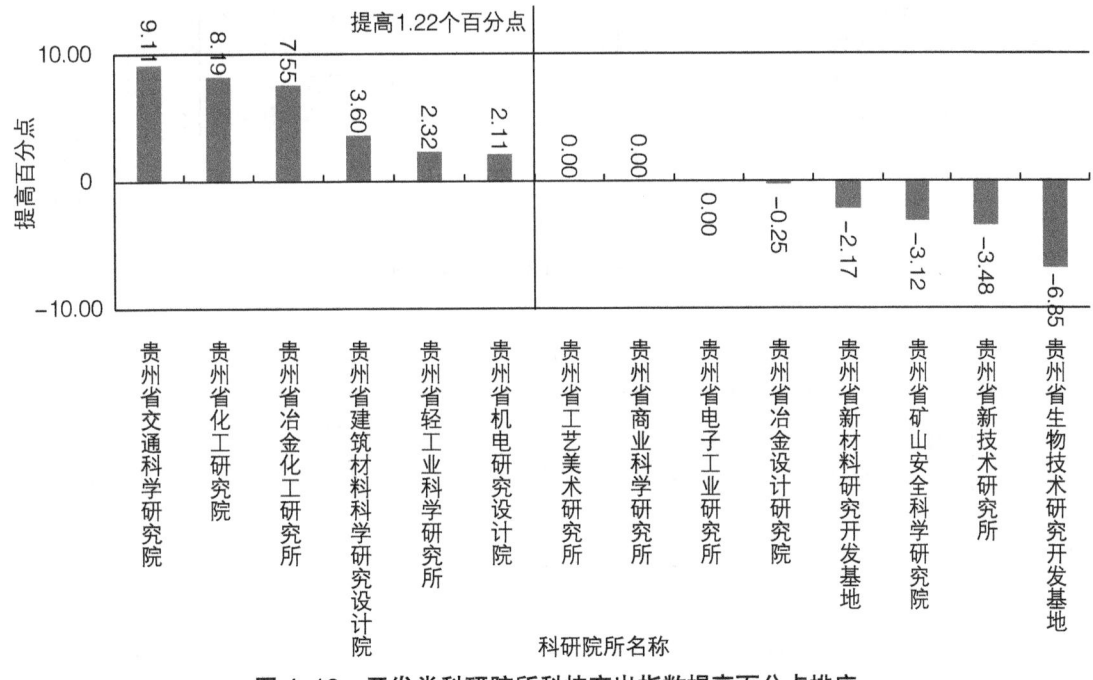

图 4-18 开发类科研院所科技产出指数提高百分点排序

（四）创新绩效

创新绩效指数高于 50.00% 的开发类科研院所有 2 家，占全部开发类科研院所的 14.29%；低于 50.00%，但高于平均水平（21.12%）的开发类科研院所有 2 家，占全部开发类科研院所的 14.29%；低于平均水平的开发类科研院所有 10 家，占全部开发类科研院所的 71.43%（图 4-19）。

2017 年与 2016 年监测结果相比，开发类科研院所创新绩效指数平均水平提高 0.17 个百分点，贵州省化工研究院、贵州省矿山安全科学研究院和贵州省电子工业研究所等9家科研院所高于这一增幅；贵州省生物技术研究开发基地、贵州省机电研究设计院和贵州省建筑材料科学研究设计院3家科研院所低于上年水平（图4-20）。

参照2016年创新绩效指数排序，位次上升较快的是贵州省电子工业研究所、贵州省矿山安全科学研究院和贵州省新材料研究开发基地，均上升1位；位次下降较快的是贵州省机电研究设计院，下降3位。

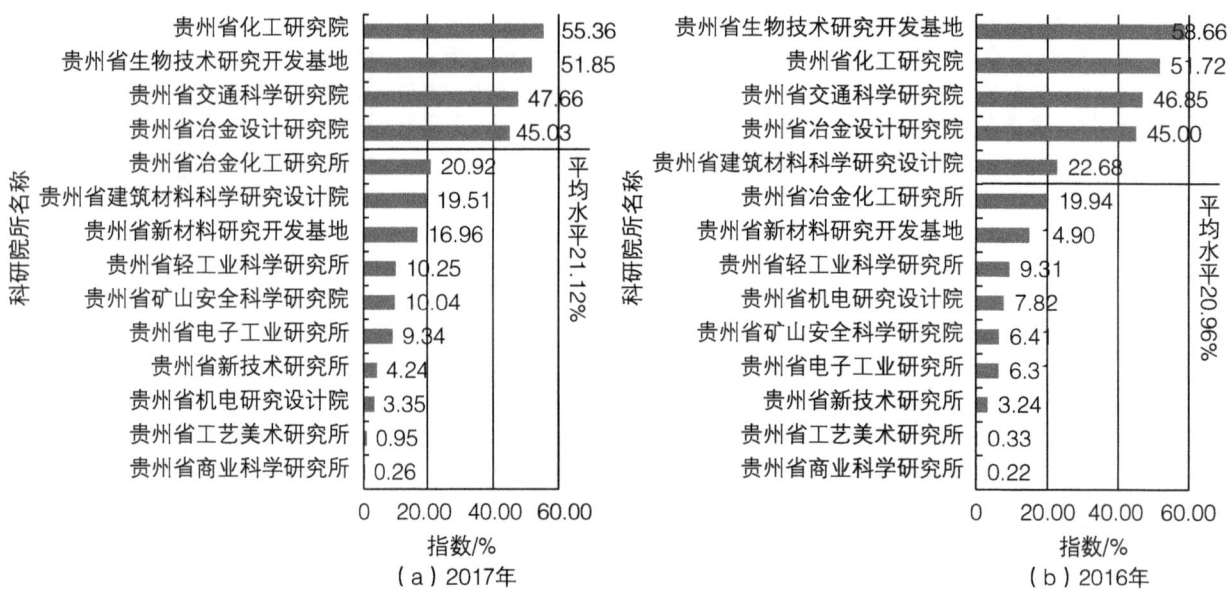

图4-19 开发类科研院所创新绩效指数排序

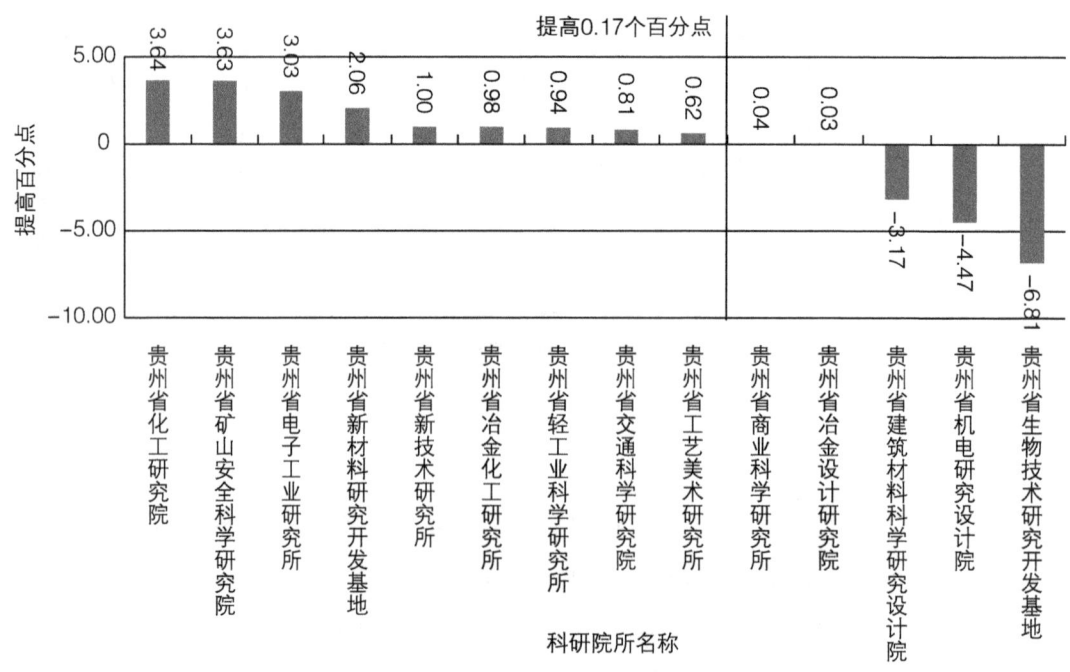

图4-20 开发类科研院所创新绩效指数提高百分点排序

六、开发类科研院所科技创新水平评价

（一）贵州省化工研究院

年末从业人员100人；高学历以上人员21人，占年末从业人员的比例为21.00%，居第2位；高职称以上人员26人，占年末从业人员的比例为26.00%，居第4位；大型科学仪器设备原值576.00万元，人均大型科学仪器设备原值5.76万元，居第4位。

科研经费1744.00万元，人均科研经费17.44万元，居第1位；R&D人员78人，R&D人员占年末从业人员的比重78.00%，居第6位；R&D经费4762.00万元，人均R&D经费47.62万元，居第4位。

发表科技论文17篇（一般科技论文16篇，核心期刊1篇），科技论文系数为1.00，居第5位；专利申请量12项，专利授权量7项，专利拥有量14项，知识产权系数1.79，居第2位。

对外科技咨询项数522项，科技特派员9人，科技服务系数为0.71，居第1位；技术服务收入1594.00万元，生产性收入652.00万元，经济效益系数为540.62，居第4位。

贵州省化工研究院综合科技创新水平指数为52.58%，居开发类科研院所第1位，与上年相比，监测值提高14.74个百分点，位次上升1位。4个一级指标中，科技创新环境和基础指数、科技投入指数、科技产出指数和创新绩效指数较上年分别提高41.58、4.63、8.19和3.64个百分点，位次分别上升3位、不变、上升3位和上升1位（表4-34）。

表4-34 贵州省化工研究院各级监测指标和位次与上年比较

指标名称	三级指标值		位次	
	2017年	2016年	2017年	2016年
综合科技创新水平指数/%	52.58	37.84	1	2
科技创新环境和基础/%	71.95	30.37	1	4
人力资源/%	73.92	21.38	1	4
高层次科技人才系数	0.15	0.00	1	1
高学历以上人员占年末从业人员的比例/%	21.00	14.96	2	3
高职称以上人员占年末从业人员的比例/%	26.00	18.90	4	7
创新条件及平台/%	70.64	36.37	2	4
人均大型科学仪器设备原值/万元	5.76	4.59	4	6
省级以上创新平台及载体系数	0.17	0.00	2	4
科技投入/%	79.69	75.06	1	1
人力投入/%	32.30	40.00	3	2
R&D人员占年末从业人员的比重/%	78.00	92.91	6	1

续表

指标名称	三级指标值		位次	
	2017年	2016年	2017年	2016年
创新人才团队总量系数	0.00	0.00	3	3
经费投入 / %	100.00	90.08	1	1
人均科研经费 / 万元	17.44	11.17	1	4
人均R&D经费 / 万元	47.62	0.59	4	11
科技产出 / %	12.00	3.81	6	9
知识产出 / %	60.00	18.07	3	9
科技论文系数	1.00	0.47	5	7
知识产权系数	1.79	0.27	2	7
科技奖励 / %	0.00	0.00	2	2
科技成果系数	0.00	0.00	2	2
技术成果市场化水平 / %	0.00	0.00	2	2
人均技术市场成交合同金额 / 万元	0.00	0.00	2	2
科技合作交流 / %	0.00	1.96	9	9
项目合作系数	0.00	0.12	9	9
论文论著合作系数	0.00	0.00	2	2
创新绩效 / %	55.36	50.73	1	2
科技服务 / %	88.65	83.45	1	1
科技服务系数	0.71	0.67	1	1
产学研结合 / %	0.00	0.00	7	8
产学研结合系数	0.00	0.00	7	8
创造效益 / %	54.06	47.84	4	4
经济效益系数	540.62	478.37	4	4

（二）贵州省矿山安全科学研究院

年末从业人员332人；高学历以上人员36人，占年末从业人员的比例为10.84%，居第5位；高职称以上人员89人，占年末从业人员的比例为26.81%，居第3位；大型科学仪器设备原值272.00万元，人均大型科学仪器设备原值0.82万元，居12位。

科研经费698.12万元，人均科研经费2.10万元，居第8位。

发表科技论文9篇（一般科技论文5篇，核心期刊2篇，三大检索工具收录2篇），科技论文系数为 1.11，居第 3 位；省内合作项目 55 项，项目合作系数为 6.47，居第 1 位。

科技培训人数 140 人，对外科技咨询项数 55 项，科技服务系数为 0.08，居第 3 位；知识产权创造的直接效益 103.00 万元，生产性收入 795.00 万元，经济效益系数为 143.92，居第 7 位。

贵州省矿山安全科学研究院综合科技创新水平指数为 23.26%，居开发类科研院所第 8 位，与上年相比，监测值下降 11.46 个百分点，位次下降 5 位。4 个一级指标中，科技创新环境和基础指数、和创新绩效指数较上年分别提高 4.53 和 3.63 个百分点，位次分别下降 1 位和上升 1 位；科技投入指数和科技产出指数较上年分别下降 49.60 和 3.12 个百分点，位次分别下降 12 位和 2 位（表 4-35）。

表 4-35 贵州省矿山安全科学研究院各级监测指标和位次与上年比较

指标名称	三级指标值		位次	
	2017 年	2016 年	2017 年	2016 年
综合科技创新水平指数 / %	23.26	34.72	8	3
科技创新环境和基础 / %	46.80	42.27	3	2
人力资源 / %	43.82	43.60	2	1
高层次科技人才系数	0.00	0.00	3	1
高学历以上人员占年末从业人员的比例 / %	10.84	10.43	5	5
高职称以上人员占年末从业人员的比例 / %	26.81	25.80	3	3
创新条件及平台 / %	48.78	41.38	3	2
人均大型科学仪器设备原值 / 万元	0.82	0.41	12	14
省级以上创新平台及载体系数	0.17	0.17	2	1
科技投入 / %	19.94	69.54	14	2
人力投入 / %	0.00	39.99	13	5
R&D 人员占年末从业人员的比重 / %	0.00	84.93	13	12
创新人才团队总量系数	0.00	0.00	3	3
经费投入 / %	28.49	82.21	14	2
人均科研经费 / 万元	2.10	3.81	8	7
人均 R&D 经费 / 万元	0.00	0.22	13	12
科技产出 / %	15.21	18.33	4	2
知识产出 / %	51.05	66.66	5	1
科技论文系数	1.11	3.00	3	2
知识产权系数	0.80	0.73	5	1
科技奖励 / %	0.00	0.00	2	2
科技成果系数	0.00	0.00	2	2

续表

指标名称	三级指标值		位次	
	2017 年	2016 年	2017 年	2016 年
技术成果市场化水平 / %	0.00	0.00	2	2
人均技术市场成交合同金额 / 万元	0.00	0.00	2	2
科技合作交流 / %	50.00	50.00	1	1
项目合作系数	6.47	6.47	1	1
论文论著合作系数	0.00	0.00	2	2
创新绩效 / %	10.04	6.41	9	10
科技服务 / %	10.18	8.25	3	3
科技服务系数	0.08	0.07	3	3
产学研结合 / %	0.00	0.00	7	8
产学研结合系数	0.00	0.00	7	8
创造效益 / %	14.39	7.65	7	9
经济效益系数	143.92	76.46	7	9

（三）贵州省冶金设计研究院

年末从业人员 859 人；高学历以上人员 47 人，占年末从业人员的比例为 5.47%，居第 9 位；高职称以上人员 104 人，占年末从业人员的比例为 12.11%，居第 9 位；大型科学仪器设备原值 904.00 万元，人均大型科学仪器设备原值 1.05 万元，居第 11 位。

R&D 人员 709 人，R&D 人员占年末从业人员的比重 82.54%，居第 5 位；R&D 经费 75.00 万元，人均 R&D 经费 0.09 万元，居第 12 位；发表科技论文 15 篇（一般科技论文 11 篇，核心期刊 4 篇），科技论文系数为 1.21，居第 2 位。

知识产权创造的直接效益 33 924.00 万元，技术服务收入 52 968.00 万元，经济效益系数为 37 173.85，居第 1 位。

贵州省冶金设计研究院综合科技创新水平指数为 29.10%，居开发类科研院所第 6 位，与上年相比，监测值下降 4.17 个百分点，位次下降 2 位。4 个一级指标中，创新绩效指数较上年上升 0.03，位次不变；科技创新环境和基础指数、科技投入指数和科技产出指数较上年分别下降 16.34、0.08 和 0.25 个百分点，位次分别下降 4 位、上升 2 位和下降 1 位（表 4-36）。

表 4-36 贵州省冶金设计研究院各级监测指标和位次与上年比较

指标名称	三级指标值		位次	
	2017 年	2016 年	2017 年	2016 年
综合科技创新水平指数 / %	29.10	33.27	6	4
科技创新环境和基础 / %	37.00	53.34	5	1
人力资源 / %	42.70	34.08	3	3
高层次科技人才系数	0.00	0.00	3	1
高学历以上人员占年末从业人员的比例 / %	5.47	2.88	9	11
高职称以上人员占年末从业人员的比例 / %	12.11	10.31	9	11
创新条件及平台 / %	33.20	66.18	6	1
人均大型科学仪器设备原值 / 万元	1.05	0.73	11	11
省级以上创新平台及载体系数	0.00	0.17	4	1
科技投入 / %	33.26	33.34	9	11
人力投入 / %	39.77	40.00	2	2
R&D 人员占年末从业人员的比重 / %	82.54	85.01	5	9
创新人才团队总量系数	0.00	0.00	3	3
经费投入 / %	30.47	30.48	13	14
人均科研经费 / 万元	0.00	0.00	12	12
人均 R&D 经费 / 万元	0.09	0.09	12	14
科技产出 / %	8.42	8.67	7	6
知识产出 / %	42.10	43.34	6	4
科技论文系数	1.21	1.00	2	5
知识产权系数	0.60	0.67	7	2
科技奖励 / %	0.00	0.00	2	2
科技成果系数	0.00	0.00	2	2
技术成果市场化水平 / %	0.00	0.00	2	2
人均技术市场成交合同金额 / 万元	0.00	0.00	2	2
科技合作交流 / %	0.00	0.00	9	10
项目合作系数	0.00	0.00	9	10
论文论著合作系数	0.00	0.00	2	2
创新绩效 / %	45.03	45.00	4	4
科技服务 / %	0.09	0.00	10	13
科技服务系数	0.00	0.00	10	13

续表

指标名称	三级指标值		位次	
	2017 年	2016 年	2017 年	2016 年
产学研结合 / %	0.00	0.00	7	8
产学研结合系数	0.00	0.00	7	8
创造效益 / %	100.00	100.00	1	1
经济效益系数	37 173.85	8432.00	1	1

（四）贵州省生物技术研究开发基地

年末从业人员 27 人；高学历以上人员 4 人，占年末从业人员的比例为 14.81%，居第 4 位；高职称以上人员 3 人，占年末从业人员的比例为 11.11%，居第 12 位；大型科学仪器设备原值 332.00 万元，人均大型科学仪器设备原值 12.30 万元，居第 1 位。

科研经费 320.00 万元，人均科研经费 11.85 万元，居第 6 位；R&D 人员 5 人，R&D 人员占年末从业人员的比重 18.52%，居第 9 位；R&D 经费 452.00 万元，人均 R&D 经费 16.74 万元，居第 8 位。

发表科技论文 2 篇（核心期刊 2 篇），科技论文系数为 0.32，居第 9 位；省内合作项目 2 项，产学研项目 1 项，项目合作系数为 0.29，居第 5 位。

科技培训人数 65 人，对外科技咨询项数 10 项，科技特派员人数 1 人，科技服务系数 0.02，居第 5 位；知识产权创造的直接效益 1020.00 万元，技术服务收入 2.00 万元，生产性收入 2747.00 万元，经济效益系数为 839.62，居第 3 位。

贵州省生物技术研究开发基地综合科技创新水平指数为 32.19%，居开发类科研院所第 3 位，与上年相比，监测值下降 7.23 个百分点，位次下降 2 位。4 个一级指标中，科技创新环境和基础指数提高 0.26 个百分点，位次下降 1 位；科技投入指数、科技产出指数和创新绩效指数较上年分别下降 15.52、6.85 和 6.81 个百分点，位次分别下降 2 位、2 位和 1 位（表 4-37）。

表 4-37　贵州省生物技术研究开发基地各级监测指标和位次与上年比较

指标名称	三级指标值		位次	
	2017 年	2016 年	2017 年	2016 年
综合科技创新水平指数 / %	32.19	39.42	3	1
科技创新环境和基础 / %	18.05	17.79	9	8
人力资源 / %	6.56	6.56	11	11
高层次科技人才系数	0.00	0.00	3	1
高学历以上人员占年末从业人员的比例 / %	14.81	14.81	4	4

续表

指标名称	三级指标值		位次	
	2017 年	2016 年	2017 年	2016 年
高职称以上人员占年末从业人员的比例 / %	11.11	11.11	12	10
创新条件及平台 / %	25.71	25.28	7	8
人均大型科学仪器设备原值 / 万元	12.30	12.00	1	1
省级以上创新平台及载体系数	0.00	0.00	4	4
科技投入 / %	50.79	66.31	5	3
人力投入 / %	25.16	37.18	4	6
R&D 人员占年末从业人员的比重 / %	18.52	85.19	9	8
创新人才团队总量系数	0.36	0.36	2	2
经费投入 / %	61.77	78.80	5	4
人均科研经费 / 万元	11.85	27.78	6	1
人均 R&D 经费 / 万元	16.74	2.78	8	5
科技产出 / %	15.37	22.22	3	1
知识产出 / %	31.49	31.40	8	6
科技论文系数	0.32	0.47	9	7
知识产权系数	0.57	0.53	8	5
科技奖励 / %	0.00	0.00	2	2
科技成果系数	0.00	0.00	2	2
技术成果市场化水平 / %	25.15	46.70	1	1
人均技术市场成交合同金额 / 万元	1.30	2.41	1	1
科技合作交流 / %	15.32	19.24	3	3
项目合作系数	0.29	0.53	5	3
论文论著合作系数	0.12	0.12	1	1
创新绩效 / %	51.85	58.64	2	1
科技服务 / %	2.09	2.00	5	5
科技服务系数	0.02	0.02	5	5
产学研结合 / %	66.67	75.00	2	2
产学研结合系数	0.80	0.90	2	2
创造效益 / %	83.96	95.43	3	3
经济效益系数	839.62	954.31	3	3

(五)贵州省交通科学研究院

年末从业人员588人;高学历以上人员38人,占年末从业人员的比例为6.46%,居第7位;高职称以上人员70人,占年末从业人员的比例为11.90,居第10位;大型科学仪器设备原值1662.00万元,人均大型科学仪器设备原值2.83万元,居第8位。

科研经费450.00万元,人均科研经费0.77万元,居第11位;R&D人员48人,R&D人员占年末从业人员的比重8.16%,居第12位;R&D经费4428.00万元,人均R&D经费7.53万元,居第10位。

发表科技论文250篇(一般科技论文230篇,核心期刊20篇),科技论文系数为15.26,居第1位;省内合作项目2项,产学研项目3项,项目合作系数为0.41,居第3位。

科技培训人数75人;技术服务收入4379.00万元,经济效益系数为1347.88,居第2位。

贵州省交通科学研究院综合科技创新水平指数为36.54%,居开发类科研院所第2位,与上年相比,监测值提高3.64个百分点,位次上升3位。4个一级指标中,科技创新环境和基础指数、科技投入指数、科技产出指数和创新绩效指数较上年分别提高2.82、0.16、9.11和0.81个百分点,位次分别下降1位、上升2位、上升3位和不变(表4-38)。

表4-38 贵州省交通科学研究院各级监测指标和位次与上年比较

指标名称	三级指标值		位次	
	2017年	2016年	2017年	2016年
综合科技创新水平指数/%	36.54	32.90	2	5
科技创新环境和基础/%	37.86	35.04	4	3
人力资源/%	41.79	34.59	4	4
高层次科技人才系数	0.00	0.00	3	1
高学历以上人员占年末从业人员的比例/%	6.46	4.23	7	3
高职称以上人员占年末从业人员的比例/%	11.90	12.35	10	7
创新条件及平台/%	35.23	35.35	5	4
人均大型科学仪器设备原值/万元	2.83	2.93	8	6
省级以上创新平台及载体系数	0.00	0.00	4	4
科技投入/%	45.36	45.20	6	8
人力投入/%	16.13	40.00	6	2
R&D人员占年末从业人员的比重/%	8.16	85.01	12	1
创新人才团队总量系数	0.00	0.00	3	3
经费投入/%	57.89	47.43	6	1
人均科研经费/万元	0.77	0.74	11	4
人均R&D经费/万元	7.53	0.13	10	11
科技产出/%	20.69	11.58	1	4

续表

指标名称	三级指标值		位次	
	2017年	2016年	2017年	2016年
知识产出 / %	100.00	54.44	1	9
科技论文系数	15.26	13.58	1	7
知识产权系数	1.99	0.09	1	7
科技奖励 / %	0.00	0.00	2	2
科技成果系数	0.00	0.00	2	2
技术成果市场化水平 / %	0.00	0.00	2	2
人均技术市场成交合同金额 / 万元	0.00	0.00	2	2
科技合作交流 / %	6.86	6.86	4	9
项目合作系数	0.41	0.12	3	9
论文论著合作系数	0.00	0.00	2	2
创新绩效 / %	47.66	46.85	3	3
科技服务 / %	0.45	0.51	8	1
科技服务系数	0.00	0.00	8	1
产学研结合 / %	12.50	8.33	5	8
产学研结合系数	0.15	0.10	5	8
创造效益 / %	100.00	100.00	1	4
经济效益系数	1347.38	1554.77	2	4

（六）贵州省建筑材料科学研究设计院

年末从业人员96人；高学历以上人员1人，占年末从业人员的比例为1.04%，居第11位；高职称以上人员23人，占年末从业人员的比例为23.96%，居第6位；大型科学仪器设备原值551.00万元，人均大型科学仪器设备原值5.74万元，居第5位。

科研经费190.00万元，人均科研经费1.98万元，居第9位；R&D人员12人，R&D人员占年末从业人员的比重12.50%，居第11位；R&D经费3929.00万元，人均R&D经费40.93万元，居第5位。

发表科技论文16篇（一般科技论文16篇），科技论文系数为0.84，居第6位；省内合作项目2项，项目合作系数为0.24，居第6位。

科技培训人数82人，对外科技咨询项目94项，科技服务系数为0.13，居第2位；知识产权创造的直接效益30.00万元，技术服务收入753.00万元，经济效益系数为305.54，居第6位。

贵州省建筑材料科学研究设计院综合科技创新水平指数为22.97%，居开发类科研院所第9位，与上年相比，监测值上升 0.24 个百分点，位次下降 2 位。4 个一级指标中，科技投入指数和科技产出指数较上年分别提高 0.38 和 3.60 个百分点，位次均上升 2 位；科技创新环境和基础指数及创新绩效指数较上年下降 1.19 和 3.17 个百分点，位次均下降 1 位（表 4-39）。

表 4-39　贵州省建筑材料科学研究设计院各级监测指标和位次与上年比较

指标名称	三级指标值		位次	
	2017 年	2016 年	2017 年	2016 年
综合科技创新水平指数 / %	22.97	22.73	9	7
科技创新环境和基础 / %	26.05	27.24	6	5
人力资源 / %	11.19	14.84	7	6
高层次科技人才系数	0.00	0.00	3	1
高学历以上人员占年末从业人员的比例 / %	1.04	2.91	11	10
高职称以上人员占年末从业人员的比例 / %	23.96	28.16	6	2
创新条件及平台 / %	35.95	35.50	4	5
人均大型科学仪器设备原值 / 万元	5.74	5.35	5	4
省级以上创新平台及载体系数	0.00	0.00	4	4
科技投入 / %	35.72	35.34	8	10
人力投入 / %	5.02	36.16	11	7
R&D 人员占年末从业人员的比重 / %	12.50	85.44	11	6
创新人才团队总量系数	0.00	0.00	3	3
经费投入 / %	48.88	34.99	8	13
人均科研经费 / 万元	1.98	0.23	9	11
人均 R&D 经费 / 万元	40.93	0.73	5	10
科技产出 / %	12.08	8.48	5	7
知识产出 / %	58.42	39.47	4	5
科技论文系数	0.84	0.95	6	6
知识产权系数	1.29	0.60	4	3
科技奖励 / %	0.00	0.00	2	2
科技成果系数	0.00	0.00	2	2
技术成果市场化水平 / %	0.00	0.00	2	2
人均技术市场成交合同金额 / 万元	0.00	0.00	2	2
科技合作交流 / %	3.92	5.88	6	7
项目合作系数	0.24	0.35	6	7
论文论著合作系数	0.00	0.00	2	2
创新绩效 / %	19.51	22.68	6	5

续表

指标名称	三级指标值		位次	
	2017年	2016年	2017年	2016年
科技服务 / %	16.45	24.64	2	2
科技服务系数	0.13	0.20	2	2
产学研结合 / %	0.00	0.00	7	8
产学研结合系数	0.00	0.00	7	8
创造效益 / %	30.55	33.72	6	5
经济效益系数	305.54	337.23	6	5

（七）贵州省冶金化工研究所

年末从业人员38人；高学历以上人员17人，占年末从业人员的比例为44.74%，居第1位；高职称以上人员12人，占年末从业人员的比例为31.58%，居第2位；大型科学仪器设备原值316.00万元，人均大型科学仪器设备原值8.32万元，居第2位。

科研经费534.00万元，人均科研经费14.05万元，居第3位；R&D人员38人，R&D人员占年末从业人员的比重100.00%，居第1位；R&D经费3093.00万元，人均R&D经费81.39万元，居第2位。

发表科技论文8篇（一般科技论文3篇，核心期刊4篇，三大检索工具收录1篇），科技论文系数为1.11，居第3位；省内合作项目7项，产学研合作项目7项，项目合作系数1.24，居第2位。

科技培训人数23人；技术服务收入183.60万元，经济效益系数为56.49，居第12位。

贵州省冶金化工研究所综合科技创新水平指数为30.17%，居开发类科研院所第5位，与上年相比，监测值提高1.65个百分点，位次上升1位。4个一级指标中，科技创新环境和基础指数、科技产出指数和创新绩效指数分别较上年提高1.62、7.56和0.98个百分点，位次分别下降1位、上升1位和1位；科技投入指数较上年下降4.90个百分点，位次上升1位（表4-40）。

表4-40 贵州省冶金化工研究所各级监测指标和位次与上年比较

指标名称	三级指标值		位次	
	2017年	2016年	2017年	2016年
综合科技创新水平指数 / %	30.17	28.52	5	6
科技创新环境和基础 / %	23.68	22.06	8	7
人力资源 / %	21.93	16.96	6	5
高层次科技人才系数	0.00	0.00	3	1
高学历以上人员占年末从业人员的比例 / %	44.74	31.82	1	1

续表

指标名称	三级指标值		位次	
	2017 年	2016 年	2017 年	2016 年
高职称以上人员占年末从业人员的比例 / %	31.58	20.45	2	6
创新条件及平台 / %	24.85	25.47	8	7
人均大型科学仪器设备原值 / 万元	8.32	7.44	2	3
省级以上创新平台及载体系数	0.00	0.00	4	4
科技投入 / %	56.27	61.17	3	4
人力投入 / %	20.16	19.75	5	10
R&D 人员占年末从业人员的比重 / %	100.00	84.09	1	13
创新人才团队总量系数	0.00	0.00	3	3
经费投入 / %	71.75	78.92	2	3
人均科研经费 / 万元	14.05	17.11	3	2
人均 R&D 经费 / 万元	81.39	1.70	2	7
科技产出 / %	19.98	12.42	2	3
知识产出 / %	61.05	22.28	2	7
科技论文系数	1.11	1.89	3	3
知识产权系数	1.57	0.07	3	11
科技奖励 / %	14.28	14.28	1	1
科技成果系数	0.07	0.07	1	1
技术成果市场化水平 / %	0.00	0.00	2	2
人均技术市场成交合同金额 / 万元	0.00	0.00	2	2
科技合作交流 / %	20.59	22.55	2	2
项目合作系数	1.24	1.35	2	2
论文论著合作系数	0.00	0.00	2	2
创新绩效 / %	20.92	19.94	5	6
科技服务 / %	0.14	0.10	9	10
科技服务系数	0.00	0.00	9	10
产学研结合 / %	91.67	91.67	1	1
产学研结合系数	1.10	1.10	1	1
创造效益 / %	5.65	3.50	12	11
经济效益系数	56.49	34.95	12	11

（八）贵州省新材料研究开发基地

年末从业人员 25 人；高学历以上人员 4 人，占年末从业人员的比例为 16.00%，居第 3 位；高职称以上人员 6 人，占年末从业人员的比例为 24.00%，居第 5 位；大型科学仪器设备原值 192.68 万元，人均大型科学仪器设备原值 7.71 万元，居第 3 位。

科研经费 400.00 万元，人均科研经费 16.00，居第 2 位；R&D 人员 21 人，R&D 人员占年末从业人员的比重 84.00%，居第 4 位；R&D 经费 3250.00 万元，人均 R&D 经费 130.00 万元，居第 1 位。

发表科技论文 3 篇（一般科技论文 3 篇），科技论文系数为 0.16，居第 11 位。省内合作项目 1 项，产学研合作项目 1 项，项目合作系数 0.18，居第 7 位；生产性收入 4565.00 万元，经济效益系数为 358.26，居第 5 位。

贵州省新材料研究开发基地综合科技创新水平指数为 24.62%，居开发类科研院所第 7 位，与上年相比，监测值提高 6.90 个百分点，位次上升 4 位。4 个一级指标中，科技创新环境和基础指数、科技投入指数和创新绩效指数较上年分别提高 9.80、18.77 和 2.06 个百分点，位次分别上升 2 位、8 位和位次不变；科技产出指数较上年下降 2.17 个百分点，位次下降 3 位（表 4-41）。

表 4-41 贵州省新材料研究开发基地各级监测指标和位次与上年比较

指标名称	三级指标值		位次	
	2017 年	2016 年	2017 年	2016 年
综合科技创新水平指数 / %	24.62	17.72	7	11
科技创新环境和基础 / %	24.65	14.85	7	9
人力资源 / %	34.21	9.71	5	7
高层次科技人才系数	0.07	0.00	2	1
高学历以上人员占年末从业人员的比例 / %	16.00	16.00	3	2
高职称以上人员占年末从业人员的比例 / %	24.00	24.00	5	4
创新条件及平台 / %	18.28	18.28	9	9
人均大型科学仪器设备原值 / 万元	7.71	7.71	3	2
省级以上创新平台及载体系数	0.00	0.00	4	4
科技投入 / %	51.54	32.77	4	12
人力投入 / %	14.63	14.63	7	11
R&D 人员占年末从业人员的比重 / %	84.00	84.00	4	14
创新人才团队总量系数	0.00	0.00	3	3
经费投入 / %	67.36	40.55	4	10
人均科研经费 / 万元	16.00	1.45	2	9
人均 R&D 经费 / 万元	130.00	3.00	1	4

续表

指标名称	三级指标值		位次	
	2017年	2016年	2017年	2016年
科技产出/%	7.28	9.45	8	5
知识产出/%	34.91	45.79	7	3
科技论文系数	0.16	1.58	11	4
知识产权系数	0.67	0.60	6	3
科技奖励/%	0.00	0.00	2	2
科技成果系数	0.00	0.00	2	2
技术成果市场化水平/%	0.00	0.00	2	2
人均技术市场成交合同金额/万元	0.00	0.00	2	2
科技合作交流/%	2.94	2.94	7	8
项目合作系数	0.18	0.18	7	8
论文论著合作系数	0.00	0.00	2	2
创新绩效/%	16.96	14.89	7	7
科技服务/%	0.01	0.01	12	12
科技服务系数	0.00	0.00	12	12
产学研结合/%	4.17	4.17	6	6
产学研结合系数	0.05	0.05	6	6
创造效益/%	35.83	31.24	5	6
经济效益系数	358.26	312.37	5	6

（九）贵州省工艺美术研究所

年末从业人员19人；高职称以上人员2人，占年末从业人员的比例为11.76%，居第11位；大型科学仪器设备原值10.20万元，人均大型科学仪器设备原值0.60万元，居第13位。

科研经费145.00万元，人均科研经费8.53万元，居第7位；R&D人员19人，R&D人员占年末从业人员的比重100.00%，居第1位；R&D经费75.00万元，人均R&D经费4.41万元，居第11位。

技术服务收入53.22万元，经济效益系数16.38，居第13位。

贵州省工艺美术研究所综合科技创新水平指数为10.50%，居开发类科研院所第13位，与上年相比，监测值下降0.27个百分点，位次不变。4个一级指标中，科技创新环境和基础指数、科技投入指数和创新绩效指数分别较上年提高0.27、0.30、0.62个百分点，位次分别为不变、上升2位和不变；科技产出指数较上年无增减，位次不变（表4-42）。

表 4-42　贵州省工艺美术研究所各级监测指标和位次与上年比较

指标名称	三级指标值		位次	
	2017 年	2016 年	2017 年	2016 年
综合科技创新水平指数 / %	10.50	10.23	13	13
科技创新环境和基础 / %	1.75	1.48	13	13
人力资源 / %	2.53	2.09	13	13
高层次科技人才系数	0.00	0.00	3	1
高学历以上人员占年末从业人员的比例 / %	0.00	0.00	12	12
高职称以上人员占年末从业人员的比例 / %	11.76	9.09	11	13
创新条件及平台 / %	1.23	1.07	13	13
人均大型科学仪器设备原值 / 万元	0.60	0.46	13	12
省级以上创新平台及载体系数	0.00	0.00	4	4
科技投入 / %	39.50	39.20	7	9
人力投入 / %	14.08	14.08	8	12
R&D 人员占年末从业人员的比重 / %	100.00	86.36	1	2
创新人才团队总量系数	0.00	0.00	3	3
经费投入 / %	50.39	49.96	7	7
人均科研经费 / 万元	8.53	7.27	7	6
人均 R&D 经费 / 万元	4.41	3.41	11	3
科技产出 / %	0.00	0.00	13	13
知识产出 / %	0.00	0.00	13	13
科技论文系数	0.00	0.00	13	13
知识产权系数	0.00	0.00	12	12
科技奖励 / %	0.00	0.00	2	2
科技成果系数	0.00	0.00	2	2
技术成果市场化水平 / %	0.00	0.00	2	2
人均技术市场成交合同金额 / 万元	0.00	0.00	2	2
科技合作交流 / %	0.00	0.00	9	10
项目合作系数	0.00	0.00	9	10
论文论著合作系数	0.00	0.00	2	2
创新绩效 / %	0.95	0.33	13	13
科技服务 / %	0.60	0.94	6	8
科技服务系数	0.00	0.01	6	8

续表

指标名称	三级指标值		位次	
	2017 年	2016 年	2017 年	2016 年
产学研结合 / %	0.00	0.00	7	8
产学研结合系数	0.00	0.00	7	8
创造效益 / %	1.64	0.00	13	14
经济效益系数	16.38	0.00	13	14

（十）贵州省机电研究设计院

年末从业人员 69 人；高学历以上人员 5 人，占年末从业人员的比例为 7.25%，居第 6 位；高职称以上人员 13 人，占年末从业人员的比例为 18.84%，居第 7 位；大型科学仪器设备原值 170.00 万元，人均大型科学仪器设备原值 2.46 万元，居第 9 位。

科研经费 906.84 万元，人均科研经费 13.14 万元，居第 4 位。

发表科技论文 9 篇（一般科技论文 9 篇），科技论文系数为 0.47，居第 7 位。技术服务收入 156.84 万元，生产性收入 340.6 万元，经济效益系数为 74.46，居第 10 位。

贵州省机电研究设计院综合科技创新水平指数为 12.90%，居开发类科研院所第 10 位，与上年相比，监测值下降 5.45 个百分点，位次下降 1 位。4 个一级指标中，科技创新环境和基础指数和科技产出指数较上年分别提高 0.38 和 2.11 个百分点，位次分别为不变和上升 1 位；科技投入指数和创新绩效指数较上年分别下降 21.18 和 4.44 个百分点，位次分别下降 5 位和 3 位（表 4-43）。

表 4-43 贵州省机电研究设计院各级监测指标和位次与上年比较

指标名称	三级指标值		位次	
	2017 年	2016 年	2017 年	2016 年
综合科技创新水平指数 / %	12.90	18.36	10	9
科技创新环境和基础 / %	11.23	10.85	10	10
人力资源 / %	10.26	9.52	8	8
高层次科技人才系数	0.00	0.00	3	1
高学历以上人员占年末从业人员的比例 / %	7.25	6.85	6	6
高职称以上人员占年末从业人员的比例 / %	18.84	16.44	7	8
创新条件及平台 / %	11.88	11.73	11	11
人均大型科学仪器设备原值 / 万元	2.46	2.33	9	8
省级以上创新平台及载体系数	0.00	0.00	4	4

续表

指标名称	三级指标值		位次	
	2017 年	2016 年	2017 年	2016 年
科技投入 / %	31.74	52.92	11	6
人力投入 / %	0.00	27.83	13	8
R&D 人员占年末从业人员的比重 / %	0.00	84.93	13	11
创新人才团队总量系数	0.00	0.00	3	3
经费投入 / %	45.34	63.67	9	6
人均科研经费 / 万元	13.14	7.82	4	5
人均 R&D 经费 / 万元	0.00	1.03	13	9
科技产出 / %	4.95	2.84	9	10
知识产出 / %	24.74	14.21	9	10
科技论文系数	0.47	0.42	7	9
知识产权系数	0.40	0.20	9	8
科技奖励 / %	0.00	0.00	2	2
科技成果系数	0.00	0.00	2	2
技术成果市场化水平 / %	0.00	0.00	2	2
人均技术市场成交合同金额 / 万元	0.00	0.00	2	2
科技合作交流 / %	0.00	0.00	9	10
项目合作系数	0.00	0.00	9	10
论文论著合作系数	0.00	0.00	2	2
创新绩效 / %	3.35	7.79	12	9
科技服务 / %	0.00	2.18	13	4
科技服务系数	0.00	0.02	13	4
产学研结合 / %	0.00	0.00	7	8
产学研结合系数	0.00	0.00	7	8
创造效益 / %	7.45	15.63	10	7
经济效益系数	74.46	156.28	10	7

（十一）贵州省轻工业科学研究所

年末从业人员 39 人；高学历以上人员 2 人，占年末从业人员的比例为 5.13%，居第 10 位；高职称以上人员 7 人，占年末从业人员的比例为 17.95%，居第 8 位；大型科学仪器设备原值 171.21 万元，人均大型科学仪器设备原值 4.39 万元，居第 7 位。

科研经费 490.00 万元，人均科研经费 12.56 万元，居第 5 位；R&D 人员 5 人，R&D 人员占年末从业人员的比重 12.82%，居第 10 位；R&D 经费 697.00 万元，人均 R&D 经费 17.87 万元，居第 7 位。

发表科技论文 5 篇（一般科技论文 4 篇、核心期刊 1 篇），科技论文系数为 0.37，居第 8 位；知识产权创造的直接效益 58.00 万元，技术服务收入 198.60 万元，生产性收入 445.20 万元，经济效益系数为 131.05，居第 8 位。

贵州省轻工业科学研究所综合科技创新水平指数为 30.63%，居开发类科研院所第 4 位，与上年相比，监测值提高 8.89 百分点，位次上升 4 位。4 个一级指标中，科技创新环境和基础指数、科技投入指数、科技产出指数和创新绩效指数较上年分别上升 20.59、11.42、2.32 和 0.94 个百分点，位次分别上升 4 位、5 位、1 位和位次不变（表 4-44）。

表 4-44 贵州省轻工业科学研究所各级监测指标和位次与上年比较

指标名称	三级指标值		位次	
	2017 年	2016 年	2017 年	2016 年
综合科技创新水平指数 / %	30.63	21.74	4	8
科技创新环境和基础 / %	47.14	26.55	2	6
人力资源 / %	6.63	7.84	10	9
高层次科技人才系数	0.00	0.00	3	1
高学历以上人员占年末从业人员的比例 / %	5.13	4.88	10	7
高职称以上人员占年末从业人员的比例 / %	17.95	21.95	8	5
创新条件及平台 / %	74.15	39.03	1	3
人均大型科学仪器设备原值 / 万元	4.39	1.71	7	10
省级以上创新平台及载体系数	0.33	0.17	1	1
科技投入 / %	62.14	50.72	2	7
人力投入 / %	46.44	62.84	1	1
R&D 人员占年末从业人员的比重 / %	12.82	85.37	10	7
创新人才团队总量系数	0.73	0.73	1	1
经费投入 / %	68.87	45.53	3	9
人均科研经费 / 万元	12.56	3.17	5	8
人均 R&D 经费 / 万元	17.87	1.83	7	6
科技产出 / %	4.18	1.86	10	11
知识产出 / %	20.90	9.30	10	11
科技论文系数	0.37	0.26	8	10

续表

指标名称	三级指标值		位次	
	2017 年	2016 年	2017 年	2016 年
知识产权系数	0.34	0.13	10	9
科技奖励 / %	0.00	0.00	2	2
科技成果系数	0.00	0.00	2	2
技术成果市场化水平 / %	0.00	0.00	2	2
人均技术市场成交合同金额 / 万元	0.00	0.00	2	2
科技合作交流 / %	0.00	0.00	9	10
项目合作系数	0.00	0.00	9	10
论文论著合作系数	0.00	0.00	2	2
创新绩效 / %	10.25	9.31	8	8
科技服务 / %	0.54	0.98	7	7
科技服务系数	0.00	0.01	7	7
产学研结合 / %	20.83	20.83	3	3
产学研结合系数	0.25	0.25	3	3
创造效益 / %	13.10	10.68	8	8
经济效益系数	131.05	106.75	8	8

（十二）贵州省新技术研究所

年末从业人员 47 人；高学历以上人员 3 人，占年末从业人员的比例为 6.38%，居第 8 位；高职称以上人员 5 人，占年末从业人员的比例为 10.64%，居第 13 位；大型科学仪器设备原值 87.60 万元，人均大型科学仪器设备原值 1.86 万元，居第 10 位。

科研经费 71.31 万元，人均科研经费 1.52 万元，居第 10 位；R&D 人员 14 人，R&D 人员占年末从业人员的比重 29.79%，居第 7 位；R&D 经费 960.00 万元，人均 R&D 经费 20.43 万元，居第 6 位。

发表科技论文 3 篇（一般科技论文 2 篇，核心期刊 1 篇），科技论文系数为 0.26，居第 10 位；省内合作项目 1 项，项目合作系数 0.12，居第 8 位；技术服务收入 237.50 万元，生产性收入 275.60 万元，经济效益系数为 94.28，居第 9 位。

贵州省新技术研究所综合科技创新水平指数为 11.07%，居开发类科研院所第 12 位，与上年相比，监测值下降 7.00 个百分点，位次下降 2 位。4 个一级指标中，科技创新环境和基础指数及创新绩效指数较上年分别上升 0.44 和 1.00 个百分点，位次分别不变和上升 1 位；科技投入指数和科技产出指数较上年分别下降 25.04 和 3.48 个百分点，位次分别为下降 5 位和 3 位（表 4-45）。

表 4-45 贵州省新技术研究所各级监测指标和位次与上年比较

指标名称	三级指标值		位次	
	2017 年	2016 年	2017 年	2016 年
综合科技创新水平指数 / %	11.07	18.07	12	10
科技创新环境和基础 / %	6.28	5.84	12	12
人力资源 / %	5.50	4.60	12	12
高层次科技人才系数	0.00	0.00	3	1
高学历以上人员占年末从业人员的比例 / %	6.38	4.00	8	9
高职称以上人员占年末从业人员的比例 / %	10.64	10.00	13	12
创新条件及平台 / %	6.80	6.67	12	12
人均大型科学仪器设备原值 / 万元	1.86	1.75	10	9
省级以上创新平台及载体系数	0.00	0.00	4	4
科技投入 / %	32.95	57.99	10	5
人力投入 / %	7.28	21.76	10	9
R&D 人员占年末从业人员的比重 / %	29.79	86.00	7	3
创新人才团队总量系数	0.00	0.00	3	3
经费投入 / %	43.95	73.52	10	5
人均科研经费 / 万元	1.52	13.06	10	3
人均 R&D 经费 / 万元	20.43	1.50	6	8
科技产出 / %	1.39	4.87	11	8
知识产出 / %	5.97	20.41	11	8
科技论文系数	0.26	0.26	10	10
知识产权系数	0.07	0.36	11	6
科技奖励 / %	0.00	0.00	2	2
科技成果系数	0.00	0.00	2	2
技术成果市场化水平 / %	0.00	0.00	2	2
人均技术市场成交合同金额 / 万元	0.00	0.00	2	2
科技合作交流 / %	1.96	7.84	8	4
项目合作系数	0.12	0.47	8	4
论文论著合作系数	0.00	0.00	2	2
创新绩效 / %	4.24	3.24	11	12
科技服务 / %	0.00	0.00	13	13
科技服务系数	0.00	0.00	13	13

续表

指标名称	三级指标值		位次	
	2017年	2016年	2017年	2016年
产学研结合 / %	0.00	4.17	7	6
产学研结合系数	0.00	0.05	7	6
创造效益 / %	9.43	5.35	9	10
经济效益系数	94.28	53.52	9	10

（十三）贵州省电子工业研究所

年末从业人员21人；高职称以上人员7人，占年末从业人员的比例为33.33%，居第1位；大型科学仪器设备原值111.60万元，人均大型科学仪器设备原值5.31万元，居第6位。

R&D人员6人，R&D人员占年末从业人员的比重28.57%，居第8位；R&D经费1212.00万元，人均57.71万元，居第3位。

发表科技论文1篇（一般科技论文1篇），科技论文系数为0.05，居第12位。

省外合作项目1项，省内合作项目1项，项目合作系数0.41，居第3位；科技培训人数200人，对外科技咨询项数20项，科技服务系数0.05，居第4位；技术服务收入127万元，经济效益系数69.85，居第11位。

贵州省电子工业研究所综合科技创新水平指数为11.95%，居开发类科研院所第11位，与上年相比，监测值上升0.27个百分点，位次上升1位。4个一级指标中，科技创新环境和基础指数及科技产出指数较上年均保持不变，位次也均不变；科技投入指数较上年下降1.35个百分点，位次不变；科技创新绩效指数较上年上升3.03个百分点，位次上升1位（表4-46）。

表4-46 贵州省电子工业研究所各级监测指标和位次与上年比较

指标名称	三级指标值		位次	
	2017年	2016年	2017年	2016年
综合科技创新水平指数 / %	11.95	11.69	11	12
科技创新环境和基础 / %	10.02	10.02	11	11
人力资源 / %	7.00	7.00	9	10
高层次科技人才系数	0.00	0.00	3	1
高学历以上人员占年末从业人员的比例 / %	0.00	0.00	12	12
高职称以上人员占年末从业人员的比例 / %	33.33	33.33	1	1
创新条件及平台 / %	12.03	12.03	10	10
人均大型科学仪器设备原值 / 万元	5.31	5.31	6	5

续表

指标名称	三级指标值		位次	
	2017 年	2016 年	2017 年	2016 年
省级以上创新平台及载体系数	0.00	0.00	4	4
科技投入 / %	29.38	30.73	13	13
人力投入 / %	4.61	13.76	12	13
R&D 人员占年末从业人员的比重 / %	28.57	85.71	8	4
创新人才团队总量系数	0.00	0.00	3	3
经费投入 / %	40.00	38.00	11	11
人均科研经费 / 万元	0.00	0.00	12	12
人均 R&D 经费 / 万元	57.71	3.57	3	2
科技产出 / %	0.79	0.79	12	12
知识产出 / %	0.53	0.53	12	12
科技论文系数	0.05	0.05	12	12
知识产权系数	0.00	0.00	12	12
科技奖励 / %	0.00	0.00	2	2
科技成果系数	0.00	0.00	2	2
技术成果市场化水平 / %	0.00	0.00	2	2
人均技术市场成交合同金额 / 万元	0.00	0.00	2	2
科技合作交流 / %	6.86	6.86	4	5
项目合作系数	0.41	0.41	3	5
论文论著合作系数	0.00	0.00	2	2
创新绩效 / %	9.34	6.30	10	11
科技服务 / %	5.79	1.94	4	6
科技服务系数	0.05	0.02	4	6
产学研结合 / %	20.83	20.83	3	3
产学研结合系数	0.25	0.25	3	3
创造效益 / %	6.98	3.23	11	12
经济效益系数	69.85	32.31	11	12

（十四）贵州省商业科学研究所

年末从业人员 7 人；大型科学仪器设备原值 3.20 万元，人均大型科学仪器设备原值 0.46 万元，居第 14 位；R&D 人员 6 人，R&D 人员占年末从业人员的比重为 85.71%。居第 3 位；R&D 经费

80.00万元，人均R&D经费11.43万元，居第9位；科技培训人数4人；技术服务收入18万元，经济效益系数为5.54，居第14位。

贵州省商业科学研究所综合科技创新水平指数为7.90%，居开发类科研院所第14位，与上年相比，监测值提高0.36个百分点，位次不变。4个一级指标中，科技投入指数和创新绩效指数较上年分别上升1.40和0.04个百分点，位次分别上升2位和位次不变；科技创新环境和基础指数及科技产出指数较上年均保持不变，位次为不变和上升1位（表4-47）。

表4-47 贵州省商业科学研究所各级监测指标和位次与上年比较

指标名称	三级指标值		位次	
	2017年	2016年	2017年	2016年
综合科技创新水平指数/%	7.90	7.54	14	14
科技创新环境和基础/%	0.42	0.42	14	14
人力资源/%	0.00	0.00	14	14
高层次科技人才系数	0.00	0.00	3	1
高学历以上人员占年末从业人员的比例/%	0.00	0.00	12	12
高职称以上人员占年末从业人员的比例/%	0.00	0.00	14	14
创新条件及平台/%	0.69	0.69	14	14
人均大型科学仪器设备原值/万元	0.46	0.46	14	13
省级以上创新平台及载体系数	0.00	0.00	4	4
科技投入/%	30.98	29.58	12	14
人力投入/%	9.92	9.92	9	14
R&D人员占年末从业人员的比重/%	85.71	85.71	3	4
创新人才团队总量系数	0.00	0.00	3	3
经费投入/%	40.00	38.00	11	11
人均科研经费/万元	0.00	0.00	12	12
人均R&D经费/万元	11.43	10.71	9	1
科技产出/%	0.00	0.00	13	13
知识产出/%	0.00	0.00	13	13
科技论文系数	0.00	0.00	13	13
知识产权系数	0.00	0.00	12	12
科技奖励/%	0.00	0.00	2	2
科技成果系数	0.00	0.00	2	2
技术成果市场化水平/%	0.00	0.00	2	2

续表

指标名称	三级指标值		位次	
	2017 年	2016 年	2017 年	2016 年
人均技术市场成交合同金额 / 万元	0.00	0.00	2	2
科技合作交流 / %	0.00	0.00	9	10
项目合作系数	0.00	0.00	9	10
论文论著合作系数	0.00	0.00	2	2
创新绩效 / %	0.26	0.22	14	14
科技服务 / %	0.02	0.04	11	11
科技服务系数	0.00	0.00	11	11
产学研结合 / %	0.00	0.00	7	8
产学研结合系数	0.00	0.00	7	8
创造效益 / %	0.55	0.46	14	13
经济效益系数	5.54	4.62	14	13

第五部分 产业园区科技创新评价报告

2017年，全省109家产业园区①科技进步统计监测评价结果如下。

一、产业园区综合科技进步水平

根据综合科技进步水平指数，将109家产业园区划分为3类（图5-1）。

第一类：综合科技进步水平指数高于30.00%的产业园区有16家，占全部产业园区的14.68%；

第二类：综合科技进步水平指数低于30.00%，但高于平均水平（15.61%）的产业园区有21家，占全部产业园区的19.27%；

第三类：综合科技进步水平指数低于平均水平（15.61%）的产业园区有72家，占全部产业园区的66.05%。

2017年与2016年监测结果相比，综合科技进步水平指数平均水平比上年提高了0.37个百分点。榕江工业园区、贵州钟山经济开发区、普定县农业示范园区、贵州瓮安经济开发区（瓮安工业园区）、贵州新蒲经济开发区（新蒲新区高新技术工业园区）等35家产业园区高于这一增幅；贵州锦屏经济开发区（锦屏工业园区）、贵州昌明经济开发区（贵定县城北工业园区、昌明工业园区）、安顺高新区（黎阳高新技术工业园区）、独山麻尾工业园区（独山高新技术产业园区）、贵州开阳经济开发区（开阳磷煤化工生态工业示范基地）等产业园区降幅相对较大。

与2016年综合科技进步水平指数排序相比，普定县农业示范园区、贵州钟山经济开发区、榕江工业园区、关岭产业园区、镇宁自治县产业园区（辖镇宁县轻工产业园和安顺红星精细化工产业园）、贵州瓮安经济开发区（瓮安工业园区）等产业园区位次上升较快；贵州锦屏经济开发区（锦屏工业园区）、贵州（独山）外向型特色蔬菜农业科技园区、独山麻尾工业园区（独山高新技术产业园区）、松桃经济开发区（松桃工业园区）、贵州昌明经济开发区（贵定县城北工业园区、昌明工业园区）等产业园区位次相比上年下降较多。

---

① 产业园区是指工业园区、经济开发区、高（新）技术产业（化）园区（基地）及农业科技园区，涉及多个名称的产业园区，本报告中仅列出其中一个，具体见排位表。

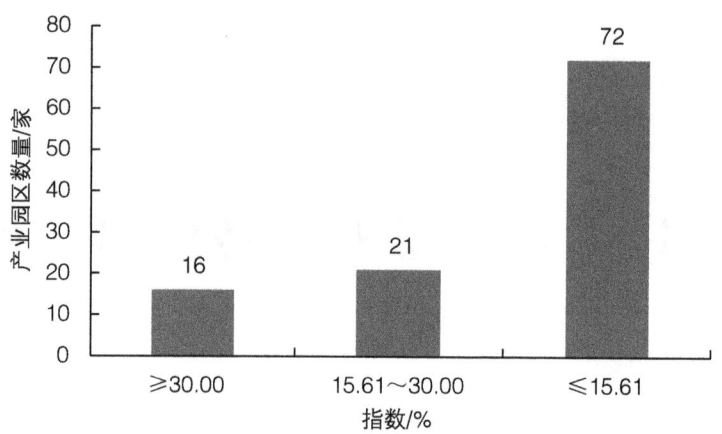

图 5-1　产业园区综合科技进步水平指数分布

二、产业园区科技进步一级指标评价

（一）科技创新环境

在科技创新环境指数的分布中，有 38 家产业园区高于平均水平（11.88%），其中高于 30.00% 的有 11 家，11.88%～30.00% 的有 27 家；有 71 家产业园区低于平均水平（图 5-2）。

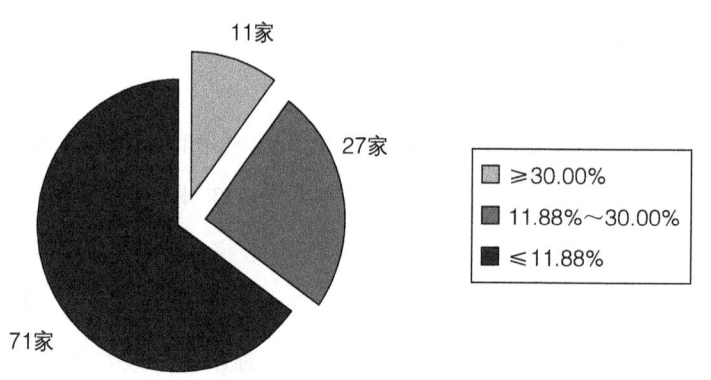

图 5-2　产业园区科技创新环境指数分布

2017 年与 2016 年监测结果相比，科技创新环境指数平均水平比上年上升了 2.89 个百分点。贵州福泉经济开发区（福泉市工业园区、贵州黔南磷煤化工高新技术产业化基地）、贵州开阳经济开发区（开阳磷煤化工生态工业示范基地）、贵州钟山经济开发区、贵州新蒲经济开发区（新蒲新区高新技术工业园区）、贵州修文经济开发区（贵州修文新材料科技产业示范基地）、贵州安顺西秀经济开发区（西秀产业园区）等 39 家产业园区高于上年水平；贵州仁怀经济开发区（遵义市仁怀名酒工业园区）、花溪产业园区、贵州省施秉农业科技园区、安顺高新区（黎阳高新技术工业园区）、贵州丹寨铁皮石斛农业科技示范园区等 29 家产业园区低于上年水平。

参照 2016 年科技创新环境指数的排序，贵州钟山经济开发区、贵州新蒲经济开发区（新蒲新区高新技术工业园区）、贵州福泉经济开发区（福泉市工业园区、贵州黔南磷煤化工高新技术产业化基地）、贵州丹寨金钟经济开发区（丹寨金钟工业园区）、贵州修文经济开发区（贵州修文新材料科技产业示范基地）、罗甸县工业园区等产业园区位次上升较快；贵州省施秉农业科技园区、贵州丹寨铁皮石斛农业科技示范园区、贵州仁怀经济开发区（遵义市仁怀名酒工业园区）、普定县农业示范园区、安顺高新区（黎阳高新技术工业园区）等产业园区相比上年位次下降较多。

（二）科技投入

在科技投入指数的分布中，有34家产业园区高于平均水平（11.89%），其中高于30.00%的有11家，11.89%～30.00%的有23家；有75家产业园区低于平均水平（图5-3）。

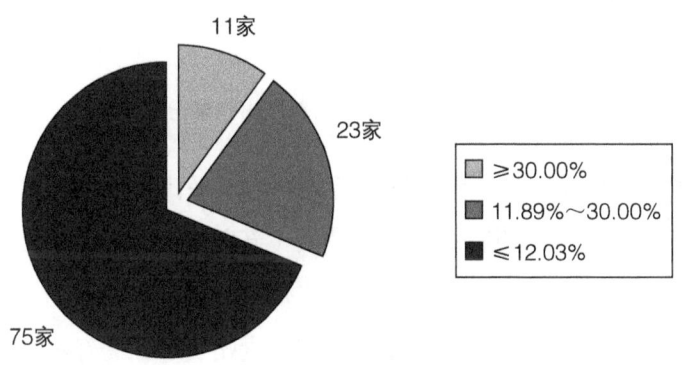

图 5-3　产业园区科技投入指数分布

2017年与2016年监测结果相比，科技投入指数平均水平比上年上升了0.53个百分点。普定县农业示范园区、榕江工业园区、贵州瓮安经济开发区（瓮安工业园区）、贵州湄潭经济开发区（遵义市湄潭绿色食品工业园区、湄潭县绿色食品科技特色产业示范基地）、贵州新蒲经济开发区（新蒲新区高新技术工业园区）、安顺经济技术开发区（安顺民用航空产业国家高技术产业基地）等42家产业园区高于上年水平；贵州开阳经济开发区（开阳磷煤化工生态工业示范基地）、贵州福泉经济开发区（福泉市工业园区、贵州黔南磷煤化工高新技术产业化基地）、贵州丹寨金钟经济开发区（丹寨金钟工业园区）、贵州习水经济开发区、松桃经济开发区（松桃工业园区）等32家产业园区低于上年水平。

参照2016年科技投入指数的排序，普定县农业示范园区、贵州新蒲经济开发区（新蒲新区高新技术工业园区）、贵州钟山经济开发区、榕江工业园区、贵州瓮安经济开发区（瓮安工业园区）等产业园区位次上升较快；贵州锦屏经济开发区（锦屏工业园区）、贵州习水经济开发区、贵州玉屏经济开发区（玉屏县承接转移产业园区、贵州玉屏新材料高新技术产业化基地）、贵州丹寨金钟经济开发区（丹寨金钟工业园区）等产业园区相比上年位次下降较多。

（三）创新产出

在创新产出指数的分布中，有 38 家产业园区高于平均水平（13.99%），其中高于 30.00% 的有 11 家，13.99%～30.00% 的有 27 家；有 71 家产业园区低于平均水平（图 5-4）。

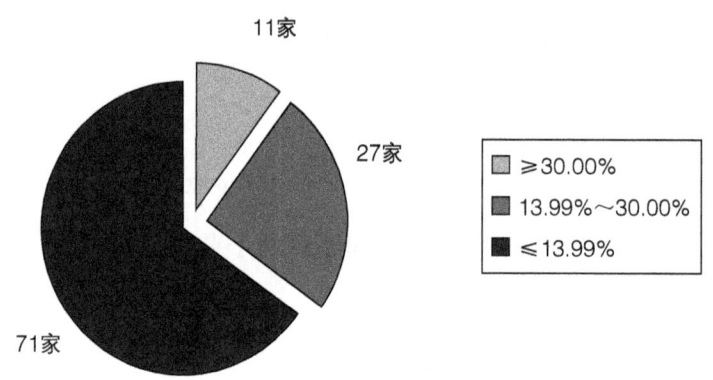

图 5-4　产业园区创新产出指数分布

2017 年与 2016 年监测结果相比，科技投入指数平均水平比上年上升了 2.29 个百分点。贵州钟山经济开发区、花溪产业园区、贵州新蒲经济开发区（新蒲新区高新技术工业园区）、贵州炉碧经济开发区（麻江碧波工业园区、凯里炉山工业园区、炉山—碧波工业园区）、贵州黔南国家农业科技园区、关岭产业园区等 46 家产业园区高于上年水平；贵州安顺西秀经济开发区（西秀产业园区）、贵州昌明经济开发区（贵定县城北工业园区、昌明工业园区）、贵州和平经济开发区（遵义市和平工业园区）、贵州湄潭国家农业科技园区等 27 家产业园区低于上年水平。

参照 2016 年科技投入指数的排序，贵州钟山经济开发区、贵州炉碧经济开发区（麻江碧波工业园区、凯里炉山工业园区、炉山—碧波工业园区）、关岭产业园区、贵州新蒲经济开发区（新蒲新区高新技术工业园区）、花溪产业园区、都匀经济开发区等产业园区位次上升较快；贵州和平经济开发区（遵义市和平工业园区）、贵州昌明经济开发区（贵定县城北工业园区、昌明工业园区）、独山麻尾工业园区（独山高新技术产业园区）、贵州黔西经济开发区（黔西县循环经济产业园、毕节试验区黔西承接产业转移基地）、贵州湄潭国家农业科技园区、贵州余庆经济开发区（余庆龙溪工业园区、余庆县工业园区）等产业园区相比上年位次下降较多。

（四）创新绩效

在创新绩效指数的分布中，有 41 家产业园区高于平均水平（27.37%），其中高于 45.00% 的有 24 家，27.37%～45.00% 的有 17 家；有 68 家产业园区低于平均水平（图 5-5）。

2017 年与 2016 年监测结果相比，创新绩效指数平均水平比上年下降了 5.28 个百分点。贵州钟山经济开发区、贵州安顺西秀经济开发区（西秀产业园区）、贵州习水经济开发区、榕江工业园区、安顺经济技术开发区（安顺民用航空产业国家高技术产业基地）、贵州织金经济开发区（织金新型能源化工基地）等44家产业园区高于上年水平；贵州锦屏经济开发区（锦屏工业园区）、安顺高新区（黎阳高新技术工业园区）、贵州丹寨金钟经济开发区（丹寨金钟工业园区）、贵州贵阳国家农业科技示范园区、贵州岑巩经济开发区（岑巩工业园区）、独山麻尾工业园区（独山高新技术产业园区）等35家产业园区低于上年水平。

参照2016年创新绩效指数的排序，贵州织金经济开发区（织金新型能源化工基地）、贵州钟山经济开发区、遵义市务正道煤电铝循环经济工业园区、镇宁自治县产业园区（辖镇宁县轻工产业园和安顺红星精细化工产业园）、榕江工业园区、普定县农业示范园区、贵州丹寨铁皮石斛农业科技示范园区等产业园区位次上升较快；贵州锦屏经济开发区（锦屏工业园区）、习水煤电化循环经济工业园区、贵州丹寨金钟经济开发区（丹寨金钟工业园区）、贵州黔南国家农业科技园区、剑河工业园区等产业园区相比上年位次下降较多。

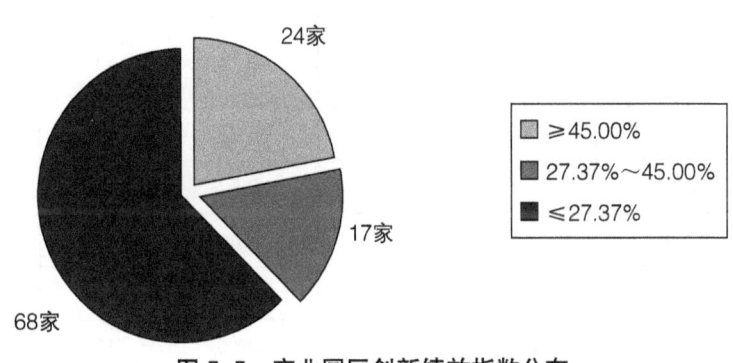

图 5-5　产业园区创新绩效指数分布

三、产业园区科技进步统计监测指数排位

（一）产业园区综合科技进步水平指数排位

综合科技进步水平指数是由科技创新环境、科技投入、创新产出和创新绩效4个一级指数加权综合而成。

产业园区综合科技进步水平指数排位如表5-1所示。

表 5-1　产业园区综合科技进步水平指数排位

产业园区名称	2017年		增降幅	
	指数/%	位次	提高百分点	位次
贵阳国家级高新技术开发区（麦架—沙文高新技术产业园）	89.15	1	1.15	0
贵阳国家经济技术开发区[国家军民结合（装备制造）高新技术产业化基地、小河—孟关装备制造业生态工业园]	86.26	2	2.53	0
乌当工业园区	62.02	3	3.50	0

续表

产业园区名称	2017年		增降幅	
	指数/%	位次	提高百分点	位次
遵义国家经济技术开发区［汇川机电制造工业园区、贵州遵义电器（气）装备高新技术产业化基地］	60.50	4	—	—
贵州安顺西秀经济开发区（西秀产业园区）	51.97	5	6.75	−1
贵州修文经济开发区（贵州修文新材料科技产业示范基地）	42.34	6	−0.99	−1
贵州瓮安经济开发区（瓮安工业园区）	37.86	7	17.26	21
榕江工业园区	37.70	8	23.59	37
贵州龙里经济开发区（龙里工业园区）	37.04	9	1.54	2
花溪产业园区	36.97	10	2.55	3
贵州福泉经济开发区（福泉市工业园区、贵州黔南磷煤化工高新技术产业化基地）	36.74	11	−2.15	−3
贵州开阳经济开发区（开阳磷煤化工生态工业示范基地）	35.78	12	−6.11	−6
贵州贵阳国家农业科技示范园区	33.57	13	−3.21	−4
安顺高新区（黎阳高新技术工业园区）	31.49	14	−7.90	−7
贵州仁怀经济开发区（遵义市仁怀名酒工业园区）	30.37	15	−4.26	−3
贵州新蒲经济开发区（新蒲新区高新技术工业园区）	30.10	16	10.08	13
贵州湄潭国家农业科技园区	28.74	17	1.04	0
安顺经济技术开发区（安顺民用航空产业国家高技术产业基地）	27.54	18	6.63	8
贵州钟山经济开发区	26.58	19	21.55	68
贵州惠水经济开发区［惠水县长田园区、惠水（长田）创新企业科技产业示范基地］	26.26	20	−1.50	−4
益佰工业园区	25.54	21	—	—
赤水市国家农业科技园区	24.56	22	—	—
贵州万山经济开发区（万山转型工业园区、贵州铜仁精细化工高新技术产业化基地）	24.36	23	−2.10	−4
贵州湄潭经济开发区（遵义市湄潭绿色食品工业园区、湄潭县绿色食品科技特色产业示范基地）	24.23	24	5.87	8
贵州独山经济开发区	24.15	25	3.04	0
普定县农业示范园区	23.04	26	19.90	73
贵州纳雍经济开发区（纳雍县产业园区）	22.65	27	5.74	9
赤水经济开发区（赤水竹业工业园区）	22.31	28	—	—
红果经济开发区［盘县红果（两河）产业新区］	21.14	29	3.20	4

续表

产业园区名称	2017 年 指数 /%	2017 年 位次	增降幅 提高百分点	增降幅 位次
贵州昌明经济开发区（贵定县城北工业园区、昌明工业园区）	18.62	30	-8.40	-12
贵州遵义辣椒农业科技园区	17.83	31	—	—
贵州玉屏经济开发区（玉屏县承接转移产业园区、贵州玉屏新材料高新技术产业化基地）	17.57	32	-4.41	-10
镇宁自治县产业园区（辖镇宁县轻工产业园和安顺红星精细化工产业园）	16.61	33	5.72	22
贵州碧江经济开发区（铜仁市碧江区循环经济工业园区）	15.97	34	-0.43	4
贵州黔南国家农业科技园区	15.96	35	-3.31	-5
松桃经济开发区（松桃工业园区）	15.82	36	-5.31	-12
贵州凤冈经济开发区（凤冈有机生态工业园区）	15.64	37	-0.23	3
贵州思南经济开发区（思南工业园区）	15.36	38	0.26	4
贵州岑巩经济开发区（岑巩工业园区）	15.04	39	-2.41	-4
贵州习水经济开发区	14.77	40	-0.37	1
罗甸县工业园区	13.51	41	2.68	16
贵州兴仁经济开发区（兴仁县工业区）	13.50	43	2.92	17
贵州丹寨金钟经济开发区（丹寨金钟工业园区）	13.50	42	-5.59	-11
贵州余庆经济开发区（余庆龙溪工业园区、余庆县工业园区）	13.28	44	-0.22	3
都匀市绿茵湖产业园区（贵州都匀装备制造业科技产业化示范基地）	12.22	45	—	—
长顺县威远工业园区	11.89	46	0.73	7
余庆县现代高效观光农业科技示范园	11.54	47	0.48	7
贵州娄山关高新技术产业开发区（贵州娄山关经济开发区、遵义市桐梓煤电化工业园区）	11.43	48	-0.06	4
丹寨农业科技示范园区	11.35	49	—	—
修文县猕猴桃农业科技示范园区	11.11	50	0.43	8
独山麻尾工业园区（独山高新技术产业园区）	10.37	51	-7.56	-17
碧江蔬菜农业科技示范园区	10.32	52	—	—
石阡县苔茶农业科技示范园区	10.03	53	—	—
贵州务川县白山羊产业农业科技园区	9.96	54	—	—
贵州黔西经济开发区（黔西县循环经济产业园、毕节试验区黔西承接产业转移基地）	9.91	55	2.27	15
贵州都匀毛尖茶农业科技示范园区	9.08	56	0.92	10

续表

产业园区名称	2017年		增降幅	
	指数/%	位次	提高百分点	位次
习水县白酒工业园区	8.94	58	—	—
贵州黔东南国家农业科技园区	8.94	57	-1.71	2
正安县白茶园区	8.92	59	0.80	8
贵州福泉农业科技示范园区	8.48	60	—	—
贵州和平经济开发区（遵义市和平工业园区）	8.42	61	-2.44	-5
罗甸县农业科技示范园区	8.39	62	1.57	17
水城县发耳煤电化产业园区	8.25	63	-0.53	2
石阡县工业园区	8.14	64	0.17	4
贵州安顺绿色生态畜禽农业科技园区	8.06	65	0.15	4
贵州榕江农业科技园区	7.57	66	—	—
贵州三都葡萄农业科技示范园区	7.48	67	—	—
贵州黎平经济开发区（黎平工业园区）	7.32	68	-0.19	4
贵州丹寨铁皮石斛农业科技示范园区	7.28	69	-2.01	-5
贵州普定经济开发区[普定循环经济工业基地（含幺铺—黄桶物流园）]	7.22	70	-0.05	4
贵州省施秉农业科技园区	7.06	71	-3.03	-9
江口县凯德特色产业园区	7.01	72	0.31	8
贵州炉碧经济开发区（麻江碧波工业园区、凯里炉山工业园区、炉山—碧波工业园区）	6.92	73	-0.16	5
镇宁火龙果农业科技示范园区	6.66	74	—	—
贵州铜仁（大兴）高新产业开发区	6.61	75	—	—
关岭产业园区	6.61	76	3.70	26
贵州洛贯经济开发区（从江洛贯工业园区、从江洛贯产业承接区）	6.57	77	0.65	6
都匀经济开发区	6.52	78	2.85	17
赫章县产业园区	6.52	79	0.37	3
贵州省思南果蔬农业科技示范园区	6.40	80	—	—
贵州江口果蔬农业科技示范园区	6.17	81	1.80	11
贵州道真特色中药材农业科技示范园区	5.80	82	—	—
贵州台江魔芋农业科技示范园区	5.62	83	—	—
贵州仁怀黔北麻羊农业科技示范园区	5.31	84	—	—

续表

产业园区名称	2017年		增降幅	
	指数/%	位次	提高百分点	位次
贵州台江经济开发区（台江工业园区）	5.23	85	—	—
黔东南国家农业科技园区岑巩杂交水稻制种产业核心区	5.15	86	0.09	−1
剑河工业园区	5.02	87	−2.11	−10
贵州从江香猪农业科技示范园区	4.91	88	—	—
黄平工业园区	4.81	89	2.83	15
贵州正安经济开发区（正安瑞濠工业园区）	4.80	90	0.09	1
贵州织金经济开发区（织金新型能源化工基地）	4.76	91	3.44	17
荔波工业园区	4.48	92	0.74	2
平塘工业园区	3.78	93	−0.59	0
贵州省安龙农业科技园区	3.68	94	—	—
贵州紫云果蔬农业科技示范园区	3.57	95	—	—
遵义市务正道煤电铝循环经济工业园区	3.53	96	2.23	13
贵州黔西南国家农业科技园区安龙核心区	3.38	97	0.03	−1
贵州（独山）外向型特色蔬菜农业科技园区	3.36	98	−4.04	−25
贵州荔波樟江精品水果农业科技示范园区	2.93	99	—	—
天柱工业园区	1.99	100	−1.32	−2
紫云工业园区	1.91	101	−1.15	−1
雷山生态茶园农业科技示范园区	1.67	102	—	—
贵州锦屏经济开发区（锦屏工业园区）	1.53	103	−8.68	−42
钟山果蔬农业科技园区	1.36	104	—	—
贵州天柱油茶农业科技示范园区	1.36	105	—	—
贵州普安县茶叶农业科技示范园区	1.22	106	—	—
习水煤电化循环经济工业园区	0.60	107	−1.36	−2
望谟县工业园区	0.55	108	−0.08	3
贵州麻江蓝莓农业科技示范园区	−0.14	109	—	—

注：增降幅一栏中"—"表示2016年未纳入统计监测的产业园区，2017年无增降幅数据。

(二)产业园区科技进步统计监测一级指数排位

产业园区科技创新环境指数排位如表 5-2 所示。

表 5-2 产业园区科技创新环境指数排位

产业园区名称	科技创新环境		万名从业人员发明专利申请量		创新创业平台系数	
	指数 /%	位次	指标值 / 项	位次	指标值	位次
贵阳国家级高新技术开发区(麦架—沙文高新技术产业园)	97.26	1	108.94	28	4.39	1
贵阳国家经济技术开发区[国家军民结合(装备制造)高新技术产业化基地、小河—孟关装备制造业生态工业园]	74.68	2	37.66	48	2.57	3
遵义国家经济技术开发区[汇川机电制造工业园区、贵州遵义电器(气)装备高新技术产业化基地]	68.82	3	17.34	59	2.21	4
贵州安顺西秀经济开发区(西秀产业园区)	51.30	4	123.48	23	0.77	8
贵州开阳经济开发区(开阳磷煤化工生态工业示范基地)	50.09	5	100.78	31	1.81	6
贵州贵阳国家农业科技示范园区	47.86	6	30.33	51	2.19	5
乌当工业园区	46.52	7	107.87	29	1.67	7
贵州龙里经济开发区(龙里工业园区)	42.30	8	185.32	14	0.16	27
贵州福泉经济开发区(福泉市工业园区、贵州黔南磷煤化工高新技术产业化基地)	42.18	9	130.15	20	0.40	10
花溪产业园区	36.17	10	0	85	2.89	2
贵州湄潭国家农业科技园区	32.10	11	116.97	26	0.40	10
贵州万山经济开发区(万山转型工业园区、贵州铜仁精细化工高新技术产业化基地)	29.67	12	585.68	9	0.17	26
贵州修文经济开发区(贵州修文新材料科技产业示范基地)	23.49	13	69.86	38	0.31	17
余庆县现代高效观光农业科技示范园	20.69	14	142.40	19	0	54
贵州丹寨金钟经济开发区(丹寨金钟工业园区)	19.20	15	441.18	11	0.16	27
罗甸县工业园区	18.70	16	170.37	17	0.12	35
石阡县工业园区	18.50	17	174.54	16	0	54
贵州兴仁经济开发区(兴仁县工业区)	18.50	17	245.70	12	0.04	43
贵州新蒲经济开发区(新蒲新区高新技术工业园区)	18.40	19	75.45	37	0.41	9

续表

产业园区名称	科技创新环境		万名从业人员发明专利申请量		创新创业平台系数	
	指数 /%	位次	指标值 / 项	位次	指标值	位次
安顺经济技术开发区（安顺民用航空产业国家高技术产业基地）	17.99	20	41.36	47	0.35	12
赤水经济开发区（赤水竹业工业园区）	17.92	21	81.33	35	0.20	21
赤水市国家农业科技园区	17.92	21	81.33	35	0.20	21
贵州钟山经济开发区	17.92	23	118.79	25	0	54
贵州玉屏经济开发区（玉屏县承接转移产业园区、贵州玉屏新材料高新技术产业化基地）	17.83	24	116.00	27	0.04	43
贵州湄潭经济开发区（遵义市湄潭绿色食品工业园区、湄潭县绿色食品科技特色产业示范基地）	17.22	25	100.85	30	0.04	43
贵州洛贯经济开发区（从江洛贯工业园区、从江洛贯产业承接区）	16.80	26	708.33	6	0	54
贵州昌明经济开发区（贵定县城北工业园区、昌明工业园区）	16.37	27	225.20	13	0.13	33
荔波工业园区	15.30	28	896.79	5	0	54
贵州黔东南国家农业科技园区	14.91	29	119.66	24	0.15	30
长顺县威远工业园区	14.83	30	87.50	34	0	54
贵州榕江农业科技园区	13.90	31	634.15	8	0	54
镇宁自治县产业园区（辖镇宁县轻工产业园和安顺红星精细化工产业园）	13.72	32	127.86	21	0	54
丹寨农业科技示范园区	13.67	33	704.23	7	0.13	33
贵州凤冈经济开发区（凤冈有机生态工业园区）	13.23	34	54.47	41	0.32	13
正安县白茶园区	13.13	35	25.94	54	0	54
贵州三都葡萄农业科技示范园区	13.03	36	2000.00	1	0.07	42
都匀市绿茵湖产业园区（贵州都匀装备制造业科技产业化示范基地）	12.50	37	45.06	46	0.12	35
贵州务川县白山羊产业农业科技园区	12.20	38	1028.04	3	0	54
贵州独山经济开发区	11.05	39	53.29	42	0.04	43
贵州仁怀黔北麻羊农业科技示范园区	10.80	40	1176.47	2	0	54
贵州紫云果蔬农业科技示范园区	10.60	41	182.93	15	0	54
贵州道真特色中药材农业科技示范园区	10.50	42	909.09	4	0	54

续表

产业园区名称	科技创新环境		万名从业人员发明专利申请量		创新创业平台系数	
	指数/%	位次	指标值/项	位次	指标值	位次
贵州黔南国家农业科技园区	10.21	43	22.15	57	0.23	20
黔东南国家农业科技园区岑巩杂交水稻制种产业核心区	10.20	44	571.43	10	0	54
石阡县苔茶农业科技示范园区	10.18	45	13.14	63	0	54
贵州台江魔芋农业科技示范园区	10.10	46	153.85	18	0	54
贵州黎平经济开发区（黎平工业园区）	9.88	47	68.66	39	0.04	43
贵州安顺绿色生态畜禽农业科技园区	9.88	48	125.63	22	0.08	39
松桃经济开发区（松桃工业园区）	9.02	49	25.86	55	0.04	43
贵州荔波樟江精品水果农业科技示范园区	8.51	50	48.18	44	0	54
贵州惠水经济开发区[惠水县长田园区、惠水（长田）创新企业科技产业示范基地]	8.00	51	24.00	56	0.16	27
贵州仁怀经济开发区（遵义市仁怀名酒工业园区）	7.91	52	10.19	70	0.15	30
贵州碧江经济开发区（铜仁市碧江区循环经济工业园区）	7.26	53	11.38	67	0.24	19
贵州都匀毛尖茶农业科技示范园区	7.17	54	46.53	45	0.09	38
独山麻尾工业园区（独山高新技术产业园区）	6.97	55	52.08	43	0	54
安顺高新区（黎阳高新技术工业园区）	6.85	56	11.32	68	0.28	18
碧江蔬菜农业科技示范园区	6.75	57	95.24	32	0	54
贵州铜仁（大兴）高新产业开发区	6.66	58	11.40	66	0.32	13
罗甸县农业科技示范园区	6.39	59	94.34	33	0	54
贵州娄山关高新技术产业开发区（贵州娄山关经济开发区、遵义市桐梓煤电化工业园区）	5.92	60	26.79	53	0.19	24
益佰工业园区	5.19	61	11.87	65	0.32	13
贵州思南经济开发区（思南工业园区）	4.75	62	5.25	75	0.32	13
雷山生态茶园农业科技示范园区	4.55	63	54.71	40	0	54
贵州瓮安经济开发区（瓮安工业园区）	3.94	64	7.55	73	0.19	24
红果经济开发区[盘县红果（两河）产业新区]	3.68	65	14.71	61	0	54
紫云工业园区	3.53	66	35.00	49	0	54
贵州（独山）外向型特色蔬菜农业科技园区	2.90	67	28.56	52	0	54

续表

产业园区名称	科技创新环境		万名从业人员发明专利申请量		创新创业平台系数	
	指数/%	位次	指标值/项	位次	指标值	位次
钟山果蔬农业科技园区	2.61	68	8.64	72	0.15	30
贵州黔西南国家农业科技园区安龙核心区	2.57	69	20.56	58	0	54
榕江工业园区	2.50	70	0	85	0.20	21
贵州省安龙农业科技园区	2.24	71	32.05	50	0	54
贵州遵义辣椒农业科技园区	2.13	72	0.51	84	0.12	35
贵州和平经济开发区（遵义市和平工业园区）	2.02	73	12.28	64	0.04	43
贵州岑巩经济开发区（岑巩工业园区）	2.01	74	13.65	62	0	54
贵州省施秉农业科技园区	1.65	75	15.74	60	0	54
贵州江口果蔬农业科技示范园区	1.62	76	1.78	81	0.08	39
贵州从江香猪农业科技示范园区	1.40	77	7.52	74	0	54
贵州纳雍经济开发区（纳雍县产业园区）	1.32	78	1.75	82	0.08	39
修文县猕猴桃农业科技示范园区	1.28	79	4.24	77	0	54
平塘工业园区	1.00	80	10.49	69	0	54
江口县凯德特色产业园区	0.91	81	9.18	71	0	54
习水县白酒工业园区	0.50	82	0	85	0.04	43
贵州习水经济开发区	0.50	82	0	85	0.04	43
镇宁火龙果农业科技示范园区	0.50	82	0	85	0.04	43
贵州丹寨铁皮石斛农业科技示范园区	0.50	82	0	85	0.04	43
贵州炉碧经济开发区（麻江碧波工业园区、凯里炉山工业园区、炉山—碧波工业园区）	0.48	86	4.13	78	0	54
遵义市务正道煤电铝循环经济工业园区	0.46	87	3.95	79	0	54
黄平工业园区	0.42	88	4.84	76	0	54
天柱工业园区	0.22	89	1.79	80	0	54
贵州台江经济开发区（台江工业园区）	0.17	90	1.03	83	0	54
贵州黔西经济开发区（黔西县循环经济产业园、毕节试验区黔西承接产业转移基地）	0	91	0	85	0	54
剑河工业园区	0	91	0	85	0	54
贵州锦屏经济开发区（锦屏工业园区）	0	91	0	85	0	54
赫章县产业园区	0	91	0	85	0	54

续表

产业园区名称	科技创新环境		万名从业人员发明专利申请量		创新创业平台系数	
	指数/%	位次	指标值/项	位次	指标值	位次
水城县发耳煤电化产业园区	0	91	0	85	0	54
贵州正安经济开发区（正安瑞濠工业园区）	0	91	0	85	0	54
贵州余庆经济开发区（余庆龙溪工业园区、余庆县工业园区）	0	91	0	85	0	54
习水煤电化循环经济工业园区	0	91	0	85	0	54
贵州普定经济开发区[普定循环经济工业基地（含幺铺—黄桶物流园）]	0	91	0	85	0	54
普定县农业示范园区	0	91	0	85	0	54
关岭产业园区	0	91	0	85	0	54
贵州织金经济开发区（织金新型能源化工基地）	0	91	0	85	0	54
贵州省思南果蔬农业科技示范园区	0	91	0	85	0	54
贵州普安县茶叶农业科技示范园区	0	91	0	85	0	54
望谟县工业园区	0	91	0	85	0	54
贵州天柱油茶农业科技示范园区	0	91	0	85	0	54
贵州麻江蓝莓农业科技示范园区	0	91	0	85	0	54
都匀经济开发区	0	91	0	85	0	54
贵州福泉农业科技示范园区	0	91	0	85	0	54

产业园区科技投入指数排位如表5-3所示。

表5-3 产业园区科技投入指数排位

产业园区名称	科技投入		园区R&D投入占园区总产值的比重		万名从业人员科技活动人员数	
	指数/%	位次	指标值/%	位次	指标值/人	位次
贵阳国家经济技术开发区[国家军民结合（装备制造）高新技术产业化基地、小河—孟关装备制造业生态工业园]	85.36	1	2.20	30	3037.66	16
贵阳国家级高新技术开发区（麦架—沙文高新技术产业园）	83.07	2	5.47	16	1872.50	30
榕江工业园区	76.18	3	187.60	2	2445.04	23

续表

产业园区名称	科技投入		园区R&D投入占园区总产值的比重		万名从业人员科技活动人员数	
	指数/%	位次	指标值/%	位次	指标值/人	位次
贵州瓮安经济开发区（瓮安工业园区）	69.26	4	7.58	13	858.52	49
普定县农业示范园区	66.02	5	67.83	5	842.19	50
乌当工业园区	32.37	6	1.69	38	1662.29	34
赤水市国家农业科技园区	31.76	7	5.27	17	8097.60	3
贵州安顺西秀经济开发区（西秀产业园区）	31.18	8	0.81	54	3060.63	15
花溪产业园区	31.04	9	0.14	84	8938.30	1
贵州仁怀经济开发区（遵义市仁怀名酒工业园区）	30.95	10	0.69	58	582.67	55
贵州湄潭国家农业科技园区	30.90	11	3.09	26	2636.36	19
贵州修文经济开发区（贵州修文新材料科技产业示范基地）	28.83	12	0.80	55	3249.65	13
益佰工业园区	28.39	13	10.70	11	1626.60	35
贵州湄潭经济开发区（遵义市湄潭绿色食品工业园区、湄潭县绿色食品科技特色产业示范基地）	27.17	14	4.21	21	0	96
贵州贵阳国家农业科技示范园区	26.58	15	3.26	24	918.03	48
安顺高新区（黎阳高新技术工业园区）	25.33	16	1.85	36	1007.88	43
遵义国家经济技术开发区[汇川机电制造工业园区、贵州遵义电器（气）装备高新技术产业化基地]	21.26	17	0	98	479.65	58
贵州福泉经济开发区（福泉市工业园区、贵州黔南磷煤化工高新技术产业化基地）	21.11	18	1.14	47	376.29	62
贵州余庆经济开发区（余庆龙溪工业园区、余庆县工业园区）	20.74	19	4.75	18	1386.92	39
修文县猕猴桃农业科技示范园区	20.03	20	8.14	12	720.34	51
镇宁火龙果农业科技示范园区	19.19	21	1002.21	1	6578.95	4
碧江蔬菜农业科技示范园区	18.94	22	46.58	6	1000.00	45
贵州独山经济开发区	18.92	23	0.41	71	5297.30	9
贵州省思南果蔬农业科技示范园区	18.66	24	10.96	10	6153.85	6
安顺经济技术开发区（安顺民用航空产业国家高技术产业基地）	16.92	25	2.08	31	171.50	73
贵州务川县白山羊产业农业科技园区	16.89	26	12.91	9	3271.03	12
罗甸县农业科技示范园区	16.75	27	13.73	8	2264.15	25
贵州麻江蓝莓农业科技示范园区	16.36	28	134.85	3	3076.92	14
余庆县现代高效观光农业科技示范园	15.61	29	94.78	4	333.12	66

续表

产业园区名称	科技投入		园区 R&D 投入占园区总产值的比重		万名从业人员科技活动人员数	
	指数 /%	位次	指标值 /%	位次	指标值 / 人	位次
贵州福泉农业科技示范园区	15.27	30	15.75	7	1666.67	33
贵州龙里经济开发区（龙里工业园区）	14.76	31	0.76	57	1025.69	42
红果经济开发区[盘县红果（两河）产业新区]	14.53	32	1.60	39	27.24	92
贵州纳雍经济开发区（纳雍县产业园区）	12.91	33	1.72	37	144.48	77
独山麻尾工业园区（独山高新技术产业园区）	12.17	34	0.34	76	5426.28	8
贵州新蒲经济开发区（新蒲新区高新技术工业园区）	11.80	35	0.84	52	343.21	65
贵州岑巩经济开发区（岑巩工业园区）	11.49	36	1.27	44	2787.84	17
贵州开阳经济开发区（开阳磷煤化工生态工业示范基地）	10.77	37	0.56	63	75.95	85
都匀市绿茵湖产业园区（贵州都匀装备制造业科技产业化示范基地）	10.59	38	1.45	40	978.93	46
贵州丹寨铁皮石斛农业科技示范园区	10.51	39	6.08	14	2500.00	22
贵州台江魔芋农业科技示范园区	9.75	40	5.56	15	2307.69	24
贵州钟山经济开发区	9.45	41	0.27	80	3281.06	11
贵州凤冈经济开发区（凤冈有机生态工业园区）	9.20	42	0.50	65	2602.14	20
江口县凯德特色产业园区	8.94	43	2.43	29	1707.47	31
松桃经济开发区（松桃工业园区）	8.62	44	0.46	68	1002.66	44
贵州（独山）外向型特色蔬菜农业科技园区	8.25	45	3.22	25	2238.72	26
贵州都匀毛尖茶农业科技示范园区	8.13	46	4.37	20	404.30	60
贵州安顺绿色生态畜禽农业科技园区	7.73	47	4.40	19	1457.29	38
贵州娄山关高新技术产业开发区（贵州娄山关经济开发区、遵义市桐梓煤电化工业园区）	7.45	48	3.43	23	226.19	71
贵州惠水经济开发区[惠水县长田园区、惠水（长田）创新企业科技产业示范基地]	7.33	49	0.39	73	701.54	53
黔东南国家农业科技园区岑巩杂交水稻制种产业核心区	6.84	50	0.56	62	8285.71	2
贵州三都葡萄农业科技示范园区	6.34	51	1.04	48	6181.82	5
贵州榕江农业科技园区	6.29	52	3.43	22	1560.98	37
贵州万山经济开发区（万山转型工业园区、贵州铜仁精细化工高新技术产业化基地）	6.09	53	0.66	60	2111.78	28
贵州从江香猪农业科技示范园区	5.94	54	1.96	35	919.27	47
贵州黔南国家农业科技园区	5.81	55	1.39	43	503.04	57

续表

产业园区名称	科技投入		园区R&D投入占园区总产值的比重		万名从业人员科技活动人员数	
	指数/%	位次	指标值/%	位次	指标值/人	位次
贵州道真特色中药材农业科技示范园区	5.77	56	2.70	27	2545.46	21
丹寨农业科技示范园区	5.50	57	2.68	28	1584.51	36
贵州丹寨金钟经济开发区（丹寨金钟工业园区）	5.32	58	1.41	41	2199.76	27
贵州碧江经济开发区（铜仁市碧江区循环经济工业园区）	5.06	59	2.08	32	92.70	82
赤水经济开发区（赤水竹业工业园区）	5.02	60	0.46	67	703.54	52
贵州天柱油茶农业科技示范园区	4.50	61	0	99	6000.00	7
贵州普安县茶叶农业科技示范园区	4.00	62	0.57	61	4186.05	10
贵州江口果蔬农业科技示范园区	3.85	63	1.25	46	2.13	95
剑河工业园区	3.54	64	1.97	34	381.40	61
贵州仁怀黔北麻羊农业科技示范园区	3.49	65	1.04	49	2647.06	18
黄平工业园区	3.40	66	2.04	33	135.46	78
贵州黔东南国家农业科技园区	2.87	67	1.26	45	466.92	59
贵州遵义辣椒农业科技园区	2.69	68	0.38	75	69.36	86
贵州和平经济开发区（遵义市和平工业园区）	2.68	69	0.45	69	145.64	76
贵州昌明经济开发区（贵定县城北工业园区、昌明工业园区）	2.68	70	0.20	82	651.65	54
贵州黔西经济开发区（黔西县循环经济产业园、毕节试验区黔西承接产业转移基地）	2.61	71	0.38	74	0	96
石阡县工业园区	2.61	72	0	99	1704.31	32
贵州省施秉农业科技园区	2.50	73	1.40	42	83.95	83
贵州兴仁经济开发区（兴仁县工业区）	2.08	74	0.44	70	0	96
贵州习水经济开发区	2.06	75	0.12	87	518.10	56
关岭产业园区	2.04	76	0.79	56	270	68
正安县白茶园区	2.02	77	0.92	51	30.95	91
贵州炉碧经济开发区（麻江碧波工业园区、凯里炉山工业园区、炉山—碧波工业园区）	1.99	78	0.54	64	0	96
石阡县苔茶农业科技示范园区	1.95	79	0.66	59	50.99	88
贵州黔西南国家农业科技园区安龙核心区	1.88	80	1.02	50	53.12	87
贵州思南经济开发区（思南工业园区）	1.86	81	0.28	79	78.82	84
贵州铜仁（大兴）高新产业开发区	1.72	82	0.15	83	359.93	63

续表

产业园区名称	科技投入		园区 R&D 投入占园区总产值的比重		万名从业人员科技活动人员数	
	指数 /%	位次	指标值 /%	位次	指标值 / 人	位次
贵州紫云果蔬农业科技示范园区	1.61	83	0	99	2012.20	29
镇宁自治县产业园区（辖镇宁县轻工产业园和安顺红星精细化工产业园）	1.47	84	0.46	66	125.40	79
平塘工业园区	1.40	85	0.04	93	1055.58	41
贵州省安龙农业科技园区	1.39	86	0.83	53	256.41	69
习水县白酒工业园区	1.29	87	0.13	86	347.22	64
贵州锦屏经济开发区（锦屏工业园区）	1.19	88	0.11	89	1169.19	40
遵义市务正道煤电铝循环经济工业园区	1.18	89	0.41	72	31.63	90
贵州黎平经济开发区（黎平工业园区）	1.14	90	0.31	77	0	96
贵州洛贯经济开发区（从江洛贯工业园区、从江洛贯产业承接区）	1.12	91	0.30	78	312.50	67
罗甸县工业园区	1.04	92	0.26	81	0	96
水城县发耳煤电化产业园区	0.94	93	0.13	85	168.33	74
贵州玉屏经济开发区（玉屏县承接转移产业园区、贵州玉屏新材料高新技术产业化基地）	0.94	94	0.11	88	159.50	75
长顺县威远工业园区	0.74	95	0.03	95	244.02	70
贵州普定经济开发区[普定循环经济工业基地（含幺铺—黄桶物流园）]	0.67	96	0.09	90	123.36	80
赫章县产业园区	0.33	97	0.06	91	0	96
钟山果蔬农业科技园区	0.22	98	0	99	194.38	72
天柱工业园区	0.19	99	0	99	114.51	81
都匀经济开发区	0.12	100	0.03	94	13.48	94
雷山生态茶园农业科技示范园区	0.10	101	0.05	92	0	96
贵州荔波樟江精品水果农业科技示范园区	0.07	102	0.01	96	20.91	93
紫云工业园区	0.05	103	0	99	35.00	89
贵州正安经济开发区（正安瑞濠工业园区）	0.01	104	0	97	0	96
贵州台江经济开发区（台江工业园区）	0	105	0	99	0	96
荔波工业园区	0	105	0	99	0	96
习水煤电化循环经济工业园区	0	105	0	99	0	96
贵州织金经济开发区（织金新型能源化工基地）	0	105	0	99	0	96
望谟县工业园区	0	105	0	99	0	96

产业园区创新产出指数排位如表5-4所示。

表5-4 产业园区创新产出指数排位

产业园区名称	创新产出		万名从业人员发明专利拥有量		高新技术企业数占企业总数比重		拥有省级以上知名品牌或著名商标的企业数占园区总企业数比重	
	指数/%	位次	指标值/项	位次	指标值/%	位次	指标值/%	位次
贵阳国家经济技术开发区[国家军民结合（装备制造）高新技术产业化基地、小河—孟关装备制造业生态工业园]	93.15	1	79.00	13	8.64	11	8.18	34
贵阳国家级高新技术开发区（麦架—沙文高新技术产业园）	88.51	2	161.34	7	0.80	51	0.28	77
遵义国家经济技术开发区[汇川机电制造工业园区、贵州遵义电器(气)装备高新技术产业化基地]	86.33	3	16.34	40	49.38	4	37.04	10
乌当工业园区	83.04	4	193.57	6	46.38	5	79.71	4
贵州安顺西秀经济开发区（西秀产业园）	45.94	5	122.00	9	2.96	28	0.49	74
贵州修文经济开发区（贵州修文新材料科技产业示范基地）	41.33	6	30.74	26	6.67	14	15.00	21
安顺高新区（黎阳高新技术工业园区）	31.73	7	14.80	42	5.36	17	4.98	46
花溪产业园区	31.18	8	53.99	18	8.22	12	0.68	71
贵州万山经济开发区（万山转型工业园区、贵州铜仁精细化工高新技术产业化基地）	31.14	9	140.56	8	0.74	53	18.52	17
益佰工业园区	30.80	10	347.28	3	100.00	2	100.00	1
贵州黔南国家农业科技园区	30.63	11	10.51	46	3.75	24	26.25	14
镇宁自治县产业园区（辖镇宁县轻工产业园和安顺红星精细化工产业园）	29.80	12	115.56	10	4.17	22	50.00	6
贵州纳雍经济开发区（纳雍县产业园区）	28.01	13	6.13	51	16.67	6	16.67	20
贵州遵义辣椒农业科技园区	27.89	14	1.20	71	150.00	1	33.33	11
贵州龙里经济开发区（龙里工业园区）	27.36	15	34.86	23	5.68	16	0.63	73

续表

产业园区名称	创新产出		万名从业人员发明专利拥有量		高新技术企业数占企业总数比重		拥有省级以上知名品牌或著名商标的企业数占园区总企业数比重	
	指数/%	位次	指标值/项	位次	指标值/%	位次	指标值/%	位次
贵州开阳经济开发区（开阳磷煤化工生态工业示范基地）	25.53	16	48.20	21	3.85	23	8.97	31
贵州惠水经济开发区[惠水县长田园区、惠水（长田）创新企业科技产业示范基地]	25.28	17	4.91	55	2.78	30	5.90	40
贵州贵阳国家农业科技示范园区	22.85	18	11.31	44	1.55	43	2.13	66
赤水市国家农业科技园区	22.73	19	23.59	32	4.38	21	6.57	37
榕江工业园区	22.45	20	0	75	10.31	10	8.25	33
贵州湄潭经济开发区（遵义市湄潭绿色食品工业园区、湄潭县绿色食品科技特色产业示范基地）	22.09	21	4.03	59	2.22	36	12.59	23
贵州仁怀经济开发区（遵义市仁怀名酒工业园区）	21.75	22	7.17	48	1.06	47	9.04	30
贵州湄潭国家农业科技园区	20.64	23	3.64	63	0	59	31.20	13
贵州新蒲经济开发区（新蒲新区高新技术工业园区）	20.36	24	61.65	16	4.76	19	2.38	63
贵州凤冈经济开发区（凤冈有机生态工业园区）	20.25	25	25.29	30	0.75	52	12.03	25
赤水经济开发区（赤水竹业工业园区）	20.22	26	18.71	35	3.65	26	6.57	37
石阡县苔茶农业科技示范园区	20.17	27	0.28	74	0	59	100.00	1
贵州碧江经济开发区（铜仁市碧江区循环经济工业园区）	19.50	28	31.22	25	0.50	56	4.98	47
贵州思南经济开发区（思南工业园区）	19.36	29	3.94	61	6.84	13	5.13	43
贵州钟山经济开发区	19.15	30	105.73	11	1.92	39	2.88	59
贵州玉屏经济开发区（玉屏县承接转移产业园区、贵州玉屏新材料高新技术产业化基地）	18.59	31	78.54	14	0.89	48	7.14	36
贵州娄山关高新技术产业开发区（贵州娄山关经济开发区、遵义市桐梓煤电化工业园区）	17.38	32	52.08	19	6.67	14	1.33	70

续表

产业园区名称	创新产出		万名从业人员发明专利拥有量		高新技术企业数占企业总数比重		拥有省级以上知名品牌或著名商标的企业数占园区总企业数比重	
	指数/%	位次	指标值/项	位次	指标值/%	位次	指标值/%	位次
安顺经济技术开发区（安顺民用航空产业国家高技术产业基地）	16.14	33	30.73	27	1.33	46	0.38	75
贵州都匀毛尖茶农业科技示范园区	15.93	34	41.71	22	0	59	43.48	8
丹寨农业科技示范园区	15.92	35	316.90	4	0	59	50.00	6
贵州丹寨金钟经济开发区（丹寨金钟工业园区）	15.91	36	30.64	28	4.84	18	6.45	39
贵州省施秉农业科技园区	15.12	37	20.99	33	13.33	7	13.33	22
贵州福泉经济开发区（福泉市工业园区、贵州黔南磷煤化工高新技术产业化基地）	14.05	38	5.48	52	2.63	31	3.16	58
正安县白茶园区	13.98	39	5.01	54	0	59	76.92	5
贵州炉碧经济开发区（麻江碧波工业园区、凯里炉山工业园区、炉山—碧波工业园区）	13.69	40	0	75	1.69	40	8.47	32
贵州兴仁经济开发区（兴仁县工业区）	13.56	41	6.14	50	0	59	17.65	19
贵州独山经济开发区	13.00	42	3.81	62	0.73	54	2.68	60
贵州岑巩经济开发区（岑巩工业园区）	12.27	43	19.85	34	2.30	35	5.75	41
贵州黔东南国家农业科技园区	12.04	44	25.81	29	3.33	27	5.00	45
都匀市绿茵湖产业园区（贵州都匀装备制造业科技产业化示范基地）	11.31	45	18.59	37	3.70	25	0	78
贵州瓮安经济开发区（瓮安工业园区）	11.05	46	4.12	58	1.39	45	3.24	57
贵州昌明经济开发区（贵定县城北工业园区、昌明工业园区）	11.03	47	4.79	57	1.55	42	3.63	56
关岭产业园区	10.56	48	0	75	13.33	7	0	78
长顺县威远工业园区	10.34	49	10.69	45	1.59	41	2.65	61

续表

产业园区名称	创新产出		万名从业人员发明专利拥有量		高新技术企业数占企业总数比重		拥有省级以上知名品牌或著名商标的企业数占园区总企业数比重	
	指数/%	位次	指标值/项	位次	指标值/%	位次	指标值/%	位次
贵州台江经济开发区（台江工业园区）	10.29	50	8.27	47	13.33	7	0	78
赫章县产业园区	10.11	51	0	75	2.82	29	5.63	42
红果经济开发区[盘县红果（两河）产业新区]	10.04	52	17.98	38	1.54	44	2.31	65
贵州余庆经济开发区（余庆龙溪工业园区、余庆县工业园区）	9.42	53	0	75	2.47	33	4.94	48
贵州黎平经济开发区（黎平工业园区）	9.10	54	18.60	36	0.64	55	3.85	55
贵州三都葡萄农业科技示范园区	8.80	55	909.09	2	0	59	0	78
松桃经济开发区（松桃工业园区）	8.75	56	3.04	65	0.86	49	2.59	62
贵州丹寨铁皮石斛农业科技示范园区	8.64	57	6666.67	1	0	59	0	78
贵州福泉农业科技示范园区	8.64	57	0	75	100.00	2	0	78
贵州安顺绿色生态畜禽农业科技园区	8.39	59	75.38	15	0	59	100.00	1
贵州麻江蓝莓农业科技示范园区	8.08	60	256.41	5	0	59	0	78
贵州和平经济开发区（遵义市和平工业园区）	8.00	61	12.28	43	2.33	34	4.65	50
剑河工业园区	7.91	62	0	75	4.55	20	0	78
贵州江口果蔬农业科技示范园区	7.57	63	0	75	0	59	17.86	18
贵州习水经济开发区	7.25	64	1.93	70	0.82	50	2.05	67
贵州榕江农业科技园区	6.40	65	16.26	41	0	59	22.22	15
罗甸县工业园区	6.33	66	2.37	69	2.05	37	0.68	71
贵州省安龙农业科技园区	6.30	67	32.05	24	0	59	33.33	11
贵州务川县白山羊产业农业科技园区	5.60	68	0	75	0	59	40.00	9
贵州黔西经济开发区（黔西县循环经济产业园、毕节试验区黔西承接产业转移基地）	5.52	69	0	75	0	59	7.58	35

续表

产业园区名称	创新产出		万名从业人员发明专利拥有量		高新技术企业数占企业总数比重		拥有省级以上知名品牌或著名商标的企业数占园区总企业数比重	
	指数/%	位次	指标值/项	位次	指标值/%	位次	指标值/%	位次
都匀经济开发区	5.29	70	59.32	17	0.16	58	0	78
黄平工业园区	5.15	71	4.84	56	2.63	31	0	78
贵州道真特色中药材农业科技示范园区	4.80	72	0	75	0	59	20.00	16
普定县农业示范园区	4.71	73	0	75	0	59	11.54	27
余庆县现代高效观光农业科技示范园	4.37	74	2.54	68	0	59	12.50	24
罗甸县农业科技示范园区	4.27	75	94.34	12	0	59	0	78
贵州从江香猪农业科技示范园区	4.22	76	0	75	0	59	9.09	28
贵州正安经济开发区（正安瑞濠工业园区）	4.21	77	0	75	0	59	5.06	44
贵州洛贯经济开发区（从江洛贯工业园区、从江洛贯产业承接区）	3.98	78	52.08	19	0	59	2.33	64
碧江蔬菜农业科技示范园区	3.95	79	0	75	0	59	11.76	26
江口县凯德特色产业园区	3.91	80	0	75	2.04	38	0	78
贵州铜仁（大兴）高新产业开发区	3.40	81	0	75	0.29	57	0.29	76
遵义市务正道煤电铝循环经济工业园区	2.77	82	3.95	60	0	59	4.17	53
贵州荔波樟江精品水果农业科技示范园区	2.74	83	0.91	72	0	59	9.09	28
荔波工业园区	2.50	84	16.92	39	0	59	4.35	51
贵州黔西南国家农业科技园区安龙核心区	2.29	85	6.85	49	0	59	4.35	51
习水县白酒工业园区	2.19	86	2.78	67	0	59	1.52	68
修文县猕猴桃农业科技示范园区	2.08	87	0.85	73	0	59	1.39	69
钟山果蔬农业科技园区	1.75	88	0	75	0	59	4.76	49
贵州织金经济开发区（织金新型能源化工基地）	1.60	89	0	75	0	59	4.00	54
雷山生态茶园农业科技示范园区	1.40	90	24.32	31	0	59	0	78

续表

产业园区名称	创新产出		万名从业人员发明专利拥有量		高新技术企业数占企业总数比重		拥有省级以上知名品牌或著名商标的企业数占园区总企业数比重	
	指数/%	位次	指标值/项	位次	指标值/%	位次	指标值/%	位次
天柱工业园区	0.48	91	5.37	53	0	59	0	78
平塘工业园区	0.24	92	3.50	64	0	59	0	78
贵州（独山）外向型特色蔬菜农业科技园区	0.21	93	2.86	66	0	59	0	78
贵州锦屏经济开发区（锦屏工业园区）	0	94	0	75	0	59	0	78
水城县发耳煤电化产业园区	0	94	0	75	0	59	0	78
习水煤电化循环经济工业园区	0	94	0	75	0	59	0	78
贵州仁怀黔北麻羊农业科技示范园区	0	94	0	75	0	59	0	78
贵州普定经济开发区[普定循环经济工业基地（含幺铺—黄桶物流园）]	0	94	0	75	0	59	0	78
紫云工业园区	0	94	0	75	0	59	0	78
贵州紫云果蔬农业科技示范园区	0	94	0	75	0	59	0	78
贵州省思南果蔬农业科技示范园区	0	94	0	75	0	59	0	78
石阡县工业园区	0	94	0	75	0	59	0	78
独山麻尾工业园区（独山高新技术产业园区）	0	94	0	75	0	59	0	78
贵州普安县茶叶农业科技示范园区	0	94	0	75	0	59	0	78
望谟县工业园区	0	94	0	75	0	59	0	78
镇宁火龙果农业科技示范园区	0	94	0	75	0	59	0	78
黔东南国家农业科技园区岑巩杂交水稻制种产业核心区	0	94	0	75	0	59	0	78
贵州天柱油茶农业科技示范园区	0	94	0	75	0	59	0	78
贵州台江魔芋农业科技示范园区	0	94	0	75	0	59	0	78

产业园区创新绩效指数排位如表 5-5 所示。

表 5-5 产业园区创新绩效指数排位

产业园区名称	创新绩效		高新技术产业产值占园区总产值比重		园区人均工业增加值		园区进出口总额占园区总产值的比重		每平方公里园区产值		园区利税总额占园区总产值的比例	
	指数/%	位次	指标值/%	位次	指标值/万元	位次	指标值/%	位次	指标值/万元	位次	指标值/%	位次
贵州安顺西秀经济开发区（西秀产业园区）	92.89	1	19.63	30	21.26	34	2.87	20	320 088.70	2	12.85	40
贵阳国家级高新技术开发区（麦架—沙文高新技术产业园）	91.12	2	70.80	6	13.54	52	2.48	21	109 767.90	17	7.13	64
乌当工业园区	90.45	3	61.05	7	37.29	16	0.96	31	197 100.00	8	4.42	76
贵阳国家经济技术开发区[国家军民结合（装备制造）高新技术产业化基地、小河—孟关装备制造业生态工业园]	88.88	4	79.89	4	18.73	39	0.79	33	56 183.89	35	4.33	77
贵州福泉经济开发区（福泉市工业园区、贵州黔南磷煤化工高新技术产业化基地）	88.78	5	32.61	20	30.04	23	1.53	26	224 399.50	5	2.55	89
贵州新蒲经济开发区（新蒲新区高新技术工业园区）	83.89	6	99.05	2	26.73	30	30.35	3	69 260.77	30	3.48	82
贵州修文经济开发区（贵州修文新材料科技产业示范基地）	82.96	7	49.99	14	37.70	15	0.06	60	63 235.94	32	12.00	43
贵州龙里经济开发区（龙里工业园区）	79.72	8	17.57	34	37.02	17	0.07	59	285 897.80	3	4.77	74
贵州惠水经济开发区[惠水县（长田）创新企业科技产业示范基地]	74.36	9	22.47	27	26.01	32	0.39	44	35 175.91	45	4.26	78
贵州开阳经济开发区（开阳磷煤化工生态工业示范基地）	74.36	10	40.86	18	30.30	22	0.19	52	47 064.51	38	1.77	94

续表

产业园区名称	创新绩效		高新技术产业产值占园区总产值比重		园区人均工业增加值		园区进出口总额占园区总产值比重		每平方公里园区产值		园区利税总额占园区总产值的比例	
	指数/%	位次	指标值/%	位次	指标值/万元	位次	指标值/%	位次	指标值/万元	位次	指标值/%	位次
遵义国家经济技术开发区[汇川机电制造工业园区、贵州遵义电器(气)装备高新技术产业化基地]	72.32	11	50.58	13	4.06	71	1.79	25	64 310.24	31	0	102
贵州钟山经济开发区	72.08	12	47.16	16	42.49	13	0.58	38	142 063.20	10	4.08	80
安顺经济技术开发区(安顺民用航空产业国家高技术产业基地)	70.11	13	53.00	11	13.24	55	0	63	28 986.66	51	10.66	47
红果经济开发区[盘县红果(两河)产业新区]	65.16	14	16.11	36	27.86	26	1.27	27	86 622.22	24	14.84	35
安顺高新区(黎阳高新技术工业园区)	65.00	15	9.01	45	20.53	36	1.21	28	18 920.30	58	16.46	30
贵州瓮安经济开发区(瓮安工业园区)	64.89	16	7.02	49	43.63	11	1.18	29	20 776.19	57	9.83	54
贵州瓮安经济开发区(瓮安工业园区)	64.89	16	7.02	49	43.63	11	1.18	29	20 776.19	57	9.83	54
贵州仁怀经济开发区(遵义市仁怀名酒工业园区)	64.88	17	0	70	98.50	2	3.30	17	148 225.50	9	11.97	44
贵州独山经济开发区	61.85	18	7.49	47	21.71	33	9.72	7	140 631.20	11	7.48	62
贵州习水经济开发区	59.40	19	18.29	33	57.30	4	2.93	19	34 992.52	47	18.18	29
贵州昌明经济开发区(贵定县城北工业园区、昌明工业园区)	56.20	20	3.81	59	245.10	1	0.49	39	38 803.23	42	22.11	20
赤水经济开发区(赤水竹业工业园区)	55.75	21	26.20	25	33.19	18	0.08	57	198 818.60	7	7.22	63
花溪产业园区	55.38	22	49.76	15	8.08	61	0	63	41 751.92	40	3.06	84
贵州纳雍经济开发区(纳雍县产业园区)	50.54	23	12.94	43	30.72	21	0.01	62	24 774.65	54	23.16	17
贵阳贵阳国家农业科技示范园区	45.82	24	44.56	17	0.92	83	0.28	48	4333.90	74	11.79	45

续表

产业园区名称	创新绩效		高新技术产业产值占园区总产值比重		园区人均工业增加值		园区进出口总额占园区总产值比重		每平方公里园区产值		园区利税总额占园区总产值的比例	
	指数/%	位次	指标值/%	位次	指标值/万元	位次	指标值/%	位次	指标值/万元	位次	指标值/%	位次
松桃经济开发区（松桃工业园区）	44.04	25	0.86	66	10.88	59	0.61	37	98 438.20	22	11.40	46
贵州遵义辣椒农业科技园区	41.14	26	77.44	5	0.02	94	0.02	61	15 260.39	62	19.51	26
贵州玉屏经济开发区（玉屏县承接转移产业园、贵州玉屏新材料高新技术产业化基地）	40.74	27	13.02	42	17.63	43	0.11	56	40 334.41	41	24.18	16
贵州思南经济开发区（思南工业园区）	40.22	28	5.64	56	29.58	24	0.22	51	73 695.84	28	15.78	31
水城县发耳煤电化产业园区	39.86	29	0	71	47.67	9	0	63	2 633 564.00	1	21.52	21
习水县白酒工业园区	38.98	30	0	71	72.34	3	0	63	42 176.87	39	25.81	15
榕江工业园区	38.05	31	60.00	8	7.40	63	15.00	6	21 765.61	56	6.50	67
罗甸县工业园区	37.81	32	54.88	9	31.02	20	0.17	53	87 003.82	23	8.98	56
贵州岑巩经济开发区（岑巩工业园区）	37.57	33	13.50	41	13.31	54	3.31	16	113 399.20	15	12.99	37
贵州黔西经济开发区（黔西县循环经济产业园、毕节试验区黔西承接产业转移基地）	37.35	34	0	71	47.18	10	0	63	80 443.41	27	8.36	57
贵州万山经济开发区（万山转型工业园区、贵州铜仁精细化工高新技术产业化基地）	36.29	35	7.78	46	52.41	6	1.82	24	203 808.10	6	7.86	58
贵州碧江经济开发区（铜仁市碧江区循环经济工业园区）	35.75	36	3.22	61	10.90	58	17.04	5	3003.81	78	202.25	1
贵州普定经济开发区[含么铺—黄桶物流园]（普定循环经济工业基地）	35.10	37	0	71	29.10	25	0.12	54	102 017.70	20	33.29	7

续表

产业园区名称	创新绩效		高新技术产业产值占园区总产值比重		园区人均工业增加值		园区进出口总额占园区总产值的比重		每平方公里园区产值		园区利税总额占园区总产值的比例	
	指数/%	位次	指标值/%	位次	指标值/万元	位次	指标值/%	位次	指标值/万元	位次	指标值/%	位次
贵州湄潭国家农业科技园区	34.29	38	3.15	62	2.13	76	0.64	36	100 000.00	21	7.50	61
益佰工业园区	33.70	39	100.00	1	18.27	41	0	63	514.19	97	29.38	11
贵州湄潭经济开发区（湄潭县绿色食品科技特色产业示范基地）	30.05	40	4.58	58	27.75	27	1.07	30	132 808.80	12	2.22	91
长顺县威远工业园区	27.99	41	18.85	31	15.73	48	0	63	13 584.81	63	5.96	68
独山麻尾工业园区（独山高新技术产业园区）	26.60	42	0	71	16.37	46	3.77	13	1974.47	83	2.59	88
贵州兴仁经济开发区（兴仁县工业区）	25.54	43	0	71	54.12	5	0.79	34	121 922.30	14	7.76	59
都匀经济开发区	24.47	44	32.35	21	18.72	40	0.40	43	5052.17	72	12.85	39
贵州和平经济开发区（遵义和平工业园区）	24.07	45	6.98	50	48.27	8	0.22	49	80 566.52	26	1.59	97
赤水市国家农业科技园区	23.14	46	13.59	40	33.19	18	0.89	32	10 652.82	67	46.94	3
镇宁自治县产业园区（镇宁县轻工产业园和安顺红星精细化工产业园）	22.44	47	21.80	28	15.66	49	6.42	11	27 961.49	52	10.23	51
贵州织金新型能源化工基地	21.38	48	0	71	43.56	12	1.93	23	110 042.00	16	10.00	52
贵州余庆经济开发区（余庆龙溪工业园区、余庆县工业园区）	21.18	49	14.61	37	14.15	50	0.44	41	72 012.16	29	5.62	69
修文县猕猴桃农业科技示范园区	21.09	50	0	71	0.11	90	0	63	983.33	93	81.78	2

续表

产业园区名称	创新绩效		高新技术产业产值占园区总产值比重		园区人均工业增加值		园区进出口总额占园区总产值比重		每平方公里园区产值		园区利税总额占园区总产值的比例	
	指数/%	位次	指标值/%	位次	指标值/万元	位次	指标值/%	位次	指标值/万元	位次	指标值/%	位次
贵州凤冈经济开发区（凤冈有机生态工业园区）	20.80	51	1.22	64	13.72	51	0.12	55	61 166.01	33	3.14	83
贵州铜仁（大兴）高新产业开发区	18.72	52	11.42	44	3.94	72	7.29	9	32 725.45	50	3.05	85
石阡县工业园区	18.30	53	0	71	20.74	35	0	63	86 539.91	25	14.67	36
贵州正安经济开发区（正安瑞豪工业园区）	17.66	54	0	71	27.32	28	0.22	50	50 566.75	37	9.87	53
赫章县产业园区	16.91	55	0	71	40.06	14	0	63	104 872.60	18	0.13	101
贵州丹寨金钟经济开发区（丹寨金钟工业园区）	16.47	56	18.37	32	26.93	29	0	63	13 082.30	64	20.51	23
都匀市绿荫湖产业园区（贵州都匀装备制造业科技产业化示范基地）	15.75	57	6.41	53	2.26	75	0.48	40	33 258.19	48	1.61	96
平塘工业园区	15.47	58	14.10	39	20.02	38	0	63	60 545.59	34	7.76	60
贵州黔南国家农业科技园区	14.92	59	5.72	55	0.68	85	32.66	2	1843.76	86	1.41	98
江口县凯德特色产业园区	14.87	60	6.81	51	18.12	42	0	63	246 800.00	4	3.59	81
关岭产业园区	14.14	61	7.24	48	7.90	62	0	63	53 559.32	36	22.74	18
贵州娄山关高新技术产业开发区（贵州娄山关经济开发区、遵义市桐梓煤电化工业园区）	13.97	62	30.40	22	3.90	73	0	63	17 965.08	60	10.45	49
贵州江口果蔬农业科技示范园区	12.08	63	0	71	0	95	0	63	1109.59	91	12.70	41
贵州黎平经济开发区（黎平工业园区）	11.34	64	0.58	68	2.88	74	0.28	47	25 404.72	53	5.47	70

续表

产业园区名称	创新绩效		高新技术产业产值占园区总产值比重		园区人均工业增加值		园区进出口总额占园区总产值比重		每平方公里园区产值		园区利税总额占园区总产值的比例	
	指数/%	位次	指标值/%	位次	指标值/万元	位次	指标值/%	位次	指标值/万元	位次	指标值/%	位次
遵义市务正道煤电铝循环经济工业园区	11.26	65	0	71	11.62	57	0.41	42	122 550.00	13	5.02	71
丹寨农业科技示范园区	10.96	66	80.00	3	4.66	68	9.15	8	468.70	98	4.98	73
贵平工业园区	10.79	67	52.56	12	4.73	67	3.76	14	1247.34	90	10.35	50
贵州炉碧经济开发区（麻江碧波工业园区、凯里炉山工业园区、炉山一碧波工业园区）	10.64	68	0	71	20.25	37	3.00	18	3459.20	75	0	103
贵州台江经济开发区（台江工业园区）	10.56	69	14.22	38	1.90	78	0	63	36 086.67	44	15.15	34
贵州仁怀经济开发区麻羊农业科技示范园区	10.53	70	37.53	19	50.82	7	0	63	15.82	108	20.00	24
碧江蔬菜农业科技示范园区	10.51	71	21.65	29	8.48	60	0	63	23 582.09	55	34.18	6
普定县农业示范园区	9.09	72	28.23	23	0	95	0	63	1892.77	85	0	103
天柱工业园区	8.71	73	0	71	13.38	53	0	63	36 831.17	43	10.64	48
贵州洛贵经济开发区（从江洛贵工业园区、从江洛贵产业承接区）	8.42	74	0.42	69	17.57	44	0.38	45	4880.41	73	6.65	66
贵州黔西南国家农业科技园区安龙核心区	8.09	75	0	71	0.11	91	0.37	46	7697.50	70	29.59	10
剑河工业园区	7.94	76	23.60	26	4.22	69	4.89	12	16 755.35	61	2.34	90
贵州从江香猪农业科技示范园区	7.90	77	0	71	0.24	89	0	63	36.49	106	27.22	13
正安县白茶园区	7.46	78	0	71	0.09	93	3.57	15	3044.24	76	15.25	33
贵州黔东南国家农业科技园区	7.43	79	6.18	54	0.75	84	0	63	734.79	95	19.32	28
贵州省施秉农业科技园区	7.23	80	6.74	52	0.29	88	0	63	1954.82	84	20.00	24

续表

产业园区名称	创新绩效		高新技术产业产值占园区总产值比重		园区人均工业增加值		园区进出口总额占园区总产值比重		每平方公里园区产值		园区利税总额占园区总产值的比例	
	指数/%	位次	指标值/%	位次	指标值/万元	位次	指标值/%	位次	指标值/万元	位次	指标值/%	位次
贵州丹寨铁皮石斛农业科技示范园区	7.15	81	54.88	10	11.75	56	0	63	230.20	100	4.66	75
余庆县现代高效观光农业科技示范园	7.02	82	3.65	60	0.09	92	42.65	1	124.62	101	31.43	8
石阡县苔茶农业科技示范园	6.81	83	0.66	67	0.92	82	2.11	22	2054.72	82	9.39	55
贵州福泉农业科技示范园区	6.51	84	26.25	24	6.23	66	0	63	63.50	105	7.03	65
贵州安顺绿色生态畜禽农业科技园区	6.22	85	0	71	0	95	0	63	104 100.30	19	15.63	32
紫云工业园区	5.96	86	0	71	6.48	65	0	63	32 930.33	49	12.99	38
贵州锦屏经济开发区（锦屏工业园区）	5.88	87	0	71	17.11	45	0.08	58	8621.37	69	19.33	27
黔东南国家农业科技园区岑巩杂交水稻制种产业核心区	5.27	88	5.14	57	0	95	0	63	103.32	102	28.48	12
贵州榕江农业科技园区	4.89	89	0	71	4.20	70	0	63	3043.21	77	39.04	5
贵州紫云果蔬农业科技示范园区	4.83	90	0	71	0	95	0	63	1578.98	88	40.00	4
贵州省安龙农业科技园区	4.63	91	0	71	0	95	6.67	10	1000.00	92	20.67	22
罗甸县农业科技示范园区	4.04	92	17.42	35	1.89	79	0	63	2115.38	81	0.89	99
贵州省思南果蔬农业科技示范园区	4.03	93	0	71	0	95	0	63	66.93	104	30.44	9
镇宁火龙果农业科技示范园区	4.01	94	0	71	1.24	81	0	63	97.32	103	26.41	14
贵州务川县白山羊产业农业科技园区	3.88	95	0	71	0	95	0	63	1830.58	87	22.35	19
贵州台江魔芋农业科技示范园区	3.40	96	0	71	26.21	31	23.34	4	9926.47	68	4.10	79
荔波工业园区	3.37	97	0	71	0	95	0	63	11 843.50	66	1.81	92
习水煤电化循环经济工业园区	2.98	98	0	71	16.21	47	0	63	35 023.04	46	1.64	95

续表

产业园区名称	创新绩效		高新技术产业产值占园区总产值比重		园区人均工业增加值		园区进出口总额占园区总产值比重		每平方公里园区产值		园区利税总额占园区总产值的比例	
	指数/%	位次	指标值/%	位次	指标值/万元	位次	指标值/%	位次	指标值/万元	位次	指标值/%	位次
望谟县工业园区	2.75	99	0	71	7.30	64	0	63	12 167.22	65	3.00	86
贵州道真特色中药材农业科技示范园区	2.62	100	0	71	0	95	0	63	18 500.00	59	12.16	42
贵州都匀毛尖茶农业科技示范园区	2.14	101	1.19	65	1.34	80	0.72	35	2860.22	79	2.87	87
贵州荔波樟江精品水果农业科技示范园区	1.92	102	0	71	0	95	0	63	335.29	99	0	103
贵州三都葡萄农业科技示范园区	1.65	103	1.50	63	0	95	0	63	800.00	94	5.00	72
雷山生态茶园农业科技示范园区	1.57	104	0	71	0.37	86	0	63	620.89	96	0.50	100
钟山果蔬农业科技园区	1.25	105	0	71	0	95	0	63	2827.48	80	0	103
贵州（独山）外向型特色蔬菜农业科技园区	1.21	106	0	71	0.34	87	0	63	5467.84	71	1.81	93
贵州普安县茶叶农业科技示范园区	0.07	107	0	71	0	95	0	63	1400.00	89	0	103
贵州天柱油茶农业科技示范园区	0.04	108	0	71	2.00	77	0	63	25.00	107	0	103
贵州麻江蓝莓农业科技示范园区	-37.36	109	0	71	0	95	0	63	0.23	109	-233.40	109

注：一级指数是由二级指标值经综合指数法计算得到对应的指标监测值，再加权综合而成。

第六部分 重点企业科技创新评价报告

2017年,全省288家重点企业科技进步统计监测评价结果如下。

一、重点企业综合科技进步水平评价

根据综合科技进步水平指数,可将全省288家重点企业分为3类(图6-1)。

第一类:综合科技进步水平指数高于30.00%的重点企业有23家,占全部重点企业的7.99%;

第二类:综合科技进步水平指数低于30.00%,但高于平均水平(12.08%)的重点企业有81家,占全部重点企业的28.13%;

第三类:综合科技进步水平指数低于平均水平(12.08%)的重点企业有184家,占全部重点企业的63.89%。

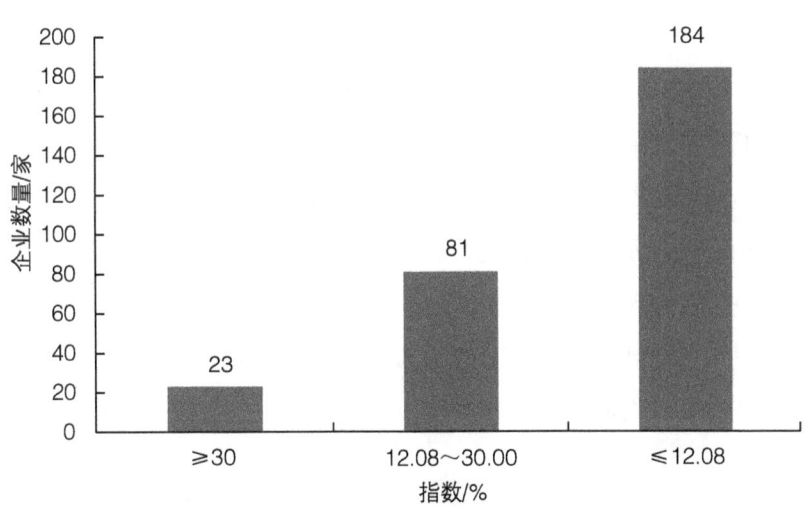

图6-1 重点企业综合科技进步水平指数分布

2017年与2016年监测结果相比,重点企业综合科技进步水平指数平均水平较上年下降0.14个百分点。贵州益佰制药股份有限公司、贵州维康子帆药业股份有限公司、贵州安泰再生资源科技有限公司等50家企业降幅超过0.14个百分点;有72家重点企业高于上年水平,贵州虹山虹飞轴承有限责任公司、贵州三力制药股份有限公司、贵州力创科技发展有限公司增幅相对较大。

参照 2016 年重点企业综合科技进步水平指数排序,贵州虹山虹飞轴承有限责任公司、贵州力创科技发展有限公司和贵州众智物联科技有限公司位次上升较快;贵州安泰再生资源科技有限公司、贵州剑河园方林业投资开发有限公司和贵州航天风华实业有限公司位次下降较快。

二、重点企业科技进步一级指标评价

（一）科技进步条件及基础

在科技进步条件及基础指数的分布中,高于 30.00% 的重点企业有 53 家,占全部重点企业的 18.40%;低于 30.00% 但高于平均水平（15.61%）的重点企业有 46 家,占全部重点企业的 15.97%;低于平均水平的重点企业有 189 家,占全部重点企业的 65.63%（图 6-2）。

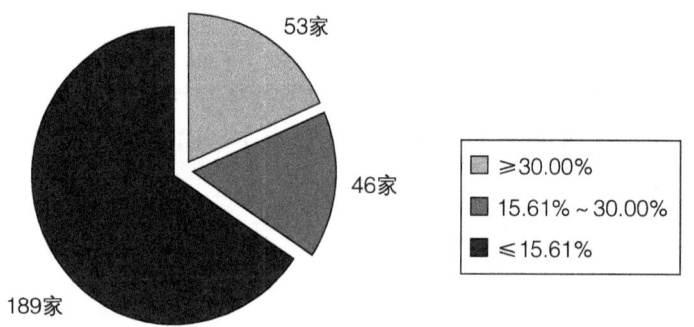

图 6-2　重点企业科技进步条件及基础指数分布

2017 年与 2016 年监测结果相比,重点企业科技进步条件及基础指数平均水平较上年下降 0.14 个百分点。贵州安泰再生资源科技有限公司、贵州维康子帆药业股份有限公司、贵州苗仁堂制药有限责任公司等 32 家企业降幅超过 0.14 个百分点;有 52 家重点企业高于上年水平,贵州三力制药股份有限公司、贵州虹山虹飞轴承有限责任公司、贵州新联爆破工程集团有限公司增幅相对较大。

参照 2016 年重点企业科技进步条件及基础指数排序,贵州虹山虹飞轴承有限责任公司、贵州三力制药股份有限公司、赤水市信天中药产业开发有限公司位次上升较快;贵州安泰再生资源科技有限公司、贵州航天风华实业有限公司、贵州维康子帆药业股份有限公司位次下降较快。

（二）创新产出

在创新产出指数分布中,高于 30.00% 的重点企业有 18 家,占全部重点企业的 6.25%;低于 30.00% 但高于平均水平（8.19%）的重点企业有 65 家,占全部重点企业的 22.57%;低于平均水平的重点企业有 205 家,占全部重点企业的 71.18%（图 6-3）。

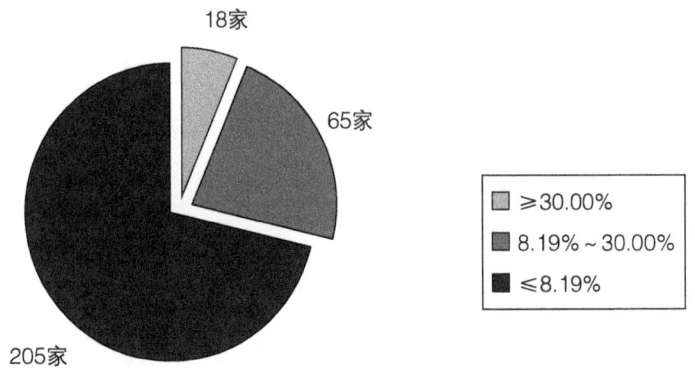

图 6-3　重点企业创新产出指数分布

2017年与2016年监测结果相比，重点企业创新产出指数平均水平较上年下降0.40个百分点。中航贵州飞机有限责任公司、贵州益佰制药股份有限公司、遵义钛业股份有限公司等27家企业降幅超过0.40个百分点；有65家重点企业高于上年水平，贵州虹山虹飞轴承有限责任公司、贵州开磷控股（集团）有限责任公司、贵州航天凯山石油仪器有限公司增幅相对较大。

参照2016年重点企业创新产出指数排序，贵州三力制药股份有限公司、贵州省水利水电勘测设计研究院、遵义精星航天电器有限责任公司位次上升较快；毕节市力帆骏马振兴车辆有限公司、贵州木易精细陶瓷有限责任公司、贵州金玖生物技术有限公司位次下降较快。

（三）创新效益

在创新效益指数的分布中，高于30.00%的重点企业有47家，占全部重点企业的16.32%；低于30.00%但高于平均水平（16.69%）的重点企业有43家，占全部重点企业的14.93%；低于平均水平的重点企业有198家，占全部重点企业的68.75%（图6-4）。

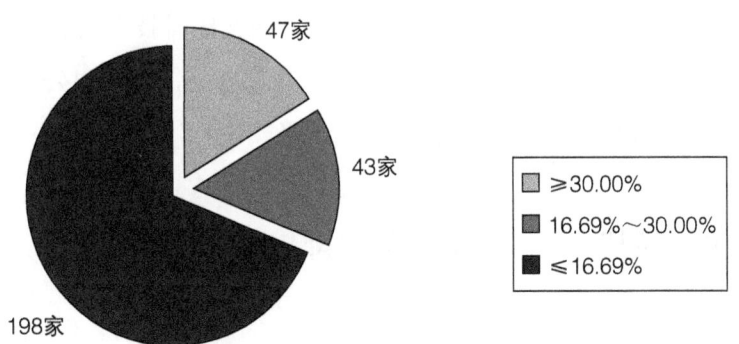

图 6-4　重点企业创新效益指数分布

2017年与2016年监测结果相比，重点企业创新效益指数平均水平较上年下降0.82个百分点。贵州剑河园方林业投资开发有限公司、贵阳广航铸造有限公司、贵州西南管业有限公司等41家企业降幅超过0.82个百分点；有74家重点企业高于上年水平，贵州中科汉天下电子有限公司、首钢水城钢铁（集团）有限责任公司、贵州宏宇药业有限公司增幅相对较大。

参照 2016 年重点企业创新效益指数排序，贵阳新希望农业科技有限公司、贵州恩纬西光电科技发展有限公司、多彩贵州网有限责任公司位次上升较快；贵州剑河园方林业投资开发有限公司、贵阳广航铸造有限公司、贵州兴国新动力科技有限公司位次下降较快。

（四）科技投入

在科技投入指数的分布中，高于 30.00% 的重点企业有 27 家，占全部重点企业的 9.38%；低于 30.00% 但高于平均水平（9.53%）的重点企业有 45 家，占全部重点企业的 15.63%；低于平均水平的重点企业有 216 家，占全部重点企业的 75.00%（图 6-5）。

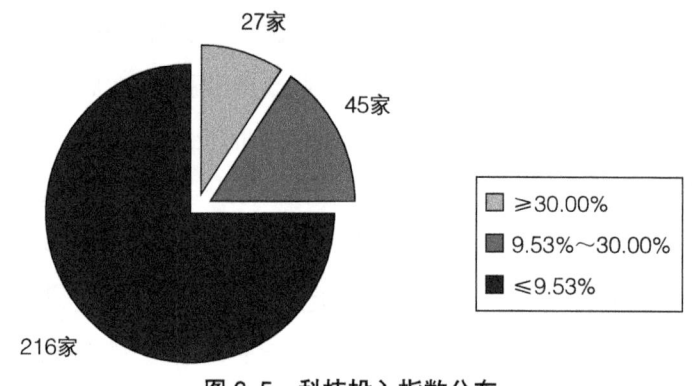

图 6-5　科技投入指数分布

2017 年与 2016 年监测结果相比，重点企业科技投入指数平均水平较上年提高 0.71 个百分点。贵州众智物联科技有限公司、贵州恩纬西光电科技发展有限公司、贵州力创科技发展有限公司等 24 家重点企业高于这一增幅；有 72 家企业低于上年水平，贵州中科汉天下电子有限公司、贵州益佰制药股份有限公司、贵州开磷控股（集团）有限责任公司的降幅相对较大。

参照 2016 年重点企业科技投入指数排序，贵州恩纬西光电科技发展有限公司、贵州力创科技发展有限公司、贵州西南管业有限公司位次上升较快；遵义朝宇锅炉有限公司、贵阳天龙摩擦材料有限公司、贵州省建筑设计研究院有限责任公司位次下降较快。

三、重点企业科技进步统计监测指数排位

（一）重点企业综合科技进步水平指数排位

综合科技进步水平指数是由科技进步条件及基础、创新产出、创新效益和科技投入 4 个一级指数加权综合而成。

重点企业综合科技进步水平指数排位如表 6-1 所示。

表 6-1 重点企业综合科技进步水平指数排位

企业名称	指数/%	位次	增降幅	
			提高百分点	位次
中国电建集团贵阳勘测设计研究院有限公司	54.77	1	-1.45	1
贵州航天电器股份有限公司	54.68	2	—	—
瓮福（集团）有限责任公司	50.06	3	0.05	0
贵州开磷控股（集团）有限责任公司	50.05	4	2.53	2
中国贵州茅台酒厂（集团）有限责任公司	48.11	5	-1.41	-1
贵州益佰制药股份有限公司	47.94	6	-10.83	-5
贵州百灵企业集团制药股份有限公司	44.87	7	0.96	0
贵州黎阳航空动力有限公司	42.78	8	-5.58	-3
江南机电设计研究所	40.21	9	—	—
贵州新联爆破工程集团有限公司	39.79	10	7.47	5
贵州建工集团有限公司	37.84	11	3.10	2
贵州钢绳股份有限公司	35.96	12	-1.49	-3
贵州安大航空锻造有限责任公司	34.03	13	1.91	3
际华三五三七制鞋有限责任公司	33.96	14	-3.24	-4
贵州凯星液力传动机械有限公司	33.85	15	—	—
中航贵州飞机有限责任公司	33.76	16	-2.65	-4
贵州航天控制技术有限公司	33.54	17	—	—
贵阳朗玛信息技术股份有限公司	33.23	18	-1.01	-4
贵州航天天马机电科技有限公司	33.00	19	6.06	3
贵州航天林泉电机有限公司	32.57	20	3.76	-2
贵州神奇药业有限公司	31.77	21	—	—
贵州航天精工制造有限公司	31.74	22	6.84	5
贵阳德昌祥药业有限公司	30.21	23	—	—
贵州天义电器有限责任公司	29.74	24	—	—
贵州梅岭电源有限公司	29.71	25	—	—
贵州开磷集团矿肥有限责任公司	29.35	26	—	—
贵州航天电子科技有限公司	29.06	27	1.85	-7
首钢水城钢铁（集团）有限责任公司	27.50	28	4.62	7
贵州川恒化工股份有限公司	27.26	29	1.02	-6
贵州三力制药股份有限公司	27.09	30	14.51	49

续表

企业名称	指数/%	位次	增降幅	
			提高百分点	位次
贵州安吉航空精密铸造有限责任公司	26.54	31	—	—
贵州航天凯山石油仪器有限公司	25.91	32	3.30	4
贵州拜特制药有限公司	25.22	33	—	—
贵州煌缔科技股份有限公司	25.21	34	—	—
贵州省交通规划勘察设计研究院股份有限公司	24.83	35	0.60	−6
贵州虹山虹飞轴承有限责任公司	24.62	36	18.48	110
国药集团同济堂（贵州）制药有限公司	24.60	37	−2.58	−16
贵州中科汉天下电子有限公司	23.96	38	−1.33	−14
中国电建集团贵州电力设计研究院有限公司	23.70	39	—	—
贵阳时代沃顿科技有限公司	23.54	40	−1.61	−15
贵州兴贵恒远新型建材有限公司	23.43	41	—	—
贵州恩纬西光电科技发展有限公司	23.11	42	12.69	52
贵州红星发展股份有限公司	22.30	43	2.01	2
博文软件（贵州）有限公司	21.97	44	—	—
贵州省水利水电勘测设计研究院	21.96	45	5.27	12
贵州源熙生物研发有限公司	21.89	46	—	—
贵州久联民爆器材发展股份有限公司	21.45	47	−0.03	−7
贵阳普天物流技术有限公司	21.05	48	4.39	10
遵义铝业股份有限公司	20.56	49	—	—
贵阳新天药业股份有限公司	20.45	50	0.31	−4
贵州赤天化纸业股份有限公司	20.31	51	—	—
贵州健兴药业有限公司	20.09	52	0.71	−4
贵州金桥药业有限公司	19.92	53	—	—
贵州詹阳动力重工有限公司	19.87	54	—	—
贵州力创科技发展有限公司	19.76	55	12.99	87
贵州航天计量测试技术研究所	19.59	56	—	—
贵州安顺惠烽科技发展有限公司	19.29	57	—	—
遵义钛业股份有限公司	19.02	58	−5.24	−30
贵州溪山科技有限公司	18.93	59	—	—
贵州健瑞安药业有限公司	18.76	60	—	—

续表

企业名称	指数/%	位次	增降幅	
			提高百分点	位次
贵州景诚制药有限公司	18.72	61	—	—
贵州西南工具（集团）有限公司	18.57	62	4.24	9
贵州吉丰种业有限责任公司	18.43	63	0.08	−13
贵州兴国新动力科技有限公司	18.30	64	2.66	−1
贵州航锐航空精密零部件制造有限公司	18.28	65	—	—
贵州赤天化桐梓化工有限公司	18.27	66	2.42	−5
中国水利水电第九工程局有限公司	17.95	67	−1.35	−18
贵州绿卡能科技实业股份有限公司	17.94	68	—	—
贵州众智物联科技有限公司	17.55	69	10.14	67
中国振华电子集团宇光电工有限公司（国营第七七一厂）	17.52	70	—	—
遵义联谷农业科技有限公司	16.93	71	—	—
贵州航天南海科技有限责任公司	16.60	72	1.43	−7
贵州万顺堂药业有限公司	16.55	73	−0.44	−18
遵义群建塑胶制品有限公司	16.20	74	—	—
贵阳世纪恒通科技有限公司	16.19	75	—	—
贵州安凯达实业股份有限公司	16.13	76	3.43	1
贵州安顺金黔虫草有限公司	16.13	77	—	—
贵州联盛药业有限公司	15.82	78	−1.65	−25
贵州中航交通科技有限公司	15.46	79	—	—
联影（贵州）医疗科技有限公司	15.30	80	—	—
贵州欧瑞欣合环保股份有限公司	15.08	81	3.39	5
遵义市遵义飞宇电子有限公司	15.07	82	—	—
遵义市大地和电气有限公司	14.77	83	—	—
遵义长征汽车零部件有限公司	14.68	84	3.77	8
贵州财富之舟科技有限公司	14.67	85	—	—
贵州力强科技发展有限公司	14.60	86	—	—
贵州远程制药有限责任公司	14.48	87	2.89	1
贵州省欣紫鸿药用辅料有限公司	14.29	88	—	—
贵阳台农种养殖有限公司	14.15	89	—	—
贵州劲锋精密工具有限公司	13.82	90	—	—

续表

企业名称	指数 / %	位次	增降幅	
			提高百分点	位次
贵州三仁堂药业有限公司	13.66	91	—	—
贵州绿盾征信大数据有限公司	13.65	92	—	—
贵州宏宇药业有限公司	13.60	93	3.82	7
遵义鑫兴器材有限公司	13.53	94	—	—
七冶建设有限责任公司	13.51	95	−0.59	−22
贵州火焰山电器股份有限公司	13.36	96	—	—
贵州振华华联电子有限公司	13.36	97	3.43	0
贵州彩阳电暖科技有限公司	13.33	98	−0.89	−26
贵州大地航图科技有限公司	13.28	99	—	—
贵阳高新兆诚科技有限公司	12.92	100	—	—
贵州劲嘉新型包装材料有限公司	12.90	101	−1.58	−33
贵州泰永长征技术股份有限公司	12.27	102	—	—
遵义中铂硬质合金有限责任公司	12.21	103	—	—
贵州科伦药业有限公司	12.13	104	1.48	−11
贵州东峰锑业股份有限公司	11.93	105	—	—
瓮安县日升新型环保建材有限责任公司	11.79	106	—	—
贵州宇之源太阳能科技有限公司	11.78	107	—	—
遵义智鹏高新铝材有限公司	11.48	108	—	—
遵义春华新材料科技有限公司	11.42	109	1.74	−6
遵义易拓网络服务有限公司	11.39	110	—	—
贵州天逸轩网络科技有限公司	11.27	111	—	—
贵阳绿洲苑建材有限公司	11.15	112	2.40	0
贵州中铝铝业有限公司	11.13	113	—	—
贵州三泓药业股份有限公司	11.02	114	−0.66	−27
贵州伟力达电子有限公司	10.99	115	1.20	−16
首钢贵阳特殊钢有限责任公司	10.94	116	2.89	9
贵州双木农机有限公司	10.90	117	−5.32	−58
遵义航科机电有限公司	10.88	118	—	—
贵州天安药业股份有限公司	10.81	119	1.71	−10
贵州中建建筑科研设计院有限公司	10.75	120	—	—

续表

企业名称	指数 / %	位次	增降幅	
			提高百分点	位次
贵州省煤矿设计研究院	10.60	121	0.62	-25
遵义精星航天电器有限责任公司	10.54	122	4.76	35
贵州杰傲建材有限责任公司	10.41	123	—	—
贵州省万山银河化工有限责任公司	10.39	124	—	—
赤水市信天中药产业开发有限公司	10.25	125	4.30	24
遵义汇峰智能系统有限责任公司	10.18	126	—	—
绥阳县华丰电器有限公司	10.14	127	—	—
贵州维康子帆药业股份有限公司	10.13	128	-10.59	-85
贵州黎阳国际制造有限公司	9.99	129	1.96	-2
遵义华富生物科技有限公司	9.92	130	—	—
安顺德康农牧有限公司	9.85	131	—	—
贵州耕云科技有限公司	9.48	132	—	—
贵州汇丰烟草机械配件有限责任公司	9.45	133	—	—
贵州元能管业有限公司	9.10	134	—	—
贵州精立航太科技有限公司	8.98	135	0.42	-21
贵州中航电梯有限责任公司	8.96	136	—	—
贵州东方世纪科技股份有限公司	8.84	137	0.87	-8
力源液压系统（贵阳）有限公司	8.76	138	2.95	18
贵阳富源饲料有限公司	8.75	139	—	—
贵州兴富祥立健机械有限公司	8.67	140	—	—
贵阳新希望农业科技有限公司	8.46	141	4.69	62
贵州黄平富城实业有限公司	8.31	142	3.69	41
贵州新锦竹木制品有限公司	8.29	143	—	—
贵州荣清工具有限公司	8.17	144	-0.17	-25
贵州西南管业有限公司	8.12	145	3.05	23
遵义市利升机械加工有限公司	8.02	146	—	—
绥阳县耐环铝业有限公司	8.00	147	-1.52	-42
贵州人和致远数据服务有限责任公司	7.98	148	—	—
遵义粒满丰肥业有限责任公司	7.95	149	—	—
贵州盛昌药业有限公司	7.94	150	—	—

续表

企业名称	指数 / %	位次	增降幅	
			提高百分点	位次
毕节市力帆骏马振兴车辆有限公司	7.78	151	-1.92	-49
贵州石博士科技有限公司	7.76	152	-1.09	-41
遵义廖元和堂药业有限公司	7.72	153	-1.44	-45
贵州省建筑设计研究院有限责任公司	7.61	154	0.15	-20
中航工业贵州航空动力有限公司	7.48	155	—	—
贵州铁建工程质量检测咨询有限公司	7.26	156	—	—
遵义新利特金属材料科技有限公司	7.25	157	—	—
贵州铜仁阳明科技实业有限公司	7.19	158	—	—
贵州凯里经济开发区中昊电子有限公司	7.18	159	—	—
贵阳锐泰电力科技有限公司	7.10	160	1.87	6
智立达资源循环利用科技股份有限公司	7.02	161	-0.33	-24
遵义市金鼎农业科技有限公司	7.02	162	—	—
贵州丽基新材料有公司	6.85	163	—	—
贵州明峰工业废渣综合回收再利用有限公司	6.81	164	—	—
贵州兴达兴建材股份有限公司	6.81	165	—	—
遵义航天娄山电器化工有限公司	6.75	166	1.72	5
遵义市亿易通科技网络有限责任公司	6.72	167	—	—
贵州华阳汽车零部件有限公司	6.64	168	—	—
贵阳天龙摩擦材料有限公司	6.63	169	0.79	-17
贵州鑫轩贵钢结构机械有限公司	6.40	170	—	—
安顺新金秋科技股份有限公司	6.22	171	0.83	-9
贵州苗仁堂制药有限责任公司	6.14	172	-5.13	-82
贵州固达电缆有限公司	6.12	173	1.78	14
贵州绿健神农有机农业股份有限公司	5.92	174	—	—
中国建材检验认证集团贵州有限公司	5.68	175	—	—
贵州金玖生物技术有限公司	5.64	176	-2.71	-58
贵州华烽汽车零部件有限公司	5.55	177	-0.29	-24
贵州车行家网络商贸有限公司	5.53	178	—	—
遵义怡康机械制造有限公司	5.45	179	0.40	-10
贵州信方达信息咨询有限公司	5.38	180	—	—

续表

企业名称	指数 / %	位次	增降幅	
			提高百分点	位次
贵州安吉华元科技发展有限公司	5.36	181	—	—
贵州省惠水川东化工有限公司	5.35	182	−6.03	−93
遵义长征电力科技股份有限公司	5.34	183	—	—
贵州秦泰药业有限公司	5.31	184	—	—
遵义市恒新化工有限公司	5.26	185	—	—
赫章县金川锌业有限公司	5.18	186	−2.85	−59
食品安全与营养（贵州）信息科技有限公司	5.15	187	0.95	3
仁怀市云侠网络科技有限公司	5.14	188	0.51	−6
贵州元甲光电智能科技有限公司	5.09	189	—	—
贵州泰坦电气系统有限公司	5.08	190	—	—
贵州全世通精密机械科技有限公司	5.07	191	0.29	−19
贵阳联诚欣业科技有限公司	5.05	192	—	—
贵阳鑫恒泰实业有限公司	5.03	193	0.52	−8
贵州高新翼云科技有限公司	5.01	194	—	—
多彩贵州网有限责任公司	4.98	195	2.08	20
贵州华美达科技有限公司	4.98	196	—	—
通号建设集团贵州工程有限公司	4.96	197	—	—
贵州天地科技实业有限公司	4.95	198	—	—
贵州国塑科技管业有限责任公司	4.93	199	—	—
贵州长征电器成套有限公司	4.91	200	−4.11	−90
贵州卓讯软件股份有限公司	4.91	201	0.74	−9
习水县西科电脑科技有限公司	4.90	202	−0.38	−39
贵州润生制药有限公司	4.89	203	—	—
贵州航天风华实业有限公司	4.87	204	−4.41	−97
贵州网尚世纪信息技术有限责任公司	4.83	205	−3.75	−92
安顺市成威科技有限公司	4.82	206	—	—
贵州弘康药业有限公司	4.78	207	—	—
贵州天威建材科技有限责任公司	4.78	208	—	—
贵州安泰再生资源科技有限公司	4.71	209	−7.84	−129
贵州安元通科技有限公司	4.68	210	—	—

续表

企业名称	指数/%	位次	增降幅	
			提高百分点	位次
贵州天义汽车电器有限公司	4.63	211	—	—
贵州鼎成熔鑫科技有限公司	4.58	212	−0.18	−38
贵州航天智慧农业有限公司	4.55	213	—	—
贵州省飞云岭药业股份有限公司	4.42	214	—	—
贵州标准电机有限公司	4.35	215	—	—
贵州凯峰科技有限责任公司	4.31	216	−0.74	−46
遵义天辉机电有限责任公司	4.31	217	—	—
贵州宏宇金属电源科技有限公司	4.30	218	—	—
贵州中孚科技有限公司	4.27	219	—	—
贵州电子商务云运营有限责任公司	4.26	220	0.97	−8
贵州剑河园方林业投资开发有限公司	4.24	221	−6.15	−126
贵州华云汽车饰件制造有限公司	4.24	222	—	—
贵州红星发展大龙锰业有限责任公司	4.20	223	—	—
贵阳市启沃富科技有限公司	4.18	224	−1.08	−59
遵义市仕昌电子有限公司	4.17	225	1.76	−1
贵州多彩博虹科技有限公司	4.15	226	—	—
贵州盛方信息科技有限公司	4.13	227	—	—
贵州省恒力源林业科技有限公司	4.12	228	—	—
贵州巨能化工有限公司	4.10	229	—	—
贵州省仁怀市西科电脑科技有限公司	4.08	230	0.20	−31
贵州凯敏博机电科技有限公司	4.06	231	—	—
安顺文杰科技有限公司	4.03	232	—	—
遵义仁科信息技术有限公司	3.98	233	0.16	−32
贵州威盾安防科技有限公司	3.95	234	—	—
贵州大博金太阳能光电有限公司	3.95	235	—	—
贵阳思普信息技术有限公司	3.89	236	−0.78	−57
贵州黄果树智慧旅游股份有限公司	3.73	237	—	—
贵州西南中创科技有限公司	3.68	238	—	—
贵州坤盾天成科技有限公司	3.66	239	−0.17	−39
贵阳新洋诚义齿有限公司	3.65	240	0.16	−30

续表

企业名称	指数 / %	位次	增降幅	
			提高百分点	位次
遵义长征输配电设备有限公司	3.59	241	—	—
贵州晟扬管道科技有限公司	3.54	242	−0.63	−51
贵州西部农产品交易中心有限公司	3.50	243	—	—
贵州永兴建设工程质量检测有限公司	3.50	244	—	—
贵州绿太阳制药有限公司	3.44	245	−0.28	−41
贵州黎平奥捷炭素有限公司	3.44	246	−0.34	−44
贵阳中豪科技发展有限公司	3.40	247	—	—
贵州恒信教育科技有限公司	3.36	248	—	—
贵州迪宝尔科技有限公司	3.34	249	0.51	−32
贵州精工利鹏科技有限公司	3.32	250	—	—
贵阳兴意达天诚科技有限公司	3.24	251	—	—
遵义天力环境工程有限责任公司	3.12	252	—	—
贵州凯佳盛特科技发展有限公司	3.08	253	—	—
贵定县恒伟玻璃制品有限公司	3.06	254	—	—
贵州金农科技有限责任公司	2.98	255	—	—
贵州文博科技有限公司	2.97	256	—	—
贵州奥申信息技术发展有限公司	2.93	257	—	—
安顺市虹翼特种钢球制造有限公司	2.86	258	—	—
贵州道兴建设工程检测有限责任公司	2.77	259	—	—
贵州东太伟业科技发展有限公司	2.73	260	0.01	−41
贵州翔音电子科技有限公司	2.70	261	—	—
贵州木易精细陶瓷有限责任公司	2.68	262	—	—
贵州永昊热能设备制造有限公司	2.63	263	−0.06	−43
贵州乾新高科技有限公司	2.52	264	—	—
贵州省瓮安兴农磷化工有限责任公司	2.46	265	—	—
毕节市斯翔安防科技有限公司	2.39	266	—	—
贵州贵玻玻璃有限公司	2.38	267	—	—
贵州天虹志远电线电缆有限公司	2.36	268	−0.99	−57
遵义恒佳铝业有限公司	2.32	269	—	—
贵阳高新泰丰航空航天科技有限公司	2.32	270	0.84	−39

续表

企业名称	指数 / %	位次	增降幅	
			提高百分点	位次
黔西南州乐呵化工有限责任公司	2.29	271	—	—
贵州开阳三环磨料有限公司	2.23	272	—	—
贵州迅达信息产业发展有限公司	2.07	273	—	—
贵州广毅节能环保科技有限公司	1.87	274	—	—
铜仁爱联科技有限公司	1.70	275	—	—
遵义市亿众纳米科技材料有限公司	1.62	276	—	—
贵阳方舟高新技术有限公司	1.57	277	—	—
遵义朝宇锅炉有限公司	1.54	278	−1.12	−57
贵州宇之源光电科技有限公司	1.52	279	—	—
贵州大西南工程检测有限公司	1.39	280	—	—
贵阳华烽有色铸造有限公司	1.34	281	−0.07	−48
遵义天际机电有限责任公司	1.32	282	—	—
贵州亿立安网络工程管理有限公司	0.98	283	—	—
贵州申瓯通信电子科技有限公司	0.94	284	—	—
贵阳彩翅科技有限公司	0.89	285	−1.45	−60
贵阳广航铸造有限公司	0.66	286	−2.89	−77
遵义伟明铝业有限公司	0.53	287	—	—
贵州数智联云科技有限公司	−5.87	288	—	—

注：增降幅一栏中"—"表示 2016 年未纳入统计监测的重点企业，2017 年无增降幅数据。

（二）重点企业科技进步统计监测一级指数排位

重点企业科技进步及基础指数排位如表 6-2 所示。

表 6-2　重点企业科技进步条件及基础指数排位

企业名称	科技进步条件及基础		创新平台系数		人均发明专利申请量	
	指数 / %	位次	指标值	位次	指标值 / 项	位次
中国电建集团贵阳勘测设计研究院有限公司	95.34	1	0.31	9	0.07	39
贵州开磷控股（集团）有限责任公司	86.05	2	0.44	2	0.01	116
贵州新联爆破工程集团有限公司	85.36	3	0.32	8	0.04	54

续表

企业名称	科技进步条件及基础		创新平台系数		人均发明专利申请量	
	指数 / %	位次	指标值	位次	指标值 / 项	位次
贵州凯星液力传动机械有限公司	80.54	4	0.34	7	0.06	40
贵州钢绳股份有限公司	78.90	5	0.25	12	0.01	104
贵阳朗玛信息技术股份有限公司	78.27	6	0.24	15	0.02	74
瓮福（集团）有限责任公司	75.43	7	0.64	1	0.01	123
中航贵州飞机有限责任公司	74.17	8	0.37	6	0.01	127
贵州梅岭电源有限公司	69.25	9	0.29	10	0.02	88
贵州航天电器股份有限公司	67.15	10	0.17	20	0.03	73
贵州航天精工制造有限公司	66.91	11	0.25	12	0.02	76
贵州航天林泉电机有限公司	66.26	12	0.25	12	0.02	86
贵州百灵企业集团制药股份有限公司	63.84	13	0.39	4	0.01	121
贵州建工集团有限公司	61.95	14	0.41	3	0.00	137
贵州煌缔科技股份有限公司	61.30	15	0.07	46	0.21	10
贵阳德昌祥药业有限公司	58.47	16	0.05	75	0.14	17
贵州黎阳航空动力有限公司	57.03	17	0.12	36	0.02	91
贵州航天电子科技有限公司	55.68	18	0.07	46	0.06	42
贵州益佰制药股份有限公司	54.85	19	0.39	4	0.00	140
中国贵州茅台酒厂（集团）有限责任公司	54.56	20	0.27	11	0.00	146
贵州安大航空锻造有限责任公司	54.19	21	0.07	46	0.05	45
贵州健瑞安药业有限公司	52.82	22	0.02	90	0.23	7
贵州航天天马机电科技有限公司	52.16	23	0.10	39	0.02	75
遵义联谷农业科技有限公司	50.48	24	0.02	90	0.36	4
江南机电设计研究所	49.49	25	0.05	75	0.06	41
贵州航天控制技术有限公司	47.74	26	0.14	29	0.02	85
贵州神奇药业有限公司	46.30	27	0.07	46	0.00	147
中国电建集团贵州电力设计研究院有限公司	46.18	28	0.20	16	0.01	99
博文软件（贵州）有限公司	46.13	29	0.07	46	0.20	11
贵阳普天物流技术有限公司	45.98	30	0.20	16	0.02	87
贵州天义电器有限责任公司	45.42	31	0.14	29	0.02	84
贵州安吉航空精密铸造有限责任公司	42.63	32	0.19	19	0.01	115

续表

企业名称	科技进步条件及基础		创新平台系数		人均发明专利申请量	
	指数 / %	位次	指标值	位次	指标值 / 项	位次
贵州三力制药股份有限公司	42.32	33	0.02	90	0.11	24
贵州绿卡能科技实业股份有限公司	42.32	33	0.02	90	0.49	2
贵州航天南海科技有限责任公司	42.22	35	0.08	42	0.04	57
贵州航天计量测试技术研究所	40.97	36	0.05	75	0.10	26
贵阳时代沃顿科技有限公司	39.84	37	0.12	36	0.03	64
贵州省水利水电勘测设计研究院	39.20	38	0.17	20	0.01	103
贵州航天凯山石油仪器有限公司	39.05	39	0.07	46	0.08	30
贵州詹阳动力重工有限公司	37.10	40	0.15	24	0.01	110
贵州欧瑞欣合环保股份有限公司	36.48	41	0.02	90	0.18	13
贵州虹山虹飞轴承有限责任公司	35.63	42	0.07	46	0.17	15
贵州兴国新动力科技有限公司	34.57	43	0.17	20	0.01	101
贵州恩纬西光电科技发展有限公司	33.90	44	0.20	16	0.00	147
遵义中铂硬质合金有限责任公司	32.98	45	0.02	90	0.22	8
贵州西南工具（集团）有限公司	32.86	46	0.14	29	0.01	123
遵义市遵义飞宇电子有限公司	32.54	47	0.02	90	0.08	31
贵州兴贵恒远新型建材有限公司	31.82	48	0.02	90	0.18	13
贵州川恒化工股份有限公司	31.13	49	0.15	24	0.01	116
遵义钛业股份有限公司	30.96	50	0.17	20	0.00	135
贵州中科汉天下电子有限公司	30.88	51	0.12	36	0.04	62
遵义春华新材料科技有限公司	30.65	52	0.02	90	0.73	1
贵州金桥药业有限公司	30.02	53	0.02	90	0.07	36
贵州航锐航空精密零部件制造有限公司	29.83	54	0.00	194	0.07	35
贵州三仁堂药业有限公司	29.42	55	0.07	46	0.05	48
贵州泰永长征技术股份有限公司	28.86	56	0.15	24	0.01	112
贵州财富之舟科技有限公司	26.93	57	0.10	39	0.00	131
贵州安凯达实业股份有限公司	26.11	58	0.02	90	0.08	33
贵阳台农种养殖有限公司	26.04	59	0.14	29	0.01	112
贵州杰傲建材有限责任公司	25.50	60	0.00	194	0.32	5
贵州省煤矿设计研究院	25.42	61	0.15	24	0.00	147

续表

企业名称	科技进步条件及基础		创新平台系数		人均发明专利申请量	
	指数/%	位次	指标值	位次	指标值/项	位次
贵州赤天化纸业股份有限公司	25.42	61	0.15	24	0.00	147
贵州伟力达电子有限公司	24.82	63	0.02	90	0.21	9
贵州拜特制药有限公司	24.74	64	0.02	90	0.03	67
遵义市利升机械加工有限公司	24.33	65	0.00	194	0.20	12
贵州红星发展股份有限公司	23.65	66	0.10	39	0.01	125
贵州黎阳国际制造有限公司	22.96	67	0.07	46	0.02	77
际华三五三七制鞋有限责任公司	22.94	68	0.07	46	0.01	111
绥阳县华丰电器有限公司	22.65	69	0.02	90	0.08	32
首钢贵阳特殊钢有限责任公司	22.60	70	0.14	29	0.00	147
国药集团同济堂（贵州）制药有限公司	22.60	70	0.14	29	0.00	147
贵州兴富祥立健机械有限公司	22.60	70	0.14	29	0.00	147
贵阳世纪恒通科技有限公司	22.47	73	0.05	75	0.04	59
贵州振华华联电子有限公司	22.46	74	0.07	46	0.01	98
遵义航科机电有限公司	22.00	75	0.00	194	0.13	19
联影（贵州）医疗科技有限公司	21.32	76	0.02	90	0.12	23
遵义华富生物科技有限公司	21.32	76	0.02	90	0.13	19
首钢水城钢铁（集团）有限责任公司	20.77	78	0.07	46	0.00	144
赤水市信天中药产业开发有限公司	20.26	79	0.00	194	0.10	28
贵州吉丰种业有限责任公司	20.15	80	0.02	90	0.13	18
贵州力创科技发展有限公司	19.97	81	0.07	46	0.03	71
遵义精星航天电器有限责任公司	19.92	82	0.05	75	0.02	79
贵州源熙生物研发有限公司	19.67	83	0.00	194	0.40	3
贵州耕云科技有限公司	19.67	83	0.00	194	0.12	21
遵义粒满丰肥业有限责任公司	19.67	83	0.00	194	0.12	21
贵州安顺金黔虫草有限公司	19.67	83	0.00	194	0.27	6
贵州汇丰烟草机械配件有限责任公司	19.67	83	0.00	194	0.16	16
贵州久联民爆器材发展股份有限公司	18.45	88	0.07	46	0.00	143
贵州赤天化桐梓化工有限公司	18.32	89	0.08	42	0.00	128
贵州中建建筑科研设计院有限公司	18.22	90	0.07	46	0.02	93

企业名称	科技进步条件及基础		创新平台系数		人均发明专利申请量	
	指数 / %	位次	指标值	位次	指标值 / 项	位次
贵州三泓药业股份有限公司	18.01	91	0.02	90	0.07	38
贵州荣清工具有限公司	17.62	92	0.02	90	0.09	29
贵州西南管业有限公司	17.59	93	0.00	194	0.07	37
遵义群建塑胶制品有限公司	16.44	94	0.07	46	0.01	102
贵州宇之源太阳能科技有限公司	16.20	95	0.00	194	0.08	34
贵州大地航图科技有限公司	16.17	96	0.00	194	0.11	25
贵州众智物联科技有限公司	16.17	96	0.00	194	0.10	27
中国水利水电第九工程局有限公司	16.15	98	0.07	46	0.00	140
遵义长征汽车零部件有限公司	15.66	99	0.07	46	0.01	94
贵州东方世纪科技股份有限公司	15.59	100	0.02	90	0.04	60
中国振华电子集团宇光电工有限公司（国营第七七一厂）	15.34	101	0.05	75	0.01	118
贵州景诚制药有限公司	15.16	102	0.07	46	0.01	104
贵阳富源饲料有限公司	14.83	103	0.00	194	0.05	46
贵州石博士科技有限公司	14.31	104	0.02	90	0.05	50
贵州金玖生物技术有限公司	14.23	105	0.05	75	0.02	91
贵州科伦药业有限公司	14.12	106	0.08	42	0.00	147
贵州省万山银河化工有限责任公司	14.12	106	0.08	42	0.00	147
贵州火焰山电器股份有限公司	13.71	108	0.07	46	0.01	109
贵州车行家网络商贸有限公司	13.64	109	0.03	88	0.05	50
贵州全世通精密机械科技有限公司	13.54	110	0.02	90	0.04	55
贵州凯里经济开发区中昊电子有限公司	13.41	111	0.07	46	0.01	122
贵州人和致远数据服务有限责任公司	13.36	112	0.02	90	0.04	58
贵州联盛药业有限公司	13.34	113	0.07	46	0.01	125
贵州新锦竹木制品有限公司	13.28	114	0.02	90	0.03	66
贵阳天龙摩擦材料有限公司	13.25	115	0.02	90	0.05	49
贵州彩阳电暖科技有限公司	13.13	116	0.07	46	0.00	130
中航工业贵州航空动力有限公司	12.89	117	0.07	46	0.00	134
贵州省欣紫鸿药用辅料有限公司	12.75	118	0.05	75	0.02	80

续表

企业名称	科技进步条件及基础		创新平台系数		人均发明专利申请量	
	指数/%	位次	指标值	位次	指标值/项	位次
贵州远程制药有限责任公司	12.65	119	0.07	46	0.00	140
贵州省交通规划勘察设计研究院股份有限公司	12.46	120	0.05	75	0.00	132
遵义航天娄山电器化工有限公司	12.36	121	0.00	194	0.05	47
贵州绿健神农有机农业股份有限公司	12.28	122	0.02	90	0.03	65
遵义市金鼎农业科技有限公司	11.68	123	0.02	90	0.04	52
力源液压系统（贵阳）有限公司	11.54	124	0.02	90	0.04	53
贵州劲嘉新型包装材料有限公司	11.30	125	0.07	46	0.00	147
贵州中航电梯有限责任公司	11.30	125	0.07	46	0.00	147
遵义长征电力科技股份有限公司	11.30	125	0.07	46	0.00	147
毕节市力帆骏马振兴车辆有限公司	11.30	125	0.07	46	0.00	147
遵义市亿易通科技网络有限责任公司	10.90	129	0.00	194	0.06	44
贵州盛昌药业有限公司	10.54	130	0.00	194	0.06	42
贵州宏宇金属电源科技有限公司	9.26	131	0.02	90	0.03	70
贵州铁建工程质量检测咨询有限公司	9.05	132	0.00	194	0.03	68
贵州长征电器成套有限公司	8.92	133	0.00	194	0.04	61
贵州天安药业股份有限公司	8.47	134	0.05	75	0.00	147
贵阳新天药业股份有限公司	8.47	134	0.05	75	0.00	147
七冶建设有限责任公司	8.47	134	0.05	75	0.00	147
贵州省惠水川东化工有限公司	8.47	134	0.05	75	0.00	147
贵阳锐泰电力科技有限公司	8.27	138	0.02	90	0.03	69
贵州精立航太科技有限公司	8.27	139	0.02	90	0.02	80
遵义市仕昌电子有限公司	8.24	140	0.02	90	0.01	97
贵州劲锋精密工具有限公司	8.21	141	0.02	90	0.02	82
贵州开磷集团矿肥有限责任公司	7.98	142	0.02	90	0.00	132
贵州泰坦电气系统有限公司	7.17	143	0.00	194	0.04	56
贵州华阳汽车零部件有限公司	7.16	144	0.02	90	0.01	95
贵州安顺惠烽科技发展有限公司	6.98	145	0.02	90	0.02	83
贵州安吉华元科技发展有限公司	6.34	146	0.00	194	0.03	71
遵义鑫兴器材有限公司	6.16	147	0.00	194	0.03	63

续表

企业名称	科技进步条件及基础		创新平台系数		人均发明专利申请量	
	指数/%	位次	指标值	位次	指标值/项	位次
瓮安县日升新型环保建材有限责任公司	5.96	148	0.02	90	0.01	96
贵州鑫轩贵钢结构机械有限公司	5.69	149	0.02	90	0.01	100
贵州剑河园方林业投资开发有限公司	5.69	150	0.00	194	0.01	119
贵阳联诚欣业科技有限公司	5.65	151	0.03	88	0.00	147
贵州华云汽车饰件制造有限公司	5.45	152	0.02	90	0.01	106
贵州双木农机有限公司	5.06	153	0.02	90	0.01	114
贵州黄平富城实业有限公司	5.00	154	0.02	90	0.01	119
贵州维康子帆药业股份有限公司	4.84	155	0.00	194	0.02	89
贵州大博金太阳能光电有限公司	4.69	156	0.00	194	0.02	90
遵义长征输配电设备有限公司	4.57	157	0.00	194	0.02	78
贵州标准电机有限公司	4.07	158	0.02	90	0.00	145
遵义市亿众纳米科技材料有限公司	3.98	159	0.02	90	0.00	147
贵州华烽汽车零部件有限公司	2.82	160	0.02	90	0.00	147
贵州宏宇药业有限公司	2.82	160	0.02	90	0.00	147
贵阳高新泰丰航空航天科技有限公司	2.82	160	0.02	90	0.00	147
贵州秦泰药业有限公司	2.82	160	0.02	90	0.00	147
贵州巨能化工有限公司	2.82	160	0.02	90	0.00	147
贵州东太伟业科技发展有限公司	2.82	160	0.02	90	0.00	147
中国建材检验认证集团贵州有限公司	2.82	160	0.02	90	0.00	147
贵州天地科技实业有限公司	2.82	160	0.02	90	0.00	147
贵阳思普信息技术有限公司	2.82	160	0.02	90	0.00	147
贵州道兴建设工程检测有限责任公司	2.82	160	0.02	90	0.00	147
贵阳高新兆诚科技有限公司	2.82	160	0.02	90	0.00	147
贵州西南中创科技有限公司	2.82	160	0.02	90	0.00	147
贵阳广航铸造有限公司	2.82	160	0.02	90	0.00	147
贵阳鑫恒泰实业有限公司	2.82	160	0.02	90	0.00	147
贵州健兴药业有限公司	2.82	160	0.02	90	0.00	147
贵州万顺堂药业有限公司	2.82	160	0.02	90	0.00	147
贵州中航交通科技有限公司	2.82	160	0.02	90	0.00	147

续表

企业名称	科技进步条件及基础		创新平台系数		人均发明专利申请量	
	指数 / %	位次	指标值	位次	指标值 / 项	位次
贵州中铝铝业有限公司	2.82	160	0.02	90	0.00	147
贵州广毅节能环保科技有限公司	2.82	160	0.02	90	0.00	147
贵州永兴建设工程质量检测有限公司	2.82	160	0.02	90	0.00	147
贵州坤盾天成科技有限公司	2.82	160	0.02	90	0.00	147
多彩贵州网有限责任公司	2.82	160	0.02	90	0.00	147
贵州电子商务云运营有限责任公司	2.82	160	0.02	90	0.00	147
贵州兴达兴建材股份有限公司	2.82	160	0.02	90	0.00	147
贵阳绿洲苑建材有限公司	2.82	160	0.02	90	0.00	147
贵州溪山科技有限公司	2.82	160	0.02	90	0.00	147
贵州多彩博虹科技有限公司	2.82	160	0.02	90	0.00	147
遵义仁科信息技术有限公司	2.82	160	0.02	90	0.00	147
遵义汇峰智能系统有限责任公司	2.82	160	0.02	90	0.00	147
贵州华美达科技有限公司	2.82	160	0.02	90	0.00	147
遵义市恒新化工有限公司	2.82	160	0.02	90	0.00	147
遵义铝业股份有限公司	2.82	160	0.02	90	0.00	147
绥阳县耐环铝业有限公司	2.82	160	0.02	90	0.00	147
习水县西科电脑科技有限公司	2.82	160	0.02	90	0.00	147
贵州省仁怀市西科电脑科技有限公司	2.82	160	0.02	90	0.00	147
仁怀市云侠网络科技有限公司	2.82	160	0.02	90	0.00	147
安顺德康农牧有限公司	2.82	160	0.02	90	0.00	147
安顺新金秋科技股份有限公司	2.82	160	0.02	90	0.00	147
贵州黄果树智慧旅游股份有限公司	2.82	160	0.02	90	0.00	147
贵州元能管业有限公司	2.82	160	0.02	90	0.00	147
毕节市斯翔安防科技有限公司	2.82	160	0.02	90	0.00	147
赫章县金川锌业有限公司	2.82	160	0.02	90	0.00	147
遵义智鹏高新铝材有限公司	2.82	160	0.02	90	0.00	147
遵义新利特金属材料科技有限公司	2.82	160	0.02	90	0.00	147
黔西南州乐呵化工有限责任公司	2.82	160	0.02	90	0.00	147
安顺市成威科技有限公司	2.82	160	0.02	90	0.00	147

续表

企业名称	科技进步条件及基础		创新平台系数		人均发明专利申请量	
	指数/%	位次	指标值	位次	指标值/项	位次
安顺文杰科技有限公司	2.82	160	0.02	90	0.00	147
贵州国塑科技管业有限责任公司	2.82	160	0.02	90	0.00	147
贵州省飞云岭药业股份有限公司	2.82	160	0.02	90	0.00	147
贵州苗仁堂制药有限责任公司	2.82	160	0.02	90	0.00	147
贵州丽基新材料有公司	2.82	160	0.02	90	0.00	147
贵州黎平奥捷炭素有限公司	2.82	160	0.02	90	0.00	147
遵义天辉机电有限责任公司	2.82	160	0.02	90	0.00	147
贵州晟扬管道科技有限公司	2.82	160	0.02	90	0.00	147
贵州省瓮安兴农磷化工有限责任公司	2.82	160	0.02	90	0.00	147
贵州东峰锑业股份有限公司	2.82	160	0.02	90	0.00	147
贵州明峰工业废渣综合回收再利用有限公司	2.82	160	0.02	90	0.00	147
贵州永昊热能设备制造有限公司	2.82	160	0.02	90	0.00	147
贵州天威建材科技有限责任公司	2.82	160	0.02	90	0.00	147
贵州铜仁阳明科技实业有限公司	2.82	160	0.02	90	0.00	147
贵阳市启沃富科技有限公司	2.82	160	0.02	90	0.00	147
食品安全与营养（贵州）信息科技有限公司	2.61	221	0.00	194	0.01	107
贵州省建筑设计研究院有限责任公司	2.56	222	0.00	194	0.00	139
遵义恒佳铝业有限公司	2.53	223	0.00	194	0.01	108
贵州翔音电子科技有限公司	1.84	224	0.00	194	0.00	129
贵州天义汽车电器有限公司	1.53	225	0.00	194	0.00	136
遵义市大地和电气有限公司	1.44	226	0.00	194	0.00	138
贵州绿太阳制药有限公司	0.00	227	0.00	194	0.00	147
贵州高新翼云科技有限公司	0.00	227	0.00	194	0.00	147
贵州航天智慧农业有限公司	0.00	227	0.00	194	0.00	147
贵州金农科技有限责任公司	0.00	227	0.00	194	0.00	147
贵州卓讯软件股份有限公司	0.00	227	0.00	194	0.00	147
贵州凯佳盛特科技发展有限公司	0.00	227	0.00	194	0.00	147
贵阳兴意达天诚科技有限公司	0.00	227	0.00	194	0.00	147
贵阳方舟高新技术有限公司	0.00	227	0.00	194	0.00	147

续表

企业名称	科技进步条件及基础		创新平台系数		人均发明专利申请量	
	指数 / %	位次	指标值	位次	指标值 / 项	位次
贵州亿立安网络工程管理有限公司	0.00	227	0.00	194	0.00	147
贵阳中豪科技发展有限公司	0.00	227	0.00	194	0.00	147
贵州文博科技有限公司	0.00	227	0.00	194	0.00	147
贵州申瓯通信电子科技有限公司	0.00	227	0.00	194	0.00	147
贵州盛方信息科技有限公司	0.00	227	0.00	194	0.00	147
贵州乾新高科技有限公司	0.00	227	0.00	194	0.00	147
贵州精工利鹏科技有限公司	0.00	227	0.00	194	0.00	147
贵阳新洋诚义齿有限公司	0.00	227	0.00	194	0.00	147
贵阳华烽有色铸造有限公司	0.00	227	0.00	194	0.00	147
贵州迪宝尔科技有限公司	0.00	227	0.00	194	0.00	147
贵州凯峰科技有限责任公司	0.00	227	0.00	194	0.00	147
贵州凯敏博机电科技有限公司	0.00	227	0.00	194	0.00	147
贵州信方达信息咨询有限公司	0.00	227	0.00	194	0.00	147
贵州安元通科技有限公司	0.00	227	0.00	194	0.00	147
贵州网尚世纪信息技术有限责任公司	0.00	227	0.00	194	0.00	147
贵阳彩翅科技有限公司	0.00	227	0.00	194	0.00	147
贵州西部农产品交易中心有限公司	0.00	227	0.00	194	0.00	147
贵州奥申信息技术发展有限公司	0.00	227	0.00	194	0.00	147
通号建设集团贵州工程有限公司	0.00	227	0.00	194	0.00	147
贵州绿盾征信大数据有限公司	0.00	227	0.00	194	0.00	147
贵阳新希望农业科技有限公司	0.00	227	0.00	194	0.00	147
贵州鼎成熔鑫科技有限公司	0.00	227	0.00	194	0.00	147
贵州开阳三环磨料有限公司	0.00	227	0.00	194	0.00	147
贵州木易精细陶瓷有限责任公司	0.00	227	0.00	194	0.00	147
遵义廖元和堂药业有限公司	0.00	227	0.00	194	0.00	147
遵义朝宇锅炉有限公司	0.00	227	0.00	194	0.00	147
贵州天逸轩网络科技有限公司	0.00	227	0.00	194	0.00	147
遵义怡康机械制造有限公司	0.00	227	0.00	194	0.00	147
贵州航天风华实业有限公司	0.00	227	0.00	194	0.00	147

续表

企业名称	科技进步条件及基础		创新平台系数		人均发明专利申请量	
	指数/%	位次	指标值	位次	指标值/项	位次
遵义天际机电有限责任公司	0.00	227	0.00	194	0.00	147
贵州力强科技发展有限公司	0.00	227	0.00	194	0.00	147
贵州威盾安防科技有限公司	0.00	227	0.00	194	0.00	147
安顺市虹翼特种钢球制造有限公司	0.00	227	0.00	194	0.00	147
贵州固达电缆有限公司	0.00	227	0.00	194	0.00	147
贵州安泰再生资源科技有限公司	0.00	227	0.00	194	0.00	147
贵州红星发展大龙锰业有限责任公司	0.00	227	0.00	194	0.00	147
铜仁爱联科技有限公司	0.00	227	0.00	194	0.00	147
贵州恒信教育科技有限公司	0.00	227	0.00	194	0.00	147
智立达资源循环利用科技股份有限公司	0.00	227	0.00	194	0.00	147
贵州宇之源光电科技有限公司	0.00	227	0.00	194	0.00	147
贵州数智联云科技有限公司	0.00	227	0.00	194	0.00	147
贵州大西南工程检测有限公司	0.00	227	0.00	194	0.00	147
贵定县恒伟玻璃制品有限公司	0.00	227	0.00	194	0.00	147
贵州弘康药业有限公司	0.00	227	0.00	194	0.00	147
贵州润生制药有限公司	0.00	227	0.00	194	0.00	147
贵州天虹志远电线电缆有限公司	0.00	227	0.00	194	0.00	147
贵州贵玻玻璃有限公司	0.00	227	0.00	194	0.00	147
贵州中孚科技有限公司	0.00	227	0.00	194	0.00	147
贵州省恒力源林业科技有限公司	0.00	227	0.00	194	0.00	147
遵义易拓网络服务有限公司	0.00	227	0.00	194	0.00	147
遵义天力环境工程有限责任公司	0.00	227	0.00	194	0.00	147
遵义伟明铝业有限公司	0.00	227	0.00	194	0.00	147
贵州迅达信息产业发展有限公司	0.00	227	0.00	194	0.00	147
贵州元甲光电智能科技有限公司	0.00	227	0.00	194	0.00	147

重点企业创新产出指数排位如表6-3所示。

第六部分 重点企业科技创新评价报告

表6-3 重点企业创新产出指数排位

企业名称	创新产出		知识产权系数			人均发明专利拥有量			科技成果（奖励）系数			品牌建设系数	
	指数/%	位次	指标值	位次		指标值/项	位次		指标值	位次		指标值/项当量	位次
贵州开磷控股（集团）有限责任公司	62.94	1	13.97	3		0.02	127		0.09	5		0.57	12
贵州航天电器股份有限公司	62.64	2	15.01	2		0.05	65		0.06	9		0.57	9
贵州益佰制药股份有限公司	53.54	3	8.29	6		0.03	81		0.00	18		1.15	4
贵州神奇药业有限公司	53.10	4	8.99	5		0.00	185		0.00	18		0.57	7
袁福（集团）有限责任公司	48.91	5	4.36	13		0.07	52		0.00	18		0.57	15
中国电建集团贵阳勘测设计研究院有限公司	48.70	6	32.79	1		0.07	51		0.06	9		0.00	69
贵州百灵企业集团制药股份有限公司	48.37	7	0.71	138		0.03	83		0.06	9		0.58	6
际华三五三七制鞋有限责任公司	47.59	8	3.25	21		0.04	76		0.00	18		0.57	11
国药集团同济堂（贵州）制药有限公司	46.02	9	0.19	231		0.02	115		0.06	9		1.72	2
贵州虹山虹飞轴承有限责任公司	43.13	10	2.03	47		0.35	4		2.14	1		0.00	69
中国贵州茅台酒厂（集团）有限责任公司	40.62	11	1.87	51		0.00	181		0.00	18		2.59	1
贵阳德昌祥药业有限公司	40.17	12	10.47	4		0.05	72		0.00	18		1.01	5
贵州天义电器有限责任公司	39.63	13	6.01	11		0.03	96		0.00	18		0.57	15
贵州力强科技发展有限公司	38.30	14	1.60	63		0.17	16		0.69	2		0.00	93
贵州钢绳股份有限公司	35.31	15	2.47	34		0.01	167		0.00	18		0.57	15
贵州航天凯山石油仪器有限公司	33.35	16	2.41	38		0.25	10		0.09	5		0.00	93
贵州黎阳航空动力有限公司	32.92	17	7.73	8		0.03	97		0.00	18		0.00	93
贵州开磷集团矿肥有限责任公司	32.56	18	3.41	20		0.01	133		0.00	18		0.57	15
贵州安大航空锻造有限责任公司	29.65	19	4.00	14		0.09	37		0.00	18		0.00	93

续表

企业名称	创新产出		知识产权系数		人均发明专利拥有量		科技成果（奖励）系数		品牌建设系数	
	指数/%	位次	指标值	位次	指标值/项	位次	指标值	位次	指标值/项当量	位次
贵州省交通规划勘察设计研究院股份有限公司	29.20	20	2.81	25	0.03	99	0.20	3	0.00	93
贵州航天天马机电科技有限公司	29.13	21	3.65	15	0.07	54	0.00	18	0.00	93
江南机电设计研究所	28.45	22	2.36	41	0.16	19	0.00	18	0.00	93
贵州凯星液力传动机械有限公司	28.17	23	2.03	47	0.16	18	0.00	18	0.00	49
贵州航天控制技术有限公司	28.14	24	2.71	27	0.06	56	0.00	18	0.00	93
贵州航天精工制造有限公司	27.88	25	2.39	40	0.07	53	0.00	18	0.00	69
中国振华电子集团宇光电工有限公司（国营第七七一厂）	27.27	26	1.24	84	0.02	128	0.00	18	0.57	15
贵阳新天药业股份有限公司	26.75	27	1.47	70	0.04	80	0.00	18	0.00	31
贵州航天电子科技有限公司	26.51	28	3.01	23	0.05	64	0.00	18	0.00	93
贵州航天红星发展股份有限公司	25.77	29	0.21	218	0.08	47	0.00	18	0.00	93
遵义钛业股份有限公司	25.72	30	0.32	191	0.01	140	0.00	18	0.57	9
贵阳时代沃顿科技有限公司	24.75	31	2.25	42	0.09	42	0.00	18	0.00	69
贵州煌缔科技股份有限公司	24.62	32	7.69	9	0.10	36	0.00	18	0.00	69
博文软件（贵州）有限公司	24.37	33	2.49	32	0.05	70	0.00	18	0.57	22
贵州远程制药有限责任公司	24.16	34	0.04	255	0.01	147	0.00	18	0.57	14
贵州久联民爆器材发展股份有限公司	23.82	35	1.27	81	0.01	165	0.00	18	0.00	49
贵州川恒化工股份有限公司	22.82	36	0.48	168	0.06	61	0.00	18	0.00	31
贵州彩阳电暖科技有限公司	21.88	37	0.84	117	0.01	135	0.00	18	0.57	8
瓮安县日升新型环保建材有限责任公司	21.65	38	0.21	218	0.03	100	0.00	18	1.29	3
贵州火焰山电器股份有限公司	21.35	39	0.24	211	0.02	105	0.00	18	0.57	13

续表

企业名称	创新产出		知识产权系数		人均发明专利拥有量		科技成果（奖励）系数		品牌建设系数	
	指数/%	位次	指标值	位次	指标值/项	位次	指标值	位次	指标值/项当量	位次
贵州赤天化桐梓化工有限公司	20.99	40	0.67	144	0.00	177	0.00	18	0.57	15
贵州大地航图科技有限公司	20.89	41	0.44	174	0.11	32	0.00	18	0.57	22
遵义智鹏高新铝材有限公司	20.56	42	1.52	67	0.00	185	0.00	18	0.57	24
贵阳合农种养殖有限公司	20.37	43	1.59	64	0.01	157	0.06	9	0.43	25
贵州航锐航空精密零部件制造有限公司	20.21	44	2.45	36	0.13	27	0.00	18	0.00	93
贵州安顺惠烽科技发展有限公司	20.07	45	0.25	209	0.02	115	0.00	18	0.57	15
贵州源熙生物科技研发有限公司	19.82	46	0.32	191	2.00	1	0.00	18	0.00	69
贵州航天林泉电机有限公司	19.44	47	3.00	24	0.03	94	0.00	18	0.00	93
智立达资源循环利用科技股份有限公司	18.89	48	0.64	146	1.50	2	0.00	18	0.00	93
首钢水城钢铁（集团）有限责任公司	18.77	49	2.48	33	0.00	178	0.00	18	0.00	35
贵阳普天物流技术有限公司	18.29	50	0.99	99	0.06	60	0.00	18	0.00	93
贵州安吉航空精密铸造有限责任公司	18.24	51	1.21	86	0.02	112	0.00	18	0.00	93
贵阳朗玛信息技术股份有限公司	16.90	52	3.61	16	0.01	138	0.00	18	0.00	29
贵州中航交通科技有限公司	16.25	53	1.04	96	0.83	3	0.00	18	0.00	93
贵州航天计量测试技术研究所	15.91	54	7.15	10	0.09	39	0.00	18	0.00	93
中航贵州飞机有限责任公司	15.90	55	2.11	45	0.01	164	0.00	18	0.00	93
贵州新联爆破工程集团有限公司	15.32	56	3.21	22	0.02	108	0.06	9	0.00	93
贵州溪山科技有限公司	15.27	57	0.99	99	0.00	185	0.00	18	0.43	26
贵州西南工具（集团）有限公司	15.05	58	2.43	37	0.02	124	0.00	18	0.00	37
遵义长征汽车零部件有限公司	13.73	59	0.96	103	0.13	25	0.00	18	0.00	93

续表

企业名称	创新产出		知识产权系数		人均发明专利拥有量		科技成果（奖励）系数		品牌建设系数	
	指数/%	位次	指标值	位次	指标值/项	位次	指标值	位次	指标值/项当量	位次
贵州建工集团有限公司	13.39	60	2.12	44	0.00	174	0.00	18	0.00	93
贵州宁之源太阳能科技有限公司	12.81	61	1.41	74	0.29	7	0.00	18	0.00	93
贵州詹阳动力重工有限公司	12.52	62	1.73	56	0.01	144	0.06	9	0.00	37
贵州梅岭电源有限公司	12.15	63	1.99	49	0.01	142	0.06	9	0.00	49
绥阳县耐环铝业有限公司	12.12	64	0.51	165	0.32	5	0.00	18	0.00	93
贵州景诚制药有限公司	11.96	65	0.72	133	0.09	44	0.00	18	0.00	49
贵州宏宇药业有限公司	11.66	66	0.56	151	0.15	20	0.00	18	0.00	34
贵州金桥药业有限公司	11.54	67	3.60	17	0.06	59	0.00	18	0.00	93
贵州兴贵恒远新型建材有限公司	11.47	68	7.81	7	0.08	49	0.14	4	0.00	93
贵州万顺堂药业有限公司	11.45	69	0.00	261	0.04	75	0.09	5	0.00	37
贵州省水利水电勘测设计研究院	11.37	70	1.49	69	0.01	143	0.09	5	0.00	93
贵州航天智慧农业有限公司	10.27	71	0.37	184	0.10	35	0.00	18	0.00	93
遵义廖元和堂药业有限公司	9.81	72	0.80	120	0.04	79	0.00	18	0.00	93
贵州振华华联电子有限公司	9.77	73	2.15	43	0.02	120	0.00	18	0.00	93
贵州三泓药业股份有限公司	9.69	74	0.71	138	0.21	13	0.00	18	0.00	49
安顺德康农牧有限公司	9.65	75	0.00	261	0.31	6	0.00	18	0.00	93
遵义联合农业科技有限公司	9.63	76	2.47	34	0.13	24	0.00	18	0.00	93
贵州三力制药股份有限公司	9.58	77	3.60	17	0.05	69	0.00	18	0.00	37
遵义市遵飞宇电子有限公司	9.55	78	3.59	19	0.05	68	0.00	18	0.00	93
贵州欧瑞欣合环保股份有限公司	9.42	79	1.67	57	0.12	28	0.00	18	0.00	69

续表

企业名称	创新产出		知识产权系数		人均发明专利拥有量		科技成果（奖励）系数		品牌建设系数		
	指数/%	位次	指标值	位次	指标值/项	位次	指标值	位次	指标值/项当量	位次
贵州中建建筑科研设计院有限公司	9.04	80	1.23	85	0.05	74	0.00	18	0.00	93
贵州弘康药业有限公司	8.88	81	0.43	176	0.14	21	0.00	18	0.00	93
贵州联盛药业有限公司	8.78	82	1.43	72	0.06	55	0.00	18	0.00	31
贵州航天南海科技有限责任公司	8.44	83	2.04	46	0.02	114	0.00	18	0.00	93
贵州维康子帆药业股份有限公司	7.68	84	0.16	235	0.09	38	0.00	18	0.00	49
贵州绿卡能科技实业股份有限公司	7.41	85	5.83	12	0.05	71	0.00	18	0.00	49
通号建设集团贵州工程有限公司	6.71	86	0.23	217	0.03	85	0.00	18	0.00	93
贵州元甲光电智能科技有限公司	6.68	87	0.21	218	0.12	30	0.00	18	0.00	93
中国电建集团贵州电力设计研究院有限公司	6.57	88	2.76	26	0.01	155	0.00	18	0.00	93
贵州奥申信息技术发展有限公司	6.55	89	0.21	218	0.28	8	0.00	18	0.00	93
绥阳县华丰电器有限公司	6.54	90	0.92	110	0.09	40	0.00	18	0.00	93
贵州明峰工业废渣综合回收再利用有限公司	6.48	91	1.37	75	0.10	34	0.00	18	0.00	93
贵州省煤矿设计研究院	6.43	92	0.00	261	0.03	103	0.00	18	0.00	93
贵州省财富之舟科技有限公司	5.99	93	0.96	103	0.00	170	0.00	18	0.00	93
贵州伟力达电子有限公司	5.97	94	0.72	133	0.21	12	0.00	18	0.00	93
贵州润生制药有限公司	5.95	95	0.56	151	0.06	62	0.00	18	0.00	69
首钢贵阳特殊钢有限责任公司	5.94	96	0.28	202	0.00	171	0.00	18	0.00	69
贵州吉丰种业有限公司	5.89	97	2.61	28	0.20	14	0.00	18	0.00	93
贵州安凯达实业股份有限公司	5.59	98	0.83	118	0.05	63	0.00	18	0.00	49
贵州东方世纪科技股份有限公司	5.57	99	1.55	66	0.04	77	0.00	18	0.00	93

续表

企业名称	创新产出		知识产权系数		人均发明专利拥有量		科技成果（奖励）系数		品牌建设系数	
	指数/%	位次	指标值	位次	指标值/项	位次	指标值	位次	指标值/项当量	位次
贵州元能管业有限公司	5.43	100	0.48	168	0.17	16	0.00	18	0.00	93
遵义航科机电有限公司	5.38	101	0.72	133	0.13	22	0.00	18	0.00	93
中国水利水电第九工程局有限公司	5.29	102	1.52	67	0.00	179	0.00	18	0.00	69
贵州健兴药业有限公司	5.26	103	1.36	76	0.02	113	0.00	18	0.00	69
贵州精立航太科技有限公司	5.19	104	0.31	200	0.07	50	0.00	18	0.00	93
贵州三仁堂药业有限公司	5.08	105	2.41	38	0.02	111	0.00	18	0.00	43
遵义市金鼎农业科技有限公司	4.91	106	0.24	211	0.13	22	0.00	18	0.00	69
力源液压系统（贵阳）有限公司	4.88	107	0.24	211	0.13	26	0.00	18	0.00	93
贵州安顺金黔虫草有限公司	4.86	108	0.49	167	0.27	9	0.00	18	0.00	93
贵州省万山银河化工有限责任公司	4.59	109	0.68	143	0.11	32	0.00	18	0.00	49
贵州盛昌药业有限公司	4.52	110	0.27	204	0.25	11	0.00	18	0.00	69
贵州红星发展大龙锰业有限责任公司	4.43	111	0.01	260	0.01	166	0.00	18	0.00	93
贵州安泰再生资源科技有限责任公司	4.40	112	0.53	155	0.02	121	0.00	18	0.00	93
贵州绿健神农有机农业股份有限公司	4.37	113	1.64	60	0.03	87	0.00	18	0.00	69
贵州高新云翼科技有限公司	4.36	114	1.01	97	0.12	29	0.00	18	0.00	93
安顺市成威科技有限公司	4.25	115	0.27	204	0.03	86	0.00	18	0.00	93
贵州新锦竹木制品有限公司	4.09	116	0.75	128	0.03	90	0.00	18	0.00	49
贵州天地科技实业有限公司	4.00	117	0.80	120	0.00	185	0.06	9	0.00	93
贵州汇丰烟草机械配件有限责任公司	3.97	118	1.25	82	0.12	30	0.00	18	0.00	93
贵州健瑞安药业有限公司	3.90	119	2.56	30	0.01	137	0.00	18	0.00	93

续表

企业名称	创新产出		知识产权系数		人均发明专利拥有量		科技成果（奖励）系数		品牌建设系数	
	指数/%	位次	指标值	位次	指标值/项	位次	指标值	位次	指标值/项当量	位次
遵义精星航天电器有限责任公司	3.87	120	1.28	79	0.01	139	0.00	18	0.00	93
贵州兴国新动力科技有限公司	3.83	121	2.53	31	0.01	167	0.00	18	0.00	69
贵州中航电梯有限责任公司	3.69	122	1.76	55	0.01	162	0.00	18	0.00	69
贵阳世纪恒通科技有限公司	3.63	123	1.63	62	0.02	122	0.00	18	0.00	49
贵州拜特制药有限公司	3.62	124	1.05	94	0.01	155	0.00	18	0.00	43
贵阳新希望农业科技有限公司	3.55	125	0.24	211	0.03	100	0.00	18	0.00	93
贵州天义汽车电器有限公司	3.54	126	0.33	190	0.01	141	0.00	18	0.00	93
贵州凯里经济开发区中昊电子有限公司	3.52	127	0.17	234	0.03	88	0.00	18	0.00	93
贵州天安药业股份有限公司	3.38	128	0.73	130	0.02	118	0.00	18	0.00	43
遵义粒满丰肥业有限责任公司	3.34	129	1.65	58	0.06	57	0.00	18	0.00	93
贵州航天风华实业有限公司	3.18	130	1.12	90	0.03	98	0.00	18	0.00	93
贵州黄平富城实业有限公司	3.14	131	1.80	53	0.01	132	0.00	18	0.00	93
遵义市恒新化工有限公司	3.08	132	0.00	261	0.08	45	0.00	18	0.00	49
贵州绿太阳制药有限公司	3.07	133	0.21	218	0.05	66	0.00	18	0.00	93
贵州鼎成熔鑫科技有限公司	3.05	134	0.00	261	0.08	48	0.00	18	0.00	69
贵州东峰锑业股份有限公司	2.97	135	1.65	58	0.01	150	0.00	18	0.00	69
遵义航天娄山电器化工有限公司	2.89	136	0.73	130	0.04	77	0.00	18	0.00	37
贵阳锐泰电力科技有限公司	2.71	137	1.88	50	0.03	91	0.00	18	0.00	93
赫章县金川锌业有限公司	2.65	138	0.16	235	0.09	41	0.00	18	0.00	93
贵州荣清工具有限公司	2.64	139	0.12	242	0.18	15	0.00	18	0.00	93

续表

企业名称	创新产出		知识产权系数		人均发明专利拥有量		科技成果（奖励）系数		品牌建设系数	
	指数/%	位次	指标值	位次	指标值/项	位次	指标值	位次	指标值/项当量	位次
贵州省飞云岭药业股份有限公司	2.62	140	1.25	82	0.02	124	0.00	18	0.00	49
贵州杰傲建材有限责任公司	2.60	141	2.60	29	0.00	185	0.00	18	0.00	93
贵州西部农产品交易中心有限公司	2.59	142	0.99	99	0.05	66	0.00	18	0.00	69
贵州永兴建设工程质量检测有限公司	2.50	143	0.43	176	0.03	93	0.00	18	0.00	93
贵州标准电机有限公司	2.46	144	1.83	52	0.00	183	0.00	18	0.00	93
贵州石博士科技有限公司	2.43	145	0.32	191	0.03	84	0.00	18	0.00	93
贵州苗仁堂制药有限责任公司	2.41	146	0.88	113	0.03	100	0.00	18	0.00	28
贵州华阳汽车零部件有限公司	2.30	147	0.96	103	0.01	133	0.00	18	0.00	93
中航工业贵州航空动力有限公司	2.24	148	0.31	200	0.01	154	0.00	18	0.00	93
贵州劲嘉新型包装材料有限公司	2.24	149	0.27	204	0.01	131	0.00	18	0.00	93
贵州中科汉天下电子有限公司	2.23	150	1.56	65	0.00	161	0.00	18	0.00	93
七冶建设有限责任公司	2.20	151	0.32	191	0.00	183	0.00	18	0.00	93
遵义中铂硬质合金有限责任公司	2.20	152	0.71	138	0.03	82	0.00	18	0.00	93
联影（贵州）医疗科技有限公司	2.20	153	0.39	183	0.08	46	0.00	18	0.00	93
贵州天威建材科技有限责任公司	2.14	154	0.08	251	0.03	104	0.00	18	0.00	93
贵州中铝铝业有限公司	2.06	155	0.13	241	0.01	157	0.00	18	0.00	93
遵义华富生物科技有限公司	2.06	156	0.20	227	0.09	43	0.00	18	0.00	93
贵州泰永长征技术股份有限公司	1.93	157	0.63	149	0.01	157	0.00	18	0.00	69
贵州大博金太阳能光电有限公司	1.92	158	0.56	151	0.02	123	0.00	18	0.00	93
贵州车行家网络商贸有限公司	1.92	159	0.97	102	0.05	73	0.00	18	0.00	93

第六部分 重点企业科技创新评价报告

续表

企业名称	创新产出		知识产权系数			人均发明专利拥有量			科技成果（奖励）系数			品牌建设系数		
	指数/%	位次	指标值	位次		指标值/项	位次		指标值	位次		指标值/项当量	位次	
贵州赤天化纸业股份有限公司	1.91	160	0.00	261		0.00	169		0.00	18		0.00	93	
遵义市亿众纳米科技材料有限公司	1.80	161	1.80	53		0.00	185		0.00	18		0.00	69	
贵州剑河园方林业投资开发有限公司	1.75	162	0.48	168		0.00	174		0.00	18		0.00	93	
贵州巨能化工有限公司	1.73	163	0.04	255		0.06	57		0.00	18		0.00	93	
遵义市利升机械加工有限公司	1.68	164	0.88	113		0.02	105		0.00	18		0.00	93	
贵州开阳三环磨料有限公司	1.66	165	1.01	97		0.00	172		0.00	18		0.00	93	
贵州人和致远数据服务有限责任公司	1.64	166	1.64	60		0.00	185		0.00	18		0.00	69	
贵州华云汽车饰件制造有限公司	1.63	167	0.24	211		0.02	117		0.00	18		0.00	93	
贵州贵玻玻璃有限公司	1.57	168	0.16	235		0.02	109		0.00	18		0.00	93	
贵州宏宇金属电源科技有限公司	1.54	169	0.09	248		0.03	95		0.00	18		0.00	69	
贵州劲锋精密工具有限公司	1.52	170	0.81	119		0.01	145		0.00	18		0.00	43	
贵州省惠水川东化工有限责任公司	1.50	171	0.19	231		0.01	147		0.00	18		0.00	93	
贵州金农科技有限责任公司	1.47	172	1.47	70		0.00	185		0.00	18		0.00	93	
贵州安吉华元科技发展有限公司	1.46	173	0.75	128		0.01	135		0.00	18		0.00	93	
遵义群建塑胶制品有限公司	1.44	174	0.79	124		0.00	173		0.00	18		0.00	93	
贵州黎阳国际制造有限公司	1.43	175	0.79	124		0.00	176		0.00	18		0.00	93	
贵阳方舟高新技术有限公司	1.43	176	1.43	72		0.00	185		0.00	18		0.00	93	
贵州天虹志远电线电缆有限公司	1.36	177	0.69	141		0.01	163		0.00	18		0.00	93	
贵州国塑科技管业有限责任公司	1.35	178	0.03	257		0.01	151		0.00	18		0.00	43	
贵州力创科技发展有限公司	1.33	179	1.33	77		0.00	185		0.00	18		0.00	93	

续表

企业名称	创新产出		知识产权系数		人均发明专利拥有量		科技成果（奖励）系数		品牌建设系数	
	指数/%	位次	指标值	位次	指标值/项	位次	指标值	位次	指标值/项当量	位次
贵州兴富祥立健机械有限公司	1.31	180	0.00	261	0.01	151	0.00	18	0.00	93
贵阳富源饲料有限公司	1.31	181	1.31	78	0.00	185	0.00	18	0.00	69
贵阳鑫恒泰实业有限公司	1.28	182	1.28	79	0.00	185	0.00	18	0.00	93
中国建材检验认证集团贵州有限公司	1.28	183	0.45	173	0.03	91	0.00	18	0.00	93
贵州泰坦电气系统有限公司	1.21	184	1.21	86	0.00	185	0.00	18	0.00	93
遵义恒佳铝业有限公司	1.21	185	0.52	164	0.01	149	0.00	18	0.00	93
遵义市大地和电气有限公司	1.18	186	0.55	154	0.00	179	0.00	18	0.00	93
安顺新金秋科技股份有限公司	1.17	187	1.16	88	0.00	185	0.00	18	0.00	37
遵义鑫果机械制造有限公司	1.16	188	1.16	88	0.00	185	0.00	18	0.00	93
贵州黄果树智慧旅游股份有限公司	1.15	189	0.96	103	0.00	185	0.00	18	0.01	27
遵义新利特金属材料科技有限公司	1.12	190	1.12	90	0.00	185	0.00	18	0.00	93
贵阳天龙摩擦材料有限公司	1.11	191	0.37	184	0.02	124	0.00	18	0.00	93
贵州秦秦药业有限公司	1.09	192	1.09	92	0.00	185	0.00	18	0.00	93
贵州凯峰科技有限责任公司	1.07	193	0.35	189	0.01	130	0.00	18	0.00	93
遵义汇峰智能系统有限责任公司	1.07	194	0.27	204	0.02	105	0.00	18	0.00	93
贵州全世通精密机械科技有限公司	1.07	194	1.07	93	0.00	185	0.00	18	0.00	93
贵州迪宝尔科技有限公司	1.06	196	0.21	218	0.03	89	0.00	18	0.00	93
贵州鑫轩贵钢结构有限公司	1.05	197	1.05	94	0.00	185	0.00	18	0.00	93
贵州铁建工程质量检测咨询有限公司	1.05	198	0.37	184	0.01	160	0.00	18	0.00	93
遵义长征输配电设备有限公司	0.98	199	0.20	227	0.02	109	0.00	18	0.00	93

续表

企业名称	创新产出		知识产权系数		人均发明专利拥有量		科技成果（奖励）系数		品牌建设系数	
	指数/%	位次	指标值	位次	指标值/项	位次	指标值	位次	指标值/项当量	位次
贵州申瓯通信电子科技有限公司	0.96	200	0.96	103	0.00	185	0.00	18	0.00	93
贵州迅达信息产业发展有限公司	0.96	200	0.96	103	0.00	185	0.00	18	0.00	93
遵义市亿易通科技网络有限责任公司	0.93	202	0.93	109	0.00	185	0.00	18	0.00	93
贵州翔音电子科技有限公司	0.92	203	0.92	110	0.00	185	0.00	18	0.00	93
贵州省建筑设计研究院有限责任公司	0.91	204	0.28	202	0.00	182	0.00	18	0.00	93
贵州精工利鹏科技有限责任公司	0.91	205	0.91	112	0.00	185	0.00	18	0.00	93
遵义天际机电有限责任公司	0.88	206	0.88	113	0.00	185	0.00	18	0.00	93
贵州众智物联科技有限公司	0.87	207	0.87	116	0.00	185	0.00	18	0.00	93
贵州耕云科技有限公司	0.80	208	0.80	120	0.00	185	0.00	18	0.00	93
贵州数智联云科技有限公司	0.80	208	0.80	120	0.00	185	0.00	18	0.00	93
贵州固达电缆有限公司	0.78	210	0.77	126	0.00	185	0.00	18	0.00	49
贵阳新洋诚义齿有限公司	0.78	211	0.08	251	0.01	146	0.00	18	0.00	93
贵州华美达科技有限公司	0.77	212	0.77	126	0.00	185	0.00	18	0.00	93
贵州黎平奥捷炭素有限公司	0.76	213	0.00	261	0.02	119	0.00	18	0.00	93
贵州双木农机有限公司	0.74	214	0.73	130	0.01	185	0.00	18	0.00	49
贵阳绿洲苑建材有限公司	0.73	215	0.00	261	0.00	129	0.00	18	0.00	93
黔西南州乐阿化工有限责任公司	0.72	216	0.72	133	0.00	185	0.00	18	0.00	93
遵义天辉机电有限责任公司	0.72	216	0.72	133	0.00	185	0.00	18	0.00	93
多彩贵州网有限责任公司	0.69	218	0.69	141	0.00	185	0.00	18	0.00	93
贵州华烽汽车零部件有限公司	0.69	219	0.00	261	0.01	151	0.00	18	0.00	93

续表

企业名称	创新产出		知识产权系数			人均发明专利拥有量		科技成果（奖励）系数		品牌建设系数	
	指数/%	位次	指标值	位次		指标值/项	位次	指标值	位次	指标值/项当量	位次
食品安全与营养（贵州）信息科技有限公司	0.66	220	0.65	145		0.00	185	0.00	18	0.00	43
贵州长征电器成套有限公司	0.65	221	0.64	146		0.00	185	0.00	18	0.00	49
贵州亿立安网络工程管理有限公司	0.64	222	0.64	146		0.00	185	0.00	18	0.00	93
贵州电子商务云运营有限责任公司	0.59	223	0.59	150		0.00	185	0.00	18	0.00	93
贵州多彩博虹科技有限公司	0.58	224	0.53	155		0.00	185	0.00	18	0.00	30
贵阳联诚欣业科技有限公司	0.53	225	0.53	155		0.00	185	0.00	18	0.00	93
贵州威盾安防科技有限公司	0.53	225	0.53	155		0.00	185	0.00	18	0.00	93
铜仁爱联科技有限公司	0.53	225	0.53	155		0.00	185	0.00	18	0.00	93
贵州恒信教育科技有限公司	0.53	225	0.53	155		0.00	185	0.00	18	0.00	93
安顺文杰科技有限公司	0.53	225	0.53	155		0.00	185	0.00	18	0.00	93
贵州大西南工程检测有限公司	0.53	225	0.51	165		0.00	185	0.00	18	0.00	93
贵州中孚科技有限公司	0.51	232	0.48	168		0.00	185	0.00	18	0.00	93
遵义易拓网络服务有限公司	0.48	233	0.48	168		0.00	185	0.00	18	0.00	93
遵义仁科信息技术有限公司	0.48	233	0.44	174		0.00	185	0.00	18	0.00	93
贵州铜仁阳明科技实业有限公司	0.44	235	0.43	176		0.00	185	0.00	18	0.00	93
遵义春华新材料科技有限公司	0.43	236	0.43	176		0.00	185	0.00	18	0.00	93
贵阳中豪科技发展有限公司	0.43	236	0.41	180		0.00	185	0.00	18	0.00	93
习水县西科电脑科技有限公司	0.42	238	0.40	181		0.00	185	0.00	18	0.00	69
赤水市信天中药产业开发有限公司	0.40	239				0.00	185	0.00	18	0.00	93

续表

企业名称	创新产出		知识产权系数		人均发明专利拥有量		科技成果（奖励）系数		品牌建设系数	
	指数/%	位次	指标值	位次	指标值/项	位次	指标值	位次	指标值/项当量	位次
贵州乾新高科技有限公司	0.40	239	0.40	181	0.00	185	0.00	18	0.00	93
贵州西南中创科技有限公司	0.37	241	0.37	184	0.00	185	0.00	18	0.00	93
贵州信方达信息咨询有限公司	0.37	241	0.37	184	0.00	185	0.00	18	0.00	93
贵州文博科技有限公司	0.32	243	0.32	191	0.00	185	0.00	18	0.00	93
遵义朝宇锅炉有限公司	0.32	243	0.32	191	0.00	185	0.00	18	0.00	93
贵州省仁怀市西科电脑科技有限公司	0.32	243	0.32	191	0.00	185	0.00	18	0.00	93
仁怀市云侠网络科技有限公司	0.32	243	0.32	191	0.00	185	0.00	18	0.00	93
毕节市斯翔安防科技有限公司	0.27	248	0.27	204	0.00	185	0.00	18	0.00	93
贵州晟扬管道科技有限公司	0.25	249	0.25	209	0.00	185	0.00	18	0.00	93
贵州科伦药业有限公司	0.24	250	0.24	211	0.00	185	0.00	18	0.00	93
贵州西南管业有限公司	0.22	251	0.21	218	0.00	185	0.00	18	0.00	49
毕节市力帆骏马振兴车辆有限公司	0.21	252	0.21	218	0.00	185	0.00	18	0.00	93
贵州盛方信息科技有限公司	0.21	252	0.21	218	0.00	185	0.00	18	0.00	93
贵州安元通科技有限公司	0.20	254	0.20	227	0.00	185	0.00	18	0.00	93
遵义鑫兴器材有限公司	0.20	254	0.20	227	0.00	185	0.00	18	0.00	93
贵州省欣紫鸿药用辅料有限公司	0.19	256	0.19	231	0.00	185	0.00	18	0.00	93
贵定县恒伟玻璃制品有限公司	0.16	257	0.16	235	0.00	185	0.00	18	0.00	93
贵阳华烽有色铸造有限公司	0.16	257	0.16	235	0.00	185	0.00	18	0.00	93
贵州天逸轩网络科技有限公司	0.16	257	0.16	235	0.00	185	0.00	18	0.00	93
贵州宇之源光电科技有限公司	0.16	257	0.16	235	0.00	185	0.00	18	0.00	93

续表

企业名称	创新产出		知识产权系数		人均发明专利拥有量		科技成果（奖励）系数		品牌建设系数	
	指数/%	位次	指标值	位次	指标值/项	位次	指标值	位次	指标值/项当量	位次
贵州金玖生物技术有限公司	0.12	260	0.12	242	0.00	185	0.00	18	0.00	93
遵义市仕昌电子有限公司	0.12	260	0.12	242	0.00	185	0.00	18	0.00	93
贵州省瓮安兴农磷化工有限责任公司	0.11	262	0.11	245	0.00	185	0.00	18	0.00	49
贵州卓讯软件股份有限公司	0.11	263	0.11	245	0.00	185	0.00	18	0.00	93
贵阳彩翅科技有限公司	0.11	263	0.11	245	0.00	185	0.00	18	0.00	93
贵州恩怂纬西光电科技发展有限公司	0.10	265	0.09	248	0.00	185	0.00	18	0.00	49
遵义天力环境工程有限责任公司	0.09	266	0.09	248	0.00	185	0.00	18	0.00	93
贵州丽基新材料有限公司	0.08	267	0.08	251	0.00	185	0.00	18	0.00	93
贵阳思普信息技术有限公司	0.05	268	0.05	254	0.00	185	0.00	18	0.00	93
贵州道兴建设工程检测有限责任公司	0.03	269	0.03	257	0.00	185	0.00	18	0.00	93
贵州凯敏博机电科技有限公司	0.03	269	0.03	257	0.00	185	0.00	18	0.00	93
遵义长征电力科技股份有限公司	0.02	271	0.00	261	0.00	185	0.00	18	0.00	36
遵义兴意达天诚科技有限公司	0.01	272	0.00	261	0.00	185	0.00	18	0.00	49
贵阳高新泰丰航空航天科技有限公司	0.00	273	0.00	261	0.00	185	0.00	18	0.00	93
贵州凯信佳盛特科技发展有限公司	0.00	273	0.00	261	0.00	185	0.00	18	0.00	93
贵州东太伟业科技有限公司	0.00	273	0.00	261	0.00	185	0.00	18	0.00	93
贵阳兴意达天意科技有限公司	0.00	273	0.00	261	0.00	185	0.00	18	0.00	93
贵阳广航铸造有限公司	0.00	273	0.00	261	0.00	185	0.00	18	0.00	93
贵州广毅节能环保科技有限公司	0.00	273	0.00	261	0.00	185	0.00	18	0.00	93
贵州坤盾天成科技有限公司	0.00	273	0.00	261	0.00	185	0.00	18	0.00	93

续表

企业名称	创新产出		知识产权系数		人均发明专利拥有量		科技成果（奖励）系数		品牌建设系数	
	指数/%	位次	指标值	位次	指标值/项	位次	指标值	位次	指标值/项当量	位次
贵州网尚世纪信息技术有限责任公司	0.00	273	0.00	261	0.00	185	0.00	18	0.00	93
贵州兴达兴建材股份有限公司	0.00	273	0.00	261	0.00	185	0.00	18	0.00	93
贵州绿盾征信大数据有限公司	0.00	273	0.00	261	0.00	185	0.00	18	0.00	93
贵州木易精细陶瓷有限责任公司	0.00	273	0.00	261	0.00	185	0.00	18	0.00	93
安顺市虹翼特种钢球制造有限公司	0.00	273	0.00	261	0.00	185	0.00	18	0.00	93
贵州永昊热能设备制造有限公司	0.00	273	0.00	261	0.00	185	0.00	18	0.00	93
贵州省恒力源林业科技有限公司	0.00	273	0.00	261	0.00	185	0.00	18	0.00	93
遵义伟明铝业有限公司	0.00	273	0.00	261	0.00	185	0.00	18	0.00	93
贵阳市启沃富科技有限公司	0.00	273	0.00	261	0.00	185	0.00	18	0.00	93

重点企业创新效益指数排位如表 6-4 所示。

表 6-4 重点企业创新效益指数排位

企业名称	创新效益		利税总额占主营业务收入比重		高新技术产品销售收入占主营业务收入的比重		全员劳动生产率	
	指数/%	位次	指标值/%	位次	指标值/%	位次	指标值/万元	位次
贵州拜特制药有限公司	85.75	1	55.47	3	97.95	69	156.14	3
贵州健兴药业有限公司	82.43	2	17.72	57	99.00	61	110.86	4
遵义铝业股份有限公司	81.00	3	8.36	110	61.53	186	103.94	6
贵州开磷集团矿肥有限责任公司	79.85	4	18.65	47	72.63	148	64.17	14
贵州益佰制药股份有限公司	66.19	5	30.01	25	97.70	71	17.87	79
贵州中科汉天下电子有限公司	66.06	6	0.00	225	43.69	211	286.63	1
中国贵州茅台酒厂（集团）有限责任公司	63.35	7	76.45	2	0.00	244	224.48	2
贵州三力制药股份有限公司	63.11	8	0.00	225	95.80	81	104.69	5
贵州航天电器股份有限公司	62.25	9	16.70	61	78.00	136	31.14	41
中国电建集团贵阳勘测设计研究院有限公司	61.54	10	8.17	112	60.01	196	50.71	20
瓮福（集团）有限责任公司	60.33	11	7.37	120	60.19	195	24.46	55
贵州新联爆破工程集团有限公司	60.04	12	8.89	108	61.40	188	53.88	19
首钢水城钢铁（集团）有限责任公司	59.64	13	5.57	141	12.84	230	21.01	64
贵州赤天化纸业股份有限公司	59.39	14	27.57	26	40.26	213	76.45	12
贵州川恒化工股份有限公司	56.18	15	18.61	48	100.00	1	45.32	25
贵州百灵企业集团制药股份有限公司	54.98	16	0.00	225	86.99	108	59.68	15
贵州省交通规划勘察设计研究院股份有限公司	53.86	17	30.13	24	0.00	244	103.72	7
贵州景诚制药有限公司	51.04	18	44.46	10	92.94	89	77.92	11
贵州航天控制技术有限公司	49.79	19	14.01	73	100.00	1	42.72	28
贵州安大航空锻造有限责任公司	49.58	20	11.46	89	65.77	174	29.84	43
贵州东峰锑业股份有限公司	48.15	21	50.85	4	100.00	1	79.36	10
贵阳绿洲苑建材有限公司	46.66	22	20.67	41	90.00	98	86.16	9
贵阳新天药业股份有限公司	46.55	23	24.67	32	99.90	57	21.55	61
贵州黎阳航空动力有限公司	45.31	24	7.24	124	100.00	1	10.49	150
贵州航天天马机电科技有限公司	44.22	25	7.36	121	100.00	1	18.22	77
贵州劲嘉新型包装材料有限公司	43.82	26	36.04	16	92.60	92	66.59	13
贵州建工集团有限公司	43.33	27	4.85	150	0.00	244	57.12	16

续表

企业名称	创新效益		利税总额占主营业务收入比重		高新技术产品销售收入占主营业务收入的比重		全员劳动生产率	
	指数 / %	位次	指标值 / %	位次	指标值 / %	位次	指标值 / 万元	位次
贵州宏宇药业有限公司	42.47	28	12.44	83	84.77	115	93.62	8
江南机电设计研究所	42.32	29	0.70	212	93.60	87	20.57	65
贵州科伦药业有限公司	40.11	30	50.82	5	70.62	161	35.91	34
贵州中铝铝业有限公司	39.75	31	0.08	224	98.19	66	13.80	108
中国电建集团贵州电力设计研究院有限公司	39.09	32	0.00	225	63.58	180	32.74	39
中国水利水电第九工程局有限公司	38.77	33	0.16	223	21.77	226	25.48	49
七冶建设有限责任公司	38.02	34	4.54	153	0.00	244	42.02	29
中航贵州飞机有限责任公司	37.56	35	0.45	219	67.81	170	11.97	135
贵阳世纪恒通科技有限公司	37.42	36	18.42	52	98.37	64	46.10	24
贵州金桥药业有限公司	36.66	37	30.90	21	99.74	60	47.17	23
贵州省水利水电勘测设计研究院	35.39	38	5.93	135	65.07	176	16.89	86
际华三五三七制鞋有限责任公司	35.28	39	22.00	37	82.00	124	15.76	88
贵州红星发展股份有限公司	34.99	40	18.75	46	86.77	109	19.34	72
贵州天安药业股份有限公司	34.86	41	39.59	12	75.85	144	47.17	22
贵州安凯达实业股份有限公司	33.20	42	10.82	98	96.12	80	56.47	17
贵州赤天化桐梓化工有限公司	32.70	43	-17.30	281	97.50	74	17.02	85
贵阳新希望农业科技有限公司	32.04	44	5.39	143	80.66	129	32.98	38
贵州久联民爆器材发展股份有限公司	31.02	45	9.39	105	5.37	233	13.86	105
贵州维康子帆药业股份有限公司	30.78	46	11.08	95	92.32	93	40.95	30
贵州开磷控股（集团）有限责任公司	30.34	47	2.86	177	0.20	243	11.97	134
贵州省建筑设计研究院有限责任公司	28.75	48	34.04	19	0.00	244	49.05	21
贵州詹阳动力重工有限公司	28.37	49	5.30	146	71.32	156	13.16	117
遵义长征汽车零部件有限公司	27.17	50	30.62	22	97.42	76	34.81	35
贵州航天林泉电机有限公司	27.07	51	6.91	127	66.21	173	17.56	82
贵阳朗玛信息技术股份有限公司	27.05	52	25.82	28	66.92	172	19.55	68
贵阳时代沃顿科技有限公司	26.88	53	25.71	29	0.00	244	54.53	18
贵州西南工具（集团）有限公司	26.75	54	18.07	56	71.12	157	14.63	97
贵州黄平富城实业有限公司	26.55	55	18.44	51	84.56	116	32.40	40

续表

企业名称	创新效益		利税总额占主营业务收入比重		高新技术产品销售收入占主营业务收入的比重		全员劳动生产率	
	指数/%	位次	指标值/%	位次	指标值/%	位次	指标值/万元	位次
贵州兴达兴建材股份有限公司	25.60	56	19.86	43	100.00	1	26.05	48
贵州航天精工制造有限公司	25.53	57	18.30	53	85.75	112	19.78	67
贵州航天电子科技有限公司	25.43	58	6.66	130	97.99	68	13.80	107
贵州梅岭电源有限公司	24.85	59	22.12	36	33.89	218	29.18	45
贵州恩纬西光电科技发展有限公司	23.10	60	106.18	1	98.60	63	14.95	93
遵义廖元和堂药业有限公司	22.84	61	19.77	44	100.00	1	24.40	56
贵州安吉航空精密铸造有限责任公司	22.72	62	1.39	199	88.66	102	14.25	101
中国振华电子集团宇光电工有限公司（国营第七七一厂）	22.69	63	8.14	114	100.00	1	13.28	113
贵州天义电器有限责任公司	22.44	64	4.12	157	96.95	78	10.41	151
贵州力创科技发展有限公司	22.40	65	5.77	137	100.00	1	34.41	37
贵州泰永长征技术股份有限公司	22.22	66	46.16	7	0.00	244	43.88	26
毕节市力帆骏马振兴车辆有限公司	22.15	67	4.00	159	3.54	236	15.10	91
贵州联盛药业有限公司	21.88	68	13.45	75	39.76	216	43.58	27
贵州省万山银河化工有限责任公司	21.26	69	15.85	63	97.57	73	30.66	42
贵州丽基新材料有公司	21.23	70	7.63	117	100.00	1	38.13	32
贵州固达电缆有限公司	21.08	71	1.76	191	49.34	209	40.69	31
安顺德康农牧有限公司	20.88	72	0.00	225	100.00	1	34.80	36
贵州航天凯山石油仪器有限公司	20.57	73	12.29	84	99.74	59	20.45	66
遵义智鹏高新铝材有限公司	20.50	74	0.70	211	60.00	197	14.01	104
贵州中航电梯有限责任公司	19.93	75	5.13	147	100.00	1	8.90	162
国药集团同济堂（贵州）制药有限公司	19.90	76	27.44	27	0.00	244	25.02	51
贵州三仁堂药业有限公司	19.84	77	7.06	126	72.00	150	19.51	69
贵阳富源饲料有限公司	19.28	78	1.23	202	76.18	143	17.57	81
贵州鑫轩贵钢结构机械有限公司	19.18	79	18.81	45	100.00	1	21.04	63
贵州神奇药业有限公司	18.67	80	36.82	14	80.50	130	0.00	274
贵州健瑞安药业有限公司	18.42	81	7.54	118	94.99	82	24.62	53
遵义市大地和电气有限公司	18.31	82	6.08	134	100.00	1	8.49	168

续表

企业名称	创新效益		利税总额占主营业务收入比重		高新技术产品销售收入占主营业务收入的比重		全员劳动生产率	
	指数/%	位次	指标值/%	位次	指标值/%	位次	指标值/万元	位次
贵州铁建工程质量检测咨询有限公司	18.00	83	21.07	40	79.16	132	25.01	52
贵州宇之源太阳能科技有限公司	17.64	84	14.83	67	100.00	1	14.49	99
遵义群建塑胶制品有限公司	17.37	85	8.18	111	82.36	122	14.05	102
贵州明峰工业废渣综合回收再利用有限公司	17.25	86	0.51	218	100.00	1	19.36	70
贵州华阳汽车零部件有限公司	17.23	87	11.09	92	54.65	206	28.36	46
贵州振华华联电子有限公司	17.21	88	13.18	78	94.41	85	13.38	111
赤水市信天中药产业开发有限公司	17.09	89	14.02	72	100.00	1	22.54	59
贵州远程制药有限责任公司	16.84	90	21.86	38	82.90	119	11.08	139
贵州国塑科技管业有限责任公司	16.20	91	3.69	164	71.00	158	14.83	95
贵州航天风华实业有限公司	16.10	92	2.01	187	75.00	146	12.48	127
贵州苗仁堂制药有限责任公司	15.82	93	49.26	6	79.00	133	17.11	84
多彩贵州网有限责任公司	15.57	94	38.64	13	62.05	183	18.24	76
安顺新金秋科技股份有限公司	14.88	95	12.89	80	90.50	96	18.35	74
贵阳德昌祥药业有限公司	14.77	96	36.80	15	0.00	244	29.33	44
贵州航锐航空精密零部件制造有限公司	14.65	97	44.59	9	77.93	138	12.81	121
瓮安县日升新型环保建材有限责任公司	14.36	98	10.53	99	100.00	1	14.67	96
贵阳新洋诚义齿有限公司	14.30	99	39.72	11	100.00	1	10.96	141
首钢贵阳特殊钢有限责任公司	14.29	100	7.50	119	3.08	238	23.12	58
贵州省恒力源林业科技有限公司	14.22	101	0.00	225	99.92	56	11.32	137
贵州绿卡能科技实业股份有限公司	14.14	102	2.17	184	97.79	70	18.04	78
贵州高新翼云科技有限公司	14.10	103	0.00	225	71.47	152	24.58	54
贵州安泰再生资源科技有限公司	14.07	104	20.46	42	0.22	242	25.42	50
力源液压系统（贵阳）有限公司	14.00	105	18.10	55	76.72	141	19.10	73
贵阳普天物流技术有限公司	13.92	106	0.31	220	39.76	215	21.50	62
贵阳鑫恒泰实业有限公司	13.91	107	1.59	194	90.00	97	8.54	167
中国建材检验认证集团贵州有限公司	13.85	108	17.46	58	100.00	1	15.57	89
遵义市遵义飞宇电子有限公司	13.59	109	31.02	20	100.00	1	8.73	164
贵州吉丰种业有限责任公司	13.56	110	10.89	96	80.80	128	19.35	71

续表

企业名称	创新效益		利税总额占主营业务收入比重		高新技术产品销售收入占主营业务收入的比重		全员劳动生产率	
	指数/%	位次	指标值/%	位次	指标值/%	位次	指标值/万元	位次
贵州火焰山电器股份有限公司	13.29	111	6.67	129	98.32	65	10.51	149
贵州石博士科技有限公司	13.27	112	10.08	101	93.00	88	10.59	146
贵州卓讯软件股份有限公司	13.23	113	23.90	33	97.66	72	12.60	125
贵州润生制药有限公司	13.15	114	7.75	116	100.00	1	10.51	148
贵州天义汽车电器有限公司	13.09	115	0.00	225	96.61	79	9.05	159
贵州欧瑞欣合环保股份有限公司	13.03	116	14.71	70	94.54	84	12.34	130
通号建设集团贵州工程有限公司	13.02	117	0.00	225	0.00	244	37.19	33
贵州元甲光电智能科技有限公司	12.92	118	5.34	145	97.17	77	13.82	106
贵州中孚科技有限公司	12.85	119	12.60	82	100.00	1	14.03	103
遵义精星航天电器有限责任公司	12.80	120	1.54	195	81.29	127	10.79	145
贵州万顺堂药业有限公司	12.67	121	18.49	50	97.50	75	9.09	158
遵义市恒新化工有限公司	12.61	122	15.27	66	98.02	67	10.58	147
贵定县恒伟玻璃制品有限公司	12.56	123	0.00	225	69.98	164	13.36	112
遵义华富生物科技有限公司	12.49	124	14.38	71	100.00	1	12.69	123
贵州华烽汽车零部件有限公司	12.36	125	7.33	122	88.48	103	8.58	165
贵州省飞云岭药业股份有限公司	12.19	126	35.23	17	58.10	204	12.80	122
贵州兴富祥立健机械有限公司	12.03	127	0.00	225	100.00	1	11.32	136
贵州精工利鹏科技有限公司	11.91	128	14.77	68	88.74	101	11.00	140
贵州信方达信息咨询有限公司	11.84	129	18.52	49	100.00	1	9.90	156
贵州航天南海科技有限责任公司	11.80	130	1.31	201	28.43	221	12.66	124
贵州晟扬管道科技有限公司	11.77	131	0.00	225	72.50	149	13.72	109
贵州盛方信息科技有限公司	11.77	132	1.53	196	100.00	1	12.83	119
贵州航天计量测试技术研究所	11.70	133	1.00	206	70.99	159	10.30	153
贵州耕云科技有限公司	11.59	134	15.49	65	92.31	94	10.84	144
贵州多彩博虹科技有限公司	11.50	135	23.51	34	69.59	166	12.82	120
遵义中铂硬质合金有限责任公司	11.48	136	3.75	163	85.40	113	13.17	116
贵州精立航太科技有限公司	11.27	137	2.18	183	81.69	126	14.41	100
贵州中建建筑科研设计院有限公司	11.19	138	13.28	77	0.00	244	26.12	47

续表

企业名称	创新效益		利税总额占主营业务收入比重		高新技术产品销售收入占主营业务收入的比重		全员劳动生产率	
	指数/%	位次	指标值/%	位次	指标值/%	位次	指标值/万元	位次
贵州红星发展大龙锰业有限责任公司	11.13	139	11.78	85	13.69	228	13.20	115
贵州凯敏博机电科技有限公司	11.11	140	11.33	91	100.00	1	9.04	160
贵州鼎成熔鑫科技有限公司	11.02	141	3.61	165	100.00	1	9.03	161
贵阳天龙摩擦材料有限公司	11.01	142	0.00	225	100.00	1	9.92	155
贵州新锦竹木制品有限公司	10.96	143	12.72	81	62.84	181	13.63	110
贵州力强科技发展有限公司	10.84	144	0.00	225	77.94	137	14.96	92
贵州凯里经济开发区中昊电子有限公司	10.77	145	10.11	100	100.00	1	5.82	203
博文软件(贵州)有限公司	10.75	146	23.08	35	0.00	244	24.23	57
绥阳县华丰电器有限公司	10.66	147	5.87	136	99.88	58	5.97	200
贵州巨能化工有限公司	10.58	148	13.32	76	60.00	198	11.30	138
安顺市成威科技有限公司	10.57	149	13.12	79	94.18	86	4.64	224
遵义怡康机械制造有限公司	10.55	150	25.45	30	100.00	1	4.96	220
贵州伟力达电子有限公司	10.45	151	15.79	64	38.20	217	17.59	80
贵州彩阳电暖科技有限公司	10.42	152	9.09	107	83.00	117	5.40	211
贵州天威建材科技有限责任公司	10.41	153	0.00	225	60.81	191	6.05	197
贵州威盾安防科技有限公司	10.39	154	-30.11	285	86.35	110	18.30	75
贵州杰傲建材有限责任公司	10.33	155	13.86	74	71.33	155	10.91	143
贵州西南管业有限公司	10.30	156	9.36	106	100.00	1	5.63	207
贵州元能管业有限公司	10.29	157	21.33	39	82.93	118	7.01	176
遵义春华新材料科技有限公司	10.12	158	11.36	90	100.00	1	6.34	186
贵州凯峰科技有限责任公司	9.92	159	2.10	186	100.00	1	5.73	204
贵阳市启沃富科技有限公司	9.84	160	2.97	176	100.00	1	7.48	172
贵州电子商务云运营有限责任公司	9.75	161	-1.21	268	100.00	1	6.25	188
贵州劲锋精密工具有限公司	9.72	162	5.03	148	94.97	83	6.38	183
贵州东方世纪科技股份有限公司	9.70	163	2.52	179	69.99	163	9.81	157
绥阳县耐环铝业有限公司	9.67	164	3.06	172	98.97	62	6.09	195
贵州迪宝尔科技有限公司	9.58	165	0.00	225	100.00	1	6.23	189
贵州安元通科技有限公司	9.24	166	7.09	125	87.25	106	7.45	173

续表

企业名称	创新效益		利税总额占主营业务收入比重		高新技术产品销售收入占主营业务收入的比重		全员劳动生产率	
	指数/%	位次	指标值/%	位次	指标值/%	位次	指标值/万元	位次
贵州省惠水川东化工有限公司	9.14	167	5.63	140	17.99	227	14.51	98
贵州标准电机有限公司	9.10	168	1.62	192	60.00	198	3.22	243
遵义汇峰智能系统有限责任公司	9.05	169	3.81	161	71.40	154	6.95	178
贵州乾新高科技有限公司	9.05	170	0.21	222	69.75	165	6.02	198
遵义新利特金属材料科技有限公司	9.00	171	0.72	210	87.33	105	7.01	177
贵州坤盾天成科技有限公司	8.93	172	4.46	154	67.97	169	8.88	163
贵州长征电器成套有限公司	8.86	173	2.19	182	82.00	123	5.72	205
贵州煌缔科技股份有限公司	8.79	174	0.00	225	100.00	1	3.35	240
贵州黄果树智慧旅游股份有限公司	8.56	175	-2.94	270	69.46	167	-1.57	280
贵州凯星液力传动机械有限公司	8.53	176	-10.71	278	92.72	90	2.70	251
贵州众智物联科技有限公司	8.53	177	0.00	225	89.02	100	6.43	182
贵州盛昌药业有限公司	8.52	178	2.77	178	100.00	1	3.62	236
贵州三泓药业股份有限公司	8.47	179	0.85	209	60.00	201	7.51	171
安顺文杰科技有限公司	8.43	180	3.91	160	100.00	1	3.06	245
贵州黎平奥捷炭素有限公司	8.43	181	-3.33	271	100.00	1	4.02	231
赫章县金川锌业有限公司	8.42	182	3.34	167	100.00	1	3.02	246
贵州安顺惠烽科技发展有限公司	8.40	183	5.67	138	100.00	1	2.50	252
贵阳兴意达天诚科技有限公司	8.40	184	2.15	185	87.03	107	5.33	214
中航工业贵州航空动力有限公司	8.36	185	-6.97	275	82.85	120	0.04	273
贵州恒信教育科技有限公司	8.35	186	3.30	169	6.60	231	21.83	60
遵义天辉机电有限责任公司	8.24	187	3.02	173	89.98	99	4.36	227
贵州人和致远数据服务有限责任公司	8.21	188	5.66	139	79.98	131	4.80	222
贵州钢绳股份有限公司	8.16	189	6.11	133	0.00	244	10.92	142
贵州绿盾征信大数据有限公司	8.06	190	1.80	190	100.00	1	2.46	254
贵州安吉华元科技发展有限公司	8.03	191	11.08	94	61.42	187	6.12	193
贵州溪山科技有限公司	8.02	192	4.58	152	100.00	1	1.93	263
贵州秦泰药业有限公司	8.00	193	0.00	225	100.00	1	2.22	256
贵州汇丰烟草机械配件有限责任公司	8.00	194	5.38	144	70.77	160	7.12	175

续表

企业名称	创新效益		利税总额占主营业务收入比重		高新技术产品销售收入占主营业务收入的比重		全员劳动生产率	
	指数/%	位次	指标值/%	位次	指标值/%	位次	指标值/万元	位次
贵州金农科技有限责任公司	7.96	195	0.00	225	74.91	147	5.86	202
贵州虹山虹飞轴承有限责任公司	7.95	196	7.25	123	76.25	142	5.33	213
遵义长征电力科技股份有限公司	7.94	197	0.00	225	67.30	171	6.06	196
遵义市金鼎农业科技有限公司	7.85	198	1.01	205	65.60	175	6.68	180
贵阳锐泰电力科技有限公司	7.67	199	−5.25	273	60.46	193	10.35	152
遵义天力环境工程有限责任公司	7.66	200	0.00	225	77.88	139	6.14	192
遵义鑫兴器材有限公司	7.58	201	0.65	214	100.00	1	1.48	267
遵义易拓网络服务有限公司	7.47	202	3.01	175	85.85	111	3.52	238
贵州双木农机有限公司	7.44	203	4.86	149	75.09	145	4.38	226
贵州省欣紫鸿药用辅料有限公司	7.43	204	1.45	197	68.00	168	6.37	184
遵义市仕昌电子有限公司	7.40	205	1.97	188	77.56	140	3.78	234
贵州黎阳国际制造有限公司	7.39	206	3.14	171	4.41	234	17.20	83
贵州弘康药业有限公司	7.35	207	0.00	225	100.00	1	−1.64	281
贵州永兴建设工程质量检测有限公司	7.34	208	8.42	109	60.58	192	5.99	199
贵州剑河园方林业投资开发有限公司	7.29	209	0.00	225	81.74	125	−3.43	284
贵州天地科技实业有限公司	7.28	210	9.64	103	64.50	178	2.00	259
贵州翔音电子科技有限公司	7.27	211	−22.70	282	100.00	1	4.85	221
贵州荣清工具有限公司	7.08	212	11.56	87	61.90	185	5.35	212
贵州绿太阳制药有限公司	7.07	213	18.29	54	0.00	244	15.84	87
贵州华云汽车饰件制造有限公司	7.03	214	6.48	131	59.95	203	5.65	206
贵州永昊热能设备制造有限公司	7.00	215	2.50	180	63.98	179	5.57	209
遵义长征输配电设备有限公司	6.92	216	14.76	69	71.61	151	2.16	257
仁怀市云侠网络科技有限公司	6.91	217	−7.80	276	92.66	91	2.74	250
贵州省仁怀市西科电脑科技有限公司	6.90	218	4.05	158	70.22	162	4.68	223
遵义仁科信息技术有限公司	6.85	219	1.59	193	78.59	135	3.45	239
贵阳联诚欣业科技有限公司	6.68	220	1.40	198	60.00	201	6.23	190
遵义市亿易通科技网络有限责任公司	6.63	221	0.00	225	100.00	1	−1.08	279
贵州贵玻玻璃有限公司	6.60	222	−1.22	269	60.30	194	5.46	210

续表

企业名称	创新效益		利税总额占主营业务收入比重		高新技术产品销售收入占主营业务收入的比重		全员劳动生产率	
	指数/%	位次	指标值/%	位次	指标值/%	位次	指标值/万元	位次
贵州天逸轩网络科技有限公司	6.56	223	4.41	155	78.98	134	1.97	260
贵州木易精细陶瓷有限责任公司	6.54	224	25.21	31	40.99	212	4.96	219
贵州绿健神农有机农业股份有限公司	6.53	225	44.66	8	26.21	222	1.58	265
贵州中航交通科技有限公司	6.51	226	16.05	62	62.42	182	2.83	248
贵州泰坦电气系统有限公司	6.51	227	10.86	97	50.41	207	6.12	194
贵州省煤矿设计研究院	6.43	228	9.77	102	0.00	244	15.24	90
贵州铜仁阳明科技实业有限公司	6.34	229	0.87	208	71.43	153	2.13	258
贵州大博金太阳能光电有限公司	6.30	230	17.00	59	22.63	225	3.68	235
贵州华美达科技有限公司	6.23	231	−0.16	266	60.00	198	5.06	216
贵阳台农种养殖有限公司	6.17	232	0.00	225	28.44	220	6.83	179
习水县西科电脑科技有限公司	6.10	233	−15.07	279	88.37	104	2.74	249
贵州省瓮安兴农磷化工有限责任公司	6.09	234	−0.56	267	85.39	114	0.29	272
贵州凯佳盛特科技发展有限公司	6.03	235	0.55	216	65.04	177	3.93	232
遵义航天娄山电器化工有限公司	6.00	236	4.61	151	61.92	184	3.35	241
贵州财富之舟科技有限公司	5.83	237	1.95	189	0.56	241	6.23	191
贵阳高新泰丰航空航天科技有限公司	5.80	238	8.15	113	0.00	244	14.85	94
贵州开阳三环磨料有限公司	5.76	239	1.23	203	47.92	210	2.97	247
贵州宏宇金属电源科技有限公司	5.66	240	6.88	128	61.16	190	1.97	261
贵阳高新兆诚科技有限公司	5.52	241	−23.26	283	91.54	95	1.94	262
贵阳思普信息技术有限公司	5.48	242	0.54	217	61.25	189	3.07	244
遵义粒满丰肥业有限责任公司	5.33	243	2.43	181	50.00	208	4.39	225
遵义联谷农业科技有限公司	5.26	244	0.00	225	5.87	232	12.35	129
贵州天虹志远电线电缆有限公司	5.20	245	3.50	166	0.00	244	13.12	118
食品安全与营养（贵州）信息科技有限公司	5.10	246	11.54	88	0.00	244	12.18	131
遵义钛业股份有限公司	5.10	247	−27.48	284	55.82	205	−0.44	278
贵州金玖生物技术有限公司	5.07	248	3.20	170	0.00	244	13.22	114
贵州大地航图科技有限公司	4.85	249	30.27	23	0.00	244	7.77	169
遵义朝宇锅炉有限公司	4.83	250	7.91	115	40.20	214	3.80	233

续表

企业名称	创新效益		利税总额占主营业务收入比重		高新技术产品销售收入占主营业务收入的比重		全员劳动生产率	
	指数/%	位次	指标值/%	位次	指标值/%	位次	指标值/万元	位次
贵州文博科技有限公司	4.49	251	1.33	200	0.00	244	12.56	126
遵义恒佳铝业有限公司	4.47	252	0.66	213	0.00	244	12.15	132
贵阳中豪科技发展有限公司	4.43	253	-35.00	286	100.00	1	-0.36	277
安顺市虹翼特种钢球制造有限公司	4.39	254	34.40	18	0.00	244	5.63	208
贵州道兴建设工程检测有限责任公司	4.38	255	0.27	221	0.00	244	12.46	128
贵州兴国新动力科技有限公司	4.37	256	-15.33	280	82.76	121	-3.73	285
贵州车行家网络商贸有限公司	4.24	257	0.00	225	0.00	244	12.11	133
贵州兴贵恒远新型建材有限公司	4.18	258	0.00	225	100.00	1	-8.71	286
贵州宇之源光电科技有限公司	3.59	259	0.00	225	0.00	244	10.25	154
贵州全世通精密机械科技有限公司	3.37	260	3.76	162	0.00	244	8.55	166
贵阳彩翅科技有限公司	3.01	261	16.97	60	0.00	244	5.13	215
遵义伟明铝业有限公司	2.67	262	0.00	225	0.00	244	7.64	170
遵义市利升机械加工有限公司	2.59	263	1.21	204	3.72	235	6.36	185
遵义天际机电有限责任公司	2.58	264	0.00	225	30.77	219	0.42	270
贵州东太伟业科技发展有限公司	2.58	265	0.57	215	23.42	224	2.50	253
贵州源熙生物研发有限公司	2.57	266	4.17	156	0.00	244	6.50	181
贵州西部农产品交易中心有限公司	2.50	267	0.00	225	0.00	244	7.14	174
贵州广毅节能环保科技有限公司	2.36	268	11.77	86	3.29	237	3.59	237
贵州网尚世纪信息技术有限责任公司	2.30	269	0.00	225	25.38	223	1.45	268
贵阳方舟高新技术有限公司	2.28	270	11.09	93	0.00	244	4.06	229
贵州安顺金黔虫草有限公司	2.22	271	0.00	225	0.00	244	6.33	187
遵义航科机电有限公司	2.16	272	5.42	142	0.00	244	5.04	218
贵州申瓯通信电子科技有限公司	2.08	273	0.00	225	0.00	244	5.95	201
贵州奥申信息技术发展有限公司	1.77	274	0.00	225	0.00	244	5.05	217
毕节市斯翔安防科技有限公司	1.65	275	3.01	174	0.00	244	4.10	228
黔西南州乐呵化工有限责任公司	1.34	276	6.26	132	1.59	240	1.02	269
贵州亿立安网络工程管理有限公司	1.29	277	9.48	104	0.00	244	1.74	264
贵阳华烽有色铸造有限公司	0.99	278	-5.84	274	0.00	244	4.03	230

续表

企业名称	创新效益		利税总额占主营业务收入比重		高新技术产品销售收入占主营业务收入的比重		全员劳动生产率	
	指数/%	位次	指标值/%	位次	指标值/%	位次	指标值/万元	位次
贵州大西南工程检测有限公司	0.95	279	0.98	207	0.00	244	2.37	255
贵州迅达信息产业发展有限公司	0.91	280	3.34	168	0.00	244	1.50	266
贵州西南中创科技有限公司	0.67	281	-3.41	272	13.63	229	-0.17	276
贵州航天智慧农业有限公司	0.66	282	-8.61	277	2.98	239	3.24	242
遵义市亿众纳米科技材料有限公司	0.43	283	0.00	225	0.00	244	0.00	274
铜仁爱联科技有限公司	0.15	284	0.00	225	0.00	244	0.42	271
智立达资源循环利用科技股份有限公司	-1.20	285	0.00	225	0.00	244	-3.42	283
贵阳广航铸造有限公司	-3.26	286	-92.04	287	100.00	1	-10.85	287
联影（贵州）医疗科技有限公司	-7.04	287	-0.09	265	100.00	1	-40.97	288
贵州数智联云科技有限公司	-45.67	288	-638.46	288	0.00	244	-2.72	282

重点企业科技投入指数排位如表6-5所示。

表6-5 重点企业科技投入指数排位

企业名称	科技投入		企业R&D投入占企业主营业务收入的比重		研发人员占企业年末从业人员数比重		技术成果引进、转化金额占企业主营业务收入比重	
	指数/%	位次	指标值/%	位次	指标值/%	位次	指标值/%	位次
贵州绿盾征信大数据有限公司	48.17	1	69.36	10	57.14	32	100.00	6
贵州溪山科技有限公司	48.15	2	76.31	8	71.43	24	152.63	2
贵州众智物联科技有限公司	46.15	3	40.70	18	60.00	29	100.01	5
贵州兴贵恒远新型建材有限公司	44.81	4	93.00	6	19.70	179	130.68	3
贵阳高新兆诚科技有限公司	43.98	5	47.50	15	86.67	8	91.54	16
江南机电设计研究所	43.37	6	0.70	240	83.76	11	93.60	15
联影（贵州）医疗科技有限公司	42.89	7	6.93	102	84.00	10	611.71	1
贵州源熙生物研发有限公司	42.06	8	0.00	250	80.00	15	100.00	6
遵义鑫兴器材有限公司	41.66	9	11.72	57	36.67	76	100.00	6
遵义市大地和电气有限公司	41.56	10	4.57	156	27.61	117	104.57	4

续表

企业名称	科技投入		企业 R&D 投入占企业主营业务收入的比重		研发人员占企业年末从业人员数比重		技术成果引进、转化金额占企业主营业务收入比重	
	指数 / %	位次	指标值 / %	位次	指标值 / %	位次	指标值 / %	位次
贵州恩纬西光电科技发展有限公司	39.93	11	17.63	43	15.56	206	98.60	13
贵州天逸轩网络科技有限公司	39.64	12	56.33	12	45.45	51	78.98	21
贵州力创科技发展有限公司	39.56	13	4.54	159	22.00	156	100.00	6
贵州万顺堂药业有限公司	39.50	14	7.26	97	22.12	154	99.40	12
贵州安顺惠烽科技发展有限公司	39.38	15	20.96	35	10.00	257	100.00	6
遵义易拓网络服务有限公司	38.98	16	20.34	36	80.00	15	85.85	18
贵州建工集团有限公司	38.66	17	2.64	213	18.76	184	0.43	87
中国贵州茅台酒厂（集团）有限责任公司	38.46	18	0.66	241	5.13	279	0.00	96
贵州黎阳航空动力有限公司	38.34	19	36.05	20	12.52	227	0.00	96
贵州省欣紫鸿药用辅料有限公司	38.23	20	8.74	82	10.42	249	100.00	6
贵州劲锋精密工具有限公司	37.45	21	0.00	250	25.51	129	94.97	14
贵州安顺金黔虫草有限公司	37.23	22	27.78	27	20.00	173	88.89	17
贵州吉丰种业有限责任公司	35.64	23	3.81	179	73.33	23	80.97	20
贵州中航交通科技有限公司	34.32	24	103.50	5	38.89	70	65.39	25
遵义群建塑胶制品有限公司	32.73	25	4.17	170	15.64	205	82.36	19
贵州双木农机有限公司	31.70	26	18.88	37	20.29	168	75.09	22
贵州兴国新动力科技有限公司	30.55	27	6.49	109	22.59	150	73.27	23
遵义汇峰智能系统有限责任公司	29.37	28	4.54	158	25.00	132	71.40	24
际华三五三七制鞋有限责任公司	27.56	29	4.84	151	9.45	261	65.00	26
贵州航天电器股份有限公司	26.62	30	9.08	78	27.10	120	0.00	96
贵州安吉航空精密铸造有限责任公司	23.47	31	71.31	9	13.64	217	0.00	96
贵州联盛药业有限公司	21.90	32	4.21	168	29.65	104	47.65	27
贵州铜仁阳明科技实业有限公司	20.32	33	10.00	72	16.13	199	47.62	28
贵州财富之舟科技有限公司	19.92	34	8.03	88	9.66	260	0.00	96
贵州益佰制药股份有限公司	19.72	35	10.93	61	16.27	197	0.00	96
贵州航天林泉电机有限公司	19.01	36	13.13	52	34.44	80	18.03	36
首钢水城钢铁（集团）有限责任公司	19.00	37	0.90	236	13.01	224	3.42	59
贵州元能管业有限公司	18.85	38	10.52	65	28.57	110	39.45	29

续表

企业名称	科技投入		企业R&D投入占企业主营业务收入的比重		研发人员占企业年末从业人员数比重		技术成果引进、转化金额占企业主营业务收入比重	
	指数/%	位次	指标值/%	位次	指标值/%	位次	指标值/%	位次
中国水利水电第九工程局有限公司	18.27	39	3.35	190	21.06	161	0.00	96
瓮福（集团）有限责任公司	17.85	40	3.37	189	12.25	234	0.00	96
遵义新利特金属材料科技有限公司	17.63	41	13.29	51	50.00	41	27.95	31
贵州网尚世纪信息技术有限责任公司	17.46	42	21.59	34	50.00	41	25.38	33
中国电建集团贵阳勘测设计研究院有限公司	16.06	43	3.25	197	33.83	84	0.00	96
贵州钢绳股份有限公司	16.05	44	4.87	149	24.93	138	0.00	96
贵州梅岭电源有限公司	15.13	45	12.84	53	44.46	53	3.85	56
遵义铝业股份有限公司	14.62	46	3.28	195	31.74	94	0.13	94
贵州开磷控股（集团）有限责任公司	14.34	47	0.30	245	6.48	274	0.33	89
贵州凯星液力传动机械有限公司	14.21	48	18.34	38	25.80	127	22.30	34
贵州久联民爆器材发展股份有限公司	13.96	49	0.72	239	20.01	172	0.05	95
贵州百灵企业集团制药股份有限公司	13.60	50	5.94	124	24.34	139	0.00	96
遵义航科机电有限公司	13.32	51	2.24	218	19.57	180	29.63	30
食品安全与营养（贵州）信息科技有限公司	13.11	52	125.39	4	76.92	20	0.00	96
贵州航天控制技术有限公司	12.80	53	9.01	79	37.89	73	3.03	63
贵阳朗玛信息技术股份有限公司	12.74	54	8.03	87	38.55	72	1.03	78
七冶建设有限责任公司	12.50	55	0.03	249	23.03	145	0.00	96
贵州精立航太科技有限公司	12.41	56	6.87	103	18.75	185	25.79	32
贵州数智联云科技有限公司	12.11	57	557.94	1	52.94	37	0.00	96
遵义怡康机械制造有限公司	11.99	58	45.03	17	77.78	19	3.92	55
仁怀市云侠网络科技有限公司	11.83	59	57.92	11	80.00	15	0.00	96
中航贵州飞机有限责任公司	11.72	60	3.10	206	11.80	240	2.06	73
贵州信方达信息咨询有限公司	11.59	61	54.95	13	62.50	28	0.00	96
习水县西科电脑科技有限公司	11.39	62	53.49	14	80.00	15	0.00	96
贵州华美达科技有限公司	11.18	63	47.21	16	100.00	2	0.00	96
贵州安元通科技有限公司	11.08	64	77.06	7	41.67	63	0.00	96
贵州西南中创科技有限公司	10.92	65	18.34	39	20.00	173	18.34	35

续表

企业名称	科技投入		企业R&D投入占企业主营业务收入的比重		研发人员占企业年末从业人员数比重		技术成果引进、转化金额占企业主营业务收入比重	
	指数/%	位次	指标值/%	位次	指标值/%	位次	指标值/%	位次
贵阳锐泰电力科技有限公司	10.74	66	5.99	122	42.86	57	13.47	38
贵州秦泰药业有限公司	10.72	67	136.01	3	33.93	83	0.00	96
遵义钛业股份有限公司	10.17	68	5.11	141	22.17	153	12.57	39
贵州人和致远数据服务有限责任公司	9.99	69	23.56	31	29.41	106	10.10	43
遵义市亿易通科技网络有限责任公司	9.57	70	519.23	2	28.57	110	0.00	96
贵阳中豪科技发展有限公司	9.54	71	35.00	21	50.00	41	0.00	96
贵州航天天马机电科技有限公司	9.53	72	4.85	150	32.79	89	0.00	96
中国电建集团贵州电力设计研究院有限公司	9.45	73	3.27	196	39.97	67	0.00	96
贵州中科汉天下电子有限公司	9.44	74	0.77	237	56.34	33	0.00	96
贵州黎阳国际制造有限公司	9.35	75	11.81	56	42.52	61	0.00	96
贵州绿卡能科技实业股份有限公司	9.23	76	7.19	99	18.60	187	17.01	37
贵州盛昌药业有限公司	8.97	77	28.50	26	31.25	95	6.41	47
贵州航天计量测试技术研究所	8.93	78	9.82	73	81.12	14	0.99	79
贵州卓讯软件股份有限公司	8.92	79	24.81	30	93.33	6	0.00	96
贵州西部农产品交易中心有限公司	8.89	80	8.41	84	35.00	77	10.29	42
安顺新金秋科技股份有限公司	8.74	81	9.35	75	69.57	25	4.18	54
贵州省交通规划勘察设计研究院股份有限公司	8.72	82	3.86	178	26.98	121	0.00	96
贵州华烽汽车零部件有限公司	8.66	83	14.79	49	57.39	31	0.00	96
贵阳联诚欣业科技有限公司	8.56	84	16.00	46	50.00	41	2.19	70
贵州航天电子科技有限公司	8.41	85	6.95	101	32.85	88	1.56	76
贵阳思普信息技术有限公司	8.31	86	33.47	23	38.89	70	0.00	96
安顺德康农牧有限公司	8.28	87	37.80	19	28.21	115	0.00	96
贵州航天凯山石油仪器有限公司	8.10	88	9.01	80	49.03	49	0.00	96
贵州天义电器有限责任公司	8.04	89	6.85	104	32.32	91	0.00	96
贵州凯峰科技有限责任公司	8.03	90	26.82	29	40.00	66	0.00	96
贵州耕云科技有限公司	8.02	91	18.15	41	53.12	36	0.00	96
贵阳世纪恒通科技有限公司	8.01	92	6.72	106	27.78	116	6.72	46

续表

企业名称	科技投入		企业R&D投入占企业主营业务收入的比重		研发人员占企业年末从业人员数比重		技术成果引进、转化金额占企业主营业务收入比重	
	指数/%	位次	指标值/%	位次	指标值/%	位次	指标值/%	位次
贵州大地航图科技有限公司	8.00	93	23.10	32	44.44	54	0.88	83
赫章县金川锌业有限公司	7.99	94	18.05	42	52.94	37	0.00	96
安顺市虹翼特种钢球制造有限公司	7.95	95	27.48	28	42.86	57	0.00	96
贵州文博科技有限公司	7.91	96	18.22	40	50.00	41	0.00	96
贵州三泓药业股份有限公司	7.68	97	10.16	69	52.63	39	0.00	96
中航工业贵州航空动力有限公司	7.66	98	29.36	25	19.05	182	0.00	96
贵州省仁怀市西科电脑科技有限公司	7.60	99	14.99	48	100.00	2	0.00	96
贵州凯佳盛特科技发展有限公司	7.51	100	14.45	50	55.56	34	0.00	96
贵州丽基新材料有限公司	7.49	101	5.70	128	52.17	40	2.20	69
贵州中铝铝业有限公司	7.42	102	3.05	208	23.95	142	3.05	62
贵州新联爆破工程集团有限公司	7.37	103	3.30	193	15.21	208	0.00	96
遵义精星航天电器有限责任公司	7.35	104	5.06	142	36.99	75	3.20	61
贵州航锐航空精密零部件制造有限公司	7.33	105	33.40	24	24.19	141	0.00	96
贵州凯敏博机电科技有限公司	7.32	106	12.54	54	83.33	12	0.00	96
中国建材检验认证集团贵州有限公司	7.31	107	10.74	63	74.29	21	0.00	96
遵义仁科信息技术有限公司	7.07	108	10.13	70	100.00	2	0.00	96
贵州汇丰烟草机械配件有限责任公司	6.98	109	8.00	90	20.00	173	10.31	41
遵义天辉机电有限责任公司	6.96	110	7.55	93	39.29	68	3.82	57
贵州安吉华元科技发展有限公司	6.92	111	6.00	120	49.33	48	0.00	96
绥阳县耐环铝业有限公司	6.91	112	10.50	66	46.81	50	0.00	96
贵州威盾安防科技有限公司	6.87	113	16.77	45	42.86	57	0.00	96
贵州盛方信息科技有限公司	6.84	114	6.35	111	82.14	13	0.00	96
贵州固达电缆有限公司	6.69	115	1.93	223	53.52	35	0.00	96
贵州安大航空锻造有限责任公司	6.69	116	3.95	177	16.13	200	0.00	96
贵州省水利水电勘测设计研究院	6.67	117	3.24	199	25.47	130	0.00	96
贵州红星发展股份有限公司	6.62	118	3.72	183	26.91	122	0.00	96
赤水市信天中药产业开发有限公司	6.58	119	9.31	77	44.23	55	0.00	96

续表

企业名称	科技投入		企业 R&D 投入占企业主营业务收入的比重		研发人员占企业年末从业人员数比重		技术成果引进、转化金额占企业主营业务收入比重	
	指数 / %	位次	指标值 / %	位次	指标值 / %	位次	指标值 / %	位次
贵州开磷集团矿肥有限责任公司	6.49	120	1.57	227	15.86	202	0.00	96
贵州泰坦电气系统有限公司	6.48	121	5.04	143	20.00	173	9.79	44
贵州金桥药业有限公司	6.47	122	4.20	169	30.57	100	3.78	58
力源液压系统（贵阳）有限公司	6.45	123	10.68	64	42.55	60	0.00	96
贵州迅达信息产业发展有限公司	6.42	124	0.00	250	57.78	30	0.00	96
遵义春华新材料科技有限公司	6.41	125	11.28	59	26.67	124	5.64	51
智立达资源循环利用科技股份有限公司	6.36	126	2.98	209	66.67	26	0.00	96
贵州西南管业有限公司	6.36	127	4.75	153	10.59	248	12.49	40
遵义航天娄山电器化工有限公司	6.35	128	11.25	60	41.03	65	0.00	96
贵州天地科技实业有限公司	6.34	129	0.00	250	74.14	22	0.00	96
贵州荣清工具有限公司	6.23	130	7.29	96	45.45	51	0.00	96
贵阳兴意达天诚科技有限公司	6.22	131	1.07	232	87.50	7	0.00	96
遵义天力环境工程有限责任公司	6.22	132	0.00	250	100.00	2	0.00	96
贵州新锦竹木制品有限公司	6.21	133	4.57	157	22.22	151	7.52	45
贵州苗仁堂制药有限责任公司	6.19	134	8.00	89	42.11	62	0.00	96
贵州航天精工制造有限公司	6.15	135	5.73	127	25.39	131	0.00	96
贵州中孚科技有限公司	6.14	136	0.00	250	200.00	1	0.00	96
贵州恒信教育科技有限公司	6.13	137	0.94	234	66.67	26	0.00	96
贵州东太伟业科技发展有限公司	6.05	138	0.00	250	50.00	41	0.00	96
贵阳市启沃富科技有限公司	6.05	138	0.00	250	85.71	9	0.00	96
铜仁爱联科技有限公司	6.04	140	0.00	250	50.00	41	0.00	96
贵州赤天化纸业股份有限公司	6.01	141	3.37	188	15.76	204	2.42	67
安顺文杰科技有限公司	5.92	142	34.05	22	20.00	173	0.00	96
遵义华富生物科技有限公司	5.90	143	6.02	119	43.48	56	0.00	96
贵州鼎成熔鑫科技有限公司	5.85	144	22.37	33	27.45	118	0.00	96
贵州电子商务云运营有限责任公司	5.70	145	12.04	55	34.62	78	0.00	96
贵州彩阳电暖科技有限公司	5.59	146	6.41	110	34.22	82	0.00	96

续表

企业名称	科技投入		企业 R&D 投入占企业主营业务收入的比重		研发人员占企业年末从业人员数比重		技术成果引进、转化金额占企业主营业务收入比重	
	指数/%	位次	指标值/%	位次	指标值/%	位次	指标值/%	位次
贵州川恒化工股份有限公司	5.58	147	4.09	173	20.18	170	0.25	92
贵州木易精细陶瓷有限责任公司	5.51	148	17.44	44	30.00	101	0.00	96
贵州振华华联电子有限公司	5.49	149	8.62	83	23.14	144	0.00	96
贵州天威建材科技有限责任公司	5.41	150	4.64	155	34.48	79	0.00	96
遵义市遵义飞宇电子有限公司	5.41	151	10.28	67	23.91	143	2.76	64
贵州航天智慧农业有限公司	5.35	152	9.31	76	33.82	85	0.00	96
贵州东方世纪科技股份有限公司	5.35	153	11.41	58	29.49	105	0.00	96
贵州健兴药业有限公司	5.28	154	2.32	216	20.21	169	0.00	96
贵阳普天物流技术有限公司	5.15	155	4.13	172	26.71	123	0.00	96
贵州安凯达实业股份有限公司	5.14	156	5.31	133	31.78	93	0.00	96
贵州省恒力源林业科技有限公司	5.11	157	0.00	250	39.10	69	0.00	96
毕节市斯翔安防科技有限公司	5.04	158	0.00	250	41.67	63	0.00	96
贵州中建建筑科研设计院有限公司	5.00	159	2.87	211	30.83	99	0.00	96
贵州省万山银河化工有限责任公司	4.91	160	5.83	125	33.33	86	0.00	96
遵义长征汽车零部件有限公司	4.84	161	4.27	167	31.08	98	0.00	96
贵州杰傲建材有限责任公司	4.75	162	4.49	161	32.14	92	0.91	81
贵州道兴建设工程检测有限责任公司	4.74	163	4.78	152	33.33	86	0.00	96
贵州虹山虹飞轴承有限公司	4.72	164	8.12	85	31.25	95	0.00	96
贵州詹阳动力重工有限公司	4.68	165	4.29	165	12.39	229	0.00	96
贵州坤盾天成科技有限公司	4.67	166	0.00	250	37.50	74	0.00	96
贵阳鑫恒泰实业有限公司	4.64	167	6.32	112	25.89	126	0.00	96
国药集团同济堂（贵州）制药有限公司	4.64	168	3.21	200	10.39	252	0.00	96
贵州航天南海科技有限责任公司	4.61	169	3.24	198	21.25	160	0.00	96
贵州景诚制药有限公司	4.53	170	3.10	204	25.00	132	0.93	80
遵义市恒新化工有限公司	4.46	171	5.16	137	31.25	95	0.00	96
贵州迪宝尔科技有限公司	4.44	172	2.14	220	34.38	81	0.00	96
黔西南州乐呵化工有限责任公司	4.42	173	4.96	146	22.81	147	1.59	75

续表

企业名称	科技投入		企业R&D投入占企业主营业务收入的比重		研发人员占企业年末从业人员数比重		技术成果引进、转化金额占企业主营业务收入比重	
	指数/%	位次	指标值/%	位次	指标值/%	位次	指标值/%	位次
贵州绿太阳制药有限公司	4.41	174	5.13	138	30.00	101	0.00	96
贵阳华烽有色铸造有限公司	4.37	175	7.30	95	29.27	107	0.00	96
贵州铁建工程质量检测咨询有限公司	4.33	176	4.89	148	14.60	212	4.89	52
遵义市金鼎农业科技有限公司	4.22	177	6.02	118	28.26	114	0.00	96
贵州中航电梯有限责任公司	4.18	178	3.10	205	8.89	262	5.67	50
贵州大西南工程检测有限公司	4.15	179	0.43	243	32.39	90	0.00	96
贵州金玖生物技术有限公司	4.13	180	2.18	219	27.14	119	0.00	96
贵州省煤矿设计研究院	4.12	181	7.76	91	8.64	263	4.34	53
贵州三力制药股份有限公司	4.06	182	0.42	244	28.65	109	0.00	96
遵义中铂硬质合金有限责任公司	4.02	183	7.60	92	20.69	164	1.65	74
贵阳新天药业股份有限公司	3.97	184	3.80	180	10.03	256	0.00	96
贵州兴达兴建材股份有限公司	3.95	185	5.80	126	20.09	171	0.00	96
贵州华云汽车饰件制造有限公司	3.94	186	15.34	47	17.65	190	0.00	96
贵阳新希望农业科技有限公司	3.94	187	4.90	147	15.79	203	0.00	96
博文软件（贵州）有限公司	3.91	188	2.06	222	28.57	110	0.00	96
贵州黄果树智慧旅游股份有限公司	3.89	189	0.98	233	28.70	108	0.00	96
中国振华电子集团宇光电工有限公司（国营第七七一厂）	3.88	190	4.15	171	13.42	219	1.24	77
贵州多彩博虹科技有限公司	3.87	191	8.92	81	22.83	146	0.00	96
遵义粒满丰肥业有限责任公司	3.86	192	6.57	108	18.75	185	2.43	66
多彩贵州网有限责任公司	3.82	193	7.33	94	19.40	181	0.00	96
贵州省惠水川东化工有限公司	3.82	194	5.53	130	15.35	207	0.76	84
贵州金农科技有限责任公司	3.81	195	5.12	140	26.00	125	0.00	96
贵州省建筑设计研究院有限责任公司	3.80	196	1.86	224	12.21	235	0.31	90
贵州大博金太阳能光电有限公司	3.78	197	0.00	250	11.81	239	6.23	49
贵州力强科技发展有限公司	3.77	198	0.00	250	30.00	101	0.00	96
瓮安县日升新型环保建材有限责任公司	3.74	199	5.26	134	6.58	272	6.32	48
遵义长征电力科技股份有限公司	3.70	200	7.06	100	21.54	157	0.00	96

续表

企业名称	科技投入		企业 R&D 投入占企业主营业务收入的比重		研发人员占企业年末从业人员数比重		技术成果引进、转化金额占企业主营业务收入比重	
	指数/%	位次	指标值/%	位次	指标值/%	位次	指标值/%	位次
贵州天虹志远电线电缆有限公司	3.65	201	3.31	192	21.29	159	0.00	96
遵义市利升机械加工有限公司	3.64	202	5.37	132	25.00	132	0.00	96
贵州宏宇药业有限公司	3.64	203	2.31	217	25.71	128	0.00	96
贵州伟力达电子有限公司	3.62	204	1.12	231	28.57	110	0.00	96
贵阳绿洲苑建材有限公司	3.58	205	3.60	185	22.06	155	0.00	96
贵州高新翼云科技有限公司	3.54	206	5.12	139	24.24	140	0.00	96
贵州火焰山电器股份有限公司	3.50	207	5.96	123	20.83	163	0.00	96
贵州赤天化桐梓化工有限公司	3.41	208	3.11	203	7.54	269	0.00	96
贵州剑河园方林业投资开发有限公司	3.35	209	6.82	105	13.10	221	0.31	91
贵州鑫轩贵钢结构机械有限公司	3.29	210	3.76	181	20.45	165	0.38	88
贵州黎平奥捷炭素有限公司	3.28	211	2.53	215	16.98	193	2.53	65
贵州三仁堂药业有限公司	3.27	212	1.55	228	21.47	158	0.00	96
贵州黄平富城实业有限公司	3.22	213	3.28	194	18.92	183	0.00	96
贵州石博士科技有限公司	3.19	214	4.35	164	20.45	165	0.00	96
贵州拜特制药有限公司	3.18	215	3.12	202	10.04	255	0.00	96
贵阳富源饲料有限公司	3.17	216	2.81	212	13.04	223	2.11	72
贵阳天龙摩擦材料有限公司	3.16	217	9.58	74	16.92	194	0.00	96
贵阳时代沃顿科技有限公司	3.11	218	3.33	191	10.80	245	0.00	96
遵义长征输配电设备有限公司	3.09	219	0.00	250	25.00	132	0.00	96
贵州标准电机有限公司	3.08	220	4.03	175	6.00	276	2.26	68
贵州巨能化工有限公司	3.06	221	0.00	250	25.00	132	0.00	96
贵州宇之源光电科技有限公司	3.02	222	0.00	250	25.00	132	0.00	96
贵州煌缔科技股份有限公司	2.97	223	0.00	250	20.96	162	0.00	96
安顺市成威科技有限公司	2.92	224	8.09	86	14.44	214	0.00	96
贵州长征电器成套有限公司	2.88	225	5.02	145	18.07	188	0.00	96
贵州明峰工业废渣综合回收再利用有限公司	2.87	226	4.04	174	17.91	189	0.00	96
贵州华阳汽车零部件有限公司	2.86	227	5.53	131	14.77	210	0.00	96

续表

企业名称	科技投入		企业 R&D 投入占企业主营业务收入的比重		研发人员占企业年末从业人员数比重		技术成果引进、转化金额占企业主营业务收入比重	
	指数 / %	位次	指标值 / %	位次	指标值 / %	位次	指标值 / %	位次
贵州天安药业股份有限公司	2.85	228	3.38	187	14.98	209	0.00	96
贵州东峰锑业股份有限公司	2.83	229	4.40	163	14.10	216	0.00	96
贵州远程制药有限责任公司	2.82	230	10.77	62	4.40	281	0.00	96
贵州健瑞安药业有限公司	2.81	231	10.04	71	10.60	247	0.00	96
贵州航天风华实业有限公司	2.77	232	2.59	214	16.81	195	0.00	96
贵州车行家网络商贸有限公司	2.77	233	0.00	250	22.73	148	0.00	96
贵州广毅节能环保科技有限公司	2.77	233	0.00	250	22.73	148	0.00	96
贵州全世通精密机械科技有限公司	2.77	235	10.25	68	10.10	254	0.00	96
贵阳方舟高新技术有限公司	2.75	236	0.00	250	22.22	151	0.00	96
贵州精工利鹏科技有限公司	2.66	237	7.21	98	14.71	211	0.00	96
首钢贵阳特殊钢有限责任公司	2.60	238	1.74	225	3.67	282	0.00	96
贵州弘康药业有限公司	2.60	239	0.00	250	20.45	165	0.00	96
贵州红星发展大龙锰业有限责任公司	2.59	240	3.13	201	6.41	275	0.00	96
贵州劲嘉新型包装材料有限公司	2.58	241	3.68	184	12.33	231	0.00	96
贵州凯里经济开发区中昊电子有限公司	2.46	242	6.11	117	13.29	220	0.00	96
贵州奥申信息技术发展有限公司	2.44	243	0.00	250	20.00	173	0.00	96
贵阳广航铸造有限公司	2.42	244	5.25	135	12.12	236	0.00	96
贵州贵玻玻璃有限公司	2.38	245	6.30	113	11.36	242	0.58	85
遵义市仕昌电子有限公司	2.37	246	6.00	121	12.34	230	0.00	96
贵阳德昌祥药业有限公司	2.37	247	4.50	160	10.77	246	0.00	96
贵州乾新高科技有限公司	2.35	248	4.29	166	10.40	250	0.90	82
贵州国塑科技管业有限责任公司	2.34	249	2.10	221	12.12	236	0.54	86
贵州开阳三环磨料有限公司	2.32	250	6.22	115	10.15	253	0.00	96
贵州永兴建设工程质量检测有限公司	2.29	251	5.56	129	13.08	222	0.00	96
贵州天义汽车电器有限公司	2.29	252	4.01	176	10.98	244	0.00	96
贵州安泰再生资源科技有限公司	2.29	253	1.15	229	12.57	226	0.00	96
贵阳新洋诚义齿有限公司	2.23	254	6.29	114	12.12	236	0.00	96

续表

企业名称	科技投入		企业R&D投入占企业主营业务收入的比重		研发人员占企业年末从业人员数比重		技术成果引进、转化金额占企业主营业务收入比重	
	指数/%	位次	指标值/%	位次	指标值/%	位次	指标值/%	位次
遵义天际机电有限责任公司	2.15	255	0.00	250	17.14	192	0.00	96
贵州亿立安网络工程管理有限公司	2.12	256	0.00	250	17.39	191	0.00	96
贵州神奇药业有限公司	2.12	257	3.76	182	0.00	285	3.39	60
贵州永昊热能设备制造有限公司	2.11	258	5.18	136	12.31	232	0.00	96
贵州欧瑞欣合环保股份有限公司	2.10	259	4.40	162	12.50	228	0.00	96
贵州翔音电子科技有限公司	2.05	260	1.69	226	13.64	218	0.00	96
贵州省瓮安兴农磷化工有限责任公司	2.03	261	0.00	250	16.67	196	0.00	96
遵义智鹏高新铝材有限公司	2.03	262	0.00	250	16.18	198	0.00	96
贵州元甲光电智能科技有限公司	2.02	263	0.00	250	16.00	201	0.00	96
贵州科伦药业有限公司	2.01	264	3.06	207	5.63	277	0.00	96
贵州西南工具（集团）有限公司	1.97	265	3.41	186	3.15	283	0.00	96
贵州省飞云岭药业股份有限公司	1.96	266	2.94	210	12.31	232	0.00	96
贵定县恒伟玻璃制品有限公司	1.95	267	4.67	154	8.33	264	0.00	96
遵义朝宇锅炉有限公司	1.92	268	6.59	107	10.00	257	0.00	96
贵州润生制药有限公司	1.89	269	6.21	116	8.28	266	0.00	96
毕节市力帆骏马振兴车辆有限公司	1.85	270	0.10	248	4.68	280	0.00	96
贵州维康子帆药业股份有限公司	1.84	271	0.00	250	14.17	215	0.00	96
贵阳高新泰丰航空航天科技有限公司	1.81	272	0.00	250	14.58	213	0.00	96
遵义恒佳铝业有限公司	1.73	273	0.91	235	10.00	257	0.00	96
贵州晟扬管道科技有限公司	1.62	274	0.00	250	12.82	225	0.00	96
贵州宏宇金属电源科技有限公司	1.56	275	5.03	144	8.22	267	0.00	96
绥阳县华丰电器有限公司	1.55	276	1.13	230	11.11	243	0.00	96
遵义联谷农业科技有限公司	1.47	277	0.65	242	10.39	251	0.00	96
贵州宇之源太阳能科技有限公司	1.43	278	0.00	250	11.54	241	0.00	96
通号建设集团贵州工程有限公司	1.38	279	0.26	247	7.38	270	0.00	96
贵阳台农种养殖有限公司	1.19	280	0.73	238	1.84	284	2.18	71
贵阳彩翅科技有限公司	1.01	281	0.00	250	8.33	264	0.00	96

续表

企业名称	科技投入		企业 R&D 投入占企业主营业务收入的比重		研发人员占企业年末从业人员数比重		技术成果引进、转化金额占企业主营业务收入比重	
	指数 / %	位次	指标值 / %	位次	指标值 / %	位次	指标值 / %	位次
贵州申瓯通信电子科技有限公司	0.94	282	0.00	250	7.69	268	0.00	96
贵州绿健神农有机农业股份有限公司	0.94	283	0.00	250	7.20	271	0.00	96
贵州兴富祥立健机械有限公司	0.90	284	0.00	250	6.52	273	0.00	96
遵义廖元和堂药业有限公司	0.83	285	0.00	250	5.54	278	0.00	96
贵州泰永长征技术股份有限公司	0.13	286	0.26	246	0.00	285	0.19	93
遵义市亿众纳米科技材料有限公司	0.00	287	0.00	250	0.00	285	0.00	96
遵义伟明铝业有限公司	0.00	287	0.00	250	0.00	285	0.00	96

附录 A 科技进步统计监测指标体系

表 A-1 市（州）科技进步统计监测指标体系

一级指标	二级指标	统计指标	监测指标
科技进步环境和基础	科技意识	科技型企业备案/个	科技型企业备案数/个
		发明专利申请量/件、年末总人口数/人	万人发明专利申请量/件
	科技创新条件及载体	市州及以上科研机构数/个、工程技术研究中心/个、企业技术研究中心/个、重点实验室/个	万名就业人员拥有的创新机构数/个
		就业人员数/人	
		规模以上工业企业办科研机构数/个	规模以上工业企业办科研机构数占规模以上工业企业数的比重/%
		规模以上工业企业数/个	
		国家（省）级高新技术产业开发区、国家（省）级高新技术产业基地、国家（省）级高技术产业基地、国家（省）级工业园区、国家（省）级经济技术开发区、国家（省）级农业科技园区及科技孵化器个数	创新园区系数
科技投入	人力投入	大专以上学历人数/人	万人大专以上学历人数/人
		年末总人口数/人	
		全社会口径科技活动人员数/人	万人 R&D 人员数/人
科技投入	财力投入	科普投入/亿元	人均科普投入/元
		全社会 R&D 经费支出/万元	全社会 R&D 经费支出占地区生产总值比重/%
		地区生产总值/亿元	
		财政支出中科学技术支出/亿元	财政支出中科学技术支出占公共财政支出比重/%
		公共财政支出/亿元	
		规模以上工业企业 R&D 经费支出/万元、规模以上工业企业技术改造经费支出/万元	规模以上工业企业 R&D 经费支出和技术改造经费支出占主营业务收入比重/%
		规模以上工业企业主营业务收入/万元	

附录 A
科技进步统计监测指标体系

续表

一级指标	二级指标	统计指标	监测指标
科技产出	创新成果	获国家科学技术奖数/个、获省级科学技术奖数/个	获上级部门科技奖励系数
		发明专利授权量/件	万人发明专利授权量/件
		发明专利拥有量/件	万人发明专利拥有量/件
	高新技术产业化	高新技术产业产值/万元	高新技术产业产值占工业总产值比重/%
		规模以上工业企业总产值/亿元	
		规模以上工业企业新产品销售收入/万元	规模以上工业企业新产品销售收入占主营业务收入比重/%
科技促进经济社会发展	经济发展方式转变	就业人员数/人	全社会劳动生产率/(万元/人)
		能源消费总量/吨标准煤	综合能耗产出率/(万元/吨标准煤)
	环境改善	城市空气环境质量达到二级以上天数/天、二氧化硫去除率/%、化学需氧量去除率/%、氮氧化物去除率/%	环境质量指数/%
		工业二氧化硫去除量/吨、工业二氧化硫排放量/吨、工业烟尘粉尘去除量/吨、工业烟尘粉尘排放量/吨、一般工业固体废物综合利用量/吨、一般工业固体废物处置量/吨、一般工业固体废物产生量/吨	环境污染治理指数/%
	社会生活信息化	电信业务总量/亿元	人均电信业务总量/元
		年末互联网宽带接入用户数/户	万人互联网宽带接入用户数/户
		年末固定电话用户数/户	百人固定电话和移动电话用户数/户
		移动电话用户数/户	

表 A-2 县(市、区、特区)科技进步统计监测指标体系

一级指标	统计指标	监测指标
科技进步环境及基础	科技企业孵化器/个、企业技术中心/个、工程技术研究中心/个、众创空间/个、农业科技园区/个、可持续发展试验区/个、科普基地/个	科技创新服务体系系数
	新增科技型企业备案数/个	新增科技型企业备案数/个
	大专以上学历人数/人	万人大专以上学历人数/人
	年末常住人口数/人	
科技投入	专业技术人员数/人	万人专业技术人员数/人
	财政支出中科学技术支出/万元	财政支出中科学技术支出占公共财政支出比重/%
	公共财政支出/万元	

续表

一级指标	统计指标	监测指标
科技进步	技术市场交易额 / 万元	技术市场交易额 / 万元
	发明专利申请量 / 件	万人发明专利申请量 / 件
	发明专利授权量 / 件	万人发明专利授权量 / 件
	发明专利拥有量 / 件	万人发明专利拥有量 / 件
	二氧化硫去除量 / 吨、二氧化硫排放量 / 吨、烟尘粉尘去除量 / 吨、烟尘粉尘排放量 / 吨、一般工业固体废物综合利用量 / 吨、一般工业固体废物处置量 / 吨、一般工业固体废物产生量 / 吨	环境污染治理指数 /%

表 A-3　高等院校、科研院所科技创新统计监测指标体系

一级指标	二级指标	统计指标	监测指标
科技创新环境和基础	人力资源	院士 / 人、长江学者 / 人、百人计划入选者 / 人、万人计划入选者 / 人、国家杰出青年科学基金获得者 / 人、百千万人才 / 人、十百千人才 / 人、省核心专家 / 人、省管专家 / 人、国务院津贴 / 人、人才基地 / 人、优秀青年科技人才 / 人	高层次科技人才系数
		硕士以上学位人数 / 人	高学历以上人员占年末从业人员的比例 /%
		年末从业人员 / 人	
		高职称以上人数 / 人	高职称以上人员占年末从业人员的比例 /%
	创新条件及平台	大型科学仪器设备原值 / 万元	人均大型科学仪器设备原值 / 万元
		工程技术研究中心数 / 个、重点实验室数 / 个	省级以上创新平台及载体系数
		重点学科 / 个	学科建设系数
		硕士以上在校生人数 / 人、总在校生人数 / 人	硕士以上在校生人数占总在校生人数的比重 /%
科技投入	人力投入	R&D 人员 / 人	R&D 人员占年末从业人员的比重 /%
		科技创新人才团队 / 个、人才基地 / 个	创新人才团队总量系数
	经费投入	省级以上科技项目经费 / 万元、企业委托项目经费 / 万元	人均科研经费 / 万元
		R&D 经费 / 万元	人均 R&D 经费 / 万元
科技产出	知识产出	发表科技论文数 / 篇	科技论文系数
		专利申请量 / 项、专利授权量 / 项、发明专利拥有量 / 项、形成标准数 / 项、软件著作权数 / 项、集成电路布图设计登记数 / 项、新药证书数 / 项、农作物新品种授予数 / 项、植物新品种权授予数 / 项、科技著作数 / 项	知识产权系数

续表

一级指标	二级指标	统计指标	监测指标
科技产出	科技奖励	国家科学技术奖/项、省级科学技术奖/项、市（州）级科学技术奖/项	科技成果系数
	技术成果市场化水平	技术市场成交合同金额/万元	人均技术市场成交合同金额/万元
	科技合作交流	境外合作项目/项、省外合作项目/项、省内合作项目/项、产学研项目/项	项目合作系数
		境外论文论著合作/篇、省外论文论著合作/篇、省内论文论著合作/篇	论文论著合作系数
创新绩效	科技服务	科技培训人员/人、科技特派员/人、对外科技咨询项数/项	科技服务系数
	产学研结合	与企业联合建立平台/项、与企业组建产学研战略联盟/项、产学研项目/项	产学研结合系数
	创造效益	知识产权创造的直接效益/万元、技术服务收入/万元、生产性收入/万元	经济效益系数

表 A-4 产业园区科技进步统计监测指标体系

一级指标	统计指标	监测指标
科技创新环境	专利申请量/项	万人从业人员专利申请量/项
	科技企业孵化器/个、众创空间/个、星创天地/个、工程技术研究中心/个、工程研究中心/个、工程实验室/个、重点实验室/个、企业技术中心个数/个	创新创业平台数/个
科技投入	园区R&D投入/万元，园区总产值/万元	园区R&D投入占园区总产值的比重/%
	年末从业人员/人，科技活动人员/人	万人从业人员科技活动人员数/人
创新产出	专利拥有量/项	万人从业人员专利拥有量/项
	高新技术企业数/个	高新技术企业数占企业总数比重/%
	拥有省级以上知名品牌或著名商标的企业数/个	拥有省级以上知名品牌或著名商标的企业数占园区总企业数比重/%
创新绩效	高新技术产业产值/万元	高新技术产业产值占园区总产值比重/%
	园区工业增加值/万元	园区人均工业增加值/万元
	园区进出口总额/万元	园区进出口总额占园区总产值比重/%
	园区占地面积/平方公里	每平方公里园区产值/万元
	园区利税总额/万元	园区利税总额占园区总产值的比例/%

表 A-5 重点企业科技进步统计监测指标体系

一级指标	统计指标	监测指标
科技进步条件及基础	国家工程技术研究中心/个、省工程技术研究中心/个、国家级工程研究中心/个、国家地方联合工程研究中心/个、省级工程研究中心/个、国家级工程实验室/个、国家地方联合工程实验室/个、省级工程实验室/个、国家重点实验室/个、省重点实验室/个、国家级企业技术中心/个、省级企业技术中心/个、研发机构/个	创新平台系数
	发明专利申请量/项	人均发明专利申请量/项
科技投入	技术成果引进金额/万元、技术成果转化金额/万元、企业主营业务收入/万元	技术成果引进、转化金额占企业主营业务收入比重/%
	研发人员/人、年末从业人员数/人	研发人员占年末从业人员数比重/%
	企业R&D投入/万元、企业主营业务收入/万元	企业R&D投入占企业主营业务收入的比例/%
创新产出	发明专利申请量/项、实用型新专利申请量/项、外观设计专利申请量/项、发明专利授权量/项、实用型新专利授权量/项、外观设计专利授权量/项、形成国家标准数/项、形成行业标准数/项、形成地方标准数/项、形成企业标准数/项、软件著作权数/项、集成电路布图设计登记数/项、新药证书数/项、农作物新品种授予数/项、植物新品种权授予数/项	知识产权系数
	发明专利拥有量/项、年末从业人员数/人	人均发明专利拥有量/件
	有效注册商标数/件、贵州省著名商标数/件、驰名商标数/件、地理标志产品数/件	品牌建设系数
	国家科学技术奖/项、省级科学技术最高奖/项、省级科学技术一等奖/项、省级科学技术二等奖/项、省级科学技术三等奖/项	科技成果（奖励）系数
创新效益	新产品销售收入/万元、企业主营业务收入/万元	新产品销售收入占企业主营业务收入比重/%
	利税总额/万元、企业主营业务收入/万元	利税总额占企业主营业务收入比重/%
	劳动者报酬/万元、生产税净额/万元、固定资产折旧/万元、营业盈余/万元	全员劳动生产率/（万元/人）

附录 B 监测方法

综合评价的方法很多，每种方法都有理论和实际价值，但也存在一定的局限性。课题组经过几种方法的对比研究，结合贵州省的实际情况，采用与《全国科技进步统计监测报告》中同样的方法——综合指数法，对各级指标进行合成。各级监测值均可称为"指数"，计算方法如下。

①将各三级指标除以相应的监测标准，得到三级指标的监测值，即为三级指标相应的指数，计算方法为

$$d_{ijk} = \frac{x_{ijk}}{x_k} \times 100\%$$

其中，x_{ijk} 为第 i 个一级指标下、第 j 个二级指标下的第 k 个三级指标；x_k 为第 k 个三级指标相应的标准值；当 $d_{ijk} \geq 100$ 时，取 100 为其上限值。

②二级指标监测值（二级指数）d_{ij} 由三级指标监测值加权综合而成，即

$$d_{ij} = \sum_{k=1}^{n_j} w_{ijk} d_{ijk}$$

其中，w_{ijk} 为各三级指标监测值相应的权数，n_j 为第 j 个二级指标下设的三级指标的个数。

③一级指标监测值（一级指数）由二级指标监测值加权综合而成，即

$$d_i = \sum_{k=1}^{n_i} w_{ij} d_{ij}$$

其中，w_{ij} 为各二级指标监测值相应的权数；n_i 为第 i 个一级指标下设的二级指标的个数。

④总监测值（总指数）由一级指标加权综合而成，即

$$d = \sum_{i=1}^{n} w_i d_i$$

其中，w_i 为各一级指标监测值相应的权数；n 为一级指标的个数。

附录 C 主要指标解释

1.院士：通常是指中国科学院院士或中国工程院院士。

2.长江学者：是指教育部根据"长江学者奖励计划"入选聘用的特聘教授。

3.百人计划入选者：是指中国科学院1994年开始实施的"百人计划"，由中国科学院"百人计划"专家评审委员会评选的优秀人才。

4.万人计划入选者：简称"国家特支计划"，是指由中央组织部、人力资源社会保障部等11个部委根据该"计划"用10年时间面向国内分批次遴选1万名左右的自然科学、工程技术和哲学社会科学领域的杰出人才、领军人才和青年拔尖人才。

5.国家杰出青年科学基金获得者：根据《国家杰出青年科学基金项目管理办法》的有关规定，申请获得科学基金资助的优秀青年学者。

6.百千万人才：2004年，人事部、科技部、教育部等七部委为进一步加强高层次专业技术人才队伍建设，加速培养造就年轻一代学术技术带头人而联合组织实施的一项国家重大人才培养计划。其目标是到2010年，培养造就数百名具有世界科技前沿水平的杰出科学家、工程技术专家和理论家；数千名具有国内领先水平，在各学科、各技术领域有较高学术技术造诣的带头人；数万名在各学科领域里成绩显著、起骨干作用、具有发展潜能的优秀年轻人才。

7.十百千人才：根据《贵州省高层次创新型人才遴选培养实施办法（试行）》，到2018年每年遴选一批分3个层次的人才进行培养，计划培养10名左右国家级人才，100名左右领军人才，1000名左右学术技术带头人。

8.省核心专家：由省委组织部根据《贵州省省管专家选拔管理实施办法》选拔认定的专家。

9.省管专家：由省委组织部选拔认定的专家。

10.国务院津贴获得者：指获得国务院对于高层次专业技术人才和高技能人才奖励特殊津贴的专家。

11.人才基地：由省委组织部认定的人才基地。

12.优秀青年科技人才：根据《贵州省优秀青年科技人才选拔办法》，并由省科技厅认定的科技人才。

13.科技创新人才团队：根据《贵州省科技创新人才团队管理办法》，并由省科技厅认定的人才团队。

14.科技特派员：由省科技厅认定的科技特派员。

15.硕士以上学位人数：是指拥有硕士及硕士以上学位的在职职工人数。

16.年末从业人员数：指从事一定的社会劳动并取得劳动报酬或经营收入的人员。包括全部职工、再就业的离退休人员、私营业主、个体户主、私营和个体的从业人员、乡镇企业从业人员、农村从业人员、其他从业人员（包括民办教师、宗教职业者、现役军人等）。

17.高级职称人数：指拥有副高及副高以上职称的在职职工人数。

18.科研仪器设备资产原值：从事科技活动的人员直接使用的科研仪器设备的资产原值。

19.在职科研人员年均收入：在职科研人员每年的平均收入（包括工资、奖金、福利）。

20.工程技术研究中心：包括国家工程技术研究中心（由科技部认定）和省工程技术研究中心（由省科技厅认定）。

21.重点实验室：包括国家、省部共建重点实验室（由科技部进行评估）和省重点实验室（由省科技厅进行评估）。

22.省级特色重点学科：教育厅（根据省里产业发展需求）评定的特色重点学科。

23.省级重点学科：教育厅评选的重点学科。

24.省级重点支持学科：教育厅评选的重点关注、支持的重点学科。

25.硕士在校生人数（含专业学位）：全日制在校研究生人数。

26.总在校生人数：全日制在校生的总人数。

27.科技活动人员数：是指调查单位在报告年度直接从事科技活动，以及专门从事科技活动管理和为科技活动提供直接服务的人员。累计从事科技活动的实际工作时间占全年制度工作时间10%以下（不包括10%）的人员不统计。

28.省级以上科技项目数：指国家和省、部级科研项目数。国家级部门科技项目包括973计划、863计划、支撑计划、火炬计划、星火计划等；省级部门科技项目包括工业攻关、农业攻关、中小企业创新基金、重大专项、成果推广、县市计划等。

29.省级以上科技项目经费：指国家和省、部级科研项目经费。

30.企业委托项目数：企业委托高校或科研院所做的科研项目数。

31.企业委托项目经费：企业委托高校或科研院所做的科研项目经费。

32.境外合作项目数：本省高校、科研机构与境外高校、科研机构、企业两方或多方合作的科研项目数。

33.境外合作项目经费：本省高校、科研机构与境外高校、科研机构、企业两方或多方合作的科研项目经费。

34.省外合作项目数:本省高校、科研机构与省外高校、科研机构、企业两方或多方合作的科研项目数。

35.省外合作项目经费:本省高校、科研机构与省外高校、科研机构、企业两方或多方合作的科研项目经费。

36.省内合作项目数:本省高校、科研机构与省内高校、科研机构、企业两方或多方合作的科研项目数。

37.省内合作项目经费:本省高校、科研机构与省内高校、科研机构、企业两方或多方合作的科研项目经费。

38.产学研项目数:包括大专院校、科研院所与企业两方或多方合作的科研项目数。

39.产学研项目经费:包括大专院校、科研院所与企业两方或多方合作的科研项目经费。

40.发表科技论文:指在学术刊物上以书面形式发表的最初的科学研究成果。应具备以下3个条件:①首次发表的研究成果;②作者的结论和试验能被同行重复并验证;③发表后科技界能引用。由多人合著的科技论文,由第一作者所在单位统计。

核心期刊:是指被北大图书馆每4年出版一次的《全国中文核心期刊要目总览》中列出的期刊。

SCI:美国《科学引文索引》(Science Citation Index),是美国科学情报研究所于1961年创立,报道生命科学、医学、生物、物理、化学、农业、工程技术领域内的科技文献。是目前国际上最具权威性的用于基础研究和应用研究科研成果的评价体系。

EI:美国《工程索引》(The Engineering Index),创刊于1884年,由美国工程信息公司编辑出版。作为世界著名的工程技术领域的文献检索系统,其收录文献内容包括以下工程技术领域:生物工程、土木、地质、环境、矿业、石油、冶金、机械、燃料工程、核能、汽车、宇航工程、电气、电子、控制工程、化工、食品、农业、工业管理、数学、物理、仪表等。

CPCI-S(ISTP):《科学技术会议录索引》(Index Scientific and Technical Proceedings)。

41.科技著作:指经过正式出版部门编印出版的论述科学技术问题的理论性论文集或专著,以及大专院校教科书、科普著作,但不包括翻译国外的著作。由多人合著的科技著作,由第一作者所在单位统计。

42.专利申请量:是指调查单位在报告年度向国内外知识产权行政部门提出申请并被受理的件数。

43.专利授权量:指报告年度由国内外知识产权行政部门向调查单位授予专利权的件数。

44.发明专利拥有量:是指拥有经国内外知识产权行政部门授权且在有效期内的发明专利件数。

45.形成国家或行业标准数:指报告年度调查单位在自主研发或自主知识产权基础上形成的国家或行业标准。形成国家或行业标准须经有关部门批准。

46.软件著作权数:指报告年度调查单位向国家版权局提出登记申请并被受理登记的软件著作权数。

47.集成电路布图设计登记数：指报告年度调查单位向知识产权行政部门提出登记申请并受理登记的集成电路布图设计的件数。

48.新药证书：指新药经申请、检验、审评、生产现场检查合格后，由国家食品药品监督管理局（SFDA）审核发给的证书数。

49.农作物新品种授予数：指通过省或国家农作物品种审定委员会审定通过的品种数。

50.植物新品种权授予数：指报告年度调查单位向农业、林业行政部门（审批机关）提出申请并被授予植物新品种的项数。

51.国家科学技术奖：指获得的中华人民共和国颁发的最高科学技术奖、国家自然科学奖、国家科学技术发明奖、国家科学技术进步奖、中华人民共和国国际科学技术合作奖。

52.省级科学技术奖：指获得的省人民政府颁发的科学技术奖，包括省最高科学技术奖、省科学进步奖、省科学技术成果转化奖、省科学技术合作奖。

53.市（州）科学技术奖：指获得市（州）人民政府颁发的科学技术奖。

54.技术成果成交额：报告期内在技术交易市场交易活动中签订成立的技术合同约定标的总金额。

55.境外论文论著合作：包括港澳台和国外的合作论文论著。

56.省外论文论著合作：国内的合作论文论著。

57.省内论文论著合作：省内的合作论文论著。

58.科技培训人数：包括对农民、农技人员、企业开展的技术培训及科技管理干部的培训人数。

59.对外科技咨询项数：在国内或者境外所开展的科技咨询业务或项目数。

60.与企业联合建立平台数：与企业联合建立的企业产业发展技术平台数。

61.与企业组建产学研战略联盟数：与企业联合建立的科研产业技术创新战略联盟。

与企业组建国家级产学研战略联盟数：由科技部认定的与企业联合建立的科研产业技术创新战略联盟。

与企业组建省级产学研战略联盟数：由省科技厅认定的与企业联合建立的科研产业技术创新战略联盟。

62.知识产权创造的直接效益：指本机构对拥有的知识产权进行技术转让、推广或是出售某一部分知识产权资产所获得的直接收入。

63.技术服务收入：指高校、科研院所通过技术成果转让及相关的技术培训、技术咨询、技术承包所获得的技术性收入。

64.生产性收入：指本机构从事经营业务活动取得的收入，包括产品（商品）销售收入、劳务服务收入、营运收入及其他收入。

65.科技活动人员：是指从业人员中的科技管理人员、课题活动人员和科技服务人员。

66.年末从业人员：指从事一定的社会劳动并取得劳动报酬或经营收入的年末实有人员数。包括园内企业在岗职工，再就业的离退休人员，聘用的外籍人员和港、澳、台方人员，领取补贴的兼职人员，直接支付工资的劳务工等，但不包括离开单位后仍保留劳动关系的职工。

67.科技企业孵化器：是指以促进科技成果转化和产业化，培育科技型中小企业和高新技术人才为宗旨的科技创业服务机构。本指标界定为省级以上科技企业孵化器，由科技部或省科技厅认定并挂牌。

68.众创空间：指为小微创新企业成长和个人创新创业提供低成本、便利化、全要素的开放式综合服务平台。由科技部或省科技厅挂牌认定。

69.星创天地：是指发展现代农业的众创空间，是农村"大众创业、万众创新"的有效载体，是新型农业创新创业一站式开放性综合服务平台。由科技部或省科技厅认定并挂牌。

70.工程技术研究中心：包括国家工程技术研究中心（由科技部认定）和省工程技术研究中心（由省科技厅认定）。

71.工程研究中心：包括国家工程研究中心、国家地方联合工程研究中心（由国家发展改革委认定）和省工程研究中心（由省发展改革委认定）。

72.工程实验室：包括国家工程实验室、国家地方联合工程实验室（由国家发展改革委认定）和省工程实验室（由省发展改革委认定）。

73.重点实验室：包括国家、省部共建重点实验室（由科技部进行评估）和省重点实验室（由省科技厅进行评估）。

74.企业技术中心：包括国家级企业技术中心（由工业和信息化部根据《国家认定企业技术中心管理办法》认定）和省级企业技术中心（由省工业和信息化厅牵头挂牌认定）。

75.高新技术企业：是指按照《高新技术企业认定管理办法》和《高新技术企业认定管理工作指引》评选，科技部批复认定的企业。

76.园区R&D投入：指统计年度内园区用于基础研究、应用研究和试验发展的经费之和，包括实际用于研究与试验发展活动的人员劳务费、原材料费、固定资产购建费、管理费及其他费用支出。

77.专利拥有量：指拥有经国内知识产权行政部门授权且在有效期内的专利件数。

78.高新技术产业产值：指按照省科技厅、省统计局联合制定的《贵州省高新技术产业统计分类目录》确定的产业产值。

79.园区总产值：指园区在一定时期内生产的所有最终商品和劳务的市场价值的总和。

80.园区进出口总额：指园内企业实际进出我国国境的货物（包括贸易和非贸易）的价值总和。主要包括对外贸易实际进出口货物，来料加工装配、补偿贸易、进料加工进出口货物，国家间及国际组织无偿援助物资和赠送品，华侨、港澳台同胞和外籍华人捐赠品，租赁期满归承租人所有的租赁货物，边境地方贸易及边境地区小额贸易进出口货物（边民互市贸易除外），中外合资、合作经营企业、外商独资经营企业进出口货物和公用物品，到、离岸价格在规定限额以上的进出口货样和广告品（无商业价值、无使用价值和免费提供出口的除外），从保税仓库提取在中国境内销售的进出口货物，以及其他进出口货物。其汇率参照当年年底国家外汇管理局官方网站公布的当年12月的人民币对美元汇率。

81.园区工业增加值：是园内工业企业在报告期内以货币形式表现的工业生产活动的最终成果，是企业生产过程中新增加的价值。

82.园区占地面积：指园区已经完成建设的用地总面积。

83.利税总额：指园区内企业利润总额与税金总额之和。利润总额：指企业在生产经营过程中各种收入扣除各种耗费后的盈余，反映企业在报告期内实现的亏盈总额，包括营业利润、补贴收入、投资净收益和营业外收支净额，根据会计"利润表"中对应指标的本期累计数填列。税金总额：是指企业在报告期应上交的各项税金，本年应交增值税大于零时，税金总额＝主营业务税金及附加＋本年应交增值税；本年应交增值税小于零时，税金总额＝主营业务税金及附加。

84.研发人员：指参与研究与试验发展项目研究、管理和辅助工作的人员，包括项目组（课题）人员，企业科技行政管理人员和直接为项目（课题）活动提供服务的辅助人员。不包括全年从事研究与试验发展活动工作量不到0.1年的人员。反映投入从事拥有自主知识产权的研究开发活动的人力规模。

85.创新型企业：包括国家创新型企业（由科技部、国务院国有资产监督管理委员会和中华全国总工会认定）和省创新型企业（由省科技厅、省工业和信息化厅、省国资委和省总工会认定）。

86.科研机构：指有明确的研究方向和任务；有一定水平的学术带头人和一定数量、质量的研究人员；有开展研究工作的基本条件；长期有组织地从事研究与开发活动的机构。

87.新产品产值：指报告年度园区内企业生产的新产品的产值。新产品是指采用新技术原理、新设计构思研制、生产的全新产品或在结构、材质、工艺等某一方面有所突破或较原产品有明显改进，从而显著提高了产品性能或扩大了使用功能，并对提高经济效益具有一定作用的产品，由省工业和信息化厅认定并在有效期之内的产品。

88.工业总产值：指园区内工业企业在本年度生产的以货币形式表现的工业最终产品和提供工业劳务活动的总价值量。

89.企业技术中心：包括国家级企业技术中心（由发展改革委会同科技部、财政部、海关总署、国家税务总局根据《国家认定企业技术中心管理办法》认定）和省级企业技术中心（由省工业和信息化厅牵头挂牌认定）。

90.研发机构：是指在区内设立的独立或非独立的具有自主研发能力的技术创新组织载体。

91.主营业务收入：指企业在销售商品、提供劳务等日常活动中所产生的收入总额，根据会计"利润表"中"主营业务收入"项的本年累计数填报。

92.企业R&D投入：指统计年度内企业用于基础研究、应用研究和试验发展的经费之和，包括实际用于研究与试验发展活动的人员劳务费、原材料费、固定资产购建费、管理费及其他费用支出。

93.技术成果引进金额：指企业在报告期内用于购买国外技术的费用支出，包括产品设计、工艺流程、图纸、配方、专利等技术资料的费用支出，以及购买关键设备、仪器、样机和样件等的费用支出。

94.技术成果转化金额：指用于技术成果转化的经费。

95.高新技术产品：指符合国家《高新技术产品参考目录》的产品。

96.有效注册商标数：是指商标所有人在商标注册成功后，从核准注册日或续展日开始算起，有效期为10年之内的商标注册数。

97.贵州省著名商标数：根据《贵州省著名商标认定和保护办法》，通过贵州省著名商标评审委员会的评审，并由省工商局发布公告并颁发贵州省著名商标证书且在有效期内的商标数目。

98.驰名商标：是国家工商行政管理总局根据《商标法》认定的商标。

99.地理标志产品：根据《地理标志产品保护规定》《商标法》《农产品地理标志管理办法》，由当地县级以上人民政府指定的地理标志产品保护申请机构或人民政府认定的协会和企业提出申请，并经相关部门审查通过、公告的产品。

100.形成标准数：指报告年度内调查单位在自主研发或自主知识产权基础上形成的国家或行业标准，且经有关部门批准后的数目。

101.劳动者报酬：指劳动者从事生产活动而获得的各种形式的报酬，包括工资、奖金、福利费、实物报酬、各种补贴、津贴及单位为劳动者缴纳的社会保险费等。个体劳动者通过生产经营获得的纯收入全部视为劳动者报酬，包括个人所得的劳动报酬和经营获得的利润。

102.生产税净额：指生产税减去生产补贴后的差额。生产税指政府对生产单位从事生产、销售和经营活动，以及因从事这些活动使用某些生产要素所征收的各种税、附加费和规费，具体包括销售税金及附加、增值税、营业税、管理费中列支的各种税，应交纳的排污费，教育费附加和水电费附加，烟酒专卖上缴政府的专项收入等。补贴是指政府对生产单位在生产经营活动中由于政策性原因而产生的亏损所给予的财政补贴，通常包括国家财政对企业的政策性亏损补贴等。与生产税相反，补贴作为负税处理。

103.固定资产折旧：指生产单位在核算期内因生产经营活动而损耗的固定资产价值，反映了固定资产在当期生产中的价值转移。

各类企业的固定资产折旧是指从成本费用中实际提取的折旧费，包括对固定资产提取的折旧，也包括按产量提取的更新改造基金、油田维护费、补提折旧等。对不计提折旧的政府机关、学校、医院、部队等非营利性行政事业单位和居民住房，其固定资产折旧按照一定的折旧率乘以固定资产原值计算得出。原则上，固定资产折旧应以按重置价值估价的固定资产为基础来计算，但是由于我国目前尚不具备对全社会固定资产进行重估价的条件，所以，目前固定资产折旧以固定资产原值为基础来确定。

104.营业盈余：营业盈余是一个平衡项，等于总产出减去中间投入后，再减去劳动报酬、固定资产折旧和生产税净额后的余额。实际上,营业盈余等于常住单位所创造的增加值在对劳动者进行分配、上缴国家税收(不包括所得税)、对固定资产进行价值补偿后,所余下的由单位从事增加值创造而应得到的份额。营业盈余相当于企业的营业利润,但是要扣除从利润中支付给劳动者个人的部分。

《2017年贵州省科技创新评价报告》编撰专家指导委员会

主　任　范　勇

副主任　高丽华　刘　斌　田晓琴